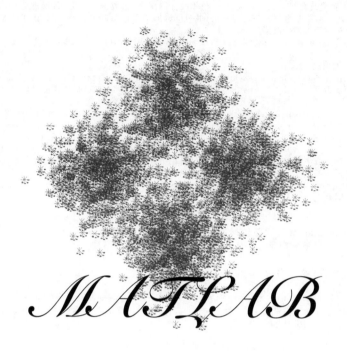

$\mathcal{MATLAB}$

Exploratory Data Analysis with MATLAB
Second Edition

MATLAB数据探索性分析

（原书第2版）

温迪·L.马丁内兹 (Wendy L. Martinez)

[美] 安吉尔·R.马丁内兹 (Angel R. Martinez) 著

杰弗瑞·L.索卡 (Jeffrey L. Solka)

迟冬祥 黎明 赵莹 ◎ 译

清华大学出版社

北京

开发者书库

内 容 简 介

本书系统介绍了基于 MATLAB 语言的探索性数据分析与实现方法。本书共分 10 章,从实际数据集与探索性数据分析的基本概念讲起,内容涉及数据模式的发现、线性与非线性降维方法、数据巡查方法、聚类分析,以及用于探索性数据分析的数据可视化方法。除了基本分析与实现方法,书中也给出了丰富的应用实例,并提供了大量免费的相关资源,全部实例代码都可以直接用于探索性数据分析。

图书在版编目(CIP)数据

MATLAB 数据探索性分析:原书第 2 版:英文/(美)温迪・L.马丁内兹(Wendy L. Martinez),(美)安吉尔・R.马丁内兹(Angel R. Martinez),(美)杰弗瑞・L.索卡(Jeffrey L. Solka)著;迟冬祥等译.—北京:清华大学出版社,2018
书名原文:Exploratory Data Analysis with MATLAB,Second Edition
(清华开发者书库)
ISBN 978-7-302-47499-9

Ⅰ.①M… Ⅱ.①温… ②安… ③杰… ④迟… Ⅲ.①Matlab 软件-高等学校-教材-英文
Ⅳ.①TP317

中国版本图书馆 CIP 数据核字(2017)第 142134 号

责任编辑:盛东亮
封面设计:李召霞
责任校对:时翠兰
责任印制:丛怀宇

出版发行:清华大学出版社
　　　　　网　　址:http://www.tup.com.cn, http://www.wqbook.com
　　　　　地　　址:北京清华大学学研大厦 A 座　　　　　邮　编:100084
　　　　　社 总 机:010-62770175　　　　　邮　购:010-62786544
　　　　　投稿与读者服务:010-62776969,c-service@tup.tsinghua.edu.cn
　　　　　质量反馈:010-62772015,zhiliang@tup.tsinghua.edu.cn
　　　　　课件下载:http://www.tup.com.cn,010-62795954
印 装 者:三河市金元印装有限公司
经　　销:全国新华书店
开　　本:186mm×240mm　　印　张:23　　　　　字　数:511 千字
版　　次:2018 年 9 月第 1 版　　　　　印　次:2018 年 9 月第 1 次印刷
定　　价:79.00 元

产品编号:070444-01

译者序
FOREWORD

简单来说，探索性数据分析是连接经典的统计分析与流行的数据挖掘和机器学习的一座桥梁，它使得我们能够深刻理解数据，是数据挖掘和机器学习成功的基石，本书介绍的探索性数据分析，就是告诉我们，可以用什么方法，怎样从不同的角度分析并了解数据。

如果说有件事情能够让人不计收获而愿意付出，那一定是兴趣使然。我发现这本书，是因为我自己正在从事以数据可视化方法做探索性数据分析的工作，并且，我刚好有十几年MATLAB 编程经验，这本书正是上述几个领域的交集。

本书译稿能够顺利完成，要感谢我的朋友贺瑞君和盛东亮。瑞君先生是 CRC Press and Taylor & Francis Asia Pacific 的执行主编（Managing Editor），他介绍我认识清华大学出版社盛东亮编辑，没有他们两人的热心帮助和专业指导，就没有这本书的中文版。

感谢我的同事兼好友黎明博士和赵莹博士。黎明博士翻译了第 4 章、第 5 章、第 7 章和附录 A、附录 B、附录 C，赵莹博士翻译了第 3 章、第 6 章和附录 D、附录 E。他们在繁忙的工作中抽出时间，为本书译稿的完成做出重要贡献。中国科学院上海生命科学研究院的博士生岑凯对本书的 1.4.2 节关于"基因表达数据"中的很多内容，提出了非常专业的翻译建议，在此表示诚挚感谢。

此外，也要感谢我的妻子和女儿，我的妻子让我"逃脱"了很多家庭责任，我的女儿允许我"不理会"她的学业。感谢她们！

译　者
2018 年 3 月

第2版前言

PREFACE

在过去几年里，EDA 领域的进步颇多，这本书也到了需要更新的时候了，尤其是在降维、聚类和可视化等方面，出现了很多新方法。

以下，我们列出了第 2 版中一些主要改进和增加的内容。

- 在线性降维这章增加了很多内容。新方法是非负矩阵分解和线性判别分析，也扩充了数据集本征维数的估计方法。

- 在第 3 章中，也描述了曲元分析这种非线性降维方法。曲元分析是作为自组织映射的一种改进方法提出的。

- 在数据巡查中加入了独立成分分析的内容。

- 几种新的聚类方法，包括非负矩阵分解、概率潜语义分析和谱聚类。

- 增加了关于平滑样条以及用于均匀间隔数据的快速样条方法。

- 在文中增加了几个可视化方法，包括用于二元数据的测距仪箱线图、带有边际直方图的散点图、双标图和一种叫作安德鲁图像的新方法。

- 文中很多方法可以通过图形用户界面(GUI)访问。这个免费的 EDA GUI 工具箱的详细信息列在附录 E 中。

与第 1 版类似，本书内容并未聚焦于方法的理论。确切地说，本书主要集中在 EDA 方法的运用。因此，本书并未纠缠于方法的实现和算法细节上。相反地，通过提供实例和应用，为学生和实践者提供了用于 EDA 的操作方法。

MATLAB 的示例代码、工具箱、数据集和大部分图像的彩色版本均可下载。下载站点来自 Carnegie Mellon StatLib，如下：

http://lib.stat.cmu.edu

或者是本书网站，如下：

http://pi-sigma.info

关于安装和变更信息，请参见 readme 文件。

关于 MATLAB 产品的信息，请联系：

The MathWorks，Inc.

3 Apple Hill Drive

Natick，MA，01760-2098 USA

Tel：508-647-7000

Fax：508-647-7001

E-mail：info@mathworks.com

Web：www.mathworks.com

很多研究者写出了本书中所述方法的 MATLAB 代码并免费提供，对于他们的宝贵帮助，表示感谢。尤其是，作者感谢 Michael Berry 在非负矩阵分解方面的有益讨论，感谢 Ata Kaban 允许使用她的 PLSI 代码，也对 Mia Hubert 与 Sabine Verboven 授权使用他们的 bagplot 函数和非常耐心地与我们通信表示感谢。

感谢这套计算机科学和数据分析丛书的编辑们收录本书，感谢 CRC 出版社的 David Grubbs、Bob Stern 和 Michele Dimont 的帮助和耐心。一如既往地，感谢 MathWorks 公司的 Naomi Fernandes 和 Tom Lane 在 MATLAB 方面的特殊援助。

免责声明

(1) 随 EDA 工具箱提供的一些 MATLAB 函数由其他研究者编写，他们保留其著作权。在附录 B 和各自函数的帮助部分给出了参考文献。特别指出，EDA 工具箱在 GNU 协议许可下提供：

http://www.gnu.org/copyleft/gpl.html

(2) 本书中表达的观点来自作者，并不代表美国国防部或者其分支机构的观点。

Wendy L. Martinez，Angel R. Martinez，Jeffrey L. Solka

第1版前言

PREFACE

我们的第一本书——《基于 MATLAB 的计算统计学手册》(*Computational Statistics Handbook with MATLAB*)[2002],其目的之一就是展示计算统计学的一些基本概念和方法,以及如何用 MATLAB 实现[①]。计算统计学的一个核心部分就是探索性数据分析 (exploratory data analysis),或称 EDA。因此,这本书可以看作是第一本书的补充,并有类似的目标——使得 EDA 技术为广大读者所用。

EDA 属于统计学和数据分析,其思路是先探索数据,常采用描述性统计学、科学可视化、数据巡查、降维等方法。这种探索没有任何预设观点或者假设。相反,这种方法使用探索的结果来引导和展开后续的假设检验和建模等。它与数据挖掘领域紧密关联,本书讨论的很多 EDA 工具是知识发现和数据挖掘工具箱的一部分。

本书旨在服务于进行原始数据分析的广大读者,包括科学家、统计学家、数据挖掘者、工程师、计算机科学家、生物统计学家、社会科学家以及其他学科工作者,也希望本书可以用于大学高年级学生或者研究生课堂教学中。每章包含的练习题目使其适合作为 EDA 课程、数据挖掘、计算统计学、机器学习等方面的课本或者补充材料。我们鼓励读者仔细看一下练习,因为有时练习中会介绍一些新的概念。练习本质上是计算性的或者探索性的,所以往往没有唯一的答案。

至于本书所需的背景,假设读者有线性代数基础。比如,应该熟悉线性代数的名词、数组乘法、矩阵逆、行列式和数组转置等,也假设读者学习过概率与统计学课程。读者应该在这门课程里了解随机变量、概率分布和密度函数、基本的描述性度量和回归等。

与第一本书类似,本书并未纠结于方法的理论。确切地说,本书的重点在于 EDA 方法的运用。方法的实现是第二位的,但只要适宜,本书为学生们和实践者展示了方法实现的算法、过程和 MATLAB 代码。很多方法是复杂的,MATLAB 的实现细节并不重要。在这些例子中,展示了如何使用函数和技巧。感兴趣的读者(或者程序员)可以查看 M 文件,获得更多信息。这样,喜欢使用其他编程语言的读者应该可以自行实现算法。

虽然本书不探究理论,但希望重申书中描述的方法都有其理论基础。因此,在各章最后,提供参考文献等资源,供那些想进一步了解理论信息的读者查阅。

[①]　MATLAB® 和 Handle Graphics® 是 MathWorks 公司的注册商标。

MATLAB 代码以 EDA 工具箱的形式随书提供。这包括函数、图形用户界面和书中使用的数据集。上述内容可以在以下网站下载：

http://lib.stat.cmu.edu

关于安装和变更信息，请参见 readme 文件。练习中包含 MATLAB 命令的 M 文件也可以下载。

本书也作了免责声明，说明本书中的 MATLAB 代码并不是最有效的方案。在很多情况下，为了(代码)清晰易懂而牺牲了效率。请参看示例的 M 文件，感谢 MathWorks 公司的 Tom Lane。

附录 B 对 EDA 工具箱做了非常详细的描述，也提供了可供下载的(免费的)其他站点信息。这里的一些工具箱和函数在本书中使用，另外的那些提供了参考信息。只要可能和适合，本书都会使用 EDA 工具箱的免费函数，使作者很容易学习示例和练习。

假设读者有 MathWorks 公司的统计工具箱(版本 4 或者更高版本)。在恰当的时候，本书会指出函数是来自 MATLAB 主程序包、统计工具箱或者 EDA 工具箱。EDA 工具箱的开发主要是基于 MATLAB 6.5 版(版本 4 的统计工具箱)，所以如果你有这些条件，代码就可以正常运行。然而，在本书写作时，有新版的 MATLAB 及其统计工具箱发布，所以也整合了这个版本提供的新功能。

感谢以下校稿人的宝贵帮助：Chris Fraley、David Johannsen、Catherine Loader、Tom Lane、David Marchette 和 Jeffrey Solka。他们的很多意见和建议让本书变得更好，本书的任何不足之处由作者承担责任。特别感谢 Jeffrey Solka 在有限混合方法编程方面的协助，感谢 Richard Johnson 允许使用他的数据可视化工具箱并更新函数。也感谢所有本书所涉及方法的研究者，他们编写了 MATLAB 代码并免费提供使用。感谢计算机科学和数据分析丛书的编辑们收录本书。非常感谢 CRC 出版社的 Bob Stern、Rob Calver、Jessica Vakili 和 Andrea Demby 的帮助和耐心。最后，感谢 MathWorks 公司的 Naomi Fernandes 和 Tom Lane 在 MATLAB 方面的特殊援助。

免责声明

(1) 随 EDA 工具箱提供的一些 MATLAB 函数由其他研究者编写，他们保留其著作权。在附录 B 和各自函数的帮助部分给出了参考文献。除非特别指出，EDA 工具箱在 GNU 协议许可下提供：

http://www.gnu.org/copyleft/gpl.html

(2) 本书中表达的观点来自作者，并不代表美国国防部或者其分支机构的观点。

Wendy L. Martinez，Angel R. Martinez

目录
CONTENTS

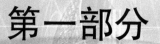

第一部分

探索性数据分析综述

第 1 章

绪　　论

我们不应停止探索

我们所有探索的结束之处

就是我们出发之地

才刚刚了解此地

——T. S. 艾略特,"小吉丁"("四个四重奏"的最后部分)

　　本章的目的是介绍一些背景知识。首先,讨论了 EDA 的体系及其如何与其他数据分析技术和目标相适应。然后是全书概述,其中包括使用的软件和理解该方法所需的背景知识。然后展示了一些数据集,这些数据集将在全书中用于说明本方法的概念和思路。最后,以一些数据变换的知识作为本章的总结,这些变换对于本书中介绍的很多方法都非常重要。

1.1　何为探索性数据分析

　　John W. Tukey[1977]是首个详细描述探索性数据分析(Explorative Data Analysis, EDA)的统计学家之一。他定义 EDA 为"探查工作—数值探查工作—或计数探查工作或图形探查工作(detective work-numerical detective work-or counting detective work-or graphical detective work)"[Tukey,1977,1 页]。这个数据分析体系的重点在于,研究人员在没有任何预先设想的情况下检视数据,以发现数据可以如何解释所研究的对象。Tukey 对比了 EDA 和验证性数据分析(Confirmatory Data Analysis,CDA),CDA 主要关注统计假设检验、置信区间以及估计等。Tukey[1977]指出"CDA 在性质上是司法性的或准司法性的"。CDA 方法通常包括某些群体特性的推断过程或估计,然后试图评价与结果相关的精度。EDA 和 CDA 不应该分开应用,而是应以互补的方式应用。分析师探索数据的结构模式,进而建立假设和模型。

　　Tukey 关于 EDA 的书著于计算机尚未广泛使用的时代,以今天的标准来看,数据集都有点小。所以,Tukey 提出的方法都是可以用笔和纸来完成的,比如大家熟悉的盒须图(也称为箱线图)和茎叶图。他还描述了数据转换、平滑、切片等其他讨论内容。因为本书处于计算机广泛使用的时代,使用了 Tukey 在 EDA 中使用的方法以外的一些计算密集型方法,用作模式发现和统计可视化。然而,关于 EDA 的理念是相同的——数据探查(data detectives)。

Tukey[1980]扩展了他的将探索性和验证性数据分析结合在一起的思想,提出了一种典型的 CDA 线性方法学,步骤如下:

(1) 叙述所研究的问题;

(2) 设计实验解决问题;

(3) 根据设计的实验收集数据;

(4) 对数据进行统计分析;

(5) 得到答案。

这是通常验证过程的核心步骤。为了整合 EDA,Tukey 修改了前两个步骤如下:

(1) 从一些想法开始;

(2) 在提出问题和建立设计之间反复迭代。

问题的形成需要考虑以下疑问,比如:什么可以问或应该问? 什么是可能的设计? 一个给出有用答案的设计会是什么样子的? EDA 的思想和方法在这个过程中发挥了作用。总之,Tukey 指出 EDA 是一种态度、一种灵活性和一些坐标纸。

Hartwig 和 Dearing[1979]从社会学角度写了一本简短易读的关于 EDA 的书。他们认为:CDA 模式会回答比如"数据能够验证假设 XYZ 吗?"这样的问题,而 EDA 往往会问"关于 XYZ 的关系,数据能够告诉我什么?"。Hartwig 和 Dearing 提出 EDA 的两个原则:怀疑和开放。这可能涉及旨在寻找异常或模式的数据可视化,使用抗性(或鲁棒性)统计量来总结数据,对数据转换保持开放态度以获得更好的见解并生成模型。

Chatfield[1985]讨论了 EDA 的一些思想及其对统计教学的重要性。他将这个主题称为初始数据分析(Initial Data Analysis)或称 IDA。Chatfield 赞同 EDA 在数据分析中从无假设的方法开始,他还强调需要了解数据如何收集,分析的目标是什么,以及使用 EDA/IDA 作为整体方法进行统计推断。

Hoaglin[1982]在统计科学百科全书提供了 EDA 概述。他描述 EDA 技术为"灵活地寻找线索和证据",称验证性数据分析为"评价了现有证据。"他总结道,EDA 包括四个主题:抗性数据分析、残差、重新表达和显示。

抗性数据分析是这样的方法:一个数据点或小数据子集的任意变化产生微小的结果变化。一个相关的概念是鲁棒性,它描述分析偏离基本概率模型假设的敏感程度。

残差是在概括或拟合模型后的残留值。可以把这个写为

$$残差 = 数据 - 拟合$$

残差检验在当今普遍使用。由于不充分拟合、异方差性(非稳定方差)、非加性和数据其他的有趣特性,残差应该仔细考查。

重新表达是将数据变换到其他尺度,以使得方差恒定、残差均衡,使得数据线性化或者

增加其他一些效果。EDA 重新表达的目的是帮助搜索结构、模式或其他信息。

最后,要强调显示和可视化技术对 EDA 的重要性。正如前面所述,EDA 早期实践者常用的展示方式是茎叶图和箱线图。使用科学与统计可视化对 EDA 来说非常重要,因此,发现模式、结构或建立假设的唯一方法就是数据的可视化。

由于计算数据存储能力的增加,收集和存储海量数据只是因为我们有能力这么做,而非实验设计的需要,问题往往在数据收集之后产生[Hand, Mannila 和 Smyth, 2001; Wegman, 1988]。也许,在建立数据分析体系及其需求方面,EDA 的概念也在演变。

1.2 全文概述

本书分为两个主要部分:模式发现和 EDA 绘图。首先讲述线性和非线性降维,因为有时只有在低维度情况下才能够发现数据模式。包括一些经典的方法,比如主成分分析、因子分析和多维尺度分析,还有一些大计算量的方法。比如,本书讨论了自组织映射、局部线性嵌套、等距特征映射、生成地形图、曲元分析(curvilinear component analysis)等。

洞察数据对 EDA 来说很重要,所以,我们描述了几个方法,能够"巡查"数据,寻找有趣的结构(空洞、异常值、聚类等)。有各种重要大巡查和投影追踪法方法,努力以二维或三维视角观察数据集,期望发现有趣的和有价值的信息。

聚类或者无监督学习是标准的 EDA 和数据挖掘工具。这些方法寻找组或者类别,有一些必须解决分类数和有效性或者聚类的强度。这里包括一些经典方法,比如层次聚类和 k 均值方法,也包括非负矩阵分解这种新方法。本书也有整整一章的内容讲述不那么广为人知的基于模型的聚类方法,这个方法提供确定类别数并评估聚类结果的途径。

评估变量之间的关系在数据分析中是一个重要主题。本书并未包括标准的回归方法,假设读者已经理解这部分内容了。然而,有一章内容是讲散点图的平滑技术,比如 loess 和平滑样条。

本书第二部分讨论 EDA 可视化的很多标准技术。然而读者需要注意,根据需要,图形技术在全书中都在使用,用来表达思路和概念。

在第二部分,提出一些经典的、也有一些新颖的方法,用来可视化聚类过程的结果,比如树状图、轮廓图、树图、矩形图和 ReClus。这些可视化技术用来评估第一部分介绍的各类聚类算法的输出。通过分布形态可以知道产生数据的潜在原因。本书会叙述确定分布形态的方法,包括箱线图、袋状图、q-q 图、直方图等其他图形。

最后,提出可视化多元数据的方法。这包括平行坐标图、散点图矩阵、象形图、协同图、点阵图、安德鲁曲线和安德鲁图像。与图形交互,并揭示结构或者模式的能力是非常重要的。本书提供了一些标准方法,比如关联和笔刷技术。同时也通过回顾总体巡查思想把这两部分连接起来,并显示如何实现安德鲁曲线和平行坐标图。

也可以考虑其他一些主题,比如描述性统计分析、离群值检测、鲁棒性数据分析、概率密度估计和残差分析。然而,这些主题超出了本书范围。描述性统计分析在统计学导论中会讲解,既然假设读者熟悉这个主题,此处就不必进一步解释了。类似地,残差分析也不作为一个独立的主题,主要是因为这个主题在其他书籍中的回归和多元变量分析中有充分讨论。

本书也讨论了一些密度估计方法,比如基于模型的聚类(第6章)和直方图(第9章)。读者可以参见Scott[1992]的关于多元密度估计的精彩论述或者Silverman[1986]的核密度估计。关于MATLAB密度估计实现,读者可以参见Martinez和Martinez[2007]。最后,书中会涉及离群值检测,但是这个主题与鲁棒统计学(robust statistics)一起,不会作为一个独立的主题讨论。离群值检测和鲁棒统计学都有几本书讲到,包括Hoaglin、Mosteller和Tukey[1983]、Huber[1981],以及Rousseeuw和Leroy[1987]。更早期的论文来自Hogg[1974]。

在全书中使用MATLAB展示思路和软件实现方法。例子中使用的很多代码和图形创建都可以通过随书可以下载的工具箱或者通过网络免费获得。在附录B中会详细介绍这部分内容。想了解MATLAB的产品信息,请联系:

The MathWorks,Inc.

3 Apple Hill Drive

Natick,MA,01760-2098 USA

Tel:508-647-7000

Fax:508-647-7001

E-mail:info@mathworks.com

Web:www.mathworks.com

重要的是,读者需要了解软件的版本或者本文使用何种工具箱。本书使用MATLAB 7.10(R2010a)版,并使用了一些MATLAB的统计工具箱。在第7章中,提到了曲线拟合工具箱,讨论了平滑的问题。然而,这个工具箱在本书的例子中并未使用。

为了最大限度地使用本书,读者需有矩阵代数的基础知识。比如,应该熟悉行列式、矩阵转置、矩阵迹等。推荐Strang[1988,1993]给读者,以便重温这个主题的知识。本书不含任何演算,但是扎实的代数学在任何情况下总是有用的。希望读者有概率学和统计学的基础知识,比如随机抽样、概率分布、假设检验和回归。

1.3 关于符号表示法

这一部分介绍符号表示法和字体惯例。为了增加书籍的可读性,当MATLAB包含多行代码时,采用缩进形式,正如书中所见。

对于大部分内容,本书遵循惯例:一个向量显示为一列,这样其维数是$p \times 1$[①]。在大部分情况下,数据集显示为维数是$n \times p$的矩阵$\boldsymbol{X}$。此处,n表示样本中观测值的数量,p是变

[①] 标识$m \times n$读为m乘n,意思是说数组有m行,n列。在文中可以清楚地判断这是指矩阵的维数还是指乘法。

量的数量或者维数。这样,每行对应于 p 维的观测值或者数据点。$\boldsymbol{X}$ 的第 ij 个元素表示为 $\boldsymbol{x}_{ij}$。大部分情况下,下标 i 表示矩阵的一行或者一个观测值,下标 j 表示矩阵的一列或者一个变量。这种表达在文中非常清楚。

在很多示例中,可能需要在分析数据之前,中心化我们的观测值。为了使得后面的标识更加简单,我们会用矩阵 $\boldsymbol{X}_c$ 表达中心化的数据矩阵,这个矩阵中每一行都是中心化到原点的。首先计算矩阵 $\boldsymbol{X}$ 的各列均值,然后从每一行中减去。以下是 MATLAB 的计算代码:

```
% 计算各列均值
[n,p] = size(X);
xbar = mean(X);
% 构建矩阵,其各行是 X 减去均值以中心化
Xc = X - repmat(xbar,n,1);
```

1.4 本书使用的数据集

在这一部分,描述在全书中将要使用的主要数据集。其他数据集在练习或者一些例子中使用。为使阅读更连贯,这一部分可以放在一边,待需要时再看。请参见附录 C 中本书使用的所有数据集的详细信息。

1.4.1 非结构化文本文档

分析自由格式文档(比如网络文档、情报报告、新闻故事等)是计算统计学的一项重要应用。必须首先编码文档为数值形式,以便实施计算方法。通常是通过一个词汇-文档矩阵完成计算,矩阵每一行对应于词典中的一个词,每一列表示一个文档。词汇-文档矩阵的成员是第 i 个词在第 j 个文档中出现的次数[Manning 和 Schutze,2000;Charniak,1996]。这类编码的一个缺点是丢失了词的顺序,导致信息损失[Hand,Mannila,和 Smyth,2001]。

本书介绍了一个新的方法来编码非结构化的文档,方法中考虑了词序。这种结构称为二元邻接矩阵(bigram proximity matrix,BPM)。

二元邻接矩阵(BPM)是一个非对称矩阵,它捕捉文档中一个段落里词语对出现的次数[Martinez 和 Wegman,2002a;2002b]。BPM 是一个方阵,行和列都是以词典里的字母顺序排列的。BPM 的每个元素的含义是:在一段文档中,词 i 与 j 毗邻且出现在 j 之前的次数。BPM 的尺寸是由语料库中唯一单词建立的词典尺寸决定的,且以字母顺序排序。为了评估 BPM 的有效性,必须确定这个表达是否保留了足够的语义内容,使其能够在主题上与其他文档的 BPM 无关联且可区分。

在介绍更多关于 BPM 和本书的数据集之前,必须对词典和文档预处理做些说明。所有语句中的标点,比如逗号、分号、冒号等,都已经被移除。所有语句结尾,只要不是句号,比如问号和感叹号,都转换为句号。句号在词典中作为一个词出现在词典的开始处。

其他预处理包括移除噪声词汇和词干化。许多自然语言处理的应用使用更小的词典，排除一些语言中的常用词[Kimbrell,1988；Salton,Buckley 和 Smith,1990；Frakes 和 Baeza-Yates,1992；Berry 和 Browne,2005]。这些词，通常称为停词(stop words)，被认为含有的信息量很低，所以在文档中删除了。然而，并非所有的研究者都同意这个方法[Witten,Moffat 和 Bell,1994]。

进一步，去除噪声的想法，也可以用于词干化去噪后的文档。思路是：将词汇压缩至词干或者词根以提高关键词的频度，进而增强特征的可区分度。词干化通常用于信息检索(Information Retrieval,IR)领域。此处的文本处理应用中，词干化用于增强 IR 系统的性能，并且压缩唯一词的数量，节约计算资源。本书用于预处理文本的词干分析器是 Porter 词干分析器[Baeza-Yates 和 Ribero-Neto,1999；Porter,1980]。Porter 词干分析器简单然而其性能可以与一些传统的分析器媲美。请参见下面网站，使用不同软件实现 Porter 词干分析器：

http://snowball.tartarus.org/和 http://tartarus.org/~martin/PorterStemmer/

接下来给出一个 BPM 的示例，用于句子或文本流，如下：

"The wise young man sought his father in the crowd."。

示例的 BPM 见表 1.1。可以看到矩阵元素的第三行(his)和第五列(father)有值 1，这表示在文本中包含"his father"这个词对一次。应该注意在大部分情况下，依赖于词典的尺寸和文本的长度，BPM 是很大且很稀疏的矩阵。

通过保留文档的词序，BPM 会抓取到文档含义的实质性信息。而且，通过获取词汇并发的次数，BPM 也获得了文档话题的"密度"。这两个特性使得 BPM 成为一个获取含义、计算识别文档(比如语句、段落、文档)各部分语义相似性的适合工具。注意，BPM 是建立在各个文本单元基础上的。

表 1.1　BPM 示例

	.	crowd	his	in	father	man	sought	the	wise	young
.										
crowd	1									
his					1					
in								1		
father			1							
man							1			
sought		1								
the		1							1	
wise										1
young						1				

注：为方便阅读，0 未显示。

本书中一个数据集的文本文档,来源于一个主题检测与跟踪(Topic Detection and Tracking,TDT)的试验语料库(Linguistic Data Consortium,Philadelphia,PA),如下:

http://www.ldc.upenn.edu/Projects/TDT-Pilot/

这个 TDT 语料库包括近 16000 个故事,来自 1994 年 7 月 1 日—1995 年 6 月 30 日的路透社电信服务和 CNN 广播新闻的文本。在全部的 TDT 语料库中讨论了 25 个主题事件。这 25 个主题事先确定好,然后各个故事分类为属于这些主题、不属于这些主题或者部分属于(Yes,No,or $Brief$,respectively)。

为了满足可用计算资源的计算需求,使用 TDT 语料库的一个子集,从 25 个主题中选出 16 个主题共计 503 个故事,见表 1.2。这 503 个故事只包含"属于""不属于"某个主题的分类。这个选择源于需要示范 BPM 捕捉了足够的信息并正确或者错误地选择了分类。

表 1.2　16 个主题

主题编号	主题描述	使用文档数
4	Cessna on the White House	14
5	Clinic Murders(Salvi)	41
6	Comet into Jupiter	44
8	Death of N. Korean Leader	35
9	DNA in OJ Trial	29
11	Hall's Copter in N. Korea	74
12	Humble,TX Flooding	16
13	Justice-to-be Breyer	8
15	Kobe,Japan Quake	49
16	Lost in Iraq	30
17	NYC Subway Bombing	24
18	Oklahoma City Bombing	76
21	Serbians Down F-16	16
22	Serbs Violate Bihac	19
24	US Air 427 Crash	16
25	WTC Bombing Trial	12

在去噪声并词干化后,词典中有 7146 个词。这样,每个 BPM 有 $7146 \times 7146 = 51065316$ 个元素,每个文档(或者观测值)都处于一个超高维空间中。可以应用几种仅仅需要点间距离矩阵,而不是原始数据(比如 BPM)的 EDA 方法。这样,只要有不同语义测度的点间距离矩阵:IRad 距离、Ochiai 聚类、简单匹配距离和 L_1 距离。需要注意,简单匹配和 Ochiai 测度考查相似性(大的数值表示观测值是相似的),并要转换为距离用于文本分析。关于这些距离测度的信息参见附录 A 和 Martinez[2002]介绍的其他选择,此处不再赘述。表 1.3 给出了 BPM 数据的概览,在本书后续章节中使用。

表 1.3　BPM 数据概览

距　离	文件名	距　离	文件名
IRad 距离	iradbpm	简单匹配距离	matchbpm
Ochiai 距离	ochiaibpm	L_1 范数距离	L1bpm

对这些数据进行处理的 EDA 技术可能会是降维,这样可以完成进一步的操作,比如聚类或者有监督学习;也可能对以某种可视化方式观察数据并发现有趣的结构感兴趣。最后,本书会对这些数据进行聚类,看看数据的分组情况并发现一些隐含主题或者其他分组。

1.4.2　基因表达数据

人类基因组计划在 2001 年完成人类基因图谱(草图)(www. nature. com/omics/index. html),但是在理解基因的功能和生物体蛋白质的作用方面,还有很多工作要做。要使功能基因组学的研究解决上述问题,一个主要的工具就是基因芯片技术[Sebastiani 等,2003]。这项技术允许在多个实验中收集数据,提供有机体的基因(上千个基因)活动全景。

现在简单介绍这个领域的一些术语。读者可以参见 Sebastiani 等[2003]或者 Griffiths 等[2000]的文献中这一领域的特殊统计学难题,以及基因分析在生物学上和技术上的基础。正如大部分人由生物学导论中可以获得的知识,有机体由细胞构成,细胞的细胞核包含 DNA(deoxyribonucleic acid)。DNA 发出指令,告诉细胞制造蛋白质以及制造多少蛋白质。蛋白质参与生物体的大部分功能运作。DNA 的片段称为基因,基因组是一个有机体的完整 DNA,它包含创造一个独立生命的完整基因代码。激活基因的过程称为基因表达。表达水平提供一个值,这个值表明了这个过程中产生的中间分子(mRNA,tRNA)的数量。

基因芯片技术可以同时测量组织或细胞样本中的数千个相关基因的表达水平。有两种主要的基因芯片技术:cDNA 微阵列和合成寡聚核苷酸微阵列。这两个方法中,目标样品(从组织或细胞提取的)将和探针(已知的基因或者 DNA 小片段)杂交。目标样品在和探针混合时,会被(溶液中的)荧光染料标记,因化学反应,此微阵列就形成了一个数字图像。图像上荧光信号的强弱可被用于定量分析。显然这需要多种图像处理技术,也是主要的误差来源。

含有基因表达水平的数据集包括几个测试(矩阵的列)的基因信息(矩阵的行)。显然,列对应于患者、肿瘤、时间步长等。注意,基因表达数据的分析,或者行(基因),或者列(测试/样本)都可以对应于维度(或者样本容量),这取决于分析的目标。通过这项技术,可以解决以下问题:

(1) 什么基因能(或者不能)表达肿瘤细胞与正常细胞的对比情况?

(2) 我们可以预测癌症的最佳治疗手段吗?

(3) 存在可以刻画一种特殊肿瘤的基因吗?

(4) 可以发现癌症或者肿瘤的一个子类吗?

关于基因表达数据的更多背景材料,请读者参阅 Schena 等人[1995],Chee 等人[1996]和 Lander[1999]。许多基因表达数据集可以在网上免费获得,对这种数据做统计分析的文章也非常多。感兴趣的读者可以看最近一期的 *Statistical Science*（Volume 18，Number 1，February 2003），阅读关于基因芯片分析的专题；也可以查看国家科学院（National Academy of Science）网站（http://www.pnas.org）的文章，其中有很多可下载的数据。本书包括三组基因表达数据，描述如下。

1. 酵母数据集

这个数据集最初由 Cho 等人[1998]提供说明，它显示了大约 6000 个基因的两个细胞周期和 5 个阶段的基因表达水平。两个细胞周期提供 17 个时间点（矩阵的列）数据。本书中的数据子集是由 Yeung 和 Ruzzo[2001]提供的，可以在以下网站获得：

http://www.cs.washington.edu/homes/kayee/model

他们取得数据子集过程的全部描述也见上述网站。首先，他们提取在 5 个阶段仅出现一次峰值的所有基因，那些在多个阶段都出现峰值的基因并未采用。然后，移除具有负值的所有行，最后得到共 384 个基因。

数据集文件是 yeast.mat，包含 data 和 classlabs 两个变量。数据矩阵有 384 行、17 列，classlabs 变量是一个包含 384 个类别标签的向量，表明基因是否在阶段 1~5 出现峰值。

2. 白血病数据集

白血病数据集最早由 Golub 等人[1999]研究并测量人急性白血病的基因表达。他们的研究包括用有监督学习预测白血病类型，以及通过无监督学习发现新的白血病类型。这项工作的目的是通过区分癌症或肿瘤的子类来提高癌症治疗水平。

他们首先将白血病分为两组：①源自淋巴样前体细胞；②源自髓样前体细胞。第一种被称为急性淋巴白血病（acute lymphoblastic leukemia，ALL），第二种被称为急性髓细胞白血病（acute myeloid leukemia，AML）。这两类白血病的区别广为人知，但是并没有能够确诊的单独测试[Golub 等人，1999]。可以预见，恰当的诊断对成功的治疗和避免不必要的毒副作用是很重要的。作者通过基因芯片技术和统计模式识别来解决这个问题。

他们最初的数据集有 38 例取自诊断期间的骨髓样本。其中 27 例取自 ALL 患者，11 例取自 AML 患者。使用包括 6817 例人类基因探针的寡核苷酸微阵列，获得基因表达信息。第一个目标是使用基因表达信息构建一个分类器以预测白血病类型，这就是建立一个有 6817 个维度和 38 例样本的分类器。因为必须降低维度，所以选择与白血病有最高相关度的 50 个基因。使用一个白血病样本的独立测试集来评估分类器。这组数据由 34 例样本构成，其中有 24 例来自骨髓样本，10 例来自外周血样本。样本也包括孩子的样本，来自使用不同实验方案的实验室样本。

该实验也考查了类别发现或者无监督学习，旨在观察患者是否可以聚类为对应于两种白血病的两类人群。使用了自组织映射（第 3 章）方法处理全部 6817 个基因。类别发现的另外一个方面是为了在已知类别中寻找子类。比如，ALL 类别的患者可以进一步划分为 B 细胞谱系或 T 细胞谱系的患者。

本书决定只使用 50 个基因，而不是全部数据集。leukemia.mat 这个数据文件有 4 个变量。变量 leukemia 有 50 个基因（行）和 72 个患者（列）。前 38 列对应于初始的患者训练集，剩余列包含独立测试的数据。变量 btcell 和 cancertype 是字符型的元胞数组，包括

B-cell、T-cell 或者 NA 以及 ALL 或者 AML 的标签。最后,变量 geneinfo 是一个元胞数组,其第一列是基因描述,第二列是基因数量。

例 1.1

图 1.1 中绘制 50 个基因的图,但只显示了前 38 例样本(列)。将每个基因标准化,所以每行的均值是 0,标准差是 1。图片的前 27 列对应于 ALL 型白血病,后 11 列属于 AML 型白血病。可以根据颜色判断前 25 个基因倾向于高度表达为 ALL 型,而后 25 个基因高度表达为 AML 型。构建这个图片的 MATLAB 代码如下:

```
% 首先标准化数据,使其各行均值为 0,标准差为 1
load leukemia
x = leukemia(:,1:38);
[n,p] = size(x);
y = zeros(n,p);
for i = 1:n
    sig = std(x(i,:));
    mu = mean(x(i,:));
    y(i,:) = (x(i,:) - mu)/sig;
end
% 现在绘制数据图像
pcolor(y)
colormap(gray(256))
colorbar
title('Gene Expression for Leukemia')
xlabel('ALL (1 - 27) or AML (28 - 38)')
ylabel('Gene')
```

图 1.1 中的结果指出,可以使用这些数据区分 AML 型和 ALL 型的白血病。

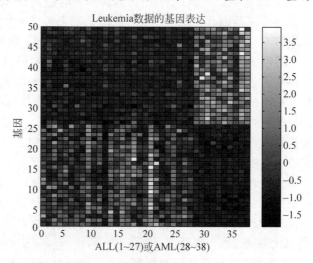

图 1.1　白血病数据集的基因表达情况(每行对应于一个基因,每列对应于一例癌症样本。行数据已经标准化,均值为 0,标准差为 1。可以看到:ALL 型白血病在前 25 个基因中高度表达,在后 25 个基因中 AML 型白血病高度表达)

3. 肺数据集

传统上,肺癌分类是基于临床病理学特征的。对肺癌分子层面的理解和一种分子层次的肺癌分类能对肺癌有更好的疗效、更优良的患者治疗的预测和新型化疗目标人群的识别。本书提供的两个数据集最初源于 Bhattacharjee 等人[2001]的描述(见 http://www.genome.mit.edu/MPR/lung)。作者实现了层次聚类和概率聚类寻找肺腺癌的子类,并通过证明区分原位肺癌和转移型肺癌的能力,来展示分析基因表达数据的诊断潜力。

肺癌的一种初步分类包括两组:小细胞肺癌(small-cell lung carcinomas,SCLC)或者非小细胞肺癌(nonsmall-cell lung carcinomas,NSCLC)。NSCLC 这个类别可以进一步分成 3 组:腺癌(adenocarcinomas,AD)、鳞状细胞癌(squamous cell carcinomas,SQ)和大细胞癌(large-cell carcinomas,COID)。最常见的类型是腺癌。数据源于 203 例样本,其中 186 例肺癌和 17 例正常样本。癌症样本包括 139 例肺腺癌、21 例鳞状细胞癌、20 例肺类癌和 6 例小细胞肺癌,这在 Bhattacharjee 等人[2001]的文章中称为数据集 A。全部数据包括 12600 个基因。作者使用 50 个表达单元的标准方差阈值来选择最具多样性的基因,将此数据压缩到 3312 个基因。本节提供此数据为 lungA.mat。这个数据文件包括两个变量:lungA 和 labA。变量 lungA 是 3312×203 的矩阵,labA 是一个包含 203 个类别标签的向量。

作者也单独观察了腺癌,试图发现子类。为此,他们把 139 例腺癌和 17 例正常样本独立出来,称为数据集 B。按照其他统计预处理的步骤,仅从中选取了 675 个基因,取出了更少的基因转录本。这些数据在 lungB.mat 中,包括两个变量:lungB(675×156)和 labB(156 个类别标签)。表 1.4 中对这些数据做了概括。

表 1.4　肺癌数据集描述

癌症类型	标　记	数据数量
数据集 A(lungA.mat):3312 行,203 列		
非小细胞肺癌		
腺癌	AD	139
肺类癌	COID	20
鳞状细胞癌	SQ	21
正常	NL	17
小细胞肺癌	SCLC	6
数据集 B(lungB.mat):675 行,156 列		
腺癌	AD	139
正常	NL	17

如果打算分析基因表达数据,推荐使用 MathWorks 公司的 Bioinformatics 工具箱。这个工具箱提供解决基因组学、蛋白质组学、基因工程和生物学研究的集成开发环境。其功能包括:计算数据的统计特性、操作数据序列、用隐马尔可夫模型构建生物序列模型、对基因芯片数据进行可视化。

1.4.3　Oronsay 数据集

本数据集包含颗粒尺寸测量结果,最初源于 Timmins[1981],由 Olbricht[1982]、Fieller、Gilbertson 和 Olbricht[1984]以及 Fieller、Flenley 和 Olbricht[1992]进行分析。从图形 EDA 的角度,Wilhelm、Wegman 和 Symanzik[1999]做了一个更大范围的分析。颗粒测量和分析经常用于考古学、燃料技术(推进剂液滴)、医药(血液细胞)和地质学(沙粒)。其目标经常是确定颗粒尺寸的分布,因为这个指标刻画了测量所在地的环境或者某个感兴趣的过程。

Oronsay 颗粒尺寸数据是为了地质学研究而收集,目的是发现沙丘沙质和海滩沙质的不同性质。这个性质用来确定贝丘沙是否来自沙丘沙或者海滩沙。贝丘来自史前人类居住地附近,地质学家对这些贝丘是属于海滩还是沙丘感兴趣,因为这包含海岸线演变的征兆。

共有 226 个沙粒样本,其中 77 个属于未知类型(来自贝丘),149 个已知类型(沙丘或海滩)。已知类型的样本来自 Cnoc Coig(CC:119 个观测值,包括 90 个海滩值和 29 个沙丘值)和 Caisteal nan Gillean(CG:30 个观测值,包括 20 个海滩值和 10 个沙丘值)。参见 Wilhelm、Wegman 和 Symanzik[1999]的 Oronsay 岛地图显示这些地点,这篇文献也基于断面和水平面显示了更加详细的沙质分类。

各个观测值以如下方式得到:大约 60g 或 70g 沙子通过尺寸为 0.063mm、0.09mm、0.125mm、0.18mm、0.25mm、0.355mm、0.5mm、0.71mm、1.0mm、1.4mm 和 2.0mm 的筛子,仍留在各层筛子中的沙子与完全通过该层筛子的沙子一起称重。这样产生 12 个测量结果,每个测量结果对应于一个颗粒尺寸。注意,有两个极端类别:小于 0.063mm(通过最细筛孔)的和颗粒尺寸超过 2.0mm(留在最大筛子中)的结果。

Flenley 和 Olbricht[1993]考虑了上述分类,应用不同的多元分析和 EDA 技术,比如主成分分析和投影追踪法。Oronsay 数据集可从以下网址下载:

http://www.galaxy.gmu.edu/papers/oronsay.html

这个网站也有原始数据的更多信息。对于贝丘、海滩或者沙丘(在变量 beachdune 中),我们首先标记其观测值:

(1) 类别 0——贝丘(77 个观测值);

(2) 类别 1——海滩(110 个观测值);

(3) 类别 2——沙丘(39 个观测值)。

然后我们按照采样地点(在变量 midden 中)分类如下:

(1) 类别 0——贝丘(77 个观测值);

(2) 类别 1——Cnoc Coig(CC:119 个观测值);

(3) 类别 2——Caisteal nan Gillean(CG:30 个观测值)。

这个数据集在 oronsay.mat 文件中,数据是名称为 oronsay 的 226×12 矩阵,数据是原始格式,也就是说,未经变换和没有标准化的。数据中也包括一个字符串元胞数组 labcol,包含列名称(即筛孔尺寸)。

1.4.4 软件检测

本节描述的数据是针对软件测试的改进过程而收集的。当今许多系统使用的复杂软件可能包含由不同程序员编写的多个模块,所以确保软件按照预期正常工作很重要。

测试软件的一种方法是检测,软件工程师以常规方法检查代码。首先,他们寻找不一致性错误和逻辑错误等,然后与程序员讨论那些发现的问题。程序员熟悉代码,可以帮助确定这些问题是否真的是软件的瑕疵。

数据保存到文件 software 之中。变量按照检测的数量(页数或者单行代码数:SLOC, single lines of code)做了规范化处理。数据文件 software.mat 包括以分钟为单位的准备时间(prepage,prepsloc),以分钟为单位的全部会谈时间(mtgsloc),以及发现瑕疵的数量(defpage,defsloc)。软件工程师和经理对于理解检测时间和发现瑕疵数量的关系感兴趣。目标之一可能是找到一个最佳检测时间,在给定的检查代码所用的时间里,能够得到最大回报(找到的瑕疵数量)。在图 1.2 中显示了这些数据的一个例子。瑕疵类型包括兼容性、设计、人为因素、标准和其他。

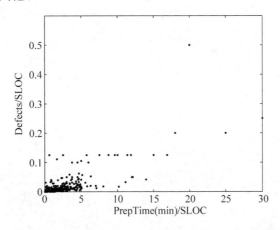

图 1.2 软件检测数据的散点图(各变量之间的关系难以观察)

1.5 数据变换

在很多现实世界的应用中,数据分析师要应付的原始数据不是最便于处理的形式。数据可能需要重新表达,以便生成有效的可视化形式,或者使得信息处理更加容易、内容更丰富。一些问题类型可能包括具有以下特征的数据:非线性的或非对称的,包含异常值的,变化传播不在同一水平上的,等等。可以对全部观测数据施加一个数学函数来进行数据变换。

在以下第一部分中,讨论了可以用以改变数据分布形态的通用幂变换。当关注分布形态非常重要的正规推理方法(比如,统计假设检验或者置信区间估计)时,这种变换就发挥作用了。在 EDA 中,可能想要改变形状以辅助可视化、平滑或者其他分析。然后,讨论了不考虑形状的数据线性变换。这些在尺度和原点上的典型变化在降维、聚类和可视化方面很重要。

1.5.1 幂变换

数据集 $x_1, x_2, \cdots, x_n$ 的变换,是存在一个函数 T,将各个观测值 x_i 替换为新值 $T(x_i)$ [Emerso 和 Stoto,1983]。变换应该具有以下性质:

(1)变换应该保留数据点的顺序。因此,基于顺序的统计特性,比如中值会被保留下来。也就是说,中值转换后仍然是中值。

(2)变换是连续函数,可以确保相对于变换使用的尺度而言,在源数据集中靠近的点在变换之后也相互靠近。

(3)变换是平滑函数且各阶可导,它们是由初等函数确定的。

一些常见的变换包括根运算(平方根、立方根等)、倒数变换、对数变换和正整数幂变换。这些变换为大多数数据分析提供足够的灵活性。

例 1.2

本例使用图 1.2 所示的软件检测数据。可以看到数据是偏态的,变量之间的关系是很难理解的。对两个变量都使用对数变换,用 MATLAB 代码实现,结果如图 1.3 所示。代码如下:

```
load software
% 首先变换数据
X = log(prepsloc);
Y = log(defsloc);
% 绘制变换的数据
plot(X,Y,'.')
xlabel('Log PrepTime/SLOC')
ylabel('Log Defects/SLOC')
```

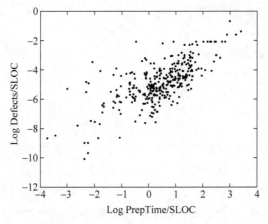

图 1.3　各个变量使用对数变换处理(每个 SLOC 的准备时间和每个 SLOC 发现的瑕疵数量现在清晰可见)

现在,对这两个变量之间的关系有了清晰认识,这在第 7 章中将会进一步考查。

一些数据变换可以使人洞悉或发现一些我们没有见过的结构。然而,就像使用其他分析一样,对于创造一些不真正存在的东西应该小心,这种变换只是一个人为处理过程。所以,在 EDA 的任何应用中,分析师应该回到研究主题中,向业务专家求证并解释变换结果。

1.5.2 标准化

如果变量按照不同的尺度测量,或者变量的标准差各不相同,那么一个变量可能会在分析使用的距离上(或者其他一些量度)占支配地位。我们会在书中,比如聚类、多维尺度分析和非线性降维中广泛使用点间距离。下面讨论几个一维标准化方法。然而,需要注意到,在一些多元情况中,一维变换方法可以分别施加到各个变量(X 的列)中。

1. 标准差变换

第一种标准化变换称为样本 z 分数,这种变换对于大部分上过统计学导论课的读者而言是很熟悉的。变量的变换如下:

$$z = \frac{x - \bar{x}}{s} \tag{1.1}$$

其中 x 是原观测数值,$\bar{x}$ 是样本均值,s 是样本标准差。在此标准化中,新变量 z 的均值为 0,方差为 1。

当 z 分数变换用于聚类时,重要的一点是,它应该施加于所有观测值。如果在类别内部使用标准化,那么就会得到错误或令人迷惑的聚类结果[Milligan 和 Cooper,1988]。

如果不以移除均值的方式来中心化数据,那么有下式:

$$z = \frac{x}{s} \tag{1.2}$$

这种转换变量的方差为 1,均值是 $\bar{x}/s$。式(1.1)和式(1.2)的标准化都是各自的线性函数,因此用这两个公式转换的数据的欧式距离(见附录 A)有着类似的相异度。

至于式(1.1)和式(1.2)的稳健版本,可以用中值和四分位距分别代替样本均值和标准差,在练习中可以对此进一步探索。

2. 区间变换

如果不以标准差为除数,可以使用变量的区间范围作为除数,就成为如下两种标准化形式:

$$z = \frac{x}{\max(x) - \min(x)} \tag{1.3}$$

$$z = \frac{x - \min(x)}{\max(x) - \min(x)} \tag{1.4}$$

式(1.4)的标准化边界值为 0 和 1,在两个端点上分别有至少一个观测值。式(1.3)的变换变量是式(1.4)变换变量的线性函数。因此,使用这些变换的数据标准化会有相似的欧式距离。

1.5.3 数据球面化

这种称为球面化的标准化适用于多元数据,就像上面的一维数据标准化方法一样,也有相似的目的。变换变量有 p 维 0 均值阵和一个单位阵确定的协方差矩阵。

首先，p 维样本均值为

$$\bar{x} = \frac{1}{n} \sum_{i=1}^{n} x_i$$

然后由下式计算样本协方差阵：

$$S = \frac{1}{n-1} \sum_{i=1}^{n} (x_i - \bar{x})(x_i - \bar{x})^{\mathrm{T}}$$

可见协方差阵可以写成 n 个矩阵和的形式。这里每一个秩为 1 的矩阵都是中心化观测值的外积[Duda 和 Hart,1973]。

使用下式对数据进行球化变换：

$$Z_i = \Lambda^{-1/2} Q^{\mathrm{T}} (x_i - \bar{x}), \quad i = 1, 2, \cdots, n$$

其中 Q 的列是由 S 得到的特征向量，Λ 是与特征值对应的对角阵，x_i 是第 i 个观测值。

例 1.3

以下是获得球面化数据的 MATLAB 代码。首先，产生二维多元正态随机分布的变量，参数如下：

$$\mu = \begin{bmatrix} -2 \\ 2 \end{bmatrix}$$

和

$$\Sigma = \begin{bmatrix} 1 & 0.5 \\ 0.5 & 1 \end{bmatrix}$$

其中 Σ 是协方差阵。这些数据的散点图参见图 1.4(a)。

```
% 先产生一些二维多元正态随机变量,均值 MU,方差 SIGMA
% 这里使用统计工具箱函数,但在 EDA 工具箱中也有类似功能的函数
n = 100;
mu = [-2,2];
sigma = [1,.5;.5,1];
X = mvnrnd(mu,sigma,n);
plot(X(:,1),X(:,2),'.')
```

对数据进行球面化,在图 1.4(b)显示变换后的数据。

```
% 对数据进行球面化处理
xbar = mean(X);
% 计算协方差矩阵的特征向量和特征值
[V,D] = eig(cov(X));
% 数据中心化
Xc = X - ones(n,1) * xbar;
% 球面化数据
Z = ((D)^(-1/2) * V' * Xc')';
plot(Z(:,1),Z(:,2),'.')
```

比较这两张图,可以看到变换的数据球面化了,中心位于原点。

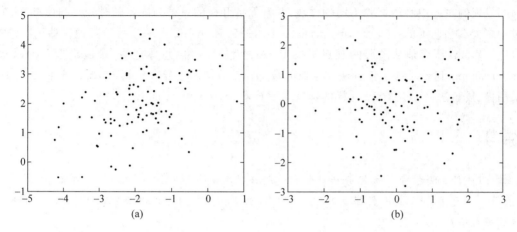

图 1.4 (a)显示了二维多元正态随机变量的散点图(注意:这些点并未以原点为中心,且点云也不是球形的);球面化数据在(b)显示,可以看到散点以原点为中心呈球形分布(这类似于一维数据的 z 分数标准化)

1.6 深入阅读

有一些书籍可以为读者提供 EDA 的进一步信息和其他观点。这类书籍大部分不提供软件和算法,但却为 EDA 学习者和实践者提供优质的资源。

正如本章开始所述,EDA 的开创性书籍源于 Tukey[1977],但是书中内容并不包含基于当前计算能力和方法的最新观点。类似地,Hartwig 和 Dearing[1979]的这本小册子适合作为了解 EDA 这个话题的导论并快速阅读,但是它有点过时了。至于图形方法,读者可以参考 du Toit、Steyn 和 Stumpf[1986]的文献,作者在书中使用 SAS 说明其方法。它们包含其他 EDA 方法,比如多维尺度分析和聚类分析。Hoaglin、Mosteller 和 Tukey[1983]编写了一本关于鲁棒性和探索性数据分析的优秀书籍。书中包含几章数据变换的内容,推荐Emerson 和 Stoto[1983]写的内容。这章包括幂变换的讨论,也通过画图辅助选择适当的幂变换函数进行数据分析。

作为最新的资源,Hand、Mannila 和 Smyth[2001]解释数据挖掘方法并将 EDA 作为一部分,也是非常值得推荐的。他们未提供计算机代码,但其可读性很好。作者讲解了数据挖掘的主要内容:EDA、描述性建模、分类和回归、模式发现和规则发现以及内容检索等相关内容。最后,读者也可以研读 Hastie、Tibshirani 和 Friedman[2009]的书。这些作者涉及了 EDA 分析师感兴趣的、广泛的研究主题,比如聚类、非参数概率密度估计、多维尺度变换和投影追踪。

正如前面所述,EDA 有时定义为在数据分析过程中的一种灵活性和发现的态度。Good[1982]有一篇出色的文章描述了 EDA 的思想,他说:"EDA 与其说是科学,不如说是一种艺术,或者甚至是魔术袋"。既然我们不认为 EDA 技术有什么"魔术"可言,那么,分析师在发现的过程中必须试验不同的方法,并且保持开放的思维和准备随时到来的惊喜,这个过程多少有些艺术的味道了! 最后,Diaconis[1985]和 Weihs[1993]写了其他一些 EDA 的概述。Weihs 更多地从图形的观点描述 EDA,也包括降维、总体巡查、预测模型和变量选择。Diaconis 讨论了探索性方法和经典的数学统计方法的差异。在其 EDA 讨论中,他考虑采用像"拔靴法"(bootstrap)这样的蒙特卡罗技术[Efron 和 Tibshirani,1993]。

练习

1.1 什么是探索性数据分析? 什么是验证性数据分析? 这两种分析如何配合?

1.2 使用 leukemia 数据集其他列(39~72)重做例 1.1。这些数据与其他数据遵循同样的模式吗?

1.3 使用 lungB 基因表达数据重做例 1.1。存在某种模式吗?

1.4 使用函数 normrnd 或者 randn(如果用这个函数,必须变换结果以便有指定的均值和方差)产生一些一维正态分布的随机变量,要求 $\mu=5,\sigma=2$。使用本章描述的多种标准化过程,验证关于位置和变换变量分布的评论。

1.5 编写 MATLAB 函数,实现本章所述的标准化方法。

1.6 使用 mvnrnd 函数(参见例 1.3),生成一些非标准二元正态随机变量。球化变换数据,验证变换后的数据均值为 0 和单位协方差矩阵。用 MATLAB 函数 mean 和 cov。

1.7 我们会在第 9 章讨论四分位数和四分位距,但现在可以查看 MATLAB 帮助了解 iqr 和 median 函数。我们可以用这些粗略的位置和分布度量来转换我们的数据变量。使用式(1.1)和式(1.2),用中值替代样本均值 x,用四分位距替换样本标准差 s。写一个 MATLAB 函数,完成上述操作,并试用于练习 1.4 中生成的数据。

1.8 产生一个 $n=2$ 的正态分布随机变量。将该变量依次用式(1.1)和式(1.2)变换后,在每次变换后,计算数据间的欧式距离。距离相同吗?(提示:使用统计工具箱中的 pdist 函数。)

1.9 使用式(1.3)和式(1.4)的标准化公式重做练习 1.8。

1.10 用函数 rand 生成 $n=100$,均匀分布的一维随机变量。用 hist 函数构建直方图。现在,计算数据的对数值(用 log 函数)。构建变为对数值后的直方图。分布图形状改变了吗? 评论结果。

1.11 对软件数据实施以下变换:

$$T(x) = \log(1+\sqrt{x})$$
$$T(x) = \log(\sqrt{x})$$

构建散点图,与例 1.2 的结果比较。

第二部分

模式发现的EDA方法

第2章

降维——线性方法

本章介绍几种降维的线性方法。首先,讨论一些经典方法比如:主成分分析(principal component analysis,PCA)、奇异值分解(singular value decomposition,SVD)、非负矩阵分解、因子分析和线性判别分析。然后讨论确定数据集本征维数的几种方法,结束本章。

2.1　简介

降维是寻找适当的低维空间来表达原数据的过程。我们希望数据表达方式的改变带来以下效果:

(1) 以发现数据结构模式为目标探索高维数据,这种数据模式应该可以满足形成统计假设;

(2) 当数据降维到二维或者三维时,使用散点图可视化数据;

(3) 使用统计方法分析数据,比如聚类、平滑、概率密度估计或者分类。

降维的一个方法可能就是选择变量的一个子集,分组处理并分析。然而,某些情况下,那可能意味着丢掉很多有用信息。一个替代方法就是创建包含初始变量的新变量(比如线性组合)。本书描述的降维方法是第二种类型,寻找从高维空间到低维空间的映射,并保持所有变量的信息。通常,这种映射可以是线性的或者非线性的。

既然本章的一些方法使用投影来变换数据,在继续解释其如何工作之前,先花些时间解释一下这个概念。投影是以矩阵的形式,把数据从原数据空间变换到低维空间。例 2.1 展示了这个概念。

例 2.1

本例中显示了投影如何工作,对于以下二元数据点:

$$\boldsymbol{X}_1 = \begin{bmatrix} 4 \\ 3 \end{bmatrix}, \quad \boldsymbol{X}_2 = \begin{bmatrix} -4 \\ 5 \end{bmatrix}$$

将其投影到与水平线或与 x 轴成一个弧度角 θ 的直线上。对于本例,投影矩阵由下式给出:

$$P = \begin{bmatrix} (\cos\theta)^2 & \cos\theta\sin\theta \\ \cos\theta\sin\theta & (\sin\theta)^2 \end{bmatrix}$$

下面的 MATLAB 代码用来执行以上操作:

```
% 按行输入数据 X
X = [4 3; -4 5];
% 给出 theta 值
theta = pi/3;
% 取得投影矩阵
c2 = cos(theta)^2;
cs = cos(theta) * sin(theta);
s2 = sin(theta)^2;
P = [c2 cs; cs s2];
```

投影后观测值的坐标是原变量的加权和,其中 P 的列就是权重值。将一个观测值(由一个列向量表示)投影如下:

$$y_i = P^{\mathrm{T}} x_i, \quad i = 1, 2, \cdots, n$$

其中上角标 T 是指矩阵转置。将上式展开,显示了新的 y 坐标是变量 x 的加权和:

$$\begin{aligned} y_{i1} &= P_{11} x_{i1} + P_{21} x_{i2} \\ y_{i2} &= P_{12} x_{i1} + P_{22} x_{i2} \end{aligned} \quad i = 1, 2, \cdots, n$$

用一些线性代数方法来投影数据矩阵 X,因为观测值是这个矩阵的行。将上述的投影等式两侧进行转置,得

$$y_i^{\mathrm{T}} = (P^{\mathrm{T}} x_i)^{\mathrm{T}} = x_i^{\mathrm{T}} P$$

这样,用以下 MATLAB 代码投影数据:

```
% 现在把数据投影到 theta 线上
% 因为数据在矩阵 X 中按行排列,用以下代码投影数据
Xp = X * P;
plot(Xp(:,1),Xp(:,2),'o') % Plot the data.
```

这里,数据投影到一维子空间,该子空间与原坐标轴成一定角度 θ。作为投影到横轴的例子,使用以下命令:

```
% 可以投影到横轴给出的一维空间上
Px = [1;0];
Xpx = X * Px;
```

也可以使用 $\theta = 0$ 的投影矩阵 P。这些数据现在仅有一个坐标值,表示 x 轴坐标值。这种投影在图 2.1 中显示,其中圆圈表示投影到 θ 角度直线的数据,星号表示投影到 x 轴的数据。

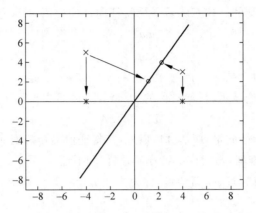

图 2.1　显示数据点向 θ 角度直线(圆圈)和 x 轴(星号)正交投影

2.2　主成分分析——PCA

主成分分析(principal component analysis,PCA)的主要目的是将维度由 p 维压缩到 d 维($d < p$),而又同时能够尽量保留原数据的多样性。使用 PCA,用原变量的线性组合,将数据转换到新坐标系中或者转换为新变量。此外,在新主成分空间中的观测值是互不相关的。期望可以通过观察新空间的观测值来获得信息、理解数据。

2.2.1　基于样本协方差矩阵的 PCA

我们从中心化的 $n \times p$ 维数据矩阵 $\boldsymbol{X}_c$ 开始。记住,这个矩阵观测值已经均值中心化,也就是说,样本均值已经从各行中减去。然后,生成样本协方差矩阵 $\boldsymbol{S}$:

$$\boldsymbol{S} = \frac{1}{n-1}\boldsymbol{X}_c^{\mathrm{T}}\boldsymbol{X}_c$$

其中上角标 T 表示矩阵转置。$\boldsymbol{S}$ 的第 jk 个元素是:

$$S_{jk} = \frac{1}{n-1}\sum_{i=1}^{n}(x_{ij}-\bar{x}_j)(x_{ik}-\bar{x}_k), \quad j,k=1,2,\cdots,p$$

其中,

$$\bar{x}_j = \frac{1}{n}\sum_{i=1}^{n}x_{ij}$$

下一步是计算矩阵 $\boldsymbol{S}$ 的特征值和特征向量。特征值通过求解下式得到(对于每个 $l_j, j = 1,2,\cdots,p$):

$$|\boldsymbol{S} - l\boldsymbol{I}| = 0 \tag{2.1}$$

其中 $\boldsymbol{I}$ 是一个 $p \times p$ 单位矩阵,$|\cdot|$ 表示行列式。式(2.1)产生一个自由度为 p 的多项式。

对于 $\boldsymbol{a}_j$,通过求解以下等式获得特征向量:

$$(\boldsymbol{S} - l_j\boldsymbol{I})\boldsymbol{a}_j = 0, \quad j = 1,2,\cdots;p$$

条件是特征向量组是正交的。这意味着各个特征向量的幅值是1,它们相互正交,即

$$a_i a_i^T = 1$$
$$a_j a_i^T = 0$$

其中 $i, j = 1, 2, \cdots, p$ 且 $i \neq j$。

矩阵代数的主要结论显示,任何对称的、非奇异方阵可以使用下式转换为对角矩阵:

$$L = A^T S A$$

其中,A 的列包含 S 的特征向量,L 是对角矩阵,其特征值沿矩阵对角分布。按惯例,特征值以降序 $l_1 \geqslant l_2 \geqslant \cdots \geqslant l_p$ 排列,与对应的特征向量排序相同。

我们使用 S 的特征向量获得新变量,称为主成分(principal components,PCs)。第 j 个 PC 由下式表示:

$$z_j = a_j^T (x - \bar{x}), \quad j = 1, 2, \cdots, p \tag{2.2}$$

在新的 PC 坐标空间,a 的元素提供了旧变量的权重或者参数。可见,PCA 处理定义了一个初始变量关于其均值的旋转主轴[Jackson,1991;Strang,1988],特征向量 a 的元素是与两个坐标系有关的方向余弦。式(2.2)显示了这些 PC 是初始变量的线性组合。

将特征向量定标至单位长度,产生的 PC 是无关的,其方差等于对应的特征值。其他定标方法[Jackson,1991]也是可行的,比如:

$$v_j = \sqrt{l_j} a_j$$

和

$$w_j = \frac{a_j}{\sqrt{l_j}}$$

三个特征向量 a_j,v_j 和 w_j 只是定标因子有差别。显然,a_j 是需要假设检验以及其他诊断方法验证的。既然它们被定标为单位值,其成分总是位于 $-1 \sim +1$ 之间的。向量 v_j 及其 PC 与初始变量一样有同样的单位,使得向量 v_j 在其他应用中发挥作用。在变换中使用 w_j 产生的 PC 与单位方差无关。

用以下公式,将观测值变换到 PC 坐标系中:

$$Z = X_c A \tag{2.3}$$

矩阵 Z 包括了主成分评分。注意:这些主成分评分是零均值(因为我们使用的数据是关于平均值中心化处理的)且不相关的。也将 X 的原观测值数据做一个类似的变换,但本例中的主成分评分均值为 $\bar{Z}$。可以做逆变换,得到与原变量相关的表达式,这个表达式是 PC 函数,表示为:

$$x = \bar{x} + Az$$

总之,变换后的变量就是 PC,各个变换后的数据值就是 PC 评分值。

式(2.3)中主成分评分的维数还是 p,并没有降维。由线性代数的结论可以知道,原始变量的方差和等于特征值的和。用 PCA 降维的思想是:只保留具有高特征值的 PC,这样就以更少的维度或 PC 变量解释了最高程度的多样性。可以用下式降维到 d:

$$Z_d = X_c A_d \tag{2.4}$$

其中，$\boldsymbol{A}_d$ 包括 $\boldsymbol{A}$ 的前 d 个特征向量或者列。可以看到：$\boldsymbol{Z}_d$ 是 $n \times d$ 矩阵（各观测值现在只有 d 个元素），$\boldsymbol{A}_d$ 是 $p \times d$ 矩阵。

2.2.2　基于样本相关矩阵的 PCA

首先定标数据到标准单位，正如在第 1 章描述的。这意味着 $\boldsymbol{x}^*$ 的第 j 个元素为：

$$x_j^* = \frac{x_j - \bar{x}_j}{\sqrt{s_{jj}}}, \quad j = 1, 2, \cdots, p$$

其中 s_{jj} 是 x_j 的方差（即：样本协方差矩阵 $\boldsymbol{S}$ 的第 jj 个元素）。标准化的数据 $\boldsymbol{x}^*$ 在 PCA 处理中按照观测值来处理。

这个标准化数据集的协方差与相关矩阵相同。样本相关矩阵 $\boldsymbol{R}$ 的第 ij 个元素是：

$$r_{ij} = \frac{s_{ij}}{\sqrt{s_{ii}} \ \sqrt{s_{jj}}}$$

其中，s_{ij} 是 $\boldsymbol{S}$ 的第 ij 个元素，s_{ii} 是 $\boldsymbol{S}$ 的第 i 个对角元素。PCA 处理结果的剩余部分为 $\boldsymbol{x}^*$ 保留。比如，我们可以使用式(2.3)变换标准化的数据，或者使用式(2.4)降维，其中矩阵 $\boldsymbol{A}$ 和 $\boldsymbol{A}_d$ 包含相关矩阵的特征向量。

相关矩阵在 PCA 处理中应该用于沿着原维度的方差差异很大的情况，也就是说，某些变量的方差比其他变量的方差大很多的时候。在这种情况下，前几个 PC 会受一些相同变量的支配，并不能提供足够的信息，这在变量具有不同单位的情况下经常出现。当想要在不同的分析中比较 PCA 结果时，使用相关矩阵而非协方差阵是有好处的。

基于协方差阵的 PCA 也的确有一些优势。基于协方差矩阵的样本 PC 的统计推断方法更简单，文献中也更常见。需要重点关注的是，由相关矩阵和协方差阵提供的 PC 信息并不相同。另外，由两种方法得到的特征值和特征向量并没有简单的对应关系[Jolliffe, 1986]。因为本书主要关注探索性数据分析而非推断方法，所以不做进一步讨论。在任何情况下，按照 EDA 的思想，分析师应该利用这两种方法的优势，描述和探索数据的不同方面。

2.2.3　应该保留多少个维度

这里要回答的一个关键问题是要保留多少 PC，以下给出几种可能的方法解决这个问题。更多的细节和选择，比如特征值相等的假设检验，交叉验证和相关分析，可以参见 Jackson[1991]。接下来所有的技术在例 2.2 种讨论。

1. 解释方差的累计比例

在 PCA 降维方面，这是一个确定主成分数量的广泛使用的方法，看起来在很多计算机软件包中有实现。其方法是：选择 d 个主成分，它们在数据全部方差中，贡献了指定的累计比例，以下式计算：

$$t_d = 100 \frac{\sum\limits_{i=1}^{d} l_i}{\sum\limits_{j=1}^{p} l_j}$$

如果使用基于相关矩阵的 PCA,那么,公式简化为

$$t_d = \frac{100}{p} \sum_{i=1}^{d} l_i$$

选择 t_d 的值可能有点麻烦,但是其典型值范围在 $70\% \sim 95\%$。我们注意到 Jackson[1991]不推荐使用这个方法。

2. 陡坡图

有一个图形方法用来确定需要保留的主成分数量,称为陡坡图。其最初的命名和思想来自 Cattell[1966],表达了 l_k(特征值)和 k(特征值索引)的关系。在某些情况下,当第一个特征值很大时,可能需要绘制对数坐标图。这种类型的图称为对数特征值图(log-eigenvalue)或者 LEV 图。使用陡坡图时,寻找曲线"肘部"或者曲线变得平坦的位置。"肘部"的 k 值就是一个需要保留主成分数的估计值。另一个方法就是各个数值点连线的斜率。当斜率开始变得水平、不那么陡峭时,主成分的数量就是需要保留的数量。

3. 断线图

在这个方法中,根据特征值的规模,或者各个主成分解释方差的比例来选择主成分的数量。如果取一条线段将其随机分隔为 p 个线段,那么第 k 条最长线段的期望长度是:

$$g_k = \frac{1}{p} \sum_{i=k}^{p} \frac{1}{i}$$

如果由第 k 个主成分解释方差的比例大于 g_k,那么保留该主成分。可以说:与仅仅随机选择主成分相比,这些主成分能够解释更多的方差。

4. 方差规模

用于基于相关的 PCA 的一个规则要归功于 Kaiser[1960]——虽然这种规则更多地用于因子分析。据此规则,保留方差大于 $1(l_k \geqslant 1)$ 的那些主成分。一些研究者认为这个数值太大了[Jolliffe,1972],更好的规则是保留方差大于 $0.7(l_k \geqslant 0.7)$ 的那些主成分。对于基于协方差的 PCA,可以使用类似规则,将数值 1 用平均特征值代替。在这种情况下,依照以下条件保留主成分:

$$l_k \geqslant 0.7 \, \bar{l} \quad 或 \quad l_k \geqslant \bar{l}$$

其中

$$\bar{l} = \frac{1}{p} \sum_{j=1}^{p} l_j$$

例 2.2

这里使用酵母细胞周期数据集展示如何执行 PCA。在第 1 章中,这些数据包括 384 个基因的 5 个阶段、17 个测量时间点。首先,装载数据并按行中心化。

```
load yeast
[n,p] = size(data);
% 数据中心化
datac = data - repmat(sum(data)/n,n,1);
% 计算协方差矩阵
```

```
covm = cov(datac);
```

因为变量的单位一致,因此在 PCA 中使用协方差阵。读者将会在练习中研究相关矩阵的 PCA 方法。MATLAB 中的 eig 函数用来计算特征值和特征向量。MATLAB 在一个对角阵中以升序返回特征值,这样必须翻转矩阵以获得陡坡图。

```
[eigvec,eigval] = eig(covm);
eigval = diag(eigval); % 提取对角元素
% 降序排序
eigval = flipud(eigval);
eigvec = eigvec(:,p:-1:1);
% 绘制陡坡图
figure,plot(1:length(eigval),eigval,'ko-')
title('Scree Plot')
xlabel('Eigenvalue Index - k')
ylabel('Eigenvalue')
```

从图 2.2 中的陡坡图中可见,保留 4 个主成分看起来是合理的。下一步,开始计算解释方差的累计比例。

```
% 计算解释方差的百分比
pervar = 100 * cumsum(eigval)/sum(eigval);
```

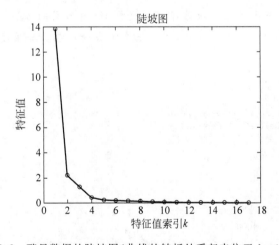

图 2.2　酵母数据的陡坡图(曲线的转折处看起来位于 $k=4$ 处)

前几个值是:

```
73.5923    85.0875    91.9656    94.3217    95.5616
```

根据截止数值,保留 4～5 个主成分(如果使用 t_d 范围的上边界)。现在展示如何做断线图测试。

```
% 先得到特征值的期望尺寸
g = zeros(1,p);
```

```
for k = 1:p
    for i = k:p
    g(k) = g(k) + 1/i;
end
end
g = g/p;
```

下一步是寻找解释方差的比例。

```
propvar = eigval/sum(eigval);
```

仅仅观察前几个数值,得到以下 g_k 数值和各个主成分的解释方差比例:

```
g(1:4) =          0.2023    0.1435    0.1141    0.0945
propvar(1:4) = 0.7359    0.1150    0.0688    0.0236
```

这样,可以看到这个方法中只有第一个主成分保留下来。最后,看一下方差规模。

```
% 计算方差的规模
avgeig = mean(eigval);
% 计算 ind 的长度
ind = find(eigval > avgeig);
length(ind)
```

根据这个测试,前三个主成分应该保留。这样,使用不同的方法,有不同的 d 值。因为打算很方便地可视化数据,以如下方法,用前三个主成分压缩数据维度。

```
% 用 d = 3 降维
P = eigvec(:,1:3);
Xp = datac * P;
figure,plot3(Xp(:,1),Xp(:,2),Xp(:,3),'k * ')
xlabel('PC 1'),ylabel('PC 2'),zlabel('PC 3')
```

结果在图 2.3 中显示。

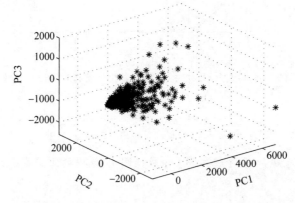

图 2.3　将酵母数据投影到前三个主成分的结果

以上图示了 MATLAB 主程序包中 eig 函数的用法。另一个有用的函数 eigs 用来寻找稀疏矩阵中的主成分。在统计工具箱中,有个函数 princomp,它返回主成分、主成分评分以及关于特征值推断的有用信息。对基于协方差阵的 PCA,使用 pcacov 函数。

本书的 PCA 研究方法是基于样本协方差或者样本相关阵的,只要以这些矩阵为蓝本,那么估计步骤都是类似的。关于主成分和相关的数据变换,有很多有趣的、有用的性质,但这超出了本书的讨论范围。在本章最后一部分提供延伸阅读的参考文献。

2.3　奇异值分解——SVD

奇异值分解(Singular Value Decomposition,SVD)与 PCA 相关,是源自线性代数的重要方法。实际上,它提供了一种不需要直接计算协方差矩阵就能找到主成分的方法[Gentle,2002]。它在基因表达数据分析[Alter,Brown 和 Botstein,2000;Wall,Dyck 和 Brettin,2001;Wall,Rechsteiner 和 Rocha,2003]和信息检索应用[Deerwester 等人,1990;Berry,Dumais 和 O'Brien,1995;Berry,Drmac 和 Jessup,1999]中也应用广泛,所以就其本身而言,是十分重要的技术。

如前文所述,数据矩阵 X 在某些情况下做关于均值的中心化处理,得到 X_c。在下面的解释中使用非中心化形式,但该技术对任意矩阵都是有效的,即矩阵未必是方阵。X 的 SVD 由下式给出:

$$X = UDV^T \tag{2.5}$$

其中 U 是 $n \times n$ 矩阵,D 是 n 行 p 列的对角阵,V 的维数是 $p \times p$。U 和 V 的列是正交的。D 是奇异值沿对角分布的矩阵,其奇异值是 X^TX 特征值的平方根,其余位置的数值为 0。

U 的各列称为左奇异向量,并作为 XX^T(一个 $n \times n$ 矩阵)的特征向量参与运算。类似地,V 的各列称为右奇异向量,这些向量是 X^TX(一个 $p \times p$ 矩阵)的特征向量。另外有趣的一点是,这些奇异值是 X^TX 和 XX^T 的特征值的平方根。

设矩阵 X 的秩为 r,有

$$r \leqslant \min(n, p)$$

那么,V 的前 r 列形成 X 列空间的正交基,U 的前 r 列形成 X 行空间的正交基[Strang,1993]。就像使用 PCA 一样,按由大到小的顺序排列奇异值,并按照同样顺序排列 U 和 V 的列。原矩阵 X 的低秩逼近(lower rank approximation)可由下式获取:

$$X_k = U_k D_k V_k^T \tag{2.6}$$

其中,U_k 是一个 $n \times k$ 矩阵,包含 U 的前 k 列;V_k 是一个 $p \times k$ 矩阵,其列是 V 的前 k 列,D_k 是 $k \times k$ 对角阵,其对角元素是 X 的 k 个最大的奇异值。可以看到,式(2.6)给出的逼近是在最小平方意义上的最佳表达。

为了说明 SVD 方法,接下来看一个信息检索的例子,称为隐含语义索引(latent semantic indexing)或者 LSI[Deerwester 等人,1990]。许多信息检索(information retrieval,IR)的应用依赖于词典匹配,需要将用户查询词与语料库或数据库的词典词汇比对。然而,人们用于描述文档的词汇可能千差万别且含糊不清,因此查询结果经常不那么完美。LSI 使用 SVD 获得更加稳健的向量,来表达文字和文档的含义。

例 2.3

这个应用于信息检索(IR)的 SVD 例子源自 Berry、Drmac 和 Jessup[1999]。语料库中的文档包括一个图书标题的小数据集和一个用于分析的词汇子集,其中一些词汇已经替代为词根(比如,bake 和 baking 均替代为 bake)。文档和词汇显示于表 2.1 中。从一个数据矩阵开始,其各行对应于词汇,各列对应于语料库中的文档。词汇—文档矩阵 X 中的元素表明了词汇在文档中出现的次数。在本应用中,并不准备将观测值中心化,但对各列做正规化预处理,使其各列的幅值为 1。这样就确保了不以词汇出现的绝对次数计算查询词和文档的相关性[①]。具体过程从以下 MATLAB 代码开始:

```
load lsiex
% 载入变量 X, termdoc, docs 和 words
% 变换矩阵,使其列的幅度值为 1
[n,p] = size(termdoc);
for i = 1:p
    termdoc(:,i) = X(:,i)/norm(X(:,i));
end
```

比如想要寻找与烤面包(baking bread)有关的书籍。那么表达这个查询的向量,由在第一和第三个位置的值为 1 的列向量给出:

$q1$ = [1 0 1 0 0 0]';

如果寻找仅仅匹配"烘烤(baking)"的书籍,那么查询向量是:

$q2$ = [1 0 0 0 0 0]';

可知,使用原始的词汇—文档矩阵,寻找查询词向量和各列(表示文档或者书籍的向量)

表 2.1 例 2.3 的文档信息

编号	题　　目
Doc1	How to *Bake Bread* Without *Recipes*
Doc2	The Classic Art of Viennese *Pastry*
Doc3	Numerical *Recipes*：The Art of Scientific Computing
Doc4	*Breads*,*Pastries*,*Pies* and *Cakes*：Quantity *Baking Recipes*
Doc5	*Pastry*：A Book of Best French *Recipes*
Term1	bak(e,ing)
Term2	recipes
Term3	bread
Term4	cake
Term5	pastr(y,ies)
Term6	pie

---

① 其他的词汇权重参见文献[Berry 和 Browne,2005]。

夹角的余弦值,可以获得最相关的文档,更大的余弦值表示查询词语与文档更加相关。这是词典匹配的一个直接应用。回忆矩阵代数中两个向量 x 和 y 之间的夹角余弦值表示为:

$$\cos\theta_{x,y} = \frac{x^{\mathrm{T}}y}{\sqrt{x^{\mathrm{T}}x}\ \sqrt{y^{\mathrm{T}}y}}$$

本例中,计算查询词余弦值的 MATLAB 代码为:

```
% 计算 termdoc 列和查询向量的夹角余弦值
% 注意 q1 的幅值不是 1
m1 = norm(q1);
cosq1a = q1' * termdoc/m1;
% q2 的幅值刚好是 1
cosq2a = q2' * termdoc;
```

余弦值结果是:

```
cosq1a = 0.8165, 0, 0, 0.5774, 0
cosq2a = 0.5774, 0, 0, 0.4082, 0
```

如果使用截止值为 0.5,那么首次查询的相关书籍是第一个和第四个,是描述烤面包(baking bread)的书籍。另一方面,第二次查询只匹配了第一本书,漏掉了也相关的第四本。信息检索领域的研究者已经试验了一些方法来解决这个问题,一个方法就是 LSI。LSI 强大用途之一就是用语料库中的已有文档来匹配用户查询,语料库中的表达方式已经由 SVD 进行了低秩逼近压缩。其思想就是完整的词汇—文档矩阵的一些维度包含噪声,使用 SVD 压缩之后,文档会有更加紧密的语义结构。这样,使用函数 SVD 做奇异值分解,这个函数是 MATLAB 软件提供的。

```
% 奇异值分解
[u,d,v] = svd(termdoc);
```

然后,在压缩空间里寻找查询向量的表达,由 U 的前 k 个列以如下方式给出:

$$q_k = U_k^{\mathrm{T}}q$$

这是一个 k 个元素的向量。注意到在一些 LSI 应用中,下式用于压缩的查询:

$$q_k = D_k^{-1}U_k^{\mathrm{T}}q$$

因为 D 是一个对角阵,所以这只是由奇异值进行的缩放操作。以下代码把查询向量投影到压缩空间,并且也计算查询向量和各列之间的余弦值。Berry、Drmac 和 Jessup 的研究显示:并不必计算全部压缩矩阵 X_k。相反,可以使用 V_k 的各列以节省存储空间。

```
% 投影查询向量
q1t = u(:,1:3)' * q1;
q2t = u(:,1:3)' * q2;
% 计算查询向量与降秩矩阵列的夹角余弦值,由 D 进行了缩放
for i = 1:5
    sj = d(1:3,1:3) * v(i,1:3)';
    m3 = norm(sj);
```

```
        cosq1b(i) = sj' * q1t/(m3 * m1);
        cosq2b(i) = sj' * q2t/(m3);
    end
```

据此,我们有:

```
cosq1b = 0.7327, − 0.0469, 0.0330, 0.7161, − 0.0097
cosq2b = 0.5181, − 0.0332, 0.0233, 0.5064, − 0.0069
```

使用截止频率 0.5,可以得到与查询词"烤面包(baking bread)"和"烘烤(baking)"相关的正确结果:文档 1 和文档 4。

注意,上述循环语句像 Berry、Drmac 和 Jessup[式(6.1),1999]那样使用了原始查询向量的幅值。这节省了计算量,也提高了计算精度(不考虑无关信息)。可以在循环语句中,除以压缩的查询向量(q1t 和 q2t)的幅值,以牺牲精度代价,来提高信息联想能力(检索相关信息)。

在展开下一话题之前,需指出,很多文献在将 SVD 应用于 LSI 和基因表达数据时,定义了与式(2.5)不同的矩阵表达式。分解是一样的,差别在于矩阵 U 和 D 的维度。一些研究者定义矩阵 U 的维度是 $n \times p$,矩阵 D 为 $p \times p$[Golub 和 Van Loan,1996]。本书遵从 Strang[1988,1993]的定义,这个定义也用于 MATLAB 中。

2.4　非负矩阵分解

在文本处理或者其他类似应用框架中,SVD 应用的问题之一是原始数据矩阵内的元素均是 0 或者更大的数值。例如,词汇—文档矩阵的元素总是非负的,因为它们表示的是计数值[②]。在这些情况下,最好能够有一个降维的方法,可以确保产生非负的特征。对于一些更加经典的方法像主成分分析或者奇异值分解,并非总是如此。比如,在 SVD 因子矩阵 U 和 V^T 中的负元素并不像在原始矩阵中那样容易解释。

SVD 的一种替代方法称为非负矩阵分解(nonnegative matrix factorization,NMF)[Berry 等人,2007]。NMF 把矩阵分解转化为一个约束优化问题,寻求将原始矩阵分解为两个非负矩阵的积。非负矩阵是指其所有元素都约束为非负值。除去容易解释,这个类型的矩阵分解已经在信息检索、聚类和其他应用中有更好的表现[Xu,Liu 和 Gong,2003;Berry 和 Browne,2005]。

在 NMF 的降维数学推导上,遵循 Berry 等人[2007]的方法。假设有数据矩阵 X,是一个 $n \times p$ 矩阵。寻找矩阵 X 秩的近似值 k,X 由乘积 WH 给出,W 是非负的 $n \times k$ 矩阵,H 是非负的 $k \times p$ 矩阵。通过最小化以下的均方误差目标函数,找到这些因子矩阵:

$$f(W, H) = \frac{1}{2} \| X - WH \|^2 \tag{2.7}$$

---

② 这包括了可能标准化之后的计数值。

矩阵 $\boldsymbol{W}$ 和 $\boldsymbol{H}$ 的积称为因式分解,但需要重点注意的是 $\boldsymbol{X}$ 不必与这个积相等。而且,它是秩小于等于 k 的近似因式分解。

从因式分解中可以得到一些有趣的结果。$\boldsymbol{W}$ 的列表示 k 维空间观测值的变换,不再需要任何进一步的矩阵操作。而且,$\boldsymbol{H}$ 的 k 个行包含了 $\boldsymbol{X}$ 中原始变量线性组合的系数。

由解决 NMF 优化而引出的问题是:在解空间存在的局部最小值问题、选择有效的算法初始化方法问题以及缺少唯一解的问题。这些问题并没有使得寻找 $\boldsymbol{W}$ 和 $\boldsymbol{H}$ 的方法研究和在数据挖掘与 EDA 中使用 NMF 止步不前。

Berry 等人评述了构建 NMF 的三类通用算法。这三种算法称为乘性更新法(multiplicative update)、交替最小二乘法(alternating least squares)和梯度下降算法(gradient descent algorithms)。他们指出,这种分类有点不清晰,因为有些方法可以属于不止一个类别。在下文中将要描述前两个算法,因为它们在 MATLAB 统计工具箱中有实现。然而,Cichocki 和 Zdunek[2006]提供的 NMFLAB 工具箱含有上述三个方法的函数。

大部分标准的 NMF 算法是由初始化为非负值的 $\boldsymbol{W}$ 和 $\boldsymbol{H}$ 矩阵开始的。对于以均方误差为目标函数的乘性更新算法,Lee 和 Seung[2001]的最初版算法也是如此。他们的算法描述如下。

1. 乘性更新算法步骤

(1)初始化一个 $n \times k$ 矩阵 $\boldsymbol{W}$,含有随机产生的位于 $0 \sim 1$ 的非负值。

(2)初始化一个 $k \times p$ 矩阵 $\boldsymbol{H}$,含有随机产生的位于 $0 \sim 1$ 的非负值。

(3)用下式更新 $\boldsymbol{H}$:

$$\boldsymbol{H} = \boldsymbol{H}.^{*}(\boldsymbol{W}^{\mathrm{T}}\boldsymbol{X})./(\boldsymbol{W}^{\mathrm{T}}\boldsymbol{W}\boldsymbol{H} + 10^{-9})$$

(4)用下式更新 $\boldsymbol{W}$:

$$\boldsymbol{W} = \boldsymbol{W}.^{*}(\boldsymbol{X}\boldsymbol{H}^{\mathrm{T}})./(\boldsymbol{W}\boldsymbol{H}\boldsymbol{H}^{\mathrm{T}} + 10^{-9})$$

(5)重复步骤(3)~步骤(4),直至收敛或者达到最大迭代次数。

上述步骤使用了 MATLAB 运算符,.* 是指矩阵的逐个元素相乘,.$/$ 是指矩阵的逐个元素相除。数值 10^{-9} 是为了避免除零错误。

由上述算法可见,运算结果依赖于随机矩阵的初值。这样分析者就得到不同初值的分解结果并进行研究。与后文叙述的交替最小二乘算法相比,乘性更新算法对初值更加敏感。研究[Berry 等人,2007]显示,乘性更新算法收敛缓慢。

2. 交替最小二乘算法步骤

(1)初始化一个 $n \times k$ 矩阵 $\boldsymbol{W}$,含有随机产生的位于 $0 \sim 1$ 的非负值。

(2)由下式中解出 $\boldsymbol{H}$:

$$\boldsymbol{W}^{\mathrm{T}}\boldsymbol{W}\boldsymbol{H} = \boldsymbol{W}^{\mathrm{T}}\boldsymbol{X}$$

(3)将 $\boldsymbol{H}$ 中的所有负值置零。

(4)由下式中解出 $\boldsymbol{W}$:

$$\boldsymbol{H}\boldsymbol{H}^{\mathrm{T}}\boldsymbol{W}^{\mathrm{T}} = \boldsymbol{H}\boldsymbol{X}^{\mathrm{T}}$$

（5）将 W 中的所有负值置零。

（6）重复步骤（2）～步骤（5），直至收敛或者达到最大迭代次数。

由上述可以看到有最小二乘法的步骤，在求解一个因子矩阵后，用最小二乘法求解另一个因子矩阵。在这之间，将负值置零，确保非负性。

在乘性更新算法和交替最小二乘算法的第一步，是以随机值初始化矩阵。也可以使用其他方法初始化矩阵 W，[Langville 等人，2006]提供了良好的示范。在下面的例子中研究 NMF 用法。

例 2.4

回到在之前例子中使用的数据集，展示用 NMF 做信息检索。首先载入数据，并对列做了标准化。

```
% 载入变量 X、termdoc、docs 和 words
load lsiex
[n,p] = size(termdoc);
% 规范列为单位范数
for i = 1:p
    termdoc(:,i) = X(:,i)/norm(X(:,i));
end
```

接着，分解矩阵 termdoc 为两个矩阵 W 和 H 的非负积，其中 W 是 6×3，H 是 3×5。下面的代码使用了统计工具箱中的乘性更新算法。

```
[W,H] = nnmf(termdoc,3,'algorithm','mult');
```

记住：根据如下的查询，寻找与其匹配的文档。

```
q1 = [1 0 1 0 0 0]';
q2 = [1 0 0 0 0 0]';
```

现在，计算词汇—文档矩阵秩的近似值 k，这个矩阵是由非负矩阵分解得到的。

```
termdocnmfk = W * H;
```

使用余弦量度和逼近词汇—文档矩阵的列寻找与查询的最佳匹配。

```
for i = 1:5
    m1 = norm(q1);
    m2 = norm(termdocnmfk(:,i));
    cosq1c(i) = (q1 * termdocnmfk(:,i))/(m1 * m2);
    m1 = norm(q2);
    m2 = norm(termdocnmfk(:,i));
    cosq2c(i) = (q2 * termdocnmfk(:,i))/(m1 * m2);
end
```

这个运行的结果是：

```
cosq1c = 0.7449 0.0000 0.0100 0.7185 0.0056
cosq2c = 0.5268 0.0000 0.0075 0.5080 0.0043
```

如果使用阈值 0.5，那么可以看到第一个和第四个文档与查询相匹配。

在前面的例子中，使用乘性更新算法只重复一次。读者可以多次运行 MATLAB 的 nnmf 函数，并试验交替最小二乘算法。研究显示这样的收敛更快，结果更好。在第 5 章中会重新讨论 NMF 话题，讨论它如何用于聚类。

2.5　因子分析

在各类文献中，关于因子分析技术的确切定义有些混乱[Jackson,1981]，但本书沿用由 Jolliffe[1986]给出的常用定义。在过去，这个方法也与 PCA 混淆，主要是因为 PCA 在软件包中有时作为因子分析的一个特例给出。这两项技术都是试图压缩数据集的维度，但是它们在很多方面都不一样。在讨论因子分析之后描述这些区别。

因子分析的思想是：p 个可观测的随机变量可以写为 $d(d<p)$ 个不可观测的潜变量或公因子（common factors）f_j 的线性函数，如下：

$$x_1 = \lambda_{11} f_1 + \cdots + \lambda_{1d} f_d + \varepsilon_1$$
$$\cdots \tag{2.8}$$
$$x_p = \lambda_{p1} f_1 + \cdots + \lambda_{pd} f_d + \varepsilon_p$$

上述模型中的 $\lambda_{ij}(i=1,2,\cdots,p,j=1,2,\cdots,d)$ 称为因子载荷（factor loadings），误差项 ε_i 称为特殊因子（specific factors）。注意，误差项 ε_i 对各个初始变量是唯一的，而 f_j 对所有变量是共同的。第 i 个变量的因子载荷的平方和为

$$\lambda_{i1}^2 + \lambda_{i2}^2 + \cdots + \lambda_{id}^2$$

称为 x_i 的公因子方差（communality）。

由式(2.8)中的模型可见，初始变量写为少量变量或因子的线性函数，进而压缩了维度。期望这些因子提供初始变量（不是观测值）的一个梗概或者聚类，以便于洞察数据内在的结构。因为这个模型是非常标准的，可以将其扩展以包括更多的误差项，比如测量误差。它也可以是非线性的[Jolliffe,1986]。

因子分析模型的矩阵形式为

$$\boldsymbol{x} = \boldsymbol{\Lambda} \boldsymbol{f} + \boldsymbol{e} \tag{2.9}$$

关于这个模型，有以下假设：

$$E[\boldsymbol{e}] = \boldsymbol{0}, \quad E[\boldsymbol{f}] = \boldsymbol{0}, \quad E[\boldsymbol{x}] = \boldsymbol{0}$$

其中 $E[\cdot]$ 指出了期望值。如果上述最后一个假设不成立，为了适应这种情况，模型可以调整为

$$\boldsymbol{x} = \boldsymbol{\Lambda} \boldsymbol{f} + \boldsymbol{e} + \mu \tag{2.10}$$

其中 $E[\boldsymbol{x}]=\mu$。假设误差项 ε_i 是彼此无关的，公因子与特殊因子 f_j 无关。给定这些假设，那么样本协方差（或者相关）矩阵形式如下：

$$\boldsymbol{S} = \boldsymbol{\Lambda}^{\mathrm{T}} \boldsymbol{\Lambda} + \boldsymbol{\Psi}$$

其中 $\boldsymbol{\Psi}$ 是一个对角阵，表示为 $E[\boldsymbol{ee}^{\mathrm{T}}]$。$\varepsilon_i$ 的方差称为 x_i 的特异性，所以矩阵 $\boldsymbol{\Psi}$ 也称为特异

性矩阵(specificity matrix)。因子分析通过假定一个将初始变量 x_i 与 d 个假设变量或因子关联的模型,来获得降维。

因子分析模型的矩阵形式让人联想到回归问题,但在这里,$\boldsymbol{\Lambda}$ 和 f 都是未知的,必须通过估计得到。这就导致因子分析的一个问题:估计值不唯一。在因子分析模型中,参数估计通常是通过矩阵 $\boldsymbol{\Lambda}$ 和 $\boldsymbol{\Psi}$ 计算的。估计分阶段进行,通过给 $\boldsymbol{\Lambda}$ 设置条件得到初始估计。一旦获得初始估计,可以通过旋转 $\boldsymbol{\Lambda}$ 获得其他值。通过使得 λ_{ij} 接近 1 或者 0,一些旋转的目的就是使 $\boldsymbol{\Lambda}$ 的结构更具说明性。一些文献描述了寻找旋转以优化所需的测度的几个方法。一些常用的方法包括 varimax、equimax、orthomax、quartimax、promax 和 procrustes。

这些因子旋转方法可以是正交的或者斜交的。在正交旋转中,坐标轴为 90 度相交。如果放松约束,那么就有了斜交旋转。正交旋转方法包括 quartimax、varimax、orthomax 和 equimax。promax 和 procrustes 旋转是斜交方法。

quartimax 旋转的目的是简化因子矩阵的行,是通过对一个因子的大载荷和其他所有因子的小载荷来得到变量的。varimax 旋转着重在简化因子矩阵的列。对于 varimax 方法,如果在单独一列中只有 1 和 0,那么就得到了完美的简化。这个方法在各个列的输出中,倾向于包含接近于 ± 1 的高载荷,也有一些是接近于 0 的载荷。equimax 旋转是上述两种方法的折中,因子矩阵的行和列都尽可能地做了简化。

正如在 PCA 中所做的,或者为了画图,或者为了进一步的聚类或分类分析,可能会使用估计的因子分析模型来变换观测值。可以想象这些观测值被变换到"因子空间",这称为因子评分,是与 PCA 类似的。然而,与 PCA 不同的是,不存在寻找因子评分的唯一方法。分析师必须时刻牢记,因子评分的确是估计值,并依赖于所用的方法。

关于因子载荷估计、方差和因子评分以及旋转方法的深入讨论,已经超出了本书的范畴。在因子分析中的估计与旋转方法的更多细节,可以参见 Jackson[1991]、Lawley 和 Maxwell[1971]或者 Cattell[1978]。在继续讲解因子分析的例子之前,需注意 MATLAB 统计工具箱使用最大似然估计方法获得因子载荷,并且也有一些之前提到的旋转方法。

例 2.5

这个例子研究统计工具箱提供的数据 stockreturns。统计工具箱用户指南也提供了对这些数据的另外一个分析。数据集包括 100 个观测值,表示 10 家公司的股价百分比变化。这样,数据集的观测值 $n=100$,有变量 $p=10$。已知前面 4 家公司可以分类为技术公司,接着 3 家公司是金融公司,最后 3 家是零售公司。可以用因子分析来观察,在数据中是否有任何结构支持这种类别划分。首先,加载数据集,使用函数 factoran 做因子分析。

```
load stockreturns
% 载入变量 stocks
% 执行因子分析: 3个因子,默认旋转
[LamVrot,PsiVrot] = factoran(stocks,3);
```

这是 factoran 的基本语法,用户必须指定因子的数量(此例中是 3),默认使用 varimax 旋转,这个旋转优化了基于载荷值方差的测度。关于 factoran 中旋转的更多细节可以参见

MATLAB 帮助文档。然后指定无旋转,在图 2.4 中绘制矩阵 Lam(因子载荷)。

```
[Lam,Psi] = factoran(stocks,3,'rotate','none');
```

这些图显示了成对的因子载荷,可以看到因子载荷并未靠近任何一条因子轴线,这样就很难解释这些因子。下一步可以试着用一种称为 promax 的斜交(非正交的)旋转方法来旋转矩阵,在图 2.5 中绘制了结果。

```
% 尝试 promax 旋转
[LProt,PProt] = factoran(stocks,3,'rotate','promax');
```

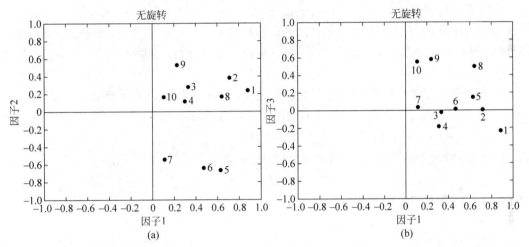

图 2.4 因子载荷未旋转的形态,可以看到载荷并未沿着因子轴线聚集,可以注意到有 3 家金融公司(点 5、6 和 7)在图(a)聚集(因子 1 和 2),而 3 家零售公司(点 8、9 和 10)在图(b)聚集(因子 1 和 3)

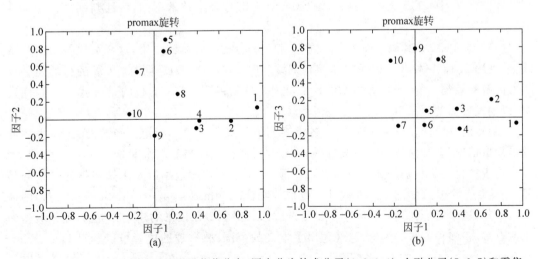

图 2.5 经过 promax 旋转后的因子载荷分布(图中分为技术公司{1、2、3、4},金融公司{5、6、7}和零售公司{8、9、10},旋转使得因子较为容易解释)

由以上可知,可以用因子载荷得到一个更加容易解释的结构,可以将上述数据做分类,也可能对估计因子评分感兴趣。用户可以在练习中探索这方面的问题。

在决定是使用 PCA 还是因子分析这件事情上,有时是让人困惑的。既然本书的目的是描述探索性数据分析技术,那么建议是这两种方法都可以用来探索数据,因为它们采用不同的方法解决问题,可以揭示数据的不同侧面。以下概括一下 PCA 和因子分析的差异,关于这两种方法的更加详细的使用,可以参见 Velicer 和 Jackson[1990]。

(1) 因子分析和 PCA 都试图基于协方差矩阵或者相关矩阵表达数据集的结构。因子分析试着解释非对角元素,而 PCA 解释矩阵的方差或者对角元素。

(2) 典型的因子分析使用相关矩阵,而 PCA 使用相关矩阵或者协方差矩阵。

(3) 因子分析有一个模型,在式(2.9)和式(2.10)中给出,但是 PCA 并没有一个与之相关的显式模型(除非对与特征值和 PC 关联的推断方法感兴趣。这种情况下,需要假设某种分布)。

(4) 如果改变保留的 PC 数量,那么已有的 PC 并不变化。如果改变因子的数量,那么整个解决方案就改变了,也就是说,现有的因子必须重新估计。

(5) PCA 有唯一解,而因子分析并没有唯一解。

(6) PC 评分可以精确求得,而因子分析评分需要估计得出。

2.6 Fisher 线性判别

线性判别分析(Linear discriminant analysis,LDA)自从 Fisher 时代[1936]就用于统计领域。那么,与 PCA 类似,它也可以划归为一种传统的降维方法。它也称为 Fisher 线性判别或映射(Fisher's linear discriminant or mapping,FLD)[Duda 和 Hart,1973],是用于模式识别和监督学习的工具之一。这样,与 PCA 和大部分降维技术不同,线性判别分析是一种有监督方法。

LDA 与 PCA 在其他方面也有不同。LDA 的目的是降维到一维,这样可以投影到一条线上(见图 2.1)。做 PCA 时可以压缩到低维空间 $d(1 \leqslant d < p)$。同时,PCA 的目的是寻找尽可能解释数据中的差异(方差)的 d 维表达。与此相反,LDA 的目的是寻找一个线性投影,以便投影后的观测值可以很好地区分。

LDA 是一种有监督的方法,是指各个观测值已经做了类别标记。经典的 LDA 方法处理最简单情况,就是两分类的情况(比如,疾病与健康、欺诈与非欺诈等等)。

对于包含两个类别的高维空间观测数据,建立这些观测数据以及未知数据的最佳分类器,仍然是一个开放的问题。根据贝尔曼维数灾难(Bellman's curse of dimensionality)的描述[1961],这个问题在高维空间中变得复杂起来。过去多年以来的建立分类器(无论数据的维数有多高)多种方法的讨论,已经超出了本文的范围,感兴趣的读者可以参见 Duda、Hart 和 Stork[2001]关于这个主题的综述。

建立高维数据分类器的一个方法就是将观测数据投影到直线上,以便在低维空间上进行很好的分类划分。观测值的线性可分性(也就是分类)在很大程度上受到这条直线位置和方向的影响。如图 2.6 所示,图中数据有两个可能的投影。显然,横轴上的数据点投影相互叠加重合,很难构建分类器。另一个投影就好多了,因为它有两组明显分隔的数据。

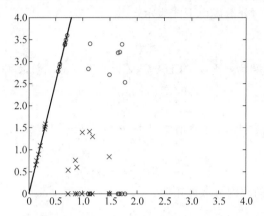

图 2.6 两类别数据的不同投影如何使其线性可分或不可分(在这里,两类数据由 x 和 o 表示。把数据投影到横轴时,对于比 1 大一些的数据,该投影明显相互重叠。或者把数据投影到一条线上,比如图中显示的,可以清楚地看到两个类别)

在 LDA 处理时,寻找一个线性映射,这个映射可以使得在新的数据表达中,其类别的线性可分性最大化。在关于 LDA(或者按照 Duda 和 Hart,称为 FLD)的讨论中,遵循 Duda 和 Hart[1973]的做法。考虑一组 n 个 p 维的观测值 $x_1, \cdots, x_n$,有 n_1 个样本标记为类别 $1(\lambda_1)$,n_2 个样本标记为类别 $2(\lambda_2)$。我们指定在第 i 类的一组观测值为 $\boldsymbol{\Lambda}_i$。

对于给定的单位规范化向量 $\boldsymbol{w}$,应用以下公式,可以生成沿 $\boldsymbol{w}$ 方向的 $\boldsymbol{x}_i$ 投影:

$$y = \boldsymbol{w}^{\mathrm{T}} \boldsymbol{x} \qquad (2.11)$$

为了提供一个使得两个类别最大线性可分的线性映射,要选择 $\boldsymbol{w}$。

投影点 y_i 之间的一个自然区分量度就是其均值差值。对于每一类,可以使用以下公式计算 p 维样本均值:

$$\boldsymbol{m}_i = \frac{1}{n_i} \sum_{\boldsymbol{x} \in \Lambda_i} \boldsymbol{x} \qquad (2.12)$$

投影点的样本均值由下式表达:

$$\tilde{m}_i = \frac{1}{n_i} \sum_{\boldsymbol{y} \in \Lambda_i} \boldsymbol{y} = \frac{1}{n_i} \sum_{\boldsymbol{x} \in \Lambda_i} \boldsymbol{w}^{\mathrm{T}} \boldsymbol{x} \qquad (2.13)$$

由式(2.12)和式(2.13),得

$$\tilde{m}_i = \boldsymbol{w}^{\mathrm{T}} \boldsymbol{m}_i \qquad (2.14)$$

可用式(2.14)来度量两类数据的均值区分程度:

$$|\tilde{m}_1 - \tilde{m}_2| = |\boldsymbol{w}^{\mathrm{T}}(\boldsymbol{m}_1 - \boldsymbol{m}_2)| \qquad (2.15)$$

仅仅通过缩放调整 $\boldsymbol{w}$,就有可能使得式(2.15)中的差值尽可能大。然而,$\boldsymbol{w}$ 的幅值对于我们想要的投影并不真的很重要,它仅仅是缩放了 $\boldsymbol{y}$。正如图 2.6 所示,投影线的角度或方向才是最重要的。

为获得好的类别区分,进而获得良好的分类性能,相较于各类观测值的一些标准差度量,总是希望均值区分尽可能大些。接下来将使用分散度作为标准偏差的度量。

第 i 类投影数据点的分散度由下式表示:

$$\tilde{s}_i^2 = \sum_{y \in \Delta_i} (y - \tilde{m}_i)^2$$

定义类内分散度之和为 $\tilde{s}_1^2 + \tilde{s}_2^2$。LDA 定义为使得下面函数取得最大值的向量 w:

$$J(w) = \frac{|\tilde{m}_1 - \tilde{m}_2|^2}{\tilde{s}_1^2 + \tilde{s}_2^2} \tag{2.16}$$

通过简单的线性代数计算(详情请参见 Duda 和 Hart[1973]),就可以得到式(2.16)取得最大值时的 w 为

$$w = S_W^{-1}(m_1 - m_2) \tag{2.17}$$

其中 S_W 是由下式定义的类内分散度矩阵:

$$S_W = S_1 + S_2$$

以及

$$S_i = \sum_{x \in \Delta_i} (x - m_i)(x - m_i)^T$$

注意:矩阵 S_W 与合并的 p 维数据的样本协方差矩阵成正比。有趣的是,LDA 是有着类间分散度 S_B 和类内分散度最大比值的线性映射,其中

$$S_B = (m_1 - m_2)(m_1 - m_2)^T$$

例 2.6

在本例中实施 LDA 方法。首先,使用 mvnrnd 函数产生一些多元正态观测数据,在图 2.7(a)绘制其散点图。

```
n1 = 100;
n2 = 100;
cov1 = eye(2);
cov2 = [1 .9; .9 1];
% mvnrnd 函数来自统计工具箱③
dat1 = mvnrnd([-2 2],cov1,n1);
dat2 = mvnrnd([2 -2],cov2,n2);
plot(dat1(:,1),dat1(:,2),'x', …
    dat2(:,1),dat2(:,2),'o')
```

现在,根据 LDA 估计最优线性映射。第一步是获得类内分散度矩阵。

```
% 根据与样本协方差阵成比例的事实,计算分散度矩阵
scat1 = (n1-1) * cov(dat1);
```

---

③ 本例中的函数 mvnrnd 和 ksdensity 来自统计工具箱,但是在免费的计算统计工具箱中也有类似的函数。参见附录 B 获得更多信息。

```
scat2 = (n2-1)*cov(dat2);
% 计算类内分散度矩阵
Sw = scat1 + scat2;
```

然后,计算每一类的样本均值。注意:这些均值是原(坐标)空间里数据的均值。

```
% 接着,需要原空间中各类的均值
mu1 = mean(dat1);
mu2 = mean(dat2);
```

现在可以计算式(2.17)中的 LDA 向量 w。

```
% 下一步计算 LDA 向量 w
%   注意我们要将均值转置,因为它们应该是列向量
w = inv(Sw)*(mu1' - mu2');
%   规范向量 w
w = w/norm(w);
```

使用向量 w 将数据投影到一维空间(见式(2.11))。

```
% 现在计算投影数据
pdat1 = w'*dat1';
pdat2 = w'*dat2';
```

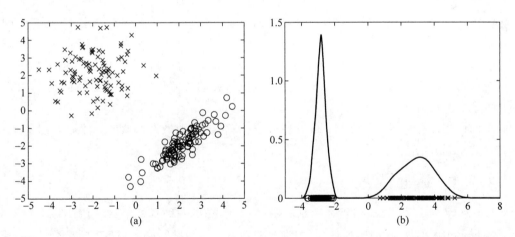

图 2.7 (a)是原二维空间中的数据散点图(见例 2.6)(类别 1 观测值标记为×,类别 2 的观测值标记为 o);(b)显示了使用 LDA 方法,这些数据投影到一维空间横轴的结果,也在图上绘制了两类数据的核密度估计,显然在这种情况下,数据是一维空间可分的

现在,数据处于一维空间。这样,我们可以使用 ksdensity 函数,构建一个核密度估计,帮助我们可视化数据点。

```
[ksd1,x1] = ksdensity(pdat1);
[ksd2,x2] = ksdensity(pdat2);
plot(pdat1,zeros(1,100),'x',pdat2,zeros(1,100),'o')
```

```
hold on
plot(x1,ksd1,x2,ksd2)
hold off
```

结果显示于图 2.7(b),可以看到使用来自 LDA 的线性投影,使得在一维空间中的数据有很好的区分。关于判别分析的更多信息请参见第 6 章。

Duda 和 Hart[1973]也针对 $c(c>2)$ 个类别的分类问题提出类似方法。方法中,LDA 包含 $c-1$ 个判别函数。这样,投影从 p 维降到 $c-1$ 维。当然,假设 $p \geqslant c$。

2.7   本征维数

在 EDA 中,数据集的本征维数(有时也称为有效维数)是很有用的信息。这个本征维数定义为可以无损地对数据建模的最小维数或者变量数[Kirby, 2001]。Fukunaga[1990] 的类似定义是"解释数据观测属性的最少参数"。

文献中提供了几种方法来估计数据集本征维数。关于最有可能的局部维度,Trunk [1968,1976]使用假设检验描述了一种统计方法。Fukunaga 和 Olsen[1971]提出的方法是:数据分成多个小的子区,对各个子区,计算局部协方差矩阵的特征值。特征值的个数就是本征维数。

在近期文献中提出了更多估计本征维数的方法,主要由于人们对机器学习中的降维和流形学习越来越感兴趣。这些更新的方法现在主要分类为局域的或者全局的[Camastra, 2003]。局域方法使用观测值的邻域信息估计维数,而全局的方法利用整个数据集,分析数据的全局特性。当考查在主成分分析中由特征值解释的方差值时,本书实际上已经讨论了估计维数的全局方法。

下面讲述几种局域估计方法:最近邻方法、关联维数和最大似然法。然后介绍基于包数估计的全局方法。

2.7.1   最近邻法

Pettis 等人[1979]基于最近邻信息和密度估计,提出一种本征维数的估计算法。本书选择实现 Pettis 的原本算法,所述如下,推导的细节可以参见原论文。首先,设置一些符号,正如原论文中一样,使用观测值的一维表达。然而,这个方法与观测值之间的距离有关,很容易扩展到多维的情况。让 $r_{k,x}$ 表示第 k 个最近邻的距离。第 k 个最近邻距离的平均值为

$$\bar{r}_k = \frac{1}{n} \sum_{i=1}^{n} r_{k,x_i} \tag{2.18}$$

Pettis 等人[1979]提出式(2.18)中平均距离的期望值为

$$E(\bar{r}_k) = \frac{1}{G_{k,d}} k^{1/d} C_n \tag{2.19}$$

其中

$$G_{k,d} = \frac{k^{1/d}\Gamma(k)}{\Gamma(k+1\div d)}$$

式(2.19)中，C_n 与 k 相互独立。如果对式(2.19)取对数并整理表达式，得到下式：

$$\log(G_{k,d}) + \log E(\bar{r}_k) = (1/d)\log(k) + \log(C_n) \tag{2.20}$$

根据样本数据的 $\bar{r}_k$ 观测值可以获得 $E(\bar{r}_k)$ 的估计值，得到对本征维数 d 的估计值 $\hat{d}$：

$$\log(G_{k,\hat{d}}) + \log(\bar{r}_k) = (1/\hat{d})\log(k) + \log(C_n) \tag{2.21}$$

这与回归问题是类似的，斜率由 $(1/\hat{d})$ 给出。$\log(C_n)$ 这一项影响截距而不影响斜率，所以在估计时可以忽略这一项。

因为 $\hat{d}$ 也出现在式(2.21)的响应侧(左侧)，所以估计过程必须是迭代的。若要开始，设置 $\log(G_{k,\hat{d}})$ 等于 0，使用最小二乘法寻找斜率。此时，预测值由 $\log(k)$ 给出，响应值为 $\log(\bar{r}_k)$，$k = 1, 2, \cdots, K$。一旦有了 $\hat{d}$ 的初值，就可以用式(2.21)寻找 $\log(G_{k,\hat{d}})$ 的值，进而计算响应值为 $\log(G_{k,\hat{d}}) + \log(\bar{r}_k)$ 时的斜率。算法按照这个方式执行，直到本征维数的估计值收敛。

上面简单地描述了算法，接下来也需要先讨论一下离群值的影响。Pettis 等人[1979]发现，如果在估计本征维数之前就删除潜在的离群值，那么算法效果就更好。为了定义本文的离群值，首先定义最大平均距离的量度为

$$m_{\max} = \frac{1}{n}\sum_{i=1}^{n} r_{K,x_i}$$

其中 r_{K,x_i} 表示第 i 个 K 最近邻距离。分散度表示为

$$s_{\max}^2 = \frac{1}{n-1}\sum_{i=1}^{n}(r_{K,x_i} - m_{\max})^2$$

满足以下条件：

$$r_{K,x_i} \leqslant m_{\max} + s_{\max} \tag{2.22}$$

的数据点 x_i 用于本征维数的最近邻估计。接下来开始叙述这个方法，本征维数计算步骤如下：

(1) 设置最大近邻数 K；

(2) 确定所有的距离 r_{K,x_i}；

(3) 移除离群值，保留满足式(2.22)的其他数值；

(4) 计算 $\log(\bar{r}_k)$；

(5) 通过拟合直线 $\log(\bar{r}_k) = (1/\hat{d})\log(k)$，得到 $\hat{d}_0$ 的初始估计，计算斜率的倒数；

(6) 根据式(2.21)计算 $\log(G_{k,\hat{d}_j})$；

(7) 拟合直线 $\log(G_{k,\hat{d}_j}) + \log(\bar{r}_k) = (1/\hat{d})\log(k)$，更新本征维数的估计值；

(8) 重复步骤(6)和步骤(7),直至估计值收敛。

例 2.7

以下 MATLAB 代码实现了本征维数估计的 Pettis 算法,在 EDA 工具箱中是函数 idpettis。首先生成能够演示算法功能的数据。以下公式描述一条螺线,数据点沿着螺线随机选择:

$$x = \cos\theta$$
$$y = \sin\theta$$
$$z = 0.1\theta$$

其中 $0 \leqslant \theta \leqslant 4\pi$。对于这个数据集,其维度是 3,但是其本征维数是 1。图 2.8 中显示出该螺线,生成在 $0 \leqslant \theta \leqslant 4\pi$ 区间均匀分布的数据。

```
% 生成随机数
% unifrnd 来自统计工具箱
n = 500;
theta = unifrnd(0,4 * pi,1,n);
% 使用螺线函数公式
x = cos(theta);y = sin(theta);z = 0.1 * (theta);
% 构成一个矩阵
X = [x(:),y(:),z(:)];
```

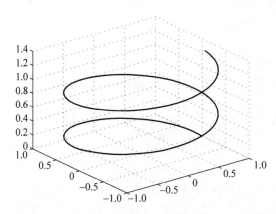

图 2.8　例 2.7 中使用的螺线(这是一个三维空间中的一维结构)

注意:函数 unifrnd 来自统计工具箱,但是用户也可以使用 rand 函数,调整到适合的区间[Martinez 和 Martinez,2007]。考虑到空间和清晰度,接下来只展示删除离群值后的算法代码。因此,以下代码无法正常运行。有兴趣的读者参见函数 idpettis 了解其余的步骤。

```
% 得到 d 的初值.n,k 和 logrk 的值在 idpettis 函数中定义.以下程序来自该函数
logk = log(k);
[p,s] = polyfit(logk,logrk,1);
dhat = 1/p(1);
dhatold = realmax;
```

```
maxiter = 100;
epstol = 0.01;
i = 0;
while abs(dhatold - dhat) >= epstol & i < maxiter
    % 加 logGRk,调整 y 值
    logGRk = (1/dhat) * log(k) + …
                gammaln(k) - gammaln(k + 1/dhat);
    [p,s] = polyfit(logk,logrk + logGRk,1);
    dhatold = dhat;
    dhat = 1/p(1);
    i = i + 1;
end
idhat = dhat;
```

以下是使用 idpettis 函数的一个例子：

```
% 用 pdist 函数计算距离
% 以下返回点间距离
ydist = pdist(X);
idhat = idpettis(ydist,n);
```

其中输入变量 **X** 是螺线数据。本征维数估计值是 1.14。从这个结果可以看到,在大部分情况下,估计值需要圆整到最近的整数。这样,本例中的估计值就是正确的结果：一维。

2.7.2 关联维数

本征维数的关联维数估计基于以下假设：一个半径为 r 的超球内的观测值数量与 r^d 成正比[Grassberger 和 Procaccia,1983；Camastra 和 Vinciarelli,2002]。在一个度量空间的一组观测值 $S_n = \{x_1, x_2, \cdots, x_n\}$,可以按照以下公式计算包含于半径为 r 的超球内的观测值的相对数量：

$$C(r) = \frac{2}{n(n-1)} \sum_{i=1}^{n} \sum_{j=i+1}^{n} c \tag{2.23}$$

其中

$$c = \begin{cases} 1, & \| x_i - x_j \| \leqslant r \\ 0, & \| x_i - x_j \| > r \end{cases}$$

式(2.23)中 $C(r)$ 的值与 r^d 成正比,这样就可以据此估计本征维数 d。因此,关联维数由下式给出：

$$d = \lim_{r \to 0} \frac{\log C(r)}{\log r} \tag{2.24}$$

因为样本有限,式(2.24)中达到极限值 0 是不可能的。所以,本书绘制了 $\log C(r)$ 和 $\log r$ 的关系图,估计其线性部分的斜率。Van der Maaten[2007]表示：这个斜率,也就是本征维数,可以通过计算两个 r 值的 $C(r)$ 值,计算比值得到：

$$\hat{d}_{corr}(r_1, r_2) = \frac{\log C(r_2) - \log C(r_1)}{\log r_2 - \log r_1}$$

在 L. J. P. van der Maaten[④] 的降维工具箱中,提供了几个局域和全局的本征维数估计方法。工具箱中提供了一个函数,该函数使用本小节以及下一小节的估算方法。这样,到 2.7.4 节才会演示关联维数以及其他方法。

2.7.3　最大似然法

从前面两个方法的描述来看,局域本征维数的估算基于这样的想法:围绕一个给定数据点,半径为 r 的超球包含的观测值数量与 r^d 成正比例增加,d 是围绕该数据点的流形的本征维数。Levina 和 Bickel[2004]也基于这个思想推导最大似然估计,但他们为超球内的数据点建模为一个泊松过程[van der Maaten,2007]。

考虑一组独立同分布的观测值 $x_1,x_2,\cdots,x_n$,处于一个 p 维空间 $\pmb{R}^p$。假设观测值内嵌于 d 维空间,且 $d \leqslant p$。这样,$x_i = g(y_i)$,y_i 采样于支持 R^d 的未知平滑密度(函数)f。通过必要的数学假设,保证在高维空间中相互靠近的观测值在嵌入低维空间时也相互靠近。

选择一个点 x,假设在围绕着 x,半径为 r 的小超球 $S_x(r)$ 内,$f(x)$ 是近似常数。通常可以将超球 $S_x(r)$ 内的观测值作为一个齐次泊松过程处理。

然后,考虑非齐次过程 $(N_x(t), 0 \leqslant t \leqslant r)$,

$$N_x(t) = \sum_{i=1}^{n} \mathbf{1}\{x_i \in S_x(t)\} \tag{2.25}$$

式(2.25)计算距离 x 为 t 的观测值数量。这可以由泊松过程近似得到,可以把处于维数 d 的过程 $N_x(t)$ 的比率 $\lambda(t)$ 表示为

$$\lambda_x(t) = \frac{f(x)\pi^{d/2} dt^{d-1}}{\Gamma(d/2+1)}$$

其中 $\Gamma(\cdot)$ 是 gamma 函数。

Levina 和 Bickel 提供相关的对数似然函数,表明了以下的本征维数最大似然估计:

$$\hat{d}_r(x) = \left[\frac{1}{N(r,x)} \sum_{j=1}^{N(r,x)} \log \frac{r}{T_j(x)} \right]^{(-1)} \tag{2.26}$$

其中 $T_j(x)$ 是从点 x 到以 x 为中心的超球内第 j 个最近邻的欧式距离。另外,可以将 $T_j(x)$ 视为以 x 为中心的,包含 j 个观测值的最小超球的半径。

下面提供了一个更方便的方法,通过邻域点数量 k 而不是半径 r 来进行估算。式(2.26)的最大似然估计就变成:

$$\hat{d}_k(x) = \left[\frac{1}{k-1} \sum_{j=1}^{k-1} \log \frac{T_k(x)}{T_j(x)} \right]^{(-1)} \tag{2.27}$$

式(2.27)清晰地表明,估算依赖于参数 k(或者超球半径 r),也依赖于点 x。有时,本征维数作为数据集的位置(x)以及标度值(k 或者 r)的函数,随其变化。这样,最好有不同位置和标度的估算值。Levina 和 Bickel 指出:超球应该小且包含足够的点,这样估算才能很好地进行。

---

④　参见附录 B 的网址。

Levina 和 Bickel 推荐：应该在各个观测值 x_i 和从小标度到适中标度 k 值的情况下估计本征维数。最后的估计值是计算结果平均值得到的：

$$\hat{d}_{MLE} = \frac{1}{k_2 - k_1 + 1} \sum_{k=k_1}^{k_2} \bar{d}_k \tag{2.28}$$

其中

$$\bar{d}_k = \frac{1}{n} \sum_{i=1}^{n} \hat{d}_k(x_i)$$

Levina 和 Bickel 建议 $k_1 = 10, k_2 = 20$。

MacKay 和 Ghahramani[2005]注意到：式(2.28)的最大似然估计，对于小的 k 值，即使 n 很大，也仍是偏差很大的。他们建议用平均估计值的倒数来缓解这一问题。

2.7.4　包数估计

Kegl[2003]基于数据的几何属性，提出一种估计本征维数的方法，这样就不需要使用数据生成模型了。这个方法的另一个优势是它不必像之前的方法那样设置参数。Kegl 的估计称为包数估计。

对于给定的度量空间中的集合 $S = \{x_1, x_2, \cdots, x_n\}$，其 r 覆盖数 $N(r)$ 是覆盖数据集 S 的所有观测值 x_i 的最少的超球数量，r 是超球半径。d 维数据集的 r 覆盖数 $N(r)$ 与 r^{-d} 成正比，可以定义容量维数（capacity dimension）为

$$d = -\lim_{r \to 0} \frac{\log N(r)}{\log r} \tag{2.29}$$

对于大部分数据集，难以找到 r 覆盖数 $N(r)$。于是，Kegl 使用 r 包数 $M(r)$，其定义为：数据集 S 中，可以被半径为 r 的单一超球覆盖的观测值 x_i 的最大数量[van der Maaten, 2007]。

使用以下包数与覆盖数的不等式：

$$N(r) \leqslant M(r) \leqslant N(r/2)$$

通过式(2.29)中的包数确定数据集的本征维数：

$$d = -\lim_{r \to 0} \frac{\log M(r)}{\log r} \tag{2.30}$$

既然样本有限，那么无法达到式(2.30)的极限，于是本征维数的包数估计使用下式确定：

$$\hat{d}_{pack}(r_1, r_2) = -\frac{\log M(r_2) - \log M(r_1)}{\log r_2 - \log r_1}$$

例 2.8

下面检查刚刚描述的本征维数估计的输出情况。要做到这一点，需要使用降维工具箱[5]的函数 intrinsic_dim。有兴趣的读者可以下载工具箱，根据 readme.txt 文档的安装指

---

⑤　下载工具箱的信息请参见附录 B。

令操作。也会使用这个工具箱的另一个函数 generate_data,它可以产生基于螺旋线的数据,这与之前的例子是不同的。

```
% 首先,产生并绘制螺线数据集
% 第一个参数指定数据集类型
% 第二个参数是点的数量,第三个参数决定噪声的数量
[X] = generate_data('helix',2000,0.05);
plot3(X(:,1),X(:,2),X(:,3),'.')
grid on
```

数据绘制于图 2.9,可以看到沿着螺线的一维流形数据。接下来使用关联维数、最大似然估计和包数来估计本征维数。

```
% 现在计算在前三个部分中描述的本征维数的估计值
d_corr = intrinsic_dim(X,'CorrDim');
d_mle = intrinsic_dim(X,'MLE');
d_pack = intrinsic_dim(X,'PackingNumbers');
```

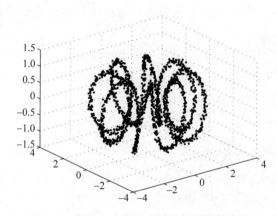

图 2.9　例 2.8 中产生的螺线数据的散点图

以下给出结果:

```
d_corr = 1.6706
d_mle = 1.6951
d_pack = 1.2320
```

可以看到结果有些差异,在这个人工数据集中,包数估计的效果最好。

2.8　总结与深入阅读

本章介绍了降维的概念,展示了由高维空间到低维空间做线性映射的几种方法。这些方法包括主成分分析、奇异值分解和因子分析。也讨论了确定数据集本征维数的问题。

对于线性代数和矩阵代数的一般处理,推荐 Strang[1985,1993]或者 Golub 和 van

Loan[1996]。PCA 和因子分析的讨论在很多多元分析的书中都可以看到,一些示例可以参见 Manly[1994]或者 Seber[1984]。对这些主题的进一步详细处理可以参见 Jackson[1991]和 Jolliffe[1986]。上述文献提供了 PCA、SVD 和因子分析的扩展讨论(包括一些延伸应用)。近年来对基因芯片分析有很多 PCA 和 SVD 的应用,比如基因剔除(gene shaving)[Hastie 等人,2001]、预测人乳腺癌的临床状态[West 等人,2001]、获得基因表达动力学(dynamics of gene expression)的全景[Alter,Brown 和 Botstein,2000]以及聚类[Yeung 和 Ruzzo,2001]。

文献中有很多非负矩阵分解的应用,包括盲源分离[Cichocki 等人,2006]、面部识别[Guillamet 和 Vitria,2002]、音乐记谱(music transcription)[Smaragdis 和 Brown,2003]以及基因芯片数据分析[Fogel 等人,2007]等。Bucak 与 Gunsel[2009]介绍了一种适用于在线处理大规模数据集的非负矩阵分解的增量框架。

Verveer 和 Duin[1995]以及 Bruske 和 Sommer[1998]进一步研究了估计本征维数的 Fukunaga-Olsen 方法。Petti 算法在 Fukunaga[1990]中也有叙述,Verveer 和 Duin[1995]做了进一步扩展。Verveer 和 Duin[1995]修改了 Pettis 和 Fukunaga-Olsen 算法,并提供了性能评估方法。Costa 和 Hero[2004]提出一种基于熵图(entropic graph)的几何方法,称为测地线最小生成树(geodesic minimal spanning tree,GMST),这种方法估算流形维数和流形样本密度的 α 熵。

Raginsky 和 Lazebnik[2006]提出估计本征维数的方法,该方法利用了量化维数和高比率向量量化(high-rate vector quantization)的概念。Costa 等人[2005]设计了一种基于 k 最近邻图(k-nearest neighbor graph)的全局方法。Guo 和 Nie[2007]也基于 k 最近邻图提出一种新方法,但该方法是基于凸包(convex hull)的。Fan 等人[2008]通过寻找切割球(incising ball)的半径和球内观测值数量的指数关系,推导估计值。Little 等人[2009]描述了本征维数的全局估计方法,该方法使用了 SVD 的多尺度版本。Camastra[2003]给出了一些维度估计方法的概述,其重点在于分形的方法。描述局域本征维数估计方法和一些有趣应用(网络异常检测、聚类、图像分割)的论文来自 Carter 等人[2010]。

练习

2.1 产生 $n=50$, $p=3$ 的正态分布的随机变量,在一个维度上有大的方差。例如,可以使用如下 MATLAB 代码生成:

```
x1 = randn(50,1) * 100;
x2 = randn(50,2);
X = [x1,x2];
```

尝试使用相关矩阵和协方差矩阵做 PCA 分析。使用协方差分析是否可以获得更多信息,在本例中哪一个更加适合?

2.2 绘制例 2.2 数据集的陡坡图。对于同样的 n 和 p,产生多元、无关的正态随机分布变量(提示：randn(n,p))。对这个数据集进行 PCA 分析,绘制其陡坡图。它应该是近似的直线。把这两条陡坡图绘制在一起,它们相交的位置就是要保留的主成分的一个估计。这与之前的结果比较起来如何? (Jackson,1991,p.46。)

2.3 使用语句 randn(30,3),生成一组 $n=30$ 的三元正态随机变量。

(1) 从观测值中减去平均值,用 cov 函数计算协方差矩阵。基于中心化观测值的协方差矩阵,获取特征向量和特征值。原数据的方差和等于特征值的和吗? 验证特征向量的正交性。寻找主成分评分及其均值。

(2) 对原变量取 $[2,2,2]^T$ 的均值。对这些未中心化的数据执行 PCA 分析。确定主成分评分及其均值。

(3) 中心化并缩放原变量,使各个变量的均值为 0,标准差为 1。计算这些转换后变量的协方差。计算原未转换数据的相关矩阵。这两个矩阵相同吗?

(4) 通过寻找主成分评分的相关矩阵来验证主成分评分数据之间的无关性。

2.4 使用相关矩阵重做例 2.2,并与之前的结果比较。

2.5 产生多元正态随机变量,其中心点是原点(位于 0 周围)。构建矩阵 $\boldsymbol{X}^T\boldsymbol{X}$,寻找其特征向量。然后,构建矩阵 $\boldsymbol{XX}^T$,计算其特征向量。现在,对 $\boldsymbol{X}$ 进行 SVD 分析,与特征向量比较 $\boldsymbol{U}$ 和 $\boldsymbol{V}$ 的列。它们一样吗? 注意:$\boldsymbol{U}$ 和 $\boldsymbol{V}$ 的各列对符号变化保持唯一性。关于特征值和奇异值,你有何结论?

2.6 产生一组多元正态随机变量,中心为原点。计算协方差矩阵的特征值分解。将它们相乘,得到原矩阵,也执行乘法操作获得对角阵 $\boldsymbol{L}$。

2.7 在陡坡图中,将各点连线的斜率绘图。应用到酵母数据中。这对分析有帮助吗? 提示:使用 diff 函数。

2.8 对下列数据集进行 PCA 分析。使用不同方法选择维数,会得到怎样的 d 值?

(1) 其他的基因表达数据集;

(2) oronsay 数据集;

(3) sparrow 数据集。

2.9 对例 2.3,设置 $k=2$,重作 SVD-LSI。评价结果,并与 $k=3$ 时的文档检索结果进行比较。

2.10 使用例 2.3 中的词汇—文档矩阵,计算压缩的查询向量和压缩的文档向量夹角的余弦值。注意,这次在循环中使用压缩的查询向量幅值,不是原始查询向量幅值。讨论这种方式如何在精度和联想能力方面影响结果。

2.11 使用 rand 或者 randn 函数产生二元数据集。验证其奇异值是 $\boldsymbol{X}^T\boldsymbol{X}$ 和 $\boldsymbol{XX}^T$ 的特征值的平方根。

2.12 使用在 MATLAB 中估计因子载荷的其他旋转和实施方法重做例 2.5,观察结果是否变化。

2.13 在例 2.5 中,绘制无旋转和 promax 旋转时的因子 2 和因子 3 关系图。讨论任何显著的分组情况。

2.14 尝试在不同因子数量的情况下实现例2.5——比如因子数量为2或者4。结果如何变化?

2.15 MATLAB函数factoran包括了获取因子评分估计值的选项。使用例2.5中的数据,试验以下代码:

```
[lam, psi, T, stats, F] = …
    factoran(stocks, 3, 'rotate', 'promax');
```

因子评分包含在变量F中。可以使用plotmatrix函数查看。

2.16 尝试以因子分析方法,处理一些基因表达数据,对患者或者实验进行聚类。

2.17 对递增的数值n,用randn产生标准的二维二元随机变量。应用idpettis函数估计本征维数,对于各个n值,重复蒙特卡洛测试。这些数据的真正本征维数是2。算法处理这些数据时的表现怎样?

2.18 数据集来自Fukunaga[1990],作者描述了由三个参数a、m和σ表达的高斯脉冲。波形由下式给出:

$$x(t) = a\exp[-(t-m)^2 \div (2\sigma^2)]$$

这三个参数在以下区间随机产生:

$$0.7 \leqslant a \leqslant 1.3$$
$$0.3 \leqslant m \leqslant 0.7$$
$$0.2 \leqslant \sigma \leqslant 0.4$$

数据在区间$0 \leqslant t \leqslant 1.05$生成8次,这样每个信号是一个8维随机向量。这些数据的本征维数是3。对不同的数值n,产生随机向量,使用函数idpettis估计其本征维数,评估结果。

2.19 估计酵母数据的本征维数,这个结果与例2.2一致吗?

2.20 估计以下数据的本征维数。若有可能,与PCA的结果进行比较。

(1) 所有的BPM数据集;

(2) oronsay数据;

(3) sparrow数据;

(4) 其他基因表达数据。

2.21 统计工具箱有一个函数rotatefactors,可以应用于因子分析或者主成分分析的载荷。查看其帮助。将其应用于数据stockreturns的因子载荷和例2.2中数据酵母的PCA结果上。

2.22 考虑包含两个组别的数据集,每组数据来自不同的多元正态分布。使用以下代码为各组产生100个数据点:

```
sigma = eye(3);
r0 = mvnrnd([7,7,7],sigma,100);
r1 = mvnrnd([5,5,5],sigma,100);
%将两组数据放入一个矩阵中
```

```
X = [r0;r1];
```

注意：mvnrnd 函数来自统计工具箱，也可以使用 EDA 工具箱的 genmix 图形交互界面。使用 SVD 和非负矩阵分解把数据降到二维。使用 plot 函数可视化结果，第一组(就是数据矩阵的前 100 行)使用一种颜色绘制，第二组用另外一种颜色绘制。比较两种降维方法的结果。哪种聚类效果好？

2.23 对 Fisher 的鸢尾花数据集进行 LDA 投影，每次取出两个类别。重复书中的例子，将数据显示为一维，并包括核密度估计。讨论各个情况下投影的优势。

2.24 用不同的数据重作例 2.4，比较结果。同时，对同样的例子，尝试使用交替最小二乘法(alternating least squares)并比较结果。

2.25 使用一些替代方法，比如关联维数，最大似然估计和包数估计的方法估计例 2.7 中螺线数据的本征维数，比较结果。

2.26 对例 2.8 中的螺线数据应用近邻估计方法(idpettis)，讨论结果。

2.27 在降维工具箱中的 intrinsic_dim 函数也会返回 Costa 和 Hero[2004]提出的测地线最小生成树估计(geodesic minimum spanning tree estimator, GMST)。GMST 的思想是测地线最小生成树的长度函数依赖于本征维数。为例 2.7 中的螺线数据集计算 GMST 估计，并讨论结果。

第 3 章

降维——非线性方法

本章涉及许多非线性的降维方法,这里的非线性体现在高维空间与低维空间之间的映射关系为非线性。首先介绍多维尺度分析,该方法已经被广泛应用。接着介绍一些近年来提出的非线性降维方法,包括局部线性嵌入、等距特征映射以及海森特征映射。最后对机器学习当中的一些降维方法进行讨论,例如自组织映射、生成式拓扑映射以及曲元分析。

3.1 多维尺度分析——MDS

多维尺度分析(MDS)是用于分析测量物体的数据集合之间邻近性的一组方法,它可以揭示出数据集内在的隐藏结构。MDS 算法的目的是为原始数据集合寻找一个低维结构,并且满足在此低维结构中数据点之间的距离不失真。这就意味着,高维空间中较近的点在低维空间中也较近。MDS 算法最初是由社会科学研究者提出的,如今在很多统计软件包中都有该算法,包括 MATLAB 统计工具箱。

在介绍不同的 MDS[Cox 和 Cox, 2001]方法之前,首先介绍一些相关的定义和符号。如前面所述,假设数据集合包含 n 个观测点。MDS 算法首先测量出邻近性,用以衡量物体之间的距离或者相似度。邻近性包含两种类型:相似性和相异性。定义符号 δ_{rs} 用于衡量物体 r 和 s 之间的相异性,S_{rs} 用于衡量相似性。对于大多数情况下,满足:

$$\delta_{rs} \geqslant 0, \quad \delta_{rr} = 0$$

和

$$0 \leqslant s_{rs} \leqslant 1, \quad s_{rr} = 1$$

因此,从 δ_{rs} 的满足条件可以看出,δ_{rs} 越小则观测点离得越近;对于相似性测量 S_{rs} 而言,值越大则离得越近。这两种邻近性的测量可以很容易地相互转换(详见附录 A)。因此在本章后续部分,都假设采用相异性作为邻近性测量。同时,物体间相异性可采用矩阵的形式表示,记为 Δ。大多数情况下,相异性矩阵都是一个 $n \times n$ 的对角阵(有些情况下,用下三角矩阵或者上三角矩阵的形式给出)。

定义 d_{rs} 为低维空间中观测点 r 和 s 之间的距离。在 MDS 的文献中,定义 $\boldsymbol{X}$ 为低维空间中坐标值矩阵。值得注意的是,此处可能与之前定义的 $\boldsymbol{X}$(表示具有 n 个 p 维观测点的原始数据集合)相混淆。

在 MDS 中,通常从研究相异性矩阵 $\boldsymbol{\Delta}$ 入手,而不是直接研究原始数据。事实上,在 MDS 的初始公式中,对不同类对象进行定性判断时,原始的 p 维空间的观测点并无意义。归纳而言,MDS 首先研究相异性矩阵 $\boldsymbol{\Delta}$,最终得到 d 维[①]数据集合 $\boldsymbol{X}$, d 的取值需要满足 $d < p$。通常 d 的取值为 2 或 3,以便观察者更直观可视的分析有趣的低维结构。

MDS 有许多不同算法,通常把这些方法分为度量 MDS 和非度量 MDS 这两大类。这两种不同类别的方法的主要区分在于相异性 δ_{rs} 转换成低维空间距离 d_{rs} 的方式不同。度量 MDS 假设 δ_{rs} 与 d_{rs} 之间的关系满足式(3.1)。

$$d_{rs} \approx f(\delta_{rs}) \tag{3.1}$$

其中 f 为连续单调函数,它的函数形式决定了 MDS 的模型。例如, f 的形式可能如式(3.2)所示:

$$f(\delta_{rs}) = b\delta_{rs} \tag{3.2}$$

式(3.2)定义的映射称为比例 MDS[Borg 和 Groenen,1997]。另一种 MDS 称之为间隔 MDS,其定义为:

$$f(\delta_{rs}) = a + b\delta_{rs}$$

其中 a、b 为自由参数。其他形式的 f 可能会包含高阶多项式、指数或者对数函数。

非度量 MDS 放松了 $f(\cdot)$ 的度量特性,但规定保留相异性的次序。其变换函数或者尺度函数必须满足单调性的约束:

$$\delta_{rs} < \delta_{ab} \Rightarrow f(\delta_{rs}) \leqslant f(\delta_{ab})$$

由于这个约束性的存在,非度量 MDS 也被称为顺序 MDS。

3.1.1 度量 MDS

大多数的度量 MDS 都是寻找一个满足式(3.1)的映射变换,这一过程通常是定义一个目标函数,并对其进行优化。其中一种目标函数可以通过 $f(\delta_{rs})$ 与 d_{rs} 之间的均方差来定义,如式(3.3)所示。

$$s(d_{rs}) = \sqrt{\frac{\sum_r \sum_s [f(\delta_{rs}) - d_{rs}]^2}{\text{尺度因子}}} \tag{3.3}$$

一般而言,称式(3.3)为压力。分母中不同的尺度因子会形成不同形式的压力以及不同类型的 MDS 算法。式(3.3)中分母的尺度因子通常采用如下形式:

$$\sum_r \sum_s (d_{rs})^2$$

在这种情况下,我们称该表达式为"压力-1"[Kruskal,1964a]。

因此,在 MDS 算法中,我们利用 f 函数对相异性矩阵进行缩放,从而找到对应的 d 维

[①] 虽然符号 d 既用于表示低维空间维数($d < p$),也用于表示距离 d_{rs},但从上下文还是不难分辨。

空间的点分布。通过最小化压力,计算出距离 d。这一过程可以通过数值的方法进行实现(例如梯度法或最速下降法)。这些方法通常都是迭代进行且不一定能保证收敛到全局最优解。下面首先介绍一种封闭解的情况,然后在后续章节中对这部分进行细节扩展。

通常在文献中出现的多维尺度分析是指经典 MDS,然而度量 MDS 包含多种方法,例如最小二乘尺度分析等[Cox 和 Cox,2001]。下面首先介绍一种基于损失函数最优化的经典 MDS 方法。

1. 经典 MDS 算法

假设经典 MDS 算法假定原始空间中的邻近性测量以及距离都是基于欧氏距离的,则一定可以在 d 维空间寻找到一个点分布的封闭解。相异性矩阵和距离关系的 f 函数为恒等函数,因此可以找到这样一个映射,如下所示:

$$d_{rs} = \delta_{rs}$$

该方法最先由 Young 和 Householder[1938]、Torgerson[1952]以及 Gower[1966]提出。Gower 最早证明了经典尺度分析的重要性,并将其命名为主坐标分析,这是由于它的基本思想类似于 PCA。在度量尺度分析中,主坐标分析和经典尺度分析是等价的关系。

接下来直接介绍该算法步骤,具体推导过程详见参考文献:Cox 和 Cox[2001]、Borg 和 Groenen[1997]或者 Seber[1984]。

经典 MDS 步骤如下:

(1)利用相异性矩阵 $\boldsymbol{\Delta}$ 计算出矩阵 $\boldsymbol{Q}$,矩阵元素为:$q_{rs} = -\dfrac{1}{2}\delta_{rs}^2$;

(2)计算中心矩阵 $\boldsymbol{H}$:$\boldsymbol{H} = \boldsymbol{I} - n^{-1}\boldsymbol{I}\boldsymbol{I}^{\mathrm{T}}$,其中 $\boldsymbol{I}$ 为 n 阶单位矩阵,l 为 n 维单位列向量;

(3)寻找矩阵 $\boldsymbol{B}$,$\boldsymbol{B} = \boldsymbol{H}\boldsymbol{Q}\boldsymbol{H}$;

(4)对 $\boldsymbol{B}$ 矩阵进行特征值分解:$\boldsymbol{B} = \boldsymbol{A}\boldsymbol{L}\boldsymbol{A}^{\mathrm{T}}$;

(5)低维空间坐标:$\boldsymbol{X} = \boldsymbol{A}_d\boldsymbol{L}_d^{1/2}$。

其中 $\boldsymbol{A}_d$ 为矩阵 $\boldsymbol{B}$ 的前 d 个最大特征值对应的特征向量。$\boldsymbol{L}_d^{1/2}$ 为对角阵,对角线上的元素是前 d 个最大的特征值的平方根。

利用与 PCA 相同的方法可以确定步骤五中的维数 d。大多数情况下,为了更好地对数据进行可视化,通常采用 $d=2$,从而得到数据的散点图。

对于某些数据集合,矩阵 $\boldsymbol{B}$ 并不是半正定矩阵,即矩阵 $\boldsymbol{B}$ 的特征值存在负数。这种情况下,在进行步骤五的计算时,可以忽略负数特征值或者为相异性矩阵加入合适的常数值,使得矩阵 $\boldsymbol{B}$ 变为半正定矩阵。本书不对第二种方法进行展开,更多细节部分读者可以参考文献 Cox 和 Cox[2001]。如果相异性矩阵是基于欧氏距离,则不存在上述问题。

由于矩阵的分解都是针对方阵进行,因此 PCA 算法中的特性也适用于本算法。例如,低维空间表示是嵌套关系。三维空间中的前两维表示和二维表示一样。有趣的是,当相异性矩阵是基于欧氏距离计算时,PCA 的结果和 MDS 的结果一致[Cox 和 Cox,2001]。

例 3.1

本例中采用第 1 章介绍的 BPM 数据集。该数据集的应用之一为发掘不同的主题或者子主题。为了更加方便讨论和表达，本例只采用其中的两个主题，分别是：falling into Jupiter（主题6）和 DNA in the O. J. Simpson trial（主题9）。首先从简单匹配距离矩阵中提取出需要的观测点。

```
% 首先加载数据——利用简单距离矩阵
load matchbpm
% 从集合中获取主题 6 及主题 9
% 找到不是 6 和 9 的标记索引
indlab = find(classlab ~ = 6 & classlab ~ = 9);
% 从距离矩阵中去除上述索引对应的数据
matchbpm(indlab,:) = [];
matchbpm(:,indlab) = [];
classlab(indlab) = [];
```

下段代码介绍的是如何在 MATLAB 中执行经典 MDS 算法。

```
% 经典 MDS 算法步骤
% 构建矩阵 Q
Q = - 0.5 * matchbpm.^2;
% 构建中心矩阵 H
n = 73;
H = eye(n) - ones(n)/n;
% 构建矩阵 B
B = H * Q * H;
% 获得矩阵 B 的特征值
[A,L] = eig(B);
% 对特征值进行从大到小排序
[vals,inds] = sort(diag(L));
inds = flipud(inds);
vals = flipud(vals);
% 根据大小值从新存储特征值
A = A(:,inds);
L = diag(vals);
```

为了更好的可视化，选择 $d = 2$ 进行绘图。类似于 PCA 算法一样，可以通过构建一个陡坡图，在曲线上观察"拐点"，从而更好地确定 d 的取值。绘图以及寻找二维空间坐标的代码如下所述：

```
% 首先画出陡坡图,寻找"拐点"
% 陡坡图的 y 坐标采用对数坐标
semilogy(vals(1:10),'o')
% 为了进行可视化,采用二维空间
% 寻找低维空间坐标
X = A(:,1:2) * diag(sqrt(vals(1:2)));
% 在二维空间中画出散点图
ind6 = find(classlab == 6);
ind9 = find(classlab == 9);
```

```
plot(X(ind6,1),X(ind6,2),'x',X(ind9,1),X(ind9,2),'o')
legend({'Topic 6';'Topic 9'})
```

从图 3.1(a)中可以看出,在 $d=3$ 处存在拐点。图 3.1(b)为二维散点图,可以从中清晰地看到主题 6 和主题 9 之间有明显的分界。有趣的是,还可以从主题 6 中观察到子主题结构。

MATLAB 统计工具箱中函数 cmdscale 的功能是利用经典 MDS 算法构建低维坐标。

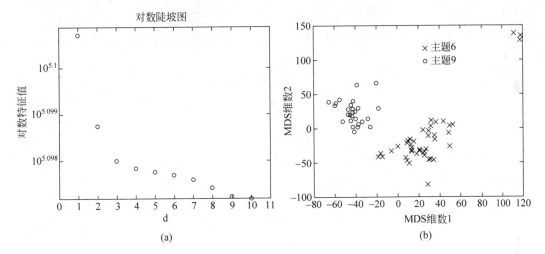

图 3.1　(a)为特征值的对数值。通过观察可以发现 $d=3$ 处有一个拐点,因此 $d=3$ 是较为理想的 d 的值。(b)为经典 MDS 算法得到的二维坐标。可以看出在两个不同的主题之间有较好的分割,同时在主题 6 中还呈现子主题结构

2. 度量 MDS——SMACOF

利用最优化方法进行函数最优化的基本思想如下:考虑一维情况下,利用一个容易被最小化的函数 $g(x,y)$ 来对复杂函数 $f(x)$ 进行最小化。函数 g 必须满足下述不等式:

$$f(x) \leqslant g(x,y)$$

且对任意给定的 y,存在 $f(y)=g(y,y)$。

通过观察函数曲线,可以发现函数 g 的曲线总是在 f 的上方,当且仅当 $x=y$ 时,两个函数取值相同。选取一个初始值 x_0 对 $g(x,x_0)$ 进行最小化得到 x_1,接着对 $g(x,x_1)$ 进行最小化得到下一个 x 的取值,依此类推,直至收敛。当算法最终收敛时,也得到了函数 $f(x)$ 的最小值。

SMACOF 算法(Scaling by Majorizing a Complicated Function)是由 de Leeuw[1977] 最早提出,之后其他学者[Groenen,1993]对其进行改进。该算法简单,可以用于度量 MDS 和非度量 MDS。本章以 Borg 和 Groenen[1997]文献为依据来介绍度量 MDS 情况下的 SMACOF 算法。该算法是利用最优化方法对函数进行最小化。此处忽略算法推导过程,具体的推导过程以及 SMACOF 算法在非度量 MDS 中的应用,详见文献 Cox 和 Cox[2001]。

对于所有的相异性测量值,原始压力定义如下:

$$\sigma(\boldsymbol{X}) = \sum_{r<s} w_{rs} [d_{rs}(\boldsymbol{X}) - \delta_{rs}]^2$$

$$= \sum_{r<s} w_{rs}\delta_{rs}^2 + \sum_{r<s} w_{rs}d_{rs}^2(\boldsymbol{X}) - 2\sum_{r<s} w_{rs}\delta_{rs}d_{rs}(\boldsymbol{X})$$

求和项中的不等式 $r<s$ 意味着只对一半的数据进行求和,这样做的原因是由于假设相异性测量值和距离值都是对称的,从而有可能导致一些丢失项。因此定义了权值 w_{rs},当相异性值存在时权值为1,否则为0。$d_{rs}(\boldsymbol{X})$ 表示距离是 $\boldsymbol{X}(d$ 为空间观测点$)$的函数,需要寻找当最小化压力时的 d 维空间的点分布。

在进行算法描述前,首先明确一些关系及符号。符号 $\boldsymbol{Z}$ 表示可能的点分布,矩阵 $\boldsymbol{V}$ 中的元素如下所述:

$$v_{ij} = -w_{ij}, \quad i \neq j$$

和

$$v_{ij} = \sum_{j=1,i\neq j}^{n} w_{ij}$$

该矩阵不是满秩矩阵,因此逆矩阵采用 Moore-Penrose 逆,记为 V^{+} [②]。

接着定义矩阵 $\boldsymbol{B}(\boldsymbol{Z})$,其矩阵元素为:

$$b_{ij} = \begin{cases} -\dfrac{w_{ij}\delta_{ij}}{d_{ij}(\boldsymbol{Z})}, & d_{ij}(\boldsymbol{Z}) \neq 0 \\ 0, & d_{ij}(\boldsymbol{Z}) = 0 \end{cases}$$

当 $i \neq j$ 时,公式为:

$$b_{ii} = \sum_{j=1,i\neq j}^{n} b_{ij}$$

现在可以定义 Guttman 变换,该变换的一般形式如下:

$$\boldsymbol{X}^k = \boldsymbol{V}^+ \boldsymbol{B}(\boldsymbol{Z})\boldsymbol{Z}$$

其中,k 表示算法中的迭代次数。如果所有的权值都为1(相异性测量值没有缺失项),此时该变换可以简化为:

$$\boldsymbol{X}^k = n^{-1}\boldsymbol{B}(\boldsymbol{Z})\boldsymbol{Z}$$

有了上述定义,可将 SMACOF 的算法步骤描述如下:

(1) 在 d 维空间 R^d 中,寻找一个初始点分布,可以选择随机分布或者非随机分布(例如,规则网格),将初始点分布记为 $\boldsymbol{X}^0$;

(2) 令 $\boldsymbol{Z} = \boldsymbol{X}^0$,计数值 $k=0$;

(3) 计算原始压力值 $\sigma(\boldsymbol{X}^0)$;

(4) 计数值加一,$k=k+1$;

(5) 得到 Guttman 变换 $\boldsymbol{X}^k$;

(6) 计算此次迭代下的压力值 $\sigma(\boldsymbol{X}^k)$;

---

② Moore-Penrose 逆又称为违逆,通过奇异值分界计算得出。在 MATLAB 中,可以调用函数 pinv 进行计算。

（7）计算两次迭代中，压力值之间的差值。如果误差小于预先设定的容忍度或者迭代次数达到最大值，则算法结束；

（8）令 $\boldsymbol{Z}=\boldsymbol{X}^k$，返回执行第（4）步。

通过下例来说明该算法。

例 3.2

本例中采用另一个数据集合 leukemia，该数据集合既可以将基因作为观察对象也可以将病人作为观察对象，在本例中以基因为研究对象。一般情况如上所述，本例为了简便起见，只考虑权值都为 1 的情况。程序中首先加载数据，计算距离。

```
% 利用数据集 leukemia,将基因(列数据)作为观察对象
load leukemia
y = leukemia';
% 获得点间距离矩阵.Pdist 函数得到观测点之间的距离.Squareform 函数将距离值转换成方阵
D = squareform(pdist(y,'seuclidean'));
[n,p] = size(D);
% 关闭这个警告
MATLAB 警告:除数为 0
```

接下来，得到初始点分布以及初始压力值。

```
% 获得压力的初始值,该值是与点分布无关的一个固定值
stress1 = sum(sum(D.^2))/2;
% 随机构建一个初始分布
d = 2;
% unifrnd 函数是统计工具箱的函数之一,也可以用 rand 函数在对其进行缩放
Z = unifrnd(-2,2,n,d);
% 计算压力
DZ = squareform(pdist(Z));
stress2 = sum(sum(DZ.^2))/2;
stress3 = sum(sum(D.*DZ));
oldstress = stress1 + stress2 - stress3;
```

现在算法进行迭代，调整点分布直至压力收敛。

```
% 迭代直至压力收敛
tol = 10^(-6);
dstress = realmax;
numiter = 1;
dstress = oldstress;
while dstress > tol & numiter <= 100000
    numiter = numiter + 1;
    % 参数更新
    BZ = -D./DZ;
    for i = 1:n
        BZ(i,i) = 0;
        BZ(i,i) = -sum(BZ(:,i));
    end
```

```
X = n^(-1) * BZ * Z;
Z = X;
% 得到距离矩阵和压力值
DZ = squareform(pdist(Z));
  stress2 = sum(sum(DZ.^2))/2;
  stress3 = sum(sum(D.* DZ));
newstress = stress1 + stress2 - stress3;
dstress = oldstress - newstress;
oldstress = newstress;
end
```

最终计算的点分布图如图 3.2 所示。

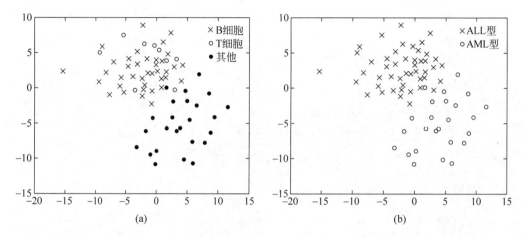

图 3.2　SMACOF 算法在 leukemia 数据集上的运行结果,(a)是二维分布图,观测点被标记为 B 细胞和 T 细胞,(b)是将同样的数据观测点标记为 ALL 或者 AML。可以看出 SMACOF 可以将基因分组为合理的形态

3.1.2　非度量 MDS

非度量 MDS 算法最早由 Shepard[1962a,1962b]提出,文献 Kruskal[1964a,1964b]对其进行了改进并提出了最小化损失函数的概念,损失函数也称为压力。

下面首先介绍关于非度量 MDS 的术语和定义。差异性是用于衡量距离 d_{rs} 和相异性 δ_{rs} 之间的匹配好坏的指标,记为符号 $\tilde{d}_{rs}$。点分布 X 中第 r 个点的坐标如下:

$$\boldsymbol{x}_r = (x_{r1}, x_{r2}, \cdots, x_{rd})^\mathsf{T}$$

采用 Minkowski 距离来定义 d 维空间中点与点之间的距离:

$$d_{rs} = \left\{ \sum_{i=1}^{d} \mid x_{ri} - x_{si} \mid^{\lambda} \right\}^{1/\lambda}$$

其中 $\lambda > 0$,更多关于 Minkowski 距离及 λ 值的信息详见附录 A。

可以将差异性看成是距离的函数:

$$\hat{d}_{rs} = f(d_{rs})$$

上式满足

$$\delta_{rs} < \delta_{ab} \Rightarrow \hat{d}_{rs} \leqslant \hat{d}_{ab}$$

因此,差异性保留了原始相异性值的次序。

定义损失函数 L,即真实压力,如下:

$$L = S = \sqrt{\frac{\sum\limits_{r<s}(d_{rs} - \hat{d}_{rs})^2}{\sum\limits_{r<s}d_{rs}^2}} = \sqrt{\frac{S^*}{T^*}}$$

有些情况下,相异性值会有所缺失或者存在一些无意义的值。此时对压力公式中存在的 (r, s) 对进行求和。

和其他形式的 MDS 算法一样,非度量 MDS 也是寻找一个点分布 $\boldsymbol{X}$,使得在该分布下压力最小。注意,点分布中的坐标值是通过距离 d_{rs} 体现在损失函数中。原始相异性值是通过对差异性排序体现。因此是以差异性为约束条件下的压力最小化问题。可以通过保序回归(也称为单调回归[③])推导出差异性。

下面对保序回归过程进行介绍。Kruskal[1964b]最早介绍了该方法,并且提出了上下区域算法。Borg 和 Groenen[1997]在文献中完美地解释了 Kruskal 提出的方法,本文是根据 Cox[2001]文献对保序回归进行描述。保序回归将按照相异性 δ_{rs} 的顺序对距离 d_{rs} 进行排列,然后进行分区,区域内的 $\hat{d}_{rs}$ 取值为常数,该常数值等于区域内所有距离值 d_{rs} 的平均值。

例 3.3

最简单直观的方法是通过实例来介绍保序回归方法。本章采用文献 Cox 和 Cox[2001]中的实例。数据集中有四个观测点,各点之间的相异性值如下:

$$\delta_{12} = 2.1, \delta_{13} = 3.0, \delta_{14} = 2.4, \delta_{23} = 1.7, \delta_{24} = 3.9, \delta_{34} = 3.2$$

点分布得到的距离如下:

$$d_{12} = 1.6, d_{13} = 4.5, d_{14} = 5.7, d_{23} = 3.3, d_{24} = 4.3, d_{34} = 1.3$$

将相异性值 δ 按照从小到大顺序进行排列,并将 δ 的下标改为单一数字排序。按照此顺序得到对应的距离值如下:

$$\delta_1 = 1.7, \delta_2 = 2.1, \delta_3 = 2.4, \delta_4 = 3.0, \delta_5 = 3.2, \delta_6 = 3.9$$

$$d_1 = 3.3, d_2 = 1.6, d_3 = 5.7, d_4 = 4.5, d_5 = 1.3, d_6 = 4.3$$

对差异性的约束条件要求距离值按顺序排列且必须满足 $d_i < d_{i+1}$。如果上述距离是得到的初始距离,不需对距离再进行调整。由于它并不满足排序的要求,可以利用保序回归方法得到 d_{rs}。首先,计算距离 d_i 的累加和,定义如下:

$$D_i = \sum_{j=1}^{i} d_j, \quad i = 1, 2, \cdots, N$$

---

③ 也称为单调最小二乘回归。

其中 N 为可用相异性值的总数。该算法的本质是计算所有 D_i 点和原点所构成的图形的最大凸弱函数,如图 3.3 所示。这一过程可以看成给字符串的一边连接原点而另一边连接最后一个点。落在最大凸函数上的 D_i 点将距离 d_i 分割成不同的区间,每个区间内的差异性为常数,该常数的取值为区间内所有距离值的平均值。Cox 和 Cox[2001]证明上述方法结果与保序回归一致。下面给出 MATLAB 代码进行说明:

```
% 输入原始数据
dissim = [2.1 3 2.4 1.7 3.9 3.2];
dists = [1.6 4.5 5.7 3.3 4.3 1.3];
N = length(dissim);
% 对相异性值进行重新排序
[dissim, ind] = sort(dissim);
% 按照相异性值的次序对距离值进行排序
dists = dists(ind);
% 计算距离的累加和
D = cumsum(dists);
% 将原点作为第一个数据点
D = [0 D];
```

可以通过计算 D_i 和原点之间连线的斜率值来找出最大凸弱函数。首先找到最小的斜率值,确定第一分割区域(在最大凸弱函数上),然后去除已经确定的第一分割区域,继续找到下一个最小斜率值。依此类推下去,直到到达最后一个点。这一过程代码如下:

```
% 计算所有的斜率值
slope = D(2:end)./(1:N);
% 通过计算最小斜率确定凸弱函数上的点
i = 1; k = 1;
while i <= N
  val = min(slope(i:N));
  minpt(k) = find(slope == val);
  i = minpt(k) + 1;
  k = k + 1;
end
```

由于有些点不在凸弱函数上,因此上述过程会产生多余的点。MATLAB 中的指令函数 convhull 可以找到给点数据集合的凸包[④]上的点。然而求凸包的过程同样会产生多余的点,因此可以对这两个部分集合进行取交集运算从而获得这些点[⑤]。

```
K = convhull(D, 0:N);
minpt = intersect(minpt + 1, K) - 1;
```

现在得到了若干点,将原始距离分割成不同的区域。将区域中所有距离的平均值作为

---

④ 一个数据集的凸包是包含该数据集的最小凸区域。

⑤ 请读者查阅 courtesy of Tom lane of the Mathworks 中的 M 文档,查看另一种方法。

差异值。

```
% 现在我们得到了弱函数上将距离进行分割的点,区域中所有距离的平均值即为差异值
j = 1;
for i = 1:length(minpt)
    dispars(j:minpt(i)) = mean(dists(j:minpt(i)));
    j = minpt(i) + 1;
end
```

计算得出的差异值如下:

$$\hat{d}_1 = 2.45, \hat{d}_2 = 2.45, \hat{d}_3 = 3.83, \hat{d}_4 = 3.83, \hat{d}_5 = 3.83, \hat{d}_6 = 4.3$$

整个过程如图3.3所示。可以看出差异值分成三个区域,和上面的计算结果一致。

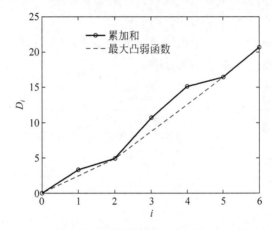

图3.3 图示了保序回归中的最大凸弱函数的概念,最大凸弱函数由图中虚线所示,它和
距离累积和相交的点将整个距离集合分成不同的区域,每一个区域的差异值由该
区域中所有距离的平均值得到

在了解了保序回归的基础上,下面对非度量 MDS 的 Kruskal's 算法进行介绍。Kruskal's 算法步骤大致如下:

(1)对于给定的维数 d,选择一个初始点分布,设置迭代次数 k 等于 0,设置初始步长(设置为理想的初始值);

(2)初始化点分布使其均值为 0(例如质心在原点处),并且到原点的均方根距离为 1;

(3)计算当前分布下的点间距离;

(4)检查是否存在相同的相异性值。若存在,则将这些值进行排序,使得对应的距离值形成一个升序序列;

(5)利用保序回归,计算当前分布下的差异性值 $\hat{d}_{rs}$;

(6)将所有的点坐标形成一个向量 $\boldsymbol{x} = (x_{11}, \cdots, x_{1d}, \cdots, x_{n1}, \cdots, x_{nd})^{\mathrm{T}}$;

(7)计算第 k 次迭代的梯度值,为

$$\frac{\partial S}{\partial x_{ui}} = g_{ui} = S \sum_{r<s} (\delta^{ur} - \delta^{us}) \left(\frac{d_{rs} - \hat{d}_{rs}}{S^*} - \frac{d_{rs}}{T^*} \right) \left(\frac{|x_{ri} - x_{si}|}{d_{rs}} \right)^{\lambda-1} \operatorname{sgn}(x_{ri} - x_{si})$$

其中 δ^{ur} 代表的不是相异性值,而是 Kronecker delta 函数,该函数定义为

$$\delta^{ur} = 1, \quad \text{当 } u = r$$
$$\delta^{ur} = 0, \quad \text{当 } u \neq r$$

当输入变量为正值,符号函数 $\operatorname{sgn}(\cdot)$ 返回值为 $+1$;反之输入变量为负值,则返回 -1;

(8)检查收敛性。计算当前分布下梯度向量的幅值,为

$$\operatorname{mag}(\boldsymbol{g}_k) = \sqrt{\frac{1}{n} \sum_{u,i} g_{k_{ui}}^2}$$

如果幅值小于一个很小的值 ε 或者迭代次数大于最大允许迭代次数,则停止迭代;

(9)计算步长 α:

$$\alpha_k = \alpha_{k-1} \times \text{角度因子} \times \text{松弛因子} \times \text{好运因子}$$

其中 k 为迭代次数,角度因子 $= 4^{(\cos\theta)^3}$,其中

$$\cos\theta = \frac{\sum\limits_{r<s} g_{k_{rs}} g_{(k-1)_{rs}}}{\sqrt{\sum\limits_{r<s} g_{k_{rs}}^2} \sqrt{\sum\limits_{r<s} g_{(k-1)_{rs}}^2}}$$

松弛因子为

$$\frac{1.3}{1+\beta^5}, \quad \beta = \min\left\{ 1, \frac{S_k}{S_{k-5}} \right\}$$

好运因子为

$$\min\left\{ 1, \frac{S_k}{S_{k-1}} \right\}$$

(10)新的点分布为

$$\boldsymbol{x}_{k+1} = \boldsymbol{x}_k - \alpha_k \frac{\boldsymbol{g}_k}{\operatorname{mag}(\boldsymbol{g}_k)}$$

(11)令迭代次数 $k=k+1$,返回第(2)步。

在这里将编程注意事项进行说明。在迭代初始时,并不存在 S_{k-5} 或者 S_{k-1} 的值(步骤(9)中使用)。在这种情况下,就使用初始迭代值直到有足够的压力值。对梯度变量也用同样的方法。文献 Kruskal[1964b]中指出,在迭代初始时应采用较大步长,而在迭代结束时采用较小步长。值得注意的是,该过程得到的最终分布并不能保证一定是全局最优解。对于贪婪迭代算法而言,分布往往会落入到一个局部最优的压力值。建议采用几种不同的初始分布,采用这几种中最小的压力值为最终结果。

接下来说明如何确定初始分布。一种方法是可以采用 d 维空间中均匀分布的网格作为初始分布。第二是采用经典 MDS 给出的分布作为初始分布,或者也可以在 R^d 空间中随机产生一个泊松分布来作为初始分布。

非度量 MDS 的另一个问题是如何处理相异性值之间的关系。针对这一问题有两种不

同的方法。常用的方法是若 $\delta_{rs} = \delta_{tu}$ 时，并不要求 $\tilde{d}_{rs}$ 等于 $\tilde{d}_{tu}$。第二种方法是增加约束的方法，它要求相异性相同的点对应的差异性也相同。在本书的 MATLAB 代码中，采用的是第一种方法。

例 3.4

函数 nmmds（EDA 工具箱中的函数）执行的是 Kruskal's 的非度量 MDS，代码冗长且涉及许多帮助函数。因此本例只介绍如何使用该函数而不再将代码在此复述。同样使用 BPM 数据集合，但本例中采用主题 8（北朝鲜领导人死亡）和主题 11（北朝鲜直升机坠毁）。由于这两个主题都是关于朝鲜的，因此它们之间存在一定的相似性。之前的实验说明这两个主题的数据总是聚在一起，但在不同的分组中。本例对数据进行非度量 MDS 并采用 Ochiai 测度进行语义差异性测量。

```
load ochiaibpm
% 提取主题 8 和主题 11 的数据
% 找出不是主题 8 和主题 11 的数据位置
indlab = find(classlab ~ = 8 & classlab ~ = 11);
% 去除非主题 8 和主题 11 的数据
ochiaibpm(indlab,:) = [];
ochiaibpm(:,indlab) = [];
classlab(indlab) = [];
% 只需要上半部分矩阵
n = length(classlab);
dissim = [];
for i = 1:n
    dissim = [dissim,ochiaibpm(i,(i+1):n)];
end
% Find configuration for R^2.
d = 2;r = 1;
% nmmds 函数在 EDA 工具箱中
[Xd,stress,dhats] = nmmds(dissim,d,r);
ind8 = find(classlab == 8);
ind11 = find(classlab == 11);
% 在图中用不同的符号表示不同的类
plot(Xd(ind8,1),Xd(ind8,2),'.',Xd(ind11,1),Xd(ind11,2),'o')
legend({'Class 8';'Class 11'})
```

结果如图 3.4 所示。图中可以看出两个主题之间没有明显的分割，但可以发现一些有趣的结构揭示着子主题的存在。

如何确定 MDS 算法中的维数？对大多数算法而言，这一问题并没有很好的答案。根据 EDA 的本质，可以选取几个不同的 d 的取值，记录对应的压力值。类似于 PCA 中的陡坡图的做法，将不同的 d 值和对应的压力值进行绘图。以维数 d 作为横坐标，压力值作为纵坐标。当维数增加时，压力值会随之减少。因此可以寻找一个折中点（例如选取图中曲线的拐点处 d 的取值）。

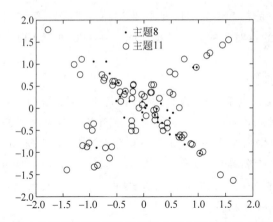

图 3.4　图中为 Kruskal 非度量 MDS 算法应用于主题 8 和主题 11 的结果,其中这两组都是关于朝鲜的信息,可以发现一些有趣的结构揭示着子主题的存在

统计工具箱中包含了多维尺度分析的函数——mdscale。该函数既可以进行度量 MDS 也可以进行非度量 MDS,并且包含了若干不同的压力的选择。可以利用权值来确定不同的初始分布,并且对不同的随机初始分布进行重复运算。

3.2　流形学习

最近发展起来的非线性降维方法是假定观测数据位于一个嵌入在欧氏空间的一个子流形 M 上。这些方法的主要目的是生成一组低维空间坐标,这组坐标能够很好地保留子流形的结构。换句话说,在子流形中邻近的点同样也在低维空间中是邻近关系(图 3.5 及例 3.5 验证了这些概念)。

本章节讨论上述概念的方法,首先介绍的方法是局部线性映射。该方法是一种无监督的学习算法,可以挖掘出线性重构的局部对称性。接着介绍等距特征映射方法,它是经典 MDS 方法的扩展方法。最后介绍海森特征映射方法,这是一种较新的方法,它解决了 ISOMAP 中的局限性问题。

所有的这些算法都通过 MATLAB 实现,代码可供读者免费下载(网址在附录 B 中)。因此本章的示例只展示如何执行代码而不再将所有代码罗列。

3.2.1　局部线性嵌入

局部线性嵌入方法是由 Roweis 和 Saul[2000]最早提出。该方法是基于特征向量的方法,其最优化过程不涉及局部最小点或迭代算法。这一技术的本质是单纯的几何概念。首先假定数据是从一个光滑的子流形中充分采样得到。同样假设这些数据及其邻近点位于或近似位于流形 M 的一个局部线性区域。

LLE 算法首先寻找每个样本点的 k 近邻点,即通过数据点之间的欧氏距离确定样本点

的 k 个最近邻点,通过这些邻近点对样本点进行线性重构。重构误差如下:

$$\varepsilon(W) = \sum_i \left| \boldsymbol{x}_i - \sum_j W_{ij}\boldsymbol{x}_j \right|^2 \tag{3.4}$$

其中下标 j 的范围是样本点 $\boldsymbol{x}_i$ 的 k 邻域对应的点。通过最优化式(3.4)计算出权值 W,权值 W 要满足如下限定条件:

$$\sum_j W_{ij} = 1$$

通过最小二乘法计算最优权值,本章节不再复述最小二乘法内容。

一旦计算出权值后,则固定权值 W_{ij},再最小化代价函数 ϕ,从而求出样本点 $\boldsymbol{x}_i$ 对应的低维向量 $\boldsymbol{y}_i$。

$$\Phi(\boldsymbol{y}) = \sum_i \left| \boldsymbol{y}_i - \sum_j W_{ij}\boldsymbol{y}_j \right|^2 \tag{3.5}$$

可以看出代价函数是关于 $\boldsymbol{y}_i$ 的二次方程形式,可以通过求解稀疏特征向量对其进行最小化。最小的 d 个非零特征值对应的特征向量就可以生成一组以原点为中心的正交坐标。该方法称为局部线性嵌入,具体步骤如下:

(1) 确定 k 和 d 的取值;

(2) 对每一个样本 $\boldsymbol{x}_i$ 值确定其 k 近邻域;

(3) 计算权值 W_{ij},使得把 $\boldsymbol{x}_i$ 用它的 k 个近邻点线性表示的误差最小(式(3.4));

(4) 保持步骤(3)的权值 W_{ij} 不变,求 d 维空间的点 $\boldsymbol{y}_i$,使得重构误差最小(式(3.5))。

该算法需要注意 k 和 d 的取值,k 值的大小反映了邻域的大小。当改变这两个参数的取值会导致不同的结果。后面会通过例 3.5 来解释这一问题。

3.2.2　等距特征映射——ISOMAP

等距特征映射是由 Tenenbaum、de Silva 和 Langford[2000]提出的一种加强型经典 MDS 方法。其基本思想是利用测地线的距离(沿着流形 M 进行距离测量)作为相异性的测量。同 LLE 方法一样,ISOMAP 假定数据存在于一个嵌在 p 维空间当中的未知的子流形 M 上。寻找一个映射 $f: X \rightarrow Y$,保留数据的固有几何结构。也就是说,映射过程保留了观测点之间的距离,而这个距离为流形 M 的测地线距离。该方法同时假定高维数据所在的低维流形与欧氏空间的一个子集是整体等距的,且该欧氏空间的子集是一个凸集。

ISOMAP 算法主要分为三步。第一步,根据两点间的距离 d_{ij} 选取邻域。一种方法是确定 k 的值,找到 k 个最近邻的点。方法二是给定邻域半径 ε,从而确定邻域的点。可以选用任何一种度量计算距离,通常选用欧氏距离作为距离度量。邻域点之间的关系可以通过加权图来表示,边的权值等于距离 d_{ij}。第二步,利用第一步得到的加权图计算所有点 i 和点 j 之间的最短路径距离,从而估计出测地距离。第三步,利用本章第一节介绍的经典 MDS 方法,以测地距离为度量得到嵌入在 d 维空间中的流形。

图 3.5 可以解释关于距离的问题。流形上两个点之间的欧氏距离为它们之间连线的直线距离,如图 3.5 所示。如果我们的目标是揭示出流形的结构,则更加准确的距离测量应该

是两点之间沿着该流形的距离,也就是它们之间的测地距离。

ISOMAP 的算法步骤如下:

(1)对所有的观测点构建邻域图。如果样本点 x_i 是样本点 x_j 距离最近的 k 个样本点之一(或者两点之间的距离小于 ε),则将两点相连。设置边的权值为 d_{ij}。

(2)计算图中点与点之间的最短距离。

(3)将步骤(2)得到的测地距离用于经典 MDS 算法,得到 d 维嵌入流形。

算法的输入是 k(或者 ε)以及点间距离矩阵。值得注意的是,当 k(或者 ε)的值改变时,算法结果也不相同。事实上,ISOMAP 算法还可能会出现返回的低维空间点的个数少于 n 的情况。如果出现这样的情况,则应该增加 k(或者 ε)的值。

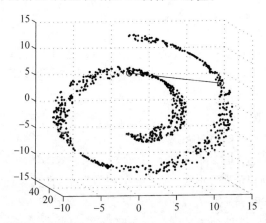

图 3.5　图中显示的是根据 Swiss roll 的参数[Tenenbaum, de Silva 和 Langford, 2000]随机生成的一组数据,用圆圈表示的两个点之间的欧氏距离如图中直线所示;为了更好地揭示子流形 M 的邻近结构,则采用测地距离更为合适(两点之间沿着该流形表面的距离);可以将测地距离理解为,一只虫子从流形上的一个点爬到另一个点的最短路径的距离

3.2.3　海赛特征映射

上述章节介绍的 ISOMAP 算法的假设前提是流形 M 为凸集。2003 年 Donoho 和 Grimes[2003]提出一种新的方法,称为海赛特征映射。该方法试图恢复局部等距于欧氏空间中开连通子集的流形的低维参数。通过将等距原理应用于流形学习,从而显著扩展了数据集的类型范围。海赛特征映射方法可以看成是 LLE 方法的改进方法,因此也被称为海赛局部线性嵌入(HLLE)。

首先假设参数空间 $\Theta \subset R^d$。光滑映射 $\Psi: \Theta \rightarrow R^p$,其中 R^p 为嵌入空间,且满足 $d < p$。进一步可以假设 Θ 是 R^d 中的一个开连通子集,Ψ 将 Θ 局部等距的嵌入到 R^p。流形可以看成了参数空间的函数,如下所示:

$$M = \Psi(\Theta)$$

可以将流形看成是对于一个给定的过程,改变参数得到的所有可能的观测值 $m = \Psi(\theta)$ 的集合。

假设有一些观测值 m_i 是在不同的控制参数下得到的测量值($i=1,2,\cdots,n$)。这里的测量值就是观测值 x_i[⑥]。文献认为所有的数据点都精确地在流形 M 之上。算法的目标是恢复潜在的参数空间 Ψ 及参数设置 θ_i。

现在描述 HLLE 算法的主要步骤。由于本节主要目的是提供该算法的主要思想,因此具体的推导及证明过程在此省略。读者可以阅读原始文献及 MATLAB 代码获取更多的信息和细节。

HLLE 算法的两个主要假设:

(1) 对于每一个 m 点,在它足够小的邻域中的点 m'(两个点都在流形上),它们之间的测地距离等于对应参数点 θ 与 θ' 之间的欧氏距离。这就是局部等距(ISOMAP 算法是假设流形 M 是全局等距参数)。

(2) 参数空间 Θ 是 R^d 中的一个开连通子集。这一条件比 ISOMAP 要求的数据凸集弱。

一般而言,HLLE 的思想是对在流形 M 上的一些点 m,定义一个邻域,获得局部切空间坐标。利用这些局部坐标来定义光滑函数 $f: M \rightarrow R$ 的 Hessian 矩阵。再利用 f 在正切坐标下的导数产生正切 Hessian 矩阵。通过对正切 Hessian 矩阵的计算可以得到一个二次型 $\boldsymbol{H}(f)$,等距坐标 θ 可通过对零空间 $\boldsymbol{H}(f)$ 选取一组合适的基恢复得到。

算法需要的输入为一组 n 个点的 p 维数据集合,维数 d 的值,以及确定邻域大小的 k 值。唯一的约束条件是要满足 $\min(k,p) > d$。算法利用 $\boldsymbol{H}(f)$ 的实际值,通过对邻域中的每一个点进行奇异值分解估计出切空间坐标。HLLE 算法的输出为一组 n 个点的 d 维嵌入坐标。

例 3.5

从 S-curve 流形中产生一些数据,存放在 scurve.mat[⑦] 文件中。图 3.6 中展示真实 S-curve 流形图形和从该流形随机生成的数据图形。用 LLE 和 ISOMAP 两种方法对该数据进行运算。

```
load scurve
% scurve 文件中包含了数据矩阵 X
% 首先设置 LLE 算法参数
K = 12;
d = 2;
% 运行 LLE——注意 LLE 函数将数据矩阵的行看成是维数,列对应为观测点.这是一般数据矩阵的
转置
Y = lle(X,K,d);
% 在散点图中绘制结果
scatter(Y(1,:),Y(2,:),12,[angle angle],'+','filled');
```

---

⑥ 为了和原始文献一致,采用了不同的符号标记。

⑦ 查看文件 example35.m 获得如何生成数据的具体方法。

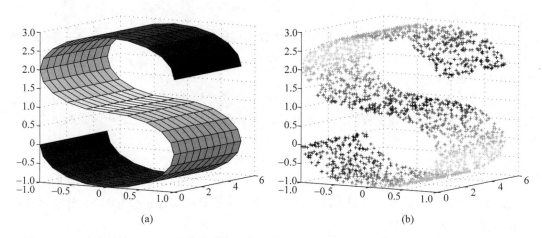

(a)   (b)

图 3.6　(a)为真实的 S-curve 流形,它实际上是二维流形在三维空间的嵌入；(b)是从 S-curve 流形
　　　　上随机生成的数据集,灰度值表示的是邻域的关系

　　LLE 算法的结果如图 3.7 所示。通过颜色标记可以看出流行中邻近的点映射到二维嵌入仍然是邻近关系,再将相同的数据用于 ISOMAP 算法。

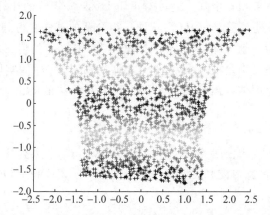

图 3.7　图示为 LLE 算法恢复出的嵌入结构。可以看出该结构很好地保
　　　　留了原始流形的邻近结构

　　可以绘制 ISOMAP 算法得到的嵌入结构的散点图,和 LLE 算法进行比较,该过程留给读者练习。如前面所述,LLE 和 ISOMAP 的约束条件是要求数据集为凸集。下面就这一问题,通用实例对 ISOMAP 和 HLLE 进行比较。该例中的数据集由 Donoho 和 Grimes[2003]文献中的代码生成。事实上,该数据是通过在 Swiss roll 上去除一些落在一个矩形区域的观测点得到的。

```
% 运行 Grimes 和 Donoho[2003]中的例子
load swissroll
options.dims = 1:10;
options.display = 0;
```

```
dists = squareform(pdist(X'));
[Yiso, Riso, Eiso] = isomap(dists, 'k', 7, options);
% 海赛局部线性嵌入
Y2 = hlle(X,K,d);
scatter(Y2(1,:),Y2(2,:),12,tt,'+');
```

从图 3.8 可以看出，ISOMAP 恢复出的嵌入结构虽然具有一个"洞"，但形状有所失真，不能正确地恢复出原始结构。而 HLLE 算法可以无失真地恢复正确的嵌入结构。

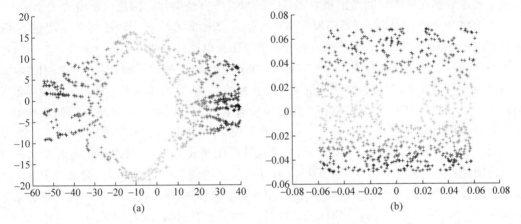

图 3.8 （a）为 ISOMAP 算法恢复出的二维坐标图，该嵌入结构确实从在一个"洞"，但"洞"的形状更逼近于椭圆形；（b）为 HLLE 算法恢复出的二维坐标图，可以看出 HLLE 方法可以有效地恢复出正确结构

在此对算法复杂度进行简单的说明。两种局部线性嵌入方法——LLE 和 HLLE 方法可以用于较大的数据集（n 的值较大），因此它们的初始计算只针对很小的局部邻域进行，并且可以利用稀疏矩阵的方法。而 ISOMAP 算法在初始步骤中，需要对一个全矩阵进行测地距离的计算。LLE 和 HLLE 受维数 p 的影响较大，因为必须估计出每一个点的局部切空间。同时对于 HLLE 算法，还需要计算出二阶导数，这对于高维数据很难实现。

3.3 人工神经网络方法

本节讨论三种基于人工神经网络（ANN）的方法：自组织映射、生成式拓扑映射以及曲元分析。这些人工神经网络方法同样是寻找嵌入在高维空间的固有低维结构，和 MDS 以及流形学习一样，为观测点在低维空间中寻找到一个全局非线性结构。一般而言，这些方法尝试将数据与网格或者预定义的拓扑结构（通常是二维）相匹配，采用贪婪算法首先匹配数据的大尺度线性结构，再对小尺度的非线性结构进行修正。

MATLAB 工具箱中包含了自组织映射和生成拓扑映射的代码，可免费使用。这些代码有大量的文档及实例。由于代码繁多且不会增加对算法的理解。因此本书只通过实例介绍如何使用这些函数而不再罗列所有代码。

3.3.1 自组织映射

自组织映射是对高维空间数据进行探索和可视化的一种方法[Kohonen,1998],它将数据有序地映射到低维空间中一个常见的网格。为了更好地进行可视化,网格的维数通常选择 $d=2$。它将高维空间中复杂的非线性关系转换成较为简单的几何关系,并保持原始的拓扑和度量关系,高维空间中邻近的点在映射后的网格上同样也是邻近关系。自组织映射方法除了要求数据在低维空间是网格分布,其余和 MDS 方法类似。网格位置用 r_i 表示。

本节将会介绍 SOM 的两种不同方法:增量学习和批量映射。通过例 3.6 阐述 SOM 工具箱[⑧]中的相关函数,并对 SOM 结果进行可视化和挖掘的一些方法进行简介。

SOM 的增量学习(序列式学习)方法是一个迭代过程。起始阶段,有一组观测值 x_i 和一组 p 维模型向量 m_i。这些模型向量也可以称为神经元、原型或码书。每一个模型向量都对应于网格上的一个顶点,通常网格为六边形或者矩形。可以通过随机选取原始数据的一个子集作为模型向量的初始值($m_i(t=0)$)或者利用 PCA 方法进行初始排序。

每一次训练阶段,选取一个向量 x_i,常采用欧氏距离为度量,计算该向量与所有模型向量之间的距离。对于缺失的值,SOM 工具箱通常采用的方法是计算时去除缺失值或者改变权值的方法。一旦找到最佳匹配单元(BMU)或者模型向量 m_c,则更新 m_c 使其更靠近数据向量 x_i。m_c 的邻域向量 m_i 同时也通过加权的方式进行更新,规则如下:

$$m_i(t+1) = m_i(t) + \alpha(t)h_{ci}(t)\big[x(t) - m_i(t)\big]$$

其中 t 为时间或迭代次数。$\alpha(t)$ 为学习速率,$0<\alpha(t)<1$,随着迭代的进行而单调递减。

邻域是由邻域函数 $h_{ci}(t)$ 决定,通常邻域函数是以最佳匹配单元为中心的高斯函数。SOM 工具箱中可以选择不同的邻域函数或者不同的学习速率 $\alpha(t)$。如果采用高斯函数,则函数形式如下:

$$h_{ci}(t) = \exp\left[-\frac{\|r_i - r_c\|^2}{2\sigma^2(t)}\right]$$

其中符号 $\|\cdot\|$ 表示距离,r_i 表示网络坐标。邻域宽度由 $\sigma(t)$ 决定,其值的大小单调递减。

训练阶段通常分两个阶段。第一阶段采用较大的学习速率和邻域宽度 $\sigma(t)$,对数据进行大尺度逼近。第二阶段在对映射进行精调,采用较小的学习速率和邻域宽度。当处理结束后可得到原型向量在映射网格的二维坐标。

批量训练即批量映射方法,也是迭代的过程,它利用整个数据集而不是单一向量。算法的每一步骤都将数据集进行划分,使得每一个观测点与其最近的模式向量相对应。利用数据的加权平均对模式向量进行更新,其中每一个观测点加权的权值是邻域函数 $h_{ic}(t)$ 在最佳匹配单元 c 处的值。

有很多方法可以对映射结果及原型向量进行可视化。这些方法的目标可以是下述三种中任意一种:①掌握数据的整体形状以及是否存在聚类;②分析原型向量得到聚类的特

---

⑧ 查看附录 B 中的网页可下载 SOM 工具箱。

性,分析不同成分及变量之间的相关性;③检测新的观测点是否和映射相匹配或者发掘异常点。本书重点讨论一种 U 矩阵可视化方法,通常用于定位数据中的类[Ultsch 和 Siemon,1990]。

U 矩阵是一种基于距离的方法。首先计算每一个模型向量和其邻域点的距离,再通过色彩级将距离进行可视化。对于一些相邻距离小,而周边距离大的那些单元可以看成是一个聚类。另一种方法是通过利用符号的大小反应它与邻域点的平均距离,因此在聚类的边界会出现大的符号。下面通过例 3.6 来阐述 SOM 以及 U 矩阵可视化方法。

例 3.6

利用 oronsay 数据集对 SOM 工具箱中基本的命令进行阐述。首先加载数据,将数据存放在可以被函数识别的 MATLAB 数据结构中。工具箱中包含若干不同的归一化方法,一般建议在构建映射之前进行首先归一化操作。

```
% 采用 oronsay 数据集
load oronsay
% 将标记转换为字符串存放入细胞数组
for i = 1:length(beachdune)
    mid{i} = int2str(midden(i));
% 本章练习题中采用下面的标记
    bd{i} = int2str(beachdune(i));
end
% 对变量进行归一化,具有单位方差
D = som_normalize(oronsay,'var');
% 转换成数据结构
sD = som_data_struct(D);
% 添加标记——必须进行转置
sD = som_set(sD,'labels',mid');
```

结果可视化的方法很多,本书采用 U 矩阵的方法,其余方法留给读者练习。图 3.9 为 U 矩阵可视化结果图,包含了码书向量的标记。

```
% 构建 SOM
sM = som_make(sD);
sM = som_autolabel(sM,sD,'vote');
% 绘制 U 矩阵图
som_show(sM,'umat','all');
% 为上图添加标记信息
som_show_add('label',sM,'subplot',1);
```

从图 3.9 中可以注意到,较大的值代表的是聚类的边界,较小的值代表聚类。通过观察不同的颜色,可以看到一对聚类——一个在左下角,一个在顶部。单元中的数字标记代表的是不同的类。

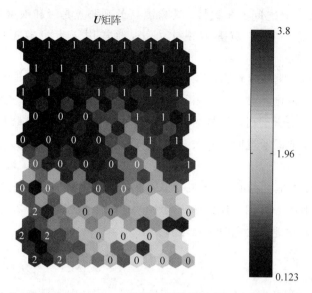

图 3.9　图中为 SOM 应用于 oronsay 数据集的结果，可以通过不同的颜色发掘集合中的类；一个是在图的顶部，一个在左下角；图中单元的数字代表不同的类，分别对应的是 midden(0)、Cnoc Coig(1) 和 Caisteal nan Gillean(2)

3.3.2　生成式拓扑映射

SOM 方法存在一些局限性[Bishop,SvensÈn 和 Williams,1996]。首先 SOM 是基于启发式算法，它并不是通过最优化目标函数推导而来。因此不能确保保留邻域结构，并且原型向量的收敛也存在一定问题。同时 SOM 没有为数据定义概率模型，而是将码书向量的分布作为原始数据的分布，这样存在一定局限性。最后邻域函数的选择也存在问题，因此即便是对相同的数据集进行多次运算，也很难将结果进行比较。生成式拓扑映射(GTM)是由 SOM 发展而来，并尝试克服 SOM 上述局限性的一种方法。

GTM 假定存在一个 d 维潜在变量模型(空间)，算法的目标是找到 p 维数据空间关于一组 d 维潜在变量 $\boldsymbol{m}=(m_1,\cdots,m_d)$ 的概率分布表达 $p(\boldsymbol{x})$。通常情况下，希望 $d<p$，且为了更好地进行可视化选择 $d=2$。这个过程是通过寻找一个映射 $\boldsymbol{y}(\boldsymbol{m};\boldsymbol{W})$，将潜在空间中的点 $\boldsymbol{m}$ 映射到数据空间中的点 $\boldsymbol{x}$，其中 $\boldsymbol{W}$ 为加权矩阵。这个映射看起来和之前介绍的方法相反，在后序的章节中将会介绍如何利用映射的逆变换得到降维空间的点。

首先从潜在变量空间(d 维)中的概率分布 $p(\boldsymbol{m})$ 入手，从而推导出数据空间(p 维)的分布 $p(\boldsymbol{y}|\boldsymbol{W})$。对于一个给定的 $\boldsymbol{m}$ 和 $\boldsymbol{W}$，选择中心位于 $\boldsymbol{y}(\boldsymbol{m};\boldsymbol{W})$ 的高斯分布如下：

$$p(\boldsymbol{x}\mid\boldsymbol{m},\boldsymbol{W},\beta)=\left(\frac{\beta}{2\pi}\right)^{p/2}\exp\left[\frac{-\beta}{2}\parallel\boldsymbol{y}(\boldsymbol{m};\boldsymbol{W})-\boldsymbol{x}\parallel^2\right]$$

其中方差为 β^{-1}，$\parallel\cdot\parallel$ 表示的是内积。文献 Bishop,SvensÈnh 和 Williams [1998]中也给出了其他可以采用的分布模型。矩阵 $\boldsymbol{W}$ 中的参数或者权值决定了映射。为了得到想要的映射,首先必须估计出 β 和矩阵 $\boldsymbol{W}$ 的值。

下一步是确定潜在空间中 $p(\boldsymbol{m})$ 的形式。类似于 SOM,在潜在空间中,以网格上节点为中心的 δ 函数之和定义为该分布形式,如下:

$$p(\boldsymbol{m}) = \frac{1}{K} \sum_{k=1}^{K} \delta(\boldsymbol{m} - \boldsymbol{m}_k)$$

其中 K 为节点数或 δ 函数个数。如图 3.10 所示,潜在空间的每一个点 $\boldsymbol{m}_k$ 被映射到数据空间对应的点 $\boldsymbol{y}(\boldsymbol{m}_k; \boldsymbol{W})$,这些点即为高斯密度函数的中心点。

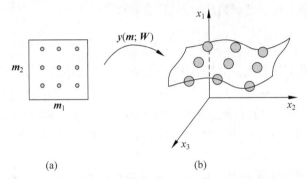

图 3.10　图示为 GTM 的映射过程,(a)为潜在空间,(b)为数据空间,(b)中的球体
　　　　表示的是以该点为中心的高斯分布

也可以利用最大似然估计以及最大期望 EM 算法(详见第 6 章)得到 β 及 $\boldsymbol{W}$。W. Bishop、Svensèn 和 Williams[1998]中给出了该分布的似然函数表达式:

$$L(\boldsymbol{W}, \beta) = \sum_{i=1}^{n} \ln \left\{ \frac{1}{K} \sum_{k=1}^{K} p(\boldsymbol{x}_i \mid \boldsymbol{m}_k, \boldsymbol{W}, \beta) \right\} \tag{3.6}$$

下一步是选择 $\boldsymbol{y}(\boldsymbol{m}; \boldsymbol{W})$ 的模型,通常定义如下:

$$\boldsymbol{y}(\boldsymbol{x}; \boldsymbol{W}) = \boldsymbol{W}\phi(\boldsymbol{x})$$

其中 $\phi(\boldsymbol{m})$ 为 M 个中心固定的基函数 $\phi_j(\boldsymbol{m})$ 构成,$\boldsymbol{W}$ 为 $p \times M$ 的矩阵。选用高斯函数作为基函数,其中心点位于潜在空间上的一个均匀网格上。值得注意的是,基函数的中心点并不是网格点 $\boldsymbol{m}_i$。这些基函数 ϕ 都有着相同的宽度 σ。基函数的宽度 σ、个数 M 以及间距决定了流形的光滑度。

式(3.6)可以看成是一个数据缺失问题,我们并不清楚每一个数据点 $\boldsymbol{x}_i$ 是由哪一个成分 k 生成。利用 EM 估计 β 及 $\boldsymbol{W}$ 的整个过程需要两个部分迭代进行,直到似然函数收敛。第一部分为 E-step,利用当前的参数值,计算每一个数据点对于不同成分 k 的后验概率,计算公式如下式所示:

$$\tau_{ki}(\boldsymbol{W}_{\text{old}}, \beta_{\text{old}}) = \frac{p(\boldsymbol{x}_i \mid \boldsymbol{m}_k, \boldsymbol{W}_{\text{old}}, \beta_{\text{old}})}{\sum_{c=1}^{K} p(\boldsymbol{x}_i \mid \boldsymbol{m}_c, \boldsymbol{W}_{\text{old}}, \beta_{\text{old}})} \tag{3.7}$$

其中下标"old"表示当前值。

M-step 是通过后验概率来对参数进行更新。首先利用式(3.8)计算新的权值矩阵。

$$\boldsymbol{\Phi}^{\mathrm{T}} \boldsymbol{G}_{\mathrm{old}} \, \boldsymbol{\Phi} \, \boldsymbol{W}_{\mathrm{new}}^{\mathrm{T}} = \boldsymbol{\Phi}^{\mathrm{T}} \boldsymbol{T}_{\mathrm{old}} \, \boldsymbol{X} \qquad\qquad (3.8)$$

其中 $\boldsymbol{\Phi}$ 为元素 $\phi_j(\boldsymbol{m}_k)$ 的 $K \times M$ 矩阵。$\boldsymbol{X}$ 是数据矩阵，$\boldsymbol{T}$ 为元素为 τ_{ti} 的 $K \times n$ 矩阵，$\boldsymbol{G}$ 为 $K \times K$ 的对角阵，其元素为：

$$\boldsymbol{G}_{kk} = \sum_{i=1}^{n} \tau_{ki}(\boldsymbol{W}, \beta)$$

可以通过线性代数的方法求解式(3.8)得到 $\boldsymbol{W}_{\mathrm{new}}$。一个和计算时间相关的问题是公式中由于 $\boldsymbol{\Phi}$ 为常数，因此 $\boldsymbol{W}_{\mathrm{new}}$ 的值只需要进行一次估计。

现在需要确定最大化似然函数的 β 值，其更新公式如下：

$$\frac{1}{\beta_{\mathrm{new}}} = \frac{1}{np} \sum_{i=1}^{n} \sum_{k=1}^{K} \tau_{kn}(\boldsymbol{W}_{\mathrm{old}}, \beta_{\mathrm{old}}) \parallel \boldsymbol{W}_{\mathrm{old}} \phi(\boldsymbol{m}_k - \boldsymbol{x}_i) \parallel^2 \qquad (3.9)$$

总结一下，GTM 算法首先需要矩阵 $\boldsymbol{W}$ 和逆方差 β 的初始值。同时确定一组点集 $\boldsymbol{m}_i$ 和基函数 $\phi_j(\boldsymbol{m})$。其中参数 $\boldsymbol{W}$ 和 β 定义了一个中心为 $\boldsymbol{W}\phi(\boldsymbol{m}_k)$，协方差矩阵为 $\beta^{-1}\boldsymbol{I}$ 的混合高斯分布。EM 算法利用给定的初始值来估计这些参数。E-step 利用式(3.7)计算后验概率，M-step 利用式(3.8)和式(3.9)来对 $\boldsymbol{W}$ 和 β 的值进行更新，算法重复迭代上述两个步骤直至收敛。

因此，GTM 给出的是从潜在空间到 p 维原始数据空间的一个映射。而对于 EDA 而言，我们真正感兴趣的是如何把数据从 p 维数据空间映射到一个低维的空间。从 GTM 算法中看出，每一个数据 $\boldsymbol{x}_i$ 提供了一个潜在空间的后验分布，该后验分布提供了一个观测点的信息。因此需要对每一个分布进行归纳，其中两种方法是采用均值和模值，然后通过将它们看成是潜在空间中单一的点进行可视化处理，观测值 $\boldsymbol{x}_i$ 的均值定义为

$$\bar{\boldsymbol{m}}_i = \sum_{k=1}^{K} \tau_{ki} \boldsymbol{m}_k$$

对于所有的 k 而言，取值最大的 τ_{ki} 看成是第 i 个观测值(或后验分布)的模值。在散点图或者其他可视化方法中，将均值或模值通过符号进行标记。

例 3.7

同样采用 oronsay 数据集来验证 GTM 工具箱[⑨]。实例中的参数设置参考文档。

```
load oronsay
% 设置初始化 GTM 参数
noLatPts = 400;
noBasisFn = 81;sigma = 1.5;
% 初始化 GTM 需要的变量
[X,MU,FI,W,beta] = gtm_stp2(oronsay,noLatPts,noBasisFn,sigma);
lambda = 0.001;
cycles = 40;
[trndW,trndBeta,llhLog] = gtm_trn(oronsay,FI,W, …
lambda,cycles,beta,'quiet');
```

---

⑨ 包含在 EDA 工具箱中。

函数 gtm_stp2 对变量进行初始化,gtm_trn 用于训练。每一个观测值被映射到二维空间的一个概率分布,因此需要将其均值或模值作为二维空间中的点进行可视化。具体做法如下:

```
%计算潜在空间的均值
mus = gtm_pmn(oronsay,X,FI,trndW,trndBeta);
%计算潜在空间的模值
modes = gtm_pmd(oronsay,X,FI,trndW);
```

现在根据它们所属的类别,采用不同的符号在低维空间中将对应的点进行绘制。

```
ind0 = find(midden = = 0);
ind1 = find(midden = = 1);
ind2 = find(midden = = 2);
plot(mus(ind0,1),mus(ind0,2),'k.',mus(ind1,1),…
        mus(ind1,2),'kx',mus(ind2,1),mus(ind2,2),'ko')
```

绘制结果如图 3.11 所示,从中可以看出三个类别之间的分界。

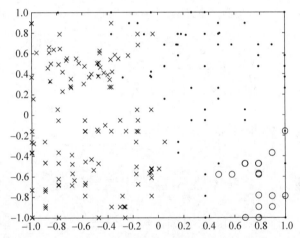

图 3.11 图示为 GTM 算法映射结果图,其中每一个点的分布由均值表示,每一个均值通过不同的符号进行表示:class 0 为".",class1 为"×",class2 为"o",可以从图中看出不同类别之间的分界

3.3.3 曲元分析

曲元分析是自组织映射(SOMs)及 Sammon's 非线性映射[1969]的改进方法,最早由 Demartines 和 Herault[1997]提出。它是一种神经网络方法,可以产生一个从原始空间(数据所在空间)到低维连续空间的一个非线性映射。当其他方法例如 SOM、MDS 以及 ISOMAP 都失败时,CCA 仍然可以给出正确的流形形状,在本节最后会对这些方法进行比较。

曲元分析是一种自组织神经网络,它包含两个部分。首先是矢量量化[Ahalt 等,

1990],通过这一环节,将输入向量变成分布原型。矢量量化的方法包括 k 均值聚类[⑩]以及 SOM。第二部分是通过最小化代价函数找到量化矢量(码书)的一个非线性映射,其中代价函数是基于输入输出空间中点与点之间距离的函数。CCA 将 MDS 与 SOM 方法融合,将数据展开,揭示数据中感兴趣的结构。

如前所述,假设有 n 个 p 维观测点 $\boldsymbol{x}_i$,需要寻找一个映射,将 p 维数据点 $\boldsymbol{x}_i$ 映射到 d 维空间中的点 $\boldsymbol{y}_i(d<p)$。输入或者观测点首先通过矢量量化转变为分布原型,再经过一个非线性映射,得到 CCA 的最终输出。输出点的位置是由原始空间和输出空间中点的距离共同决定的。和 MDS 一样,CCA 算法的目标是找到一个原始空间到低维空间的映射,并且该映射能保留原始距离信息。

本书中将第 i 个观测点和第 j 个观测点之间的距离定义为

$$X_{ij} = d(\boldsymbol{x}_i, \boldsymbol{x}_j)$$

对应的在 d 维输出空间中的距离定义为

$$Y_{ij} = d(\boldsymbol{y}_i, \boldsymbol{y}_j)$$

其中 $d(\cdot)$ 通常为欧氏距离。

虽然我们希望 $X_{ij}=Y_{ij}$,但这不能保证在所有尺度下都成立。因此引入一个二次加权函数作为代价函数:

$$E = \frac{1}{2} \sum_i \sum_{j \neq i} (X_{ij} - Y_{ij})^2 F(Y_{ij}, \lambda_y) \tag{3.10}$$

其中 λ_y 是用于控制尺度的邻域参数。目标是求出当式(3.8)最小化时 $\boldsymbol{y}_i$ 的值。

式(3.8)中的加权函数 $F(Y_{ij}, \lambda_y)$ 为有界且随 Y_{ij} 增大而单调下降的函数,从而才能使得映射后的新空间仍然保持原始空间的局部拓扑不变。Demartines 和 Herault[1997]在仿真实验中采用如下形式:

$$F(Y_{ij}, \lambda_y) = \begin{cases} 1, & Y_{ij} \leqslant \lambda_y \\ 0, & Y_{ij} > \lambda_y \end{cases}$$

当然也可以采用其他形式的函数,例如指数下降函数或者 Sigmod 函数。

参数 λ_y 类似于 SOM 中的邻域半径,通常在最小化公式(3.10)的过程中会随着改变。一般情况下可以采用自动选取的方法,或者也可采用原始文章中所述的交互式选取方法。

本文采用一种新的梯度下降法对代价函数最小化,在此不对该方法具体展开,但值得注意的是,首先该方法极大地节约了计算时间,因此可以用于大规模的数据集。通过矢量量化,利用更少的原型向量代替原始数据,从而减少计算量。其次,最优化过程允许代价函数可以短暂升高,因此可以防止陷入局部最小点 E。接下来将通过下面的例子来介绍如何使用 CCA 算法。

例 3.8

调用 EDA 工具箱中 SOM 工具箱中的函数进行 CCA 算法实现。产生一些落在单位球

---

⑩ 详见第 4 章内容。

面($p=3$)上的点,为了更好地对流行结构进行可视化,未对数据集添加噪声。

```
% 利用主程序包中的 sphere 函数产生原始数据
[x,y,z] = sphere;
% 通过散点图观测数据点
colormap(cmap)
scatter3(x(:),y(:),z(:),3,z(:),'filled')
axis equal
view([-34,16])
```

图 3.12(a)所示的是原始数据散点图,利用 CCA 算法构建非线性映射将数据映射到二维空间。需要注意的是必须指定最优化算法中的迭代次数,即 CCA 函数中的 epochs 参数。Demartins 及 Herault 指出当数据集大小 $n=1000$、流形结构为线性时,通常采用 50 步左右的迭代次数。当子流形为非线性时,通常需要更多步数(数以千计)。本例中为小数据集($n=21$),将采用 30 步。

```
% 利用 CCA 算法将数据降到二维
Pcca = cca([x(:),y(:),z(:)],2,30);
```

图 3.12(b)所示的是二维空间中的数据散点图,可以看出,CCA 算法可以将球面展开得到一个正确的映射。

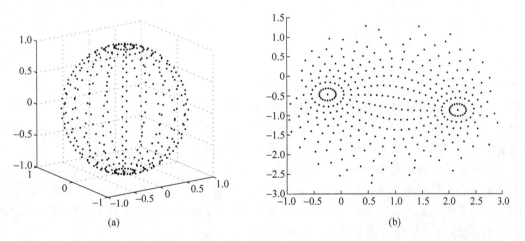

(a)   (b)

图 3.12 (a)所示为落在单位球面上的观测点图(为了更好地观察球面形状,并未对数据添加噪声),(b)为采用 CCA 算法映射到二维空间的散点图,可以看出 CCA 方法可以将球面展开并且正确保留了数据的拓扑信息

另一个和 CCA 相关的方法为 CDA(curvilinear distance analysis)[Lee 等,2000 以及 Lee,Lendasse 和 Verleysen,2002]。CDA 与 ISOMAP 方法类似,它采用测地距离构建邻域,但 CDA 的提出者将该距离称为 curvilinear 距离。CDA 的其他步骤(例如代价函数 E 及其最小化)都和 CCA 一样。因此除了输入距离为测地距离以外,一般认为 CDA 等同于 CCA。在本节开始时提到过 CCA 方法是 Sammon's 非线性映射的一种改进。Sammon's 算

法中的代价函数 E 为:

$$E = \frac{1}{c} \sum_i \sum_{j<i} (X_{ij} - Y_{ij})^2 \frac{1}{X_{ij}}$$

其中 c 为一个归一化常数:

$$c = \sum_i \sum_{j<i} X_{ij}$$

文献 Demartines 和 Herault[1997] 中指出,Sammon's 映射容易偏向保留输入空间中较小的距离,因此在实际应用中较难得到正确的展开。

经典 MDS 以及 PCA 都是线性降维方法,因此该类算法对于非线性的数据只能进行线性逼近。非度量 MDS 方法可以处理非线性数据,但它采用的距离是排序后的距离而不是实际距离。这样就可能产生量化误差及较差的映射。

之前也提到了 CCA 方法也是自组织映射的一种改进方法,这同样也是合理的,因为 CCA 的第一步就是利用 SOM 或其他方法进行矢量量化。SOM 是通过在神经元之间预先定义的邻域进行矢量量化,而 CCA 的神经元会在输出空间寻找到合适的位置,从而保留局部拓扑和子流形形状。

3.4 总结与深入阅读

在本章中,主要讨论了几种从高维空间非线性映射到低维空间的方法。首先介绍的一大类方法是多维尺度分析法(MDS),包括度量 MDS 和非度量 MDS 方法。在一些情况下,MDS 依赖于不同的设置可以找到一个线性映射。同样介绍了一些流形学习的方法,这里强调的是非线性流形。这些方法包括局部线性映射,等距特征映射以及 Hessian 局部线性映射。等距特征映射实际上是一种加强型的经典 MDS 方法,它是以测地距离作为经典 MDS 的输入。HLLE 与 LLE 方法本质相同,但 HLLE 方法可以处理非凸的数据集。最后对两种神经网络方法——自组织映射以及生成式拓扑映射进行介绍。

本章节已经提到许多 MDS 的参考文献,并引用了文献当中的相关信息。术语和方法主要来源于文献 Cox 和 Cox[2001]。这是一本可读性强的参考书,适合有统计学背景知识的学生和专业人员。书中清晰地介绍了度量 MDS 及非度量 MDS,并且作者提供了程序和数据光盘(DOS 下运行),读者可以很好地使用这些工具。

另一本参考书 Borg 和 Groenen[1997] 介绍了 MDS 的一些算法和技术,该书适合社会科学或商学院具有两学期统计学知识的人。作者提供了方法的推导以及结果解释。虽然书中没有提供计算机软件或者阐述如何用现有的软件包,但是书中算法清晰且容易理解。

Kruskal 和 Wish[1978] 给出了 MDS 的一个简单的介绍。该书主要强调 MDS 在社会科学中的应用,但是同样适用于使读者快速理解基本的 MDS 概念。该书没有对计算和算法做特别说明。各种期刊及百科全书中也有许多关于 MDS 的综述文献,包括 Mead[1992]、Siedlecki、Siedlecka 和 Sklansky[1988]、Steyvers[2002] 和 Young[1985]。

关于 MDS 的一些初始工作是由 Shepard 在 1962 年完成。第一篇文献[Shepard,

1962a]介绍了一种在欧氏空间重构点分布的计算机程序,该程序方法唯一已知条件是距离为单调函数。第二篇文献[Shepard,1962b]在人工数据上利用该方法进行两种应用。

Kruskal[Kruskal,1964a,1964b]通过引入目标函数以及最优化目标函数的方法将MDS算法进行改进。强烈建议读者阅读 Kruskal 的原始文章,它容易理解且为读者提供了关于原始 MDS 的完美的解释。

由于流形学习算法(等距特征映射、局部线性嵌入以及海赛局部线性嵌入)是近年来发展起来的方法,因此并没有太多的文献。但是每种方法都有网页,包含深入详尽的技术报告及论文链接(见附录 B)。Saul 和 Roweis[2002]给出了关于流形学习综述,该文对 LLE 算法进行重点介绍。ISOMAP 的更多内容由 Balasubramanian 和 Schwartz[2002]给出。Donoho 和 Grimes[2002]技术报告给出了 HLLE 的更详尽的方法。Gorban 等人的编著[2008]中包含了许多用于降维的流形学习方法的文章,同时也包括可视化方法。Lee 和Verleysen[2007]发表的非线性降维方法的文章介绍了许多本书中也概括到的方法,例如ISOMAP、MDS、CCA 和 LLE。

Kohonen 在书中 Kohonen[2001]致力于介绍 SOM 相关理论,书中的参考文献包含许多 SOM 文章。1998 年的一篇技术报告[Kangas 和 Kaski,1998]列出了 SOM 的 3043 篇文献。Kohonen[1998]给出了一篇完美且简短的 SOM 综述。近年来,SOM 的应用领域集中在文本聚类[Kaski 等,1998;Kohonen 等,2000]、基因微阵列分析[Tamayo 等,1999]。理论方面的发展详见文献 Cottrell、Fort 和 Pages[1998]。将 SOM 应用于聚类的文献包括Kiang[2001]以及 Vesanto 和 Alhoniemi[2000],将可视化及 EDA 方法用于 SOM 的方法可参考 Mao 和 Jain[1995]、Ultsch 和 Siemon[1990]、Deboeck 和 Kohonen[1998]以及Vesanto[1997;1999]。GTM 是该领域新发展的方法,关于它的文献较少。推荐感兴趣的读者深入阅读以下文献:Bishop、SvensÈn 和 Williams[1996,1997a,1997b,以及 1998]、Bishop、Hinton 和 Strachan[1997]以及 Bishop 和 Tipping[1998]。

练习

3.1 将经典 MDS 算法用于 skull 数据集,结果通过散点图显示并加以文字标记说明绘图符号(详见 text 函数),能否观察出不同类别的分界[Cox 和 Cox,2001]? 同样将 PCA方法用于 skull 数据集,将两种方法结果进行比较。

3.2 将 SMACOF 算法和非度量 MDS 方法应用于 skull 数据集,并将结果和经典MDS 进行比较。

3.3 利用 plot3 函数(应用于三维空间,类似于 plot 的绘图函数)绘制例 3.1 中数据集的三维散点图,描述结果。

3.4 将 SMACOF 算法应用于 oronsay 数据集,讨论结果。

3.5 选择一组不同的 d 值,重复做例 3.2、例 3.4 以及练习题 3.2。查看函数gplotmatrix 的帮助文档,并用其显示 $d>2$ 的结果。绘制一个陡坡图,横坐标为压力值,纵

坐标为 d,观察最佳 d 值。

3.6 用于非度量 MDS 的 Shepard 图,其纵坐标为排序的相异性,水平方向为距离(用点表示)和差异值(用线表示)。这种方法只适用于小规模的数据集,可以用于观察回归线曲线的形状。在 MATLAB 中,实现较小的数据集的 Shepard 图。

3.7 尝试使用例 3.6 中的 som_show(sM)函数,它为每一个变量显示一个 U 矩阵。分别观察每一个变量并加相应的标注,例如 som_show(sM,'comp',1)等。更多函数的使用信息请查阅 SOM 工具箱文档。

3.8 为 oronsay 数据集添加其他标记,重复做例 3.6 和练习题 3.7,讨论结果。

3.9 用模值代替均值,重复绘制例 3.7(GTM)中的结果图,是否可以观察出两者之间的区别?

3.10 查看统计工具箱函数 mdscale 的帮助文档。将度量和非度量 MDS 方法用于 skulls 和 oronsay 数据集。

3.11 将 ISOMAP 方法用于例 3.5 中的 scurve 数据集。绘制散点图,并和 LLE 方法结果进行比较。

3.12 将 LLE 方法用于例 3.5 中的 swissroll 数据集。绘制散点图,并和 HLLE 以及 ISOMAP 方法进行比较。

3.13 swissroll 和 scurve 数据集的本征维数是多少?

3.14 将 MDS、ISOMAP、LLE、HLLE、SOM、CCA 以及 GTM 这些方法逐一用于下列数据集,讨论并比较结果。

(1) BPM 数据集;

(2) 基因表达数据集;

(3) iris;

(4) pollen;

(5) posse;

(6) oronsay;

(7) skulls。

3.15 利用不同的初始值重做例 3.2 得到不同的结构,并分析结果。

3.16 利用 PCA 和 ISOMAP 方法重做例 3.8,将结果和 CCA 方法进行比较。

3.17 将 ISOMAP 方法用于 yeast 数据集。观察相似相位的基因变量经过投影变换后是否聚类在一起?

第 4 章

数 据 巡 查

前面几章主要介绍了低维空间的数据结构分析。但是,数据结构千变万化,要想探寻数据在空间中的正确表达,需要一些巡查方法。本章将介绍几种数据巡查方法,大致分为以下几类:

(1) 总体巡查法。如果要从多个角度对 p 维数据进行观察,以便掌握其总体分布特性,那么可以从低维映射下的一个随机序列入手。一般来说,使用总体巡查法时需要用户参与的内容很少,只需设定序列步长,或者发现所需数据结构后及时终止巡查分析过程即可。总体巡查法源自 Asimov[1985] 的 Torus 总体巡查法。

(2) 插值巡查法。采用此类方法时,用户要先选定一个起始面和一个终止面,然后把数据映射到第一个平面上。接着,利用插值的方法逐个平面进行巡查分析。在序列的每一步,都以不同的视角把数据呈现给用户,通常是以散点图的形式[Hurley 和 Buja,1990]。

(3) 导引巡查法。采用这种方法时,数据巡查部分的或者全部是由数据引导。EDA 投影追踪法是此类方法的代表。与其他方法不同,虽然导引巡查法既不是交互式的,也不是可视化的,但是会探索多种数据投影情况,看是否能发现孔洞或类。

下面分别对这三种方法进行详细介绍。

4.1 总体巡查法

总体巡查法尽可能从所有角度来对数据进行探索分析。具体是先把数据映射到一个二维子空间,然后以散点图的形式进行可视化呈现。快速重复上述步骤,用户看到的就是一段散点图的序列动画(或视频)。也可以把数据映射到更高维的空间,可视化的情况则大不相同(相关内容参见第 10 章)。还可以映射到一维空间(退化为一条直线),将数据表示为直线上的点或是分布(例如直方图或其他的数据密度估计)。本节详细介绍两种总体巡查法:一种是 torus winding 法,另一种是伪总体巡查法。

通常,总体巡查法应该具有以下特性:

(1) 平面(或映射)序列在由所有平面构成的空间中应该是稠密的,从而巡查最终接近于任意一个给定的二维映射。

（2）序列应该迅速变稠密。因此，需要一个有效的算法来计算序列、投影数据，并呈现给用户。

（3）平面序列应服从均匀分布，因为不希望在某个区域浪费过多时间。

（4）平面序列应该是"连续"的，这样便于用户理解，视觉上也更美观。但是，连续性和巡查速度必须平衡。

（5）当巡查结束后，用户应该能够重建平面序列。如果在某一点处发现了有用的数据结构并且终止了巡查，则应该能够轻易地恢复映射。

要实现上述目的，总体巡查法需要一条能够贯通 p 维空间中二维子空间集的连续通道。

总之，总体巡查法通过对一系列二维散点图进行数据巡查，使得用户对高维空间有了全局的把握，并且对所有数据映射的巡查都要具有代表性。巡查步骤持续进行，直至分析人员发现了感兴趣的数据结构才终止。总体巡查法的输出结果是一段视频或动画，信息被嵌入在二维散点图的连续视频中。查看散点图视频的好处是，可以从数据的速度向量中获取到信息的另外两个维度[Buja 和 Asimov,1986]。例如，数据点离计算机屏幕越远，点旋转得越快。

4.1.1　Torus Winding 法

Torus Winding 法来自 Asimov[1985]和 Buja,Asimov[1986]这两篇文献，用以实现总体巡查。令[$\lambda_1,\cdots,\lambda_N$]表示一个实数集，其元素在整数范围内彼此线性独立。定义函数 $a(t)$ 如下：

$$a(t) = (\lambda_1 t,\cdots,\lambda_N t) \tag{4.1}$$

其中，坐标 $\lambda_i t$ 的模为 2π。式（4.1）的映射定义了一个围绕圆环面的空间填充路径[Asimov,1985；Wegman 和 Solka,2002]。

令向量 e_i 表示规范基向量，除第 i 个值为 1 外其余值都为 0。其次，定义一个 $p \times p$ 的矩阵 $R_{ij}(\theta)$，它表示把 $e_i e_j$ 平面旋转 θ 角度。$R_{ij}(\theta)$ 是个单位阵，但元素值有所不同：

$$r_{ii} = r_{jj} = \cos(\theta), \quad r_{ij} = -\sin(\theta), \quad r_{ji} = \sin(\theta)$$

接着，定义函数 f：

$$f(\theta_{1,2},\cdots,\theta_{p-1,p}) = Q = R_{12}(\theta_{12}) \times R_{13}(\theta_{13}) \times \cdots \times R_{p-1,p}(\theta_{p-1,p}) \tag{4.2}$$

注意，函数 f 有 N 个参数（或角度），并且服从约束条件 $0 \leq \theta_{ij} \leq 2\pi$ 和 $1 \leq i \leq j \leq p$。接下来对该函数进行简化[Asimov,1985]。

Torus 法的步骤如下：

（1）式(4.2)中的因子数由 $N=2p-3$ 给定[①]。对于 $R_{ij}(\theta_{ij})$，只讨论 $i=1$ 或 $i=2$ 的情

---

① 此处采用简化模式，附录中有具体描述[Asimov,1985]。完整的旋转模式包括 $(p^2-p)/2$ 种平面旋转，这跟规范基向量形成的不同的二维平面相对应。

况。当 $i=1$ 时,$2{\leqslant}j{\leqslant}p$;当 $i=2$ 时,$3{\leqslant}j{\leqslant}p$。

(2) 选定实数集 $\{\lambda_1,\cdots,\lambda_N\}$ 和步长 t,使得集合 $\{2\pi,\lambda_1 t,\cdots,\lambda_N t\}$ 中的元素彼此线性独立。应选择合适的步长 t,以便能够生成连续平面。

(3) 值 $\lambda_1 Kt,\cdots,\lambda_N Kt$,$K=1,2,\cdots$ 用作函数 $f(\cdot)$ 的参数,K 是迭代次数。

(4) 把所有旋转矩阵相乘,得到式(4.2)。

(5) 采用下式旋转前两个基向量:

$$A_K = Q_K E_{12}$$

其中,矩阵 E_{12} 的列向量包含前两个基向量 e_1 和 e_2。

(6) 在第 K 步,把数据映射到旋转坐标系下:

$$X_K = XA_K$$

(7) 绘制散点图。

(8) 重复步骤(3)~步骤(7),直至生成新的 K 值。

选择合适的 λ_i 和 λ_j,使得比值 λ_i/λ_j 对任意 i 和 j 都是无理数。此外,还要确保比值 λ_i/λ_j 不是其他有理数的乘积。建议时长 t 取值为一个较小的正无理数。有两种获得无理数的方法[Asimov,1985]:

(1) 令 $\lambda_i = \sqrt{P_i}$,其中 P_i 是第 i 个质数;

(2) 令 $\lambda_i = e^i$,模为1。

例 4.1 将介绍如何实现 torus 总体巡查法。

例 4.1

本例采用 yeast 数据集来展示 torus 总体巡查法。首先,加载数据并设置常量。

```
load yeast
[n,p] = size(data);
% 设置频率向量
N = 2 * p - 3;
% 采用上面的第二个选项
lam = mod(exp(1:N),1);
% 这是一个小的无理数
delt = exp(-5);
% 获得旋转索引值
% 跟 torus 方法的步骤(1)相同
J = 2:p;
I = ones(1,length(J));
I = [I, 2 * ones(1,length(J) - 1)];
J = [J, 3:p];
E = eye(p,2); % 基向量
% 执行多次迭代
maxit = 2150;
```

接着,实现数据巡查。

```
% 开始绘图
z = zeros(n,2);
ph = plot(z(:,1),z(:,2),'o','erasemode','normal');
axis equal, axis off
% 用句柄图形消除闪烁
set(gcf,'backingstore','off','renderer',…
'painters','DoubleBuffer','on')
% 开始数据巡查
for k = 1:maxit
% 找出旋转矩阵
Q = eye(p);
for j = 1:N
dum = eye(p);
dum([I(j),J(j)],[I(j),J(j)]) = …
cos(lam(j)*k*delt);
dum(I(j),J(j)) = - sin(lam(j)*k*delt);
dum(J(j),I(j)) = sin(lam(j)*k*delt);
Q = Q*dum;
end
% 旋转基向量
A = Q*E;
% 映射到新的基向量
z = data*A;
% 绘制变换数据
set(ph,'xdata',z(:,1),'ydata',z(:,2))
% 用 MATLAB 绘制数据
pause(0.02)
end
```

本书编写了一个函数 torustour 来实现上述功能。数据巡查之后的结果参见图 4.1。

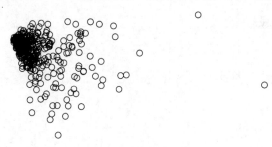

图 4.1 对 yeast 数据集进行 torus 总体巡查的结果

4.1.2　伪总体巡查法

文献 Asimov[1985] 以及 Buja 和 Asimov[1986] 给出了其他一些实现总体巡查的方法，称作随意法和随机行走法。跟 torus 总体巡查法一样，此类方法也有限制条件。使用 torus 总体巡查法时，如果在某些区域花费时间太多就会自动终止，因为计算量太大。其他方法的计算量小一些，但回滚（恢复项目）比较麻烦，除非提前保留用于生成巡查的随机数才行。

下面讨论伪总体巡查法。这种方法最先是由 Wegman 和 Shen[1993] 提出的，后来 Martinez 和 Martinez[2007] 在 MATLAB 平台上加以实现。torus 总体巡查法的一个重要特点是，通过平面流形提供了一个连续的空间填充路径。下面的方法并没有采用空间填充曲线，所以称为伪总体巡查法。伪总体巡查法还有一个局限性，即它不能像 torus 法一样泛化到高维空间。尽管如此，伪总体巡查法也有很多优点，比如速度快、易于计算、分布均匀，以及映射可恢复。

要进行巡查，首先要获得构成所需映射的单位向量。第一个单位向量定义为 $\alpha(t)$，使得下式成立：

$$\alpha^{\mathrm{T}}(t)\alpha(t) = \sum_{i=1}^{p} \alpha_i^2(t) = 1$$

跟之前一样，t 表示步长。定义第二个单位向量 $\beta(t)$，其与 $\alpha(t)$ 正交。因此有

$$\beta^{\mathrm{T}}(t)\beta(t) = \sum_{i=1}^{p} \beta_i^2(t) = 1, \quad \text{且 } \alpha^{\mathrm{T}}(t)\beta(t) = 0$$

对于伪总体巡查法，$\alpha(t)$ 和 $\beta(t)$ 都必须是 t 的连续函数，并且应该生成单位向量的"所有"可能方向。

继续下面步骤之前，先考虑观察变量 $\boldsymbol{x}$。如果 p 是一个奇数，则在每个数据点后面补 0，使其元素数变成偶数。因此，有下式

$$\boldsymbol{x} = [x_1, x_2, \cdots, x_p, 0]^{\mathrm{T}}, \quad p \text{ 为奇数}$$

上述操作并不会影响映射。因此，不失一般性，直接假定 p 是偶数。令

$$\alpha(Kt) = \sqrt{\frac{2}{p}} \times [\sin\omega_1 Kt, \cos\omega_1 Kt, \cdots, \sin\omega_{p/2} Kt, \cos\omega_{p/2} Kt]^{\mathrm{T}} \tag{4.3}$$

$$\beta K(t) = \sqrt{\frac{2}{p}} \times [\cos\omega_1 Kt, -\sin\omega_1 Kt, \cdots, \cos\omega_{p/2} Kt, -\sin\omega_{p/2} Kt]^{\mathrm{T}} \tag{4.4}$$

其中，$K = 1, 2, \cdots$。采用与 torus 总体巡查法中 λ_i 和 λ_j 一样的方法来选取 ω_i 和 ω_j。进行二维伪总体巡查的步骤在下面给出，MATLAB 平台的实现步骤参见例 4.2。

伪总体巡查法步骤如下：

（1）令每个 ω_i 都是无理数，选取一个小的正无理数作为步长 t；

（2）用式（4.3）和式（4.4）计算向量 $\alpha(Kt)$ 和 $\beta(Kt)$；

（3）把数据映射到由上述向量张成的平面上；

(4) 在二维散点图上显示这些映射点；

(5) 换新的 K 值从步骤(2)开始重复。

例 4.2

本例中将采用 oronsay 数据集来对伪总体巡查进行说明。在 EDA 工具箱中提供了一个函数 pseudotour 来实现伪总体巡查，细节在下面给出。由于 oronsay 数据集共有偶数个变量，所以无须对观测值补零。

```
load oronsay
x = oronsay;
maxit = 10000;
[n,p] = size(x);
% 设置频率向量,方法跟总体巡查法中的类似
th = mod(exp(1:p),1);
% 一个小的无理数
delt = exp(-5);
cof = sqrt(2/p);
% 设置映射向量的存储空间
a = zeros(p,1); b = zeros(p,1);
z = zeros(n,2);
% 开始绘图
ph = plot(z(:,1),z(:,2),'o','erasemode','normal');
axis equal, axis off
set(gcf,'backingstore','off','renderer',…
'painters','DoubleBuffer','on')
for t = 0:delt:(delt*maxit)
% 找出变换向量
for j = 1:p/2
a(2*(j-1)+1) = cof*sin(th(j)*t);
a(2*j) = cof*cos(th(j)*t);
b(2*(j-1)+1) = cof*cos(th(j)*t);
b(2*j) = cof*(-sin(th(j)*t));
end
% 映射至向量
z(:,1) = x*a;
z(:,2) = x*b;
set(ph,'xdata',z(:,1),'ydata',z(:,2))
drawnow
end
```

图 4.2 的散点图描绘出了数据点之间的有趣结构。建议读者观察这个巡查过程，因为它在这个过程中展示了有趣的结构。

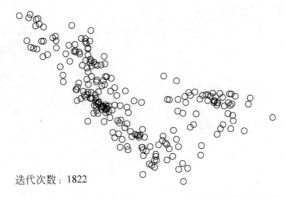

迭代次数：1822

图 4.2　在例 4.2 中用伪总体巡查法对 oronsay 数据集进行映射后的散点图

4.2　插值巡查法

下面将要介绍的插值巡查法最早是由 Young 和 Rheingans[1991]，以及 Young、Falsowski 和 McFarlane[1993]提出的。这种数据巡查方法的数学理论知识可以参考 Hurley 和 Buja [1990]以及 Asimov 和 Buja[1994]。插值巡查法的主要思路是两个子空间：起始子空间和目标子空间。具体过程是经由测地插值路径在两个子空间之间进行巡查。当然，在视频视图下，数据巡查的每一步都将投影数据显示在散点图中，用户可以接着在多个目标空间来回切换从而了解数据的结构。

假定数据矩阵 $\boldsymbol{X}$ 按列中心化，即数据空间的质心与原点重合。跟其他巡查方法一样，需要一个可视化空间才能把数据展示给用户。定义可视化空间 $\boldsymbol{V}_t$ 为二维坐标系下的一个 $n \times 2$ 矩阵。

插值巡查法的一个难点是如何得到目标空间。有学者提出，目标空间可以由 PCA 中的特征向量子集来张成，本文采用了这种方法。因此，假定已知主成分分数（参见第 2 章），初始可视化空间和目标空间分别是一个 $n \times 2$ 的矩阵，其列向量包含不同的主成分。

插值路径由下面的旋转公式计算得到：

$$\boldsymbol{V}_t = \boldsymbol{T}_k [\cos \boldsymbol{U}_t] + \boldsymbol{T}_{k+1} [\sin \boldsymbol{U}_t] \tag{4.5}$$

其中，$\boldsymbol{V}_t$ 是插值路径中第 t 步时的可视化空间。$\boldsymbol{T}_k$ 表示序列中第 k 个目标。$\boldsymbol{U}_t$ 是一个 2×2 的对角线矩阵，其中 θ_k 在 $[0, \pi/2]$ 区间取值。t 每取一次值，都让 θ_k 的值增加一个小的步长。注意，下标 k 表示目标序列中的第 k 个平面，因为可以在多个目标平面之间进行穿插。

例 4.3

下面用 oronsay 数据集来对本文提出的插值巡查函数进行说明。该函数的第一个参数是数据矩阵，后两个参数是主成分矩阵的列索引，其中第一个表示起始平面，第二个表示目标平面。

```
load oronsay
```

```
%  设置起始平面和目标平面的索引向量
T1 = [3 4];
T2 = [5 6];
intour(oronsay, T1, T2);
```

图4.3显示了对应于起始平面和目标平面的散点图。该函数的主要作用是：当把目标平面暂停后，可以回滚到起始平面状态。对数据巡查的细节感兴趣的读者，可以参考intour函数的M文件来获取更多信息。

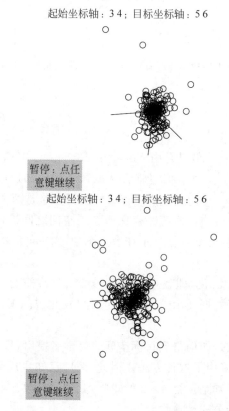

图4.3　对oronsay数据集进行插值巡查的结果，上图表示起始平面，下图表示目标平面

4.3　投影追踪法

与总体巡查法不同，投影追踪法是定向搜索，是通过对想要发现的结构类型建立索引来实现的。因此可以说，巡查是受数据引导的，因为它会不断巡查探索，直至发现可能的结构才会停止。跟总体巡查法类似，投影追踪法也是要发现数据映射中那些让人感兴趣的部分，即偏离常态的结构，例如：类、线性结构、孔洞、孤立点等。该方法的目标是找到一个映射平面，从而在二维空间对数据进行观察。这样，数据结构（或偏离常态的结构）会在所有可能形

成的二维映射空间中被放大。

Friedman 和 Tukey[1974]认为,投影追踪法是这样一种方法,通过对多种二维空间映射检查,从而对高维数据中的非线性结构进行探索和发现。这种方法的原理是,对数据进行二维正交投影会揭示出原始数据的结构。投影追踪法也可以用于获得一维投影,但是本文仅讨论二维的情况。另外还有许多文献对该方法进行了扩展,具体可参考:Friedman[1987]、Posse[1995a,1995b]、Huber[1985]以及 Jones 和 Sibson[1987]。本文中采用的是 Posse[1995a,1995b]的投影追踪法来进行探索性数据分析。

投影追踪探索性数据分析(PPEDA)通过对多种投影进行观察,从而发现感兴趣特征,其中感兴趣程度是由一个索引值来度量的。大多数情况下,投影追踪索引测量的是偏离常态的状况。本文中用了两种索引值:一个是卡方索引,由 Posse[1995a,1995b]提出;另一个是动量索引,由 Jones 和 Sibson[1987]提出。

PPEDA 由以下两部分构成:

(1)一个投影追踪索引,用来测量偏离常态的程度;

(2)一种发现投影的方法,用来生成最大索引值。

Posse[1995a,1995b]用随机搜索的方法找到具有最优投影索引值的那个平面,并将它与 Friedman[1987]提出的结构清除方法结合,来获取一系列感兴趣的二维投影。用这种方法找到的若干投影中,后一个的结构总是不如前一个重要(根据投影索引值确定)。在用这种方法进行 PPEDA 之前,首先对涉及的若干变量分别进行定义,如下:

(1)Z 是球面数据矩阵;

(2)α 和 β 是 p 维正交向量,由它们张成投影平面;

(3)(α,β) 是由 α 和 β 张成的投影平面;

(4)z_i^{α},z_i^{β} 是投影到向量 α 和 β 上的球面观测变量;

(5)(α^*,β^*) 表示值达到当前最大值时的那个平面;

(6)$PI_{\chi^2}(\alpha,\beta)$ 表示将数据投影到由 α 和 β 张成的平面后,估计出来的卡方投影索引;

(7)$PI_M(\alpha,\beta)$ 表示矩投影索引;

(8)c 是一个比例因子,决定着 (α^*,β^*) 的邻域大小,在搜索那些具有更高投影追踪索引值的平面的时候,就需要知道 (α^*,β^*) 的邻域大小;

(9)v 是一个在 p 维单位球面上均匀分布的向量;

(10)half 表示在投影索引值不增加的前提下的步数,此时邻域的值会减半;

(11)m 表示发现最优平面所需的搜索次数,或者随机起始次数。

1. 发现结构

在本章最后,会讨论如何对每个候选平面分别计算其投影追踪索引 $PI_{\chi^2}(\alpha,\beta)$ 和 $PI_M(\alpha,\beta)$。因此,这里先介绍 PPEDA 的第二部分内容,需要在所有可能的二维平面投影上对投影索引进行优化。文献 Posse[1995a]显示,在这类问题的优化上,随机搜索优化方法比最速上升法[Friedman 和 Tukey, 1974]的性能更好。

Posse 算法先随机选择一个起始平面,作为当前最优平面(α^*, β^*)。然后,考察该平面邻域中的两个候选平面:

$$a_1 = \frac{\alpha^* + cv_1}{\|\alpha^* + cv_1\|} \quad b_1 = \frac{\beta^* - (a_1^{\mathrm{T}}\beta^*)a_1}{\|\beta^* - (a_1^{\mathrm{T}}\beta^*)a_1\|}$$

$$a_2 = \frac{\alpha^* - cv_2}{\|\alpha^* - cv_2\|} \quad b_2 = \frac{\beta^* - (a_2^{\mathrm{T}}\beta^*)a_2}{\|\beta^* - (a_2^{\mathrm{T}}\beta^*)a_2\|} \tag{4.6}$$

接下来,在当前最优平面(α^*, β^*)的大的邻域上进行全局搜索。根据设定的步数逐步缩小邻域范围,直至投影追踪索引值不再增加时就找到了一个具有最大索引值的平面。当邻域达到最小时优化过程结束。

因为这种方法是基于随机搜索的,所以最终结果有可能只是局部最优解。因此,通常的做法是分别选择不同的起始平面,重复进行多次,然后选择投影追踪索引值最大的那个结果作为最终解。

最后,对探索性投影追踪法的步骤加以总结。完整的最优平面搜索过程包括:选择不同的随机起始平面重复步骤(2)～步骤(9)共 m 次。采用投影追踪法进行测量,如果某个平面上的投影数据偏离常态很明显,那么该平面就是最优平面(α^*, β^*)。

PPEDA 的步骤如下:

(1) 将数据映射到球面上,并计算 Z,球面映射的相关内容请参阅第 1 章;

(2) 生成一个随机起始平面(α_0, β_0),作为当前最优平面(α^*, β^*);

(3) 对起始平面计算其投影索引 $PI_{\chi^2}(\alpha, \beta)$ 和 $PI_M(\alpha, \beta)$;

(4) 根据式(4.6)生成两个候选平面(a_1, b_1)和(a_2, b_2);

(5) 计算候选平面的投影索引;

(6) 把具有较高投影追踪索引值的那个候选平面作为当前最优平面(α^*, β^*);

(7) 重复步骤(4)～步骤(6),直至投影追踪索引值不再增加;

(8) 如果过了 half 次,索引值都没有再增加,那么就把 c 的值减半;

(9) 重复步骤(4)～步骤(8),直至 c 变得很小。

2. 结构剔除

我们没理由假设感兴趣的投影只有一个,洞察数据可能还有其他视角。为此,Friedman[1987]提出了一种方法叫作结构剔除。其大致过程是:先按照前面介绍的方法进行投影追踪,然后剔除从投影中发现的结构,重复投影追踪过程直至找到能生成另一个最大投影追踪索引值的投影为止。这样做的结果就是,会生成一系列投影,提供观测数据的有益视角。

二维结构剔除是个迭代过程。把投影数据变换成标准正态分布,重复操作,直至从投影追踪索引值观察到数据不再变得更加正态化为止。首先,定义一个 $p \times p$ 的矩阵 U^*,其前两行是由 PPEDA 方法计算得到的投影向量。U^* 的其余行的对角线上是 1,其余位置是 0。

例如,如果 $p=4$,则

$$\boldsymbol{U}^* = \begin{bmatrix} \alpha_1^* & \alpha_2^* & \alpha_3^* & \alpha_4^* \\ \beta_1^* & \beta_2^* & \beta_3^* & \beta_4^* \\ 0 & 0 & 1 & 0 \\ 0 & 0 & 0 & 1 \end{bmatrix}$$

用 Gram-Schmidt 算法[Strang,1988]对 $\boldsymbol{U}^*$ 的行向量进行标准正交化,结果记为 $\boldsymbol{U}$。结构剔除法的第二步是按下式对矩阵 $\boldsymbol{Z}$ 进行变换

$$\boldsymbol{T} = \boldsymbol{U}\boldsymbol{Z}^{\mathrm{T}} \tag{4.7}$$

式(4.7)中,$\boldsymbol{T}$ 是一个 $p \times n$ 的矩阵,每一列表示一个 p 维观测值。经过式(4.7),每个变换后的观测值的前两维($\boldsymbol{T}$ 的前两行)都是平面(α^*,β^*)上的投影。

接着,剔除前两维所表征的结构。令 Θ 是一个变换,可以将 $\boldsymbol{T}$ 的前两行变换成标准正态分布,其他行保持不变。这样就剔除了结构,让数据在投影(前两行)上保持正态。令 $\boldsymbol{T}_1$ 和 $\boldsymbol{T}_2$ 表示 $\boldsymbol{T}$ 的前两行,定义如下变换:

$$\Theta(\boldsymbol{T}_1) = \Phi^{-1}\big[F(\boldsymbol{T}_1)\big]$$
$$\Theta(\boldsymbol{T}_2) = \Phi^{-1}\big[F(\boldsymbol{T}_2)\big]$$
$$\Theta(\boldsymbol{T}_i) = \boldsymbol{T}_i, \quad i = 3,4,\cdots,p \tag{4.8}$$

其中,Φ^{-1} 是标准正态累计分布函数的逆,F 是一个函数,在下面给出定义(参见式(4.9)和式(4.10))。从式(4.8)可知,只需改变 $\boldsymbol{T}$ 的前两行。

接下来,对式(4.8)的变换加以详细说明,只针对 $\boldsymbol{T}_1$ 和 $\boldsymbol{T}_2$。首先,$\boldsymbol{T}_1$ 定义为:

$$\boldsymbol{T}_1 = (z_1^{\alpha^*},\cdots,z_j^{\alpha^*},\cdots,z_n^{\alpha^*})$$

$\boldsymbol{T}_2$ 定义为:

$$\boldsymbol{T}_2 = (z_1^{\beta^*},\cdots,z_j^{\beta^*},\cdots,z_n^{\beta^*})$$

注意,$z_j^{\alpha^*}$ 和 $z_j^{\beta^*}$ 是投影在由(α^*,β^*)所张成平面上的第 j 个观测点的坐标。

接着,以角度 γ 定义一个相对原点的旋转变换,公式如下:

$$\tilde{z}_j^{1(t)} = z_j^{1(t)}\cos\gamma + z_j^{2(t)}\sin\gamma$$
$$\tilde{z}_j^{2(t)} = z_j^{2(t)}\cos\gamma - z_j^{1(t)}\sin\gamma \tag{4.9}$$

其中,$\gamma = 0, \dfrac{\pi}{4}, \dfrac{\pi}{8}, \dfrac{3\pi}{8}$。$z_j^{1(t)}$ 表示在第 t 次迭代过程中 $\boldsymbol{T}_1$ 的第 j 个元素。对旋转变换后的点执行下面的变换:

$$z_j^{1(t+1)} = \Phi^{-1}\left[\frac{r(\tilde{z}_j^{1(t)}) - 0.5}{n}\right], \quad z_j^{2(t+1)} = \Phi^{-1}\left[\frac{r(\tilde{z}_j^{2(t)}) - 0.5}{n}\right] \tag{4.10}$$

其中,$r(\tilde{z}_j^{1(t)})$ 表示 $\tilde{z}_j^{1(t)}$ 的秩(排序中的位置)。

该变换用投影正态分数取代了每个旋转观测值。经过这个过程,可以让数据更正态化,从而降低了投影索引值。从下面的步骤中可以看到,结构剔除是个迭代过程。Friedman[1987]指出,投影索引值会在前几次迭代时快速减小。当达到近似正态分布时,索引值就在

一个小范围内变动。通常,要完整迭代 $5\sim15$ 次,才能剔除数据结构。

当完成结构剔除后,用下式把数据变换回来

$$Z' = U^{\mathrm{T}}\Theta(UZ^{\mathrm{T}}) \tag{4.11}$$

由矩阵理论[Strang,1988]可知,凡是与结构正交的方向(也就是 T 的所有行,而非前两行)都没有改变,只是结构被高斯化,然后又变回去了。

结构剔除的步骤如下:

(1) 创建一个标准正交矩阵 U,其前两行包含向量 α^*,β^*;

(2) 用式(4.7)对数据 Z 进行变换,获得矩阵 T;

(3) 取 T 的前两行,用式(4.9)旋转观测值;

(4) 用式(4.10)对每个旋转点进行标准化;

(5) 分别取旋转角度 $\gamma = 0, \dfrac{\pi}{4}, \dfrac{\pi}{8}, \dfrac{3}{8}\pi$,重复步骤(3)和步骤(4);

(6) 当完成旋转(式(4.9))和标准化(式(4.10))全部流程后,用 $z_j^{1(t+1)}$ 和 $z_j^{2(t+1)}$ 来估计投影索引值;

(7) 重复步骤(3)~步骤(6),直至投影追踪索引值停止改变;

(8) 用式(4.11)把数据变换回去。

例 4.4

本例中,用 oronsay 数据集来阐述投影追踪法的步骤,用本文提供的 ppeda 函数实现。首先,做一些初始化工作,例如加载数据,设置参数值等。

```
load oronsay
X = oronsay;
[n,p] = size(X);
% 从 5 个随机起始点,分别找出 2 个最优映射平面
N = 2;
m = 5;
% 设置其他常数值
c = tan(80 * pi/180);
half = 30;
% 存储两个结构的结果
astar = zeros(p,N);
bstar = zeros(p,N);
ppmax = zeros(1,N);
```

接着,把数据球面化,获得矩阵 Z。

```
% 数据球面化
muhat = mean(X);
[V,D] = eig(cov(X));
Xc = X - ones(n,1) * muhat;
Z = ((D)^( - 1/2) * V' * Xc')';
```

然后,用 ppeda 函数计算需要的结构数量,索引值参数设置为 Posse 卡方索引。

```
%  进行 PPEDA: 找到结构,删除结构,寻找下一个
Zt = Z;
for i = 1:N
   %  找到一个结构
   [astar(:,i),bstar(:,i),ppmax(i)] = …
   ppeda(Zt,c,half,m,'chi');
   %  删除结构
   %  采用自带的函数
   Zt = csppstrtrem(Zt,astar(:,i),bstar(:,i));
end
```

下面的 MATLAB 程序给出了如何把数据投影到每个投影平面并绘制。图 4.4 显示绘图结果。第一个投影的索引值是 9.97,第二个是 5.54。

```
%  投影并观察结构
proj1 = [astar(:,1), bstar(:,1)];
proj2 = [astar(:,2), bstar(:,2)];
Zp1 = Z * proj1;
Zp2 = Z * proj2;
figure
plot(Zp1(:,1),Zp1(:,2),'k.'),title('Structure 1')
xlabel('\alpha * '),ylabel('\beta * ')
figure
plot(Zp2(:,1),Zp2(:,2),'k.'),title('Structure 2')
xlabel('\alpha * '),ylabel('\beta * ')
```

重复 for 循环,但是在 ppeda 函数中采用矩索引,把 chi 参数替换成 mom 参数。上述步骤的第一个矩投影索引值为 425.71,第二个的索引值为 424.51。图 4.5 给出了数据投影到两个平面后的散点图。从图中可以看出,矩索引适用于那些有孤立点的投影。

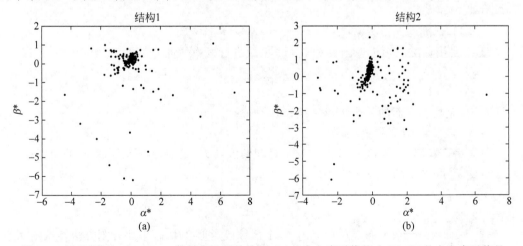

图 4.4　用 PPEDA 对 oronsay 数据集处理的结果,(a)的卡方索引值是 9.97,(b)的卡方索引值是 5.54

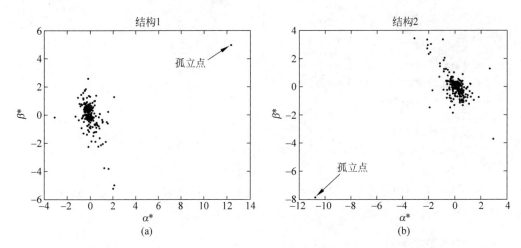

图 4.5　用矩投影追踪索引处理得到的两个平面内的散点图,从索引很容易找到那些孤立点的投影,(a)图右上角有一个孤立点,(b)图左下角有一个孤立点

4.4　投影追踪索引

本小节介绍两种用 MATLAB 代码实现的投影追踪索引(PPIs),其他 PPEDA 投影索引参见本章最后一节的相关文献。Posse[1995b]对这两个投影追踪索引进行了总结,并对其性能进行了模拟分析。

4.4.1　Posse 卡方索引

Posse[1995a,1996b]提出了一种基于卡方的投影追踪索引,在此仅给出经验版本。首先,给出如下定义:

(1) ϕ_2 是标准二元正态密度;

(2) c_k 是用标准二元正态函数对第 k 个区域进行概率估计的结果,其中

$$c_k = \iint\limits_{B_k} \phi_2 \, \mathrm{d}z_1 \, \mathrm{d}z_2$$

(3) B_k 是投影平面的一个矩形区域;

(4) I_{B_k} 是区域 B_k 的指标函数;

(5) $\lambda_j = \pi j/36, j = 0,1,\cdots,8$ 是数据被分配到区域 B_k 之前,在平面内旋转的角度;

(6) $\alpha(\lambda_j)$ 和 $\beta(\lambda_j)$ 的计算公式为

$$\alpha(\lambda_j) = \alpha\cos\lambda_j - \beta\sin\lambda_j$$
$$\beta(\lambda_j) = \alpha\sin\lambda_j + \beta\cos\lambda_j$$

首先,平面被划分成分布在环形上的 48 个区域或矩形盒 B_k。平面分割方法参见图 4.6。所有区域的角度都是 45°,内部区域的径向宽度都是 $\dfrac{(2\log 6)^{1/2}}{5}$。选择 $\dfrac{(2\log 6)^{1/2}}{5}$ 作为径向宽

度的理由是,使得所有区域的标准二元正态分布基本相同。位于外环的区域的概率是1/48。采用这种方法建立区域,可以确保其二元正态分布具有径向对称性。投影索引由下式给出

$$PI_{\chi^2}(\alpha,\beta) = \frac{1}{9}\sum_{j=0}^{8}\sum_{k=1}^{48}\frac{1}{c_k}\left[\frac{1}{n}\sum_{i=1}^{n}I_{B_k}\left(z_i^{\alpha(\lambda_j)}, z_i^{\beta(\lambda_j)}\right) - c_k\right]^2$$

卡方投影索引不受孤立点的影响。它只对中心有空洞的数据分布敏感,并且也会生成含有聚类的投影。卡方投影追踪索引计算简易快速,因此适用于大规模的数据集。Posse[1995a]提供了一个公式来对卡方索引的百分位进行近似,因此分析师能评估对投影索引的观测值的意义。

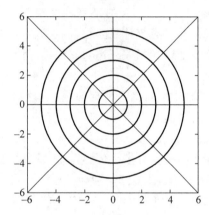

图4.6 区域 B_k 的卡方投影索引布局图[Posse,1995a]

4.4.2 矩索引

矩索引由 Jones 和 Sibson[1987]提出,基于二元的三阶和四阶矩。它的计算速度非常快,因此适用于大数据集。但是,其缺点是倾向于发现分布尾部的结构。公式如下:

$$PI_M(\alpha,\beta) = \frac{1}{12}\left[K_{30}^2 + 3K_{21}^2 + 3K_{12}^2 + K_{03}^2 + \frac{1}{4}\left(K_{40}^2 + 4K_{31}^2 + 6K_{22}^2 + 4K_{13}^2 + K_{04}^2\right)\right]$$

其中

$$K_{21} = \frac{n}{(n-1)(n-2)}\sum_{i=1}^{n}(z_i^{\alpha})^2 z_i^{\beta}, \quad K_{12} = \frac{n}{(n-1)(n-2)}\sum_{i=1}^{n}(z_i^{\beta})^2 z_i^{\alpha}$$

$$K_{22} = \frac{n(n+1)}{(n-1)(n-2)(n-3)}\left\{\sum_{i=1}^{n}(z_i^{\alpha})^2 (z_i^{\beta})^2 - \frac{(n-1)^3}{n(n+1)}\right\}$$

$$K_{30} = \frac{n}{(n-1)(n-2)}\sum_{i=1}^{n}(z_i^{\beta})^3, \quad K_{03} = \frac{n}{(n-1)(n-2)}\sum_{i=1}^{n}(z_i^{\beta})^3$$

$$K_{31} = \frac{n(n+1)}{(n-1)(n-2)(n-3)}\sum_{i=1}^{n}(z_i^{\alpha})^3 z_i^{\beta}$$

$$K_{13} = \frac{n(n+1)}{(n-1)(n-2)(n-3)}\sum_{i=1}^{n}(z_i^{\beta})^3 z_i^{\alpha}$$

$$K_{40} = \frac{n(n+1)}{(n-1)(n-2)(n-3)} \left\{ \sum_{i=1}^{n} (z_i^\alpha)^4 - \frac{3(n-1)^3}{n(n+1)} \right\}$$

$$K_{04} = \frac{n(n+1)}{(n-1)(n-2)(n-3)} \left\{ \sum_{i=1}^{n} (z_i^\beta)^4 - \frac{3(n-1)^3}{n(n+1)} \right\}$$

4.5　独立成分分析

独立成分分析(ICA)是一种能够从多元数据中提取隐藏成分或者潜在因子的方法[Hyvarinen,Karhunen 和 Oja,2001]。ICA 的某些方面跟第 2 章中介绍的 PCA 和因子分析很相似。不同的是,ICA 找的是具有统计独立性并且非高斯的因子或成分。本章之所以介绍 ICA,是因为它跟投影追踪法密切相关[Stone,2004],而投影追踪法优化的搜索索引就是优化的独立非正态的度量。

以前为了解决数字信号处理中的盲信号分离问题,学者们提出了 ICA 方法。在这些应用中,需要将混杂了噪声的信号分离为源信号。例如,有多个信号源同时发出信号,这些信号源可以是在同一房间一起说话的人,或者使用相同频率的两个电台,或者发出电信号的不同大脑区域。进一步假定,在不同位置有多个传感器来共同采集这些混合信号,但是每个传感器的权重略微不同。可以用 ICA 来恢复这些原始信号。

下面,以两个不同源的无线电信号为例,对 ICA 的基本原理进行解释[Martinez 和 Martinez,2007]。如果有两个信号,分别是由两个不同的电台发射的,采用精细时间尺度,则可以假定在某个特定的时间点上,一个信号的幅值跟另一个的不相关。因此,要想从混合信号中分离信号,可以去找不相关的时变信号。最后的假设是,如果找到了这样的信号,那么它们就来自于不同的物理过程。Stone[2004]指出,最后的假设反过来未必成立。

两个或多个信号之间不相关,可以用统计独立性来表达。由概率论和数理统计可知,如果多个随机变量(或信号)是统计独立的,则某个变量的值不会对混合信号中的其他变量(或源信号)的值产生任何影响。值得注意的是,统计独立性比不相关的约束条件更强。如果两个变量统计独立,则它们肯定不相关,但是如果它们不相关,则不一定彼此独立。高斯分布的情况例外,因为此时不相关的数据也是独立的。ICA 的目的是把数据分离成若干彼此统计独立或不相关的信号或变量成分,然后假定这些成分分别来自于某个有实际意义的源或因子。

总之,如果已有 p 维观测数据,我们的目的是要找到变量的表征或变换,从而揭示出潜在的信息。这里假定变换之后的变量跟潜在的隐成分相对应,这些隐成分描述了观测数据的基本结构。简单起见,在进行独立成分分析时,只考虑线性变换,以便结果更容易理解,计算速度更快些。

例如,有若干观测数据 $x_j(t)$[②],其中,变量下标为 $j=1,2,\cdots,p$, $t=1,2,\cdots,n$。假设观

---

② 自变量用 t 来表示,是因为以前 ICA 是用来进行数字信号处理的,而数字信号是时变的。

测数据用以下成分的线性组合表征如下：

$$\begin{bmatrix} x_1(t) \\ x_2(t) \\ \vdots \\ x_p(t) \end{bmatrix} = \boldsymbol{A} \begin{bmatrix} s_1(t) \\ s_2(t) \\ \vdots \\ s_p(t) \end{bmatrix} \tag{4.12}$$

矩阵 $\boldsymbol{A}$ 未知，其元素是混合系数，所以也称为混合矩阵；独立成分 $s_j(t)$ 也未知。因此，独立成分分析就是用观测数据 $x_j(t)$ 来估计 $\boldsymbol{A}$ 和 $s_j(t)$。

常见于 ICA 文献中，可以用来替代式(4.12)的方法如下：

$$\begin{bmatrix} s_1(t) \\ s_2(t) \\ \vdots \\ s_p(t) \end{bmatrix} = \boldsymbol{W} \begin{bmatrix} x_1(t) \\ x_2(t) \\ \vdots \\ x_p(t) \end{bmatrix} \tag{4.13}$$

从式(4.13)可以看出，ICA 的目的是要找到合适的线性变换 $\boldsymbol{W}$，使得成分 $s_j(t)$ 之间尽可能彼此独立。在文献中矩阵 $\boldsymbol{W}$ 也称作分离矩阵。

有很多求解独立成分的方法，但是跟投影追踪法类似，绝大多数方法都要涉及两个主要内容或步骤。首先，定义一个目标函数，来度量需要优化的目标，该函数统计独立并且非正态；其次，定义一个过程或算法求解矩阵 $\boldsymbol{W}$(或 $\boldsymbol{A}$)，来优化目标函数。

实际应用时，许多 ICA 算法都是通过调整矩阵 $\boldsymbol{W}$，直到由 $\boldsymbol{W}$ 恢复出来的变量的固定函数 g 的熵达到最大为止[Stone,2002]，这里假定函数 g 是源变量的累积分布函数。目标函数的另一个常采用方法是用互信息和 Kullback-Leibler 散度。更多应用技巧，可以参阅 Hyvarinen[1999a]的综述文章。优化算法有很多，经典算法包括：随机梯度法或拟牛顿法等。

Hyvarinen[1999b]基于式(4.13)的模型，提出了一种 ICA 的快速算法。他从信息论的角度出发，推导出了一种新的目标函数，先让互信息最小化，然后用投影追踪法来找出独立成分。本文不对算法细节详述，因为该算法已经在 FastICA 工具箱中实现。此处仅用实例介绍其用法。

例 4.5

本例仍然采用 oronsay 数据集来展示 ICA 的结果。本例使用来自 FastICA 工具箱和 EDA 工具箱的 fastica 函数。

```
% 加载 oronsay 数据集
load oronsay
% 进行 ICA 分析
% 注意：矩阵要转置
X = oronsay';
icasig = fastica(X);
```

fastica 函数要求输入矩阵的行和列分别是自变量和观测值，因此需要对输入和输出矩阵进行转置,以便跟惯例相符。观察由两个独立成分张成空间中的数据散点图。

```
% 对结果进行转置,以便于观察比较
Xica = icasig';
% 观察散点图的最后两个成分
ind0 = find(midden == 0);
ind1 = find(midden == 1);
ind2 = find(midden == 2);
plot(Xica(ind0,11),Xica(ind0,12),'.')
hold on
plot(Xica(ind1,11),Xica(ind1,12),'+')
plot(Xica(ind2,11),Xica(ind2,12),'*')
hold off
```

散点图如图 4.7 所示,从中可以看到一些有趣的非高斯结构。

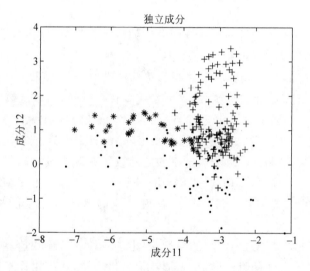

图 4.7　对 oronsay 数据集进行 ICA 分析的散点图(采用不同符号对三个采样点进行标记)

　　如前所述,ICA 跟第 2 章介绍的一些线性降维方法相关(如 PCA 和因子分析)。这里对它们进行如下简单的比较。注意,ICA 并不是专门用来进行降维处理的,但是这并不妨碍从式(4.13)的左侧提取到一些独立成分 $s_i(t)$。例如,前面例子中的 fastica 函数就有用 ICA 来降维的选项。此外,完整版的 ICA 还可以提取超过 p 个独立成分[Hyvarinen,1999a]。

　　跟独立成分分析一样,PCA 的目的也是要找到一些成分,它们是观测变量的线性变换,并且会生成彼此不相关的变换变量(或主成分)。两种方法的区别是目标不同。PCA 的目标是找到那些可以最大程度解释变量的成分,而 ICA 的目标是最大化独立和非正态的成分。两者的相同之处是,都要定义一个线性变换,然后找到使目标函数最优化的成分。不相关不等于不独立,因此,主成分未必独立,但是 ICA 中的成分优化目标是彼此独立。

　　ICA 与因子分析密切相关。Hyvarinen[1999a]认为,ICA 是一种非高斯情况的因子分析。两者主要区别是:对于 ICA 来说降维不是主要目的,而因子分析的目的是降维;另一个区别是：因子分析通常要进行旋转，对提取的因子进行旋转，可以在不改变因子之间相关性缺乏的情况下，获取更多解释信息。因此，因子分析中的变换不唯一，而 ICA 的变换有唯一性，因为独立成分的任何旋转仍然是独立的成分。

4.6 总结与深入阅读

本章介绍了几种数据巡查的方法，可以用于从高维数据中搜索有用的特征或结构。它们分别是：torus winding 总体巡查法、伪总体巡查法、插值巡查法和 EDA 投影追踪法。总体巡查法是动态的，但是通常不具有交互性。插值巡查法是可交互的，用户可以通过指定起始和目标平面来引导巡查。投影追踪法其实并不是一种可视化巡查方法（虽然它可以实现可视化巡查），它主要用于搜索那些由某些度量定义的具有最大结构的平面。最后，介绍了独立成分分析，它跟 EDA 中的投影追踪法有些类似。

有些优秀文献对数据巡查法和动态图形的数学基础进行了详述，包括 Wegman 和 Solka[2002]、Hurley 和 Buja[1990]、Buja 和 Asimov[1986]以及 Asimov 和 Buja[1994]。Wegman 和 Solka[2002]介绍了另外一种用分形空间填充曲线实现数据巡查的方法。Cook 等人[1995]对总体巡查与投影追踪的组合方法进行了介绍。

许多文章对投影追踪及其在 EDA 以及其他方面的应用进行了介绍。Jones 和 Sibson[1987]介绍了一种最速上升法，从主成分或随机点开始运算。Friedman[1987]把最速上升跟步进搜索相结合，来找感兴趣区域。Crawford[1991]用遗传算法来优化投影索引。Nason[1995]提出了一种方法，可以在三维空间进行投影追踪。Cook、Buja 和 Cabrera[1993]介绍了其他一些投影追踪索引法。

另有文献介绍了投影追踪的其他一些用途，包括投影追踪概率密度估计[Friedman，Stuetzle 和 Schroeder，1984]、投影追踪回归[Friedman 和 Stuetzle，1981]、鲁棒估计[Li 和 Chen，1985]以及用投影追踪进行模式识别[Flick 等人，1990]。Huber[1985]对投影追踪进行了理论性和综合性的描述，讨论了在数据探索之前对数据进行球面映射的重要问题。这篇特约文章还介绍了投影追踪在计算机断层扫描以及时间序列反卷积方面的应用。Jones 和 Sibson[1987]也对投影追踪的应用进行了介绍。Montanari 和 Lizzani[2001]把投影追踪用于变量选择问题。Bolton 和 Krzanowski[1999]介绍了投影追踪和主成分分析之间的关联。

推荐两本关于独立成分分析的好书。一本是 Stone[2004]。这是本入门教程，里面有大量的实例以及 MATLAB 代码。另一本是 Hyvarinen、Karhunen 和 Oja[2001]合著，该书言简意赅，是介绍 ICA 理论和应用不可多得的好书。关于 ICA，有一些已出版的综述和教程类文章。例如，Hyvarinen[1999a]、Hyvarinen 和 Oja[2000]以及 Fodor[2002]。最后，从统计学的角度对 ICA 进行的介绍，可以参见 Hastie、Tibshirani 和 Friedman[2009]。

练习

4.1　运行例 4.1 的程序,改变迭代次数。数据巡查过程中是否有发现感兴趣的结构?

4.2　对下面的数据集进行 torus 总体巡查,并对结果进行讨论分析。

(1) environmental;

(2) oronsay;

(3) iris;

(4) posse;

(5) skulls;

(6) spam;

(7) pollen;

(8) gene expression。

4.3　运行例 4.2 的伪总体巡查程序。如果发现了数据结构,则对其进行讨论。

4.4　对下列数据集进行伪总体巡查,并对结果进行讨论分析;跟总体巡查的结果进行比较。

(1) environmental;

(2) yeast;

(3) iris;

(4) posse;

(5) skulls;

(6) spam;

(7) pollen;

(8) gene expression。

4.5　用例 4.3 的插值巡查程序对习题 4.4 的数据集进行分析。

4.6　用其他目标平面重复例 4.3 的插值巡查(提示:注意 9 和 10 的结果)。是否有发现数据结构?

4.7　用投影追踪 EDA 对习题 4.4 的数据集进行分析。搜索多个结构,采用两个投影追踪索引,用散点图绘制结果并加以讨论。

4.8　重复例 4.4 并找到两个以上最优投影平面。对结果进行描述,用矩索引搜索到的平面上除了孤立点外是否还有其他结构?

4.9　对习题 4.4 的数据集进行 ICA 分析,用散点图绘制找到的数据结构。

第 5 章

发 现 类

本章主要讲述如何从数据中发现组或者类。组或类的概念在 EDA 和数据挖掘领域非常重要。本章介绍两种基本方法：聚合聚类法和 k 均值聚类法。下一章会介绍另外一种方法——模糊聚类法，它是基于对有限混合概率密度函数进行估计的。本章还会介绍非负矩阵分解（第 2 章介绍过）和统计隐含语义分析是如何被用于文档集合的分类的。此外，还介绍一种全新的基于图的拉普拉斯矩阵的谱聚类方法。本章最后，对聚类效果评价的问题进行了探讨，并描述了几种有助于聚类分析的统计图。

5.1 简介

聚类是对数据进行分组的过程。分组原则是使得组内数据彼此之间相似性程度较高，而组间数据的相似性程度较低。这里假定数据代表特征，人们可以利用特征来区别不同组的数据。第一步是选定一种方法来表征需要聚类的物体。在各个领域中有很多种数据聚类和表征的方法，例如统计类方法、机器学习方法、数据挖掘方法以及计算机科学领域的方法。值得注意的是，不存在适合于发现多维数据中不同组[Jain，Murty 和 Flynn，1999]的通用聚类方法。因此，EDA 的基本原则是，用户应该尝试各种聚类方法，以便发现哪种模式出现。

聚类也常称为无监督学习。为了更好地理解聚类，可以将它与判别分析法或者有监督学习方法进行比较。在有监督学习中，获取到的观测数据本身自带类别标签。因此，可以知道数据总共分为几类，以及与每个数据点同组的成员。继而可以使用数据和类标签来构造分类器。当遇到一个新的未标记观测数据时，就可以使用构造好的分类器对其进行标记了[Hastie，Tibshirani 和 Friedman，2009；Duda，Hart 和 Stork，2001；Webb，2002]。

然而，在聚类分析（或无监督学习）里，观测数据通常没有类标记。因此，无法事先知道数据共分为几类，数据是如何分组的，甚至连数据是否可进行分类都是未知的。如前所述，大多数聚类方法都是按照预先设定好的类数量进行搜寻，但是实际上应该根据各个类实际所代表的含义来划分。因此，分析师应该检查分类结果，看是否对理解问题有帮助。当然，对于有类标记的数据进行聚类分析是常见的手段。在一些例子中将会看到,了解真实的聚类情况有助于我们对聚类方法的性能进行评估。

聚类通常包括以下步骤[Jain 和 Dubes,1988]:

(1) 模式表达。此步骤包括很多准备和初始化工作,例如设置类的数量、选择聚类方法(用于特征选择)、判断有多少观测数据要处理以及选择数据尺度变换或其他变换方法(用于特征提取)。某些模式表达的处理步骤会超出分析师的控制。

(2) 模式相似性度量方法。许多聚类方法都是通过计算观测数据或者类之间的距离或相似性来实现的。因此,选择不同的距离可能会导致不同的数据划分结果。附录 A 对多种距离和相似性度量方法进行了讨论。

(3) 分组。该步骤是对数据进行归类。有时很难进行分组,因为观测数据可能属于某个组,也可能不属于任何组。有时分组又变得模棱两可,因为有的数据点似乎可以归属到多个类别。分组还可能是有层次的,例如嵌套序列。

(4) 数据提取。该步骤是可选的,用于获取各组简单紧凑的表达。它可以是用文字来描述每个类(例如,一类表示肺癌,而另一个类表示乳腺癌)。还可能是一种典型模式的定量表示,例如类的质心。

(5) 类评估。该步骤涉及对数据的评估,用于确认数据中是否有类存在。但是,更常见的作用是,对分类算法的处理结果进行检查,看分出的类别是否有实际意义。

在本书中假定类的概念是已知的。然而,有学者指出很难给类下一个正式的定义[Everitt,Landau 和 Leese,2001;Estivill-Castro,2002]。大多数聚类方法都假定类具有某种结构或符合某种模型(例如球形或椭圆形)。因此,当进行聚类分析时,人们更倾向于按照某种模式去找类,而不管数据中是否真的有类存在。

如图 5.1 所示,人们很容易就能从二维散点图中找到类。Bonner[1964]认为,类或组的含义完全取决于观察者。值得注意的是,通常很容易给一个类赋予某种结构或含义,这是因为主观上认为这些数据应该是有分别的。然而,类很有可能只是聚类分析的结果,是由于我们用某种模式强行往数据上面套,而实际上那种模式根本不存在。

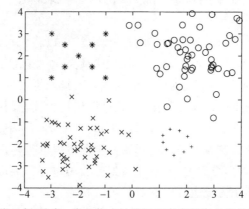

图 5.1　数据类示例(注意:类的构成是基于观察者的定义及具体应用环境的)

5.2 层次聚类法

层次聚类法是最常见的一种聚类方法，在数据挖掘和基因表达分析领域经常使用〔Hand，Mannila 和 Smyth，2001；Hastie，Tibshirani 和 Friedman，2009〕。使用该方法无须事先了解数据总共分为几类，例如，数据没有按照预先设定的类别数进行划分。相反，结果由一个层次或一组嵌套分区构成。接下来会讲到，层次聚类法有多种类型，对于一个给定的数据集，采用不同的方法会生成不同的聚类结果。因此，并不存在一个推荐的方法，当进行探索性数据分析时应多尝试几种不同的方法。

层次聚类法包括一系列步骤，两组数据根据某种最优化准则要么合并（聚合聚类），要么分划（分划聚类）。最基本也最常见的聚类结果是，n 个观测数据要么被分成 n 组，每组只有一个数据，要么全部被分成为一组。区别在于分组的起始点的选择。对于聚合聚类法，一开始有 n 个单独的类，聚类后所有的数据点都聚合成一类。分划聚类法完全相反，一开始所有的数据点都属于同一类，然后逐步划分直至分成 n 个独立的类。

层次聚类的一个问题是，数据点一旦被聚合或分划就不能再撤销。当然，另一个问题是，究竟分成多少个类才是合适的。

本书不讨论分划聚类，因为这种方法不常用，并且计算机量很大（除非是二元变量，具体参考 Everitt，Landau 和 Leese〔2001〕）。但是，Kaufman 和 Rousseeuw〔1990〕指出，分划聚类法的好处是绝大多数数据集的类数目都很少，数据结构在分划聚类操作一开始就能表现出来，而对于聚合聚类法，要等到处理结束才能看到数据结构。

聚合聚类法要求统计分析师要做多种选择，例如，如何计算数据点之间的相似度（距离）以及如何定义两个类之间的距离。决定使用哪种距离主要是由数据的类型（连续型、类别型，或者两者兼有），以及想要凸显的特征所决定的。附录 A 给出了不同距离的详细描述，有些距离已经在 MATLAB 的统计工具箱里面实现了。

大多数聚合聚类方法都要求输入是一个 $n \times n$ 的点间距离矩阵（之前在多维尺度变换中用过），还有一些要求对整个数据集操作。接下来要指定在聚类的每一步骤中应该连接哪个类。通常是把两个"最近"的类相连接，这里的"最近"根据下面给出的距离公式来得到。要注意的是，使用不同的距离公式会产生不同的类结构。下面具体描述一下 MATLAB 统计工具箱里面的每种距离计算方法。

在具体介绍每种方法之前，先给出一些定义。假定有两个类，分别是 r 和 s，各自所包含的目标个数分别是 n_r 和 n_s，类间距离是 $d_c(r,s)$。

1. 单连锁法

单连锁法可能是聚合聚类最常用的方法，MATLAB 的 linkage 函数默认就是用这种方法来进行层次聚类。单连锁法也称为最近邻法，因为两类之间的距离由目标点间的最小距离给定。从每个类中各取一个目标点，然后计算两点之间的距离，以此类推，直至所有的目标点计算完毕，然后从所有的距离当中取最小值作为两类之间的距离。因此，类间距离由下式给出：

$$d_c(r,s) = \min\{d(x_{ri}, x_{sj})\} \quad i = 1,2,\cdots,n_r, j = 1,2,\cdots,n_s$$

其中，$d(x_{ri}, x_{sj})$表示组r的观测数据i和组s的观测数据j之间的距离。注意，这里的距离指的是点间距离(例如欧氏距离等)，是作为聚类分析的输入的。

单连锁聚类存在链接问题。当多个类之间没有明显分离时，会形成蛇形链。在链的两端，尽管观测数据差异很大，但是仍然会被划分为同一类。单连锁聚类的另一个缺点是，该方法并没有考虑类的结构[Everitt，Landau和Leese，2001]。

2．全连锁法

全连锁聚类也称为最远邻法，因为该方法从两类观测数据中取最大值，来作为两类之间的距离。类间距离由下式给出：

$$d_c(r,s) = \max\{d(x_{ri}, x_{sj})\} \quad i = 1,2,\cdots,n_r, j = 1,2,\cdots,n_s$$

全连锁聚类不易受到链接问题的影响。此外，聚类结果趋向于圆形，并且很难对非圆形数据进行聚类。跟单连锁一样，全连锁也不考虑类的结构。

3．组平均(非加权平均或加权平均)法

组平均法定义距离为数据两两距离的平均值。换言之，是观测数据对的平均距离，即，其中一个数据来自于某个类别，另一个数据来自于另一个类别。因此，距离公式如下：

$$d_c(r,s) = \frac{1}{n_r n_s} \sum_{i=1}^{n_r} \sum_{j=1}^{n_s} d(x_{ri}, x_{sj})$$

该方法倾向于将差异较小的两个类进行合并，生成的类之间的方差也近似相等。该方法相对鲁棒性较好，并且也考虑了类的结构。跟单连接法和全连接法相同，此方法以点间距离作为输入。

MATLAB第5版的统计工具箱中有另外一种连接方法称为加权平均距离或WPGMA。上面介绍的是非加权的连接方法，也称为UPGMA。

4．质心连接法

还有一种方法是质心连接法，它需要知道原始数据和距离。该方法把两类之间的距离当作是质心之间的距离来进行测量。各类别的质心通常是其平均值，并且质心随着类的合并而改变。类间距离公式如下：

$$d_c(r,s) = d(\bar{x}_r, \bar{x}_s)$$

其中，$\bar{x}_r$是第r个类中观测数据的平均值，$\bar{x}_s$的定义类似。

质心之间的距离通常采用欧氏距离。MATLAB的linkage函数采用质心连接法的时候，只能采用欧氏距离，并且无须原始数据作为输入。有种方法与之类似，叫作中值连接法。该方法采用加权质心法计算类间距离。质心法和中值法都存在一个问题，即可能会发生翻转[Morgan和Ray，1995]。当一对类的质心距离比之前合并的另一对类的质心距离小的时候，就会发生这种情况。换句话说，融合值(类间距离)并不是单调增长的。这会导致聚类结果混淆不清，难以解释。

5. 离差平方和法

Ward[1963]设计了一种聚合层次聚类方法,其中,两个类别是否聚合由平方增量总和的大小决定。对于类 r 和类 s,该方法关注的是类内平方和的总增量。离差平方和法定义的类间距离由下式给出:

$$d(r,s) = \frac{n_r n_s d_{rs}^2}{n_r + n_s}$$

其中,d_{rs}^2 是第 r 和第 s 个类之间的距离,这与质心连接法中的定义相同。换言之,每进行一次聚类,都要求所有可能的分割区域内的类内平方和最小。这里的分割区域可以从当前数据集中的任意两个类合并得到。

离差平方和法趋向于把具有较少观测数据的类进行合并,以及把那些具有相同大小的球状类找出来。根据平方和准则,该方法对数据集中的异常值很敏感。

6. 使用树状图对层次聚类进行可视化

第8章会详细介绍树状图,并将采用几种方法来对聚类分析的结果进行可视化处理。为了方便读者阅读,本章简要介绍一下树状图,以便可以使用它来展示聚类结果。

树状图用来展示分割区域的嵌套结构,以及在每一次聚类过程中不同的数据类是如何相连的。树状图可以水平绘制,也可以垂直绘制。此处主要讨论垂直树图。在聚类过程的每一步,每当有新的分支(即,类)添加进来时,都伴随有一个数值,它通常表示两类之间的距离。纵轴表示数值的比例因子。

图 5.2 给出了一个极小数据集的树状图示例。注意,该树由反向的 U 形图相连接构成,U 形图的顶部代表两个类的融合。大多数情况下,融合级别都是单调增的,因此这种树状图很容易理解。

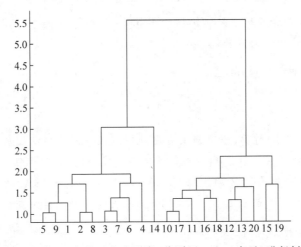

图 5.2 针对图 5.1 中的两个球形类(分别用 x 和 o 表示)进行树状图示例,使用平均连接法来生成层次(注意:这里只显示了 20 个叶子节点,详见第 8 章内容)

前面已经讨论过质心法和中值连接法的翻转问题。当翻转发生时,聚合点会减少,聚类结果就含混不清。这类方法还存在一个问题,那就是层次聚类或树状图的不唯一性。当类间的距离彼此相关联时,就会发生这种情况。不同的软件有不同的解决方法。遗憾的是,文档中一般都不对此进行详述。Morgan 和 Ray[1995]对层次聚类中的翻转和不唯一性问题进行了详细解释。在后面的练习题中会详细探讨。

例 5.1

在本例子中,采用 yeast 数据对 MATLAB 中进行聚合层次聚类的过程进行了阐述。首先,要加载数据并获取所有的点间距离。

```
load yeast
% 计算距离.函数的输出是一个 n(n-1)/2 点间距离的向量
% 默认采用欧氏距离
Y = pdist(data);
```

pdist 函数的输出是 $n \times n$ 点间距离矩阵的上三角矩阵。该矩阵可以用 squareform 函数转换成为完全矩阵。然而,在下一步骤中并不需要进行转换,因为要获得分类区域的层次。参考 pdist 函数的帮助文件来获取有关 MATLAB 中使用其他距离公式进行计算的详细信息。

```
% 采用单连接(默认值),有蛇形链结构
Z = linkage(Y);
dendrogram(Z);
```

linkage 函数默认采用单连接。输出是一个矩阵 **Z**,其前两列表示哪些组相连接,第三列包含相应的距离或融合级别。系统树图如图 5.3(a)所示,从图中可以看出单连接所具有的蛇形链。接着,演示如何进行全连接。

```
% 采用全连接,没有蛇形链结构
Z = linkage(Y,'complete');
dendrogram(Z);
```

该树状图如图 5.3(b)所示,图中并没有看到蛇形链。因为树状图展示了所有的嵌套分区,因此可以认为树状图就代表了真实的聚类情况。然而,了解对于任意给定数目的数据组都知道如何进行分组是很有意义的。MATLAB 提供了 cluster 函数,就可以实现此功能。如下所示,用户可以指定类的数目。参见 cluster 函数的帮助文件来获取其他用法。

```
% 要计算真实类别数,比如两类聚类问题
% 则可以采用下面的函数
cind = cluster(z,'maxclust',2);
```

输出参数 cind 是一个关于组标签的 n 维向量。

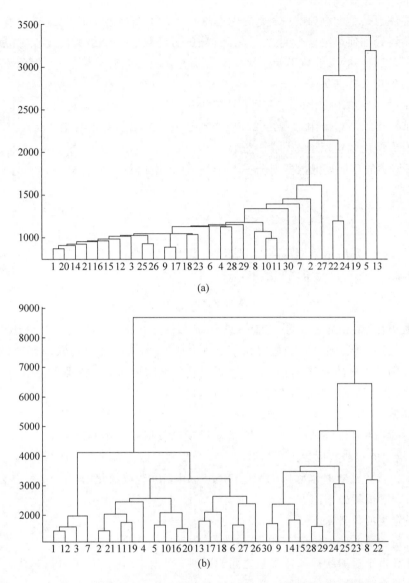

图 5.3 (a) 展示了采用欧氏距离和单连接方法对 yeast 数据集进行聚类的结果，
从中可以看到蛇形链；(b) 是采用全连接聚类的结果

5.3 优化方法——k 均值聚类

　　上一小节介绍的方法都是基于层次的，输出由一组嵌套分区构成。还有一种聚类方法，主要是通过优化某些准则，从而把观测数据划分成为特定的或预先设定的数目的组别。此类数据划分或者优化方法跟目标函数，以及聚类中使用的优化算法都截然不同。采用这些算法时需要注意一个问题(层次聚类法也有这个问题),即如何判断数据集中有多少个类。后面小节将讨论如何解决这个问题。基于优化的方法具有一个最大的优点,那就是输入只要数据即可(以及一些参数),不像层次聚类法那样,需要知道点间距离。因此,这类方法通常更适用于处理大数据集。

最常用的一种基于优化的方法是 k 均值聚类法,本书只讨论这种方法。其他划分方法可以参考 Everitt,Landau 和 Leese[2001]或本章最后列出的其他文献。MATLAB 的统计工具箱中有专门函数实现了 k 均值算法。

k 均值聚类的目标是把数据划分成 k 个组,使得组内的平方和最小化。定义类内散布矩阵如下:

$$S_W = \frac{1}{n} \sum_{j=1}^{g} \sum_{i=1}^{n} I_{ij} (x_i - \bar{x}_j)(x_i - \bar{x}_j)^{\mathrm{T}}$$

如果 x_i 属于组 j,则 I_{ij} 是单位矩阵,否则 I_{ij} 为零矩阵,g 是组数。k 均值法中的最小化准则由 S_W(矩阵的迹)的对角元素之和给出,公式如下:

$$Tr(S_W) = \sum_{i} S_{W_{ii}}$$

如果让迹最小化,则相对于组平均值的总体组内平方和也最小化了。Everitt,Landau 和 Leese[2001]指出,最小化 S_W 的迹等价于让个体与组平均值之间的欧氏距离的平方和最小。使该准则最小化的聚类方法更容易生成具有超椭球形的类。该准则会受到变量比例因子的影响,因此在聚类之前需要先做归一化。

下面简要介绍一下 k 均值聚类的两个步骤。k 均值聚类的基本思想有两步。首先,把每个观测数据分配到距其最近的组,通常使用观测数据和类质心之间的欧氏距离来计算。其次,利用给定的观测数据找到新的质心。两个步骤轮流交替直至类成员不再变化,或者质心不再改变。该算法有时也称作 HMEANS[Spath,1980]或简化 ISODATA 方法。

k 均值方法步骤如下:

(1) 设定类的数目 k;

(2) 设定类质心的初始值,可以随机选择,也可以由用户指定;

(3) 计算每个观测数据和类质心之间的距离;

(4) 把每个观测数据分配到距其最近的类;

(5) 利用刚才分好组的观测数据计算每个类的质心(即,d 维均值);

(6) 重复步骤(3)~步骤(5),直至结果不再变化。

值得注意的是,k 均值算法有可能会产生空类。此外,分区的最优化也是一个需要考虑的问题。k 均值聚类法是寻找那些组内平方和最小的分区。文献[Webb,2002]指出,有时采用 k 均值法的聚类结果并不是最优的,这是因为把某个点从一个类移动到另外一个类会减小平方误差之和。下面介绍的一种增强 k 均值法能够解决最优化问题。

增强 k 均值聚类步骤如下:

(1) 如前所述,利用 k 均值法获取 k 个组的分区。

（2）对每个数据点 x_i，计算其与每个类质心之间的欧氏距离。

（3）x_i 是第 r 个类中的数据点，n_r 是第 r 个类中数据点的个数，d_{ir}^2 是 x_i 与类 r 质心之间的欧氏距离。对于类 s，如果下式成立，

$$\frac{n_r}{n_r-1}d_{ir}^2 > \frac{n_s}{n_s+1}d_{is}^2$$

则把 x_i 归到类 s。

（4）如果有多个类都满足上述不等式条件，则按照下面公式计算后，把 x_i 归到具有最小值的类中，公式为

$$\frac{n_s}{n_s+1}d_{is}^2$$

（5）重复步骤（2）～步骤（4），直至类成员不再发生改变。

注意：很多文献还介绍了其他一些 k 均值聚类算法，它们能够提高聚类效率，可以在聚类过程中增加或删除类，以及其他一些改进。具体可以参考 Webb[2002] 及本章末尾的其他文献，以便获取更多信息。

例 5.2

本例中采用统计学家们最熟悉的一种数据集：鸢尾花数据集。在该数据集中鸢尾花共有三个种类：Iris setosa、Iris versicolor 以及 Iris virginica。该数据集由 Fisher[1936] 收集整理。他根据花萼长度、花萼宽度、花瓣长度和花瓣宽度四个特征来综合判定鸢尾花的种类。在 MATLAB 中，kmeans 函数以数据集和类别数作为输入参数。用户可以指定最小化过程所采用的距离公式。换言之，利用 kmeans 聚类分析时，采用不同的距离公式就会得到不同的类质心结果。本例中采用默认的平方欧氏距离。

```
load iris
% 加载数据并存储为一个数据矩阵
data = [setosa; versicolor; virginica];
vars = ['Sepal Length';
  'Sepal Width';
  'Petal Length';
  'Petal Width '];
kmus = kmeans(data,3);
```

聚类结果如图 5.4 的散点矩阵图[①]所示。图（a）给出了 k 均值聚类的结果，图（b）是真实的分类情况。不同的类别用不同的符号显示。图中可以看出，k 均值聚类的结果跟真实情况较相近。后面的例子会进行深入讨论。

k 均值聚类方法依赖于初始类中心的选取。MATLAB 允许用户指定不同的起始点，例如可以随机选取 k 个数据点作为类中心（默认），在 X 范围内均匀生成 p 维向量，或者由用户指定类中心。很多优化问题都依赖于起始点的选取，与之相同，k 均值聚类法也会陷入局

---

① 绘图代码参考 Example54.m 文件。

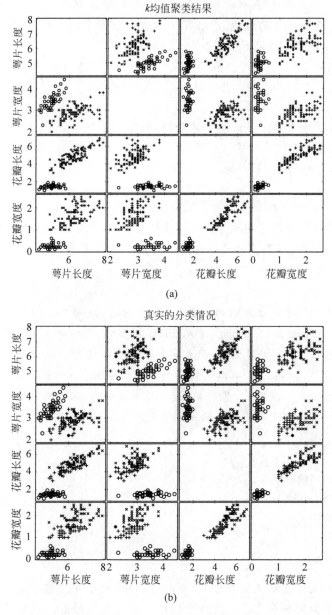

图 5.4　(a)图给出了 k 均值聚类的结果,(b)图是真实的分类情况,图中可以
看出,绝大多数情况下, k 均值聚类的结果都跟实际情况相符

部最优解的困境。因此,当采用 k 均值聚类时,应采用不同的起始点分别进行多次聚类分析。MATLAB 的 kmeans 函数提供这个选项,可以通过输入参数来设定。此外,还有一种 k 均值聚类的 MATLAB 方法实现,具体可以参考 Martinez 和 Martinez[2007]。

5.4　谱聚类

近年来,谱聚类方法日渐流行。它可以用 MATLAB 这样的线性代数软件包轻松实现,并且,其聚类效果通常比 k 均值和聚合聚类等标准的聚类法要好[Verma 和 Meila,2003]。目前已经提出许多谱聚类算法[Luxburg,2007],并被应用到诸多领域,例如图像分析、数据挖掘以及文本聚类。大多数谱聚类算法都使用观测数据之间距离矩阵的前 k 个特征向量。下面介绍其中一种最常见的方法,由 Ng,Jordon 和 Weiss[2002]提出。

如前所述,给定一个数据集,由 p 维观测数据 $x_1,x_2,\cdots,x_n$ 组成。目标是把该数据集分成 k 组,使得组内的数据点彼此相似,而组间的点彼此相异。接下来,计算数据对 x_i 和 x_j 之间的关联性或相似度(参见附录 A),并把每个数值输入关联矩阵 A。A 的元素由下式给出:

$$A_{ij} = \exp\left[-\frac{\parallel x_i - x_j \parallel^2}{2\sigma^2}\right], \quad i \neq j$$

$$A_{ii} = 0 \tag{5.1}$$

比例因子 σ^2 决定了关联性随着 x_i 和 x_j 之间距离下降的快慢程度。Ng,Jordon 和 Weiss[2002]提出了一种自动选择比例因子的方法。

令矩阵 D 是一个对角矩阵,其中第 ii 个元素值是矩阵 A 的第 i 行所有元素之和,即

$$D_{ii} = \sum_{j=1}^{n} A_{ij} \tag{5.2}$$

接着,构造一个矩阵

$$L = D^{-1/2}AD^{-1/2}$$

矩阵 L 跟图拉普拉斯比较类似。谱聚类主要采用的方法就是图拉普拉斯。然而,von Luxburg[2007]指出,由于图拉普拉斯并没有一个专门的定义,因此,当采用谱聚类进行分析的时候应当加以注意。

接下来,要找出矩阵 L 的特征向量和特征值。令 L 的前 k 个最大的特征值分别是 $\lambda_1 \geqslant \lambda_2 \geqslant \cdots \geqslant \lambda_k$,其对应的特征向量分别是 $u_1,u_2,\cdots,u_k$。矩阵 U 由上述特征向量构成,

$$U = [u_1 u_2 \cdots u_k] \tag{5.3}$$

式(5.3)表明,U 的列向量对应于 L 的特征向量。通常,所有的特征向量都是单位长度,并且彼此之间正交,以免特征值重复。

接着,构造矩阵 Y。把 U 的每一行都进行归一化,使其具有单位长度。Y 的元素由下式给出:

$$Y_{ij} = \frac{U_{ij}}{\sqrt{\sum_j U_{ij}^2}} \tag{5.4}$$

接下来就可以进行聚类了。把 Y 的 n 行看作是一个 k 维空间的观测变量,然后采用 k 均值法进行聚类。如果 Y 的第 i 行被分配到第 m 个类,则把 x_i 分配到第 m 个类。上述方法是 Ng,Jordon 和 Weiss(NJW)提出的,NJW 算法具体步骤如下:

(1) 根据式(5.1)生成关联性矩阵 A；

(2) 根据式(5.2)，利用 A 中的元素构造矩阵 D；

(3) 利用公式计算 $L = D^{-1/2}AD^{-1/2}$；

(4) 计算 L 的特征向量和特征值；

(5) 把 L 的前 k 个特征值所对应的特征向量存入矩阵 U，如式(5.3)所示；

(6) 根据式(5.4)把 U 的行向量归一化，使其具有单位长度，归一化的矩阵命名为 Y；

(7) 对 Y 的行向量进行 k 均值聚类；

(8) 如果 Y 的第 i 行被分配到第 m 个类，则把 x_i 分配到第 m 个类。

Ng，Jordon 和 Weiss[2002]指出，该方法最初并没有什么太大意义，因为就算不进行那些烦琐的矩阵计算和操作的话，也可以直接用 k 均值法进行聚类。但是，一些分析结果[von Luxburg，2007；Verma 和 Meila，2003]表明，把数据点映射到 k 维空间会导致出现紧簇类，采用 k 均值法就很容易发现这些类。

例 5.3

本例展示了将谱聚类算法应用于两组二元变量数据的情况。示例程序采用 Verma 和 Meila[2003]编写的谱聚类工具箱。EDA 工具箱里也有相应的程序代码。

```
% 生成二元正态分布数据
mu1 = [2 2];
cov1 = eye(2);
mu2 = [-1 -1];
cov2 = [1 .9; .9 1];
X1 = mvnrnd(mu1,cov1,100);
X2 = mvnrnd(mu2,cov2,100);
% 绘制聚类结果
plot(X1(:,1),X1(:,2),'.', …
    X2(:,1),X2(:,2),'+');
```

聚类结果如图 5.5(a)所示，两组数据有略微重叠。图中不同的数据类别用不同的符号表示，以便跟谱聚类的结果进行比较。接着，生成数据矩阵 X，并进行聚类。

```
% 生成数据矩阵
X = [X1; X2];
% 取 sigma 为 1,计算关联矩阵
A = AffinitySimilarityMatrix(X',1);
% 用谱聚类和 k 均值计算类标记
cids = cluster_spectral_general(A,2, …
'njw_gen','njw_kmeans');
```

接下来，在图 5.5(b)里分别用 X 和星号绘制两类不同数据。

```
% 根据类标记绘制数据
% 第 1 类数据用 x 符号绘制
figure
```

```
ind1 = find(cids == 1);
plot(X(ind1,1),X(ind1,2),'x');
hold on
% 第 2 类数据用星号绘制
ind2 = find(cids == 2);
plot(X(ind2,1),X(ind2,2),'*')
```

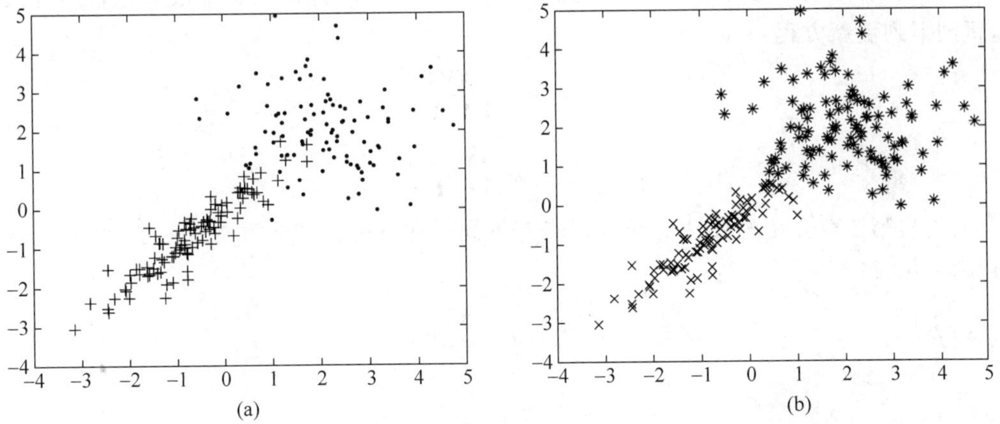

图 5.5　（a）图是采用例 5.3 产生类的散点图，一共有两组数据，分别用不同的符号表示（一组数据用点表示，另一组用十字符号表示，注意：两类数据有重叠）；（b）图是采用 Ng,Jordon 和 Weiss[2002] 的谱聚类法产生类的散点图，一组数据用 X 符号表示，另一组用星号表示，谱聚类的结果更好，但是在重叠区域的聚类结果是错误的

从图中可以看出，谱聚类的结果更好。但是，在数据重叠区域的聚类结果有错误，跟预期的一样。

5.5　文本聚类

本节将介绍两种常用的文本聚类方法：非负矩阵分解和概率潜在语义索引（PLSI）。这两种方法常见于基于词汇—文档矩阵的文本聚类中，也可以应用于其他众多领域。

5.5.1　非负矩阵分解——回顾

接下来讨论一下非负矩阵分解（NMF）在聚类分析中的应用。在第 2 章，非负矩阵分解主要用来进行数据转换。本文按照 Xu 等人[2003] 的方法进行非负矩阵分解的数学推导，因此下面所用的符号会跟前面介绍的有所不同。

令 X 是一个 $n \times p$ 的词汇—文本矩阵，n 表示词典里的词汇数，p 表示语料库中的文本数。词汇—文本矩阵的第 ij 个元素表示第 j 个文本中的第 i 个词汇出现的次数。还可以对词汇—文本矩阵进行加权，通过对矩阵的元素乘以比例因子，从而提高文本分析的效果，如信息检索或文本数据挖掘[Berry 和 Browne，2005]。但是，在非负矩阵分解时并不需要进行这一步操作。接着,对矩阵 X 的每一列进行归一化。

假定文本集共有 k 个类,要把 X 因式分解成 UV^T,其中 U 是一个 $n \times k$ 的非负矩阵,V^T 是一个 $k \times p$ 的非负矩阵,使得下式最小化:

$$J = \frac{1}{2} \parallel X - UV^T \parallel \tag{5.5}$$

式中,$\parallel \cdot \parallel$ 符号表示矩阵参数中所有元素的平方和。利用拉格朗日乘数法进行条件最优化,得到下列更新方程:

$$u_{ij} \leftarrow u_{ij} \frac{(XV)_{ij}}{(UV^T V)_{ij}}$$

$$v_{ij} \leftarrow v_{ij} \frac{(X^T U)_{ij}}{(VU^T U)_{ij}} \tag{5.6}$$

上式与第 2 章介绍的乘性更新方程略有不同。在 NMF 聚类的最后一步,对上式分别进行归一化,得

$$v_{ij} \leftarrow v_{ij} \sqrt{\sum_i u_{ij}^2}$$

$$u_{ij} \leftarrow \frac{u_{ij}}{\sum_i u_{ij}^2} \tag{5.7}$$

可以用奇异值分解的思路对矩阵 U 和 V 的含义加以解释。矩阵 U 的第 ij 个元素(u_{ij})表示第 i 个词汇属于第 j 个类的程度。类似地,矩阵 V 第 ij 个元素表示第 i 个文本属于第 j 个类的程度。因此,如果第 i 个文本属于类 m,那么矩阵 V 中的元素 v_{im} 的值就会很大,而第 i 行的其他元素值则很小。在例 5.4 中,将对其在小文本数据集聚类的应用加以介绍。

NMF 聚类步骤如下:

(1) 利用文本数据集构建词汇—文本矩阵 X(也可能是加权矩阵);

(2) 对 X 的每一行进行归一化;

(3) 利用式(5.6)的更新方程求解 U 和 V;

(4) 按照式(5.7)对 U 和 V 进行归一化;

(5) 利用矩阵 V 进行文本聚类。如果下式成立,则文本 d_i 被划分到类 m 中

$$m = \text{argmax}_j \{v_{ij}\}$$

例 5.4

本例将采用 Deerwester 等人[1990]提出的数据集来介绍 NMF 聚类。使用的文本如表 5.1 所示。与 Deerwester 相同,要统计的词汇都采用斜体标记。表 5.2 列出了词汇的出现频次统计,每一列代表一个文本。它是与表 5.1 相对应的词汇—文本矩阵 X。通过对原始文本集合进行检查,或对词汇—文本矩阵的列进行分析,可以看出,这些文本应聚合成两类。一类由 $\{d1, d2, d3, d4, d5\}$ 构成,是关于计算机系统和接口的;另一类由 $\{d6, d7, d8, d9\}$ 构成,是关于图和树的。接下来,用非负矩阵分解来进行聚类,具体见下面的 MATLAB 步骤。

```
% 加载词汇—文本矩阵数据集
load nmfclustex
% 对矩阵的每一列进行归一化
[n,p] = size(nmfclustex);
for i = 1:p
  termdoc(:,i) = nmfclustex(:,i)/…
  (norm(nmfclustex(:,i)));
  end
```

表 5.1 例 5.4 中使用的文本列表

$d1$	Lab ABC 计算机程序的人机接口
$d2$	一份关于计算机系统响应时间的用户调研
$d3$	EPS 用户界面管理系统
$d4$	EPS 的系统和用户系统工程测试
$d5$	用户感知响应时间与误差测量间的关系
$d6$	随机无序二叉树
$d7$	树的路径相交图
$d8$	Graph minors IV：树的宽度及良好的排序
$d9$	Graph minors 的调查

表 5.2 表 5.1 的词汇—文本矩阵

	$d1$	$d2$	$d3$	$d4$	$d5$	$d6$	$d7$	$d8$	$d9$
人	1	0	0	1	0	0	0	0	0
界面	1	0	1	0	0	0	0	0	0
计算机	1	1	0	0	1	0	0	0	0
用户	0	1	1	0	0	0	0	0	0
系统	0	1	1	2	1	0	0	0	0
响应	0	1	0	0	1	0	0	0	0
时间	0	1	0	1	0	0	0	0	0
EPS	0	0	1	1	0	0	0	0	0
调查	0	1	0	0	0	0	0	0	1
树	0	0	0	0	0	1	1	1	0
图	0	0	0	0	0	0	1	1	1
minors	0	0	0	0	0	0	0	1	1

令 $k=2$，利用非负矩阵分解提取类的结构。注意，虽然 NMF 的公式是 $X-UV^{\mathrm{T}}$，但为了简洁起见，接下来所有的 V^{T} 都用 VT 表示。

```
[U,VT] = nnmf(termdoc,2,'algorithm','mult');
% 如果已知 V,则计算更容易
V = VT';
```

接着，对 U 和 V 进行归一化，如式(5.7)所示。

```
[nu,pu] = size(U);
[nv,pv] = size(V);
% 对 V 进行归一化
for i = 1:nv
  for j = 1:pv
    V(i,j) = V(i,j) * norm(U(:,j));
  end
end
% 对 U 进行归一化
for j = 1:pu
  U(:,j) = U(:,j)/(norm(U(:,j)));
end
```

如图 5.6 所示,对 **V** 的行进行绘制,从而使得文本类的结构在 NMF 空间下很容易辨识。一类用星号标记,聚集在纵轴附近。另一类用圆圈标记,聚集在横轴附近。

```
% 先建立一个关于类标记的元胞数组
lab = {'d1','d2','d3','d4','d5','d6','d7','d8','d9'};
plot(V(1:5,1), V(1:5,2),'k*')
text(V(1:5,1) + .05, V(1:5,2),lab(1:5))
hold on
plot(V(6:9,1), V(6:9,2),'ko')
text(V(6:9,1), V(6:9,2) + .05,lab(6:9))
xlabel('V1')
ylabel('V2')
hold off
```

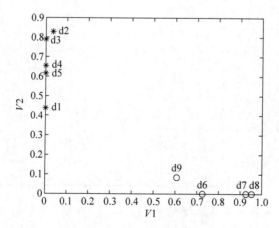

图 5.6　对表 5.1 中的文本集合进行非负矩阵分解后的类结构,前 5 个文本是一类,如星号
　　　所示,都在纵轴附近,其他文本是另一类,用圆圈表示,在横轴附近

接着,把每个文本所属的类(或轴)提取出来。

```
% 提取每个文本所属的类
```

```
[Y,I] = max(V,[],2);
% 向量 I 存储的是最大值的列坐标
I'
ans = 2 2 2 2 2 1 1 1 1
```

跟预期的一样,前 5 个文本对应的第二列值最大(纵轴),而后 4 个文本对应的第一列值最大(横轴)。

有趣的是,用非负矩阵分解进行聚类需要先对数据进行变换。而其他聚类方法都不需要对数据进行变换,如 k 均值法,只需要观察哪个轴与文本更相关。

利用非负矩阵分解进行本文聚类的另外一个重要特性是直观性。第 2 章介绍了潜在语义检索,它常用于对词汇—文本矩阵进行变换,但很难从生成的空间获取到直观的信息。对于非负矩阵分解则容易得多,每个轴或维度就对应着一个文本类或主题。

值得注意的是,除了文本聚类,NMF 还可以用于其他领域。无论数据是否非负值都可以用。相关应用实例可参考 Berry 等人[2007]。

5.5.2　概率潜在语义分析

概率潜在语义分析(PLSA 或 PLSI)是一种统计学方法,用于识别文本集中潜在的结构。PLSA 最早是由 Hofmann[1996a,1996b]提出的,本节内容将根据他的理论来进行介绍。

PLSA 使用切面(或因子)模型,对于文本集合 $D=\{d_1,d_2,\cdots,d_N\}$ 来说,每出现一个词汇 $W=\{w_1,w_2,\cdots,w_M\}$,就给它赋予一个非观测类变量 $Z=\{z_1,z_2,\cdots,z_k\}$。可以用这种方法来生成概率意义下的文本集合。

首先,以概率 $P(d)$ 选取一个文本 d,然后以概率 $P(z|d)$ 选择一个潜类别 z。接着,以概率 $P(w|z)$ 生成一个词汇。最后,生成一个可观测文本—词汇对 (d,w),此时,潜类别变量 z 被取代了。

利用下面的公式计算联合概率:

$$P(d,w) = P(d)P(w \mid d) \tag{5.8}$$

其中

$$P(w_i) = \sum_{z \in Z} P(w_i)P(z \mid d) \tag{5.9}$$

式(5.8)和式(5.9)给出的切面(或因子)模型是一个概率混合模型,它基于两点假设:第一,文本—词汇对 (d,w) 是独立生成的,这跟常见的词袋法相对应,如潜在语义分析;第二,词汇的生成与特定文本 d 独立,跟潜类别 z 条件相关。基于上述假设,可知需要解决的是一个逆问题,即已知文本里面有词汇,需要推理潜变量 z 及其适用参数。

可以利用最大似然估计法则来计算切面模型中的三个物理量 $P(d)$、$P(z|d)$ 和 $P(w|z)$。因此,我们的目标就是使下面的对数似然函数最大化:

$$L = \sum_{d \in D} \sum_{w \in W} n(d,w)\log[P(d,w)] \tag{5.10}$$

其中,$n(d,w)$表示词汇w在文本d中出现的次数。

当有潜变量存在时,解决似然方程的典型方法是用期望最大化(EM)方法[Hofmann,1999a,1999b;Dempster等人,1977]。这是一个总体框架,当要估计的变量依赖于隐含信息,或者所依赖的信息有缺失时,就可以用这类方法。该方法可以用于生成式拓扑映射(第3章有介绍),在基于模型的聚类中也会用到该方法(第6章)。

EM算法共由两步组成:第一步叫作期望或步骤E,用任意参数的当前值计算潜变量z的后验概率;第二步叫作最大化或步骤M,用第一步计算得到的后验概率更新估计值。重复上述两个步骤,直至算法收敛,例如,估计参数不再发生变化。

在PLSI中,EM算法的步骤E由下式给出:

$$P(z \mid d,w) = \frac{P(z)P(d \mid z)P(w \mid z)}{\sum_{z_k} P(\delta_k)P(d \mid z_k)P(w \mid z_k)} \tag{5.11}$$

$P(z|d,w)$表示文本d中的词汇w由因子z解释的概率。

步骤M由下面的公式给出:

$$P(w \mid z) = \frac{\sum_d n(d,w)P(z \mid d,w)}{\sum_{d,w_k} n(d,w_k)P(z \mid d,w_k)} \tag{5.12}$$

$$P(d \mid z) = \frac{\sum_w n(d,w)P(z \mid d,w)}{\sum_{d_k,w} n(d_k,w)P(z \mid d_k,w)} \tag{5.13}$$

$$P(z) = \frac{1}{R}\sum_{d,w} n(d,w)P(z \mid d,w) \tag{5.14}$$

其中

$$R \equiv \sum_{d,w} n(d,w)$$

重复执行步骤E(式(5.11))和步骤M(式(5.12)～式(5.14))直至收敛,就得到对数似然函数的局部最大值。

用上述方法可以获得在已知因子或切面z的条件下,词汇w的概率$P(w|z)$。因此,对于每个z,因子都可以由10个最有可能的词汇来表达,并且可以通过概率$P(w|z)$来进行排序。

Hofmann[1999a]给出了一个用TDT研究语料库构建PLSA因子解决方案的示例,其中语料库来自语言数据联盟②。他仅仅用标准的词汇列表删除停用词,除此之外没做其他任何处理。他给出了一些因子和词汇的例子,其中一个因子中出现频率最高的前四个词汇分别是plane、airport、crash和flight;另一个与之相近的因子中高频词汇分别是space、shuttle、mission和astronauts。由此可见,这两个因子或切面都跟飞行相关,一个是关于飞

---

② 网址:http://www.ldc.upenn.edu/,Hofmann使用的数据集索引号是LDC98T25,1998。

机的,另一个是关于飞船的。

至此,读者可能仍然搞不清楚 PLSA 和 LSA 之间的关系。为了便于理解,下面将用矩阵的概念来对切面模型进行解释。式(5.8)的切面模型等价于用贝叶斯方法对 $P(z|d)$ 求逆。因此,生成模型可以表示如下:

$$P(d,w) = \sum_{z \in Z} P(z)P(w \mid z)P(d \mid z) \tag{5.15}$$

用矩阵形式重写上式,得到联合概率模型:

$$\boldsymbol{P} = \boldsymbol{U} \boldsymbol{\Sigma} \boldsymbol{V}^{\mathrm{T}}$$

其中,矩阵的元素定义如下:

$$u_{ik} = P(d_i \mid z_k)$$
$$\Sigma_{kk} = P(z_k)$$
$$v_{jk} = P(w_j \mid z_k)$$

根据上面公式,联合概率模型可以用矩阵乘积的形式表达如下:

$$
\boldsymbol{P} =
\begin{bmatrix}
P(d_1 \mid z_1) & \cdots & P(d_1 \mid z_K) \\
\cdots & \cdots & \cdots \\
P(d_N \mid z_1) & \cdots & P(d_N \mid z_K)
\end{bmatrix}
\times
\begin{bmatrix}
P(z_1) & \cdots & 0 \\
\cdots & \cdots & \cdots \\
0 & \cdots & P(z_K)
\end{bmatrix}
\times
\begin{bmatrix}
P(w_1 \mid z_1) & \cdots & P(w_1 \mid z_K) \\
\cdots & \cdots & \cdots \\
P(w_M \mid z_1) & \cdots & P(w_M \mid z_K)
\end{bmatrix}^{\mathrm{T}}
$$

对于上述联合概率模型,有几点需要说明。首先,通过乘积的形式,切面 z 被省略了。事实上,$P(z_k)$ 作为混合比例或者权重。通过与 LSA(参见第 2 章)相比较可以看出,跟 SVD 方法中的奇异值类似;并且,SVD 的左和右特征向量分别跟 $P(w|z)$ 和 $P(d|z)$ 的因子相对应。因为用于获取最佳分解或因子化的目标函数本质上并不相同,因此需要特别注意。LSA(或 SVD)基于 L_2 范数,符合高斯噪声分布特性,而 PLSA 是通过使对数似然函数和预测能力最大化来求解问题的。最后,SVD 可以求得精确解,而 EM 由于是迭代算法,只保证求得对数似然函数的局部最优解。

例 5.5

PLSA 很适合聚类。回顾前面的例子,前面曾用非负矩阵分解对一个小文本集合进行聚类(见表 5.1 和表 5.2)。下面将用 PLSA 来对该文本集合进行聚类,采用 Ata Kaban[③] 编写的程序,非常简单易用。Ata Kaban 的程序采用的是 $P(z|d)$,而不是 $P(d|z)$。因此,公式很简洁。该函数已包含在 EDA 工具箱里,可以参阅帮助文件获取详细信息。下面加载数据,并用 PLSA 函数来对两因子或两类进行聚类。

```
load nmfclustex
% 接着,用 PLSA 函数对两类数据迭代处理 100 次
[V,S] = PLSA(nmfclustex,2,100);
```

矩阵 $\boldsymbol{V}$ 的每个元素表示对于给定因子的词汇出现的概率,即 $P(w|z)$。因此,本例中矩阵 $\boldsymbol{V}$ 的大小是 12×2。由于公式略有不同,矩阵 $\boldsymbol{S}$ 的每个元素表示给定文本在不同潜类别 z

---

③ 参见 http://www.cs.bham.ac.uk/~axk/ML_new.htm。

出现的概率。矩阵 S 的大小是 2 行 9 列。矩阵 V 如表 5.3 所示。注意,对于潜类别(或主题)$z=1$,出现频率最高的前 5 个词汇分别是 system、EPS、trees、graph 和 minors。对于 $z=2$,前 5 个高频词是 computer、user、response、time 和 survey。矩阵 S 如表 5.4 所示。S 中的每个元素值表示给定文本在不同类别 z 出现的概率。表中,类别一包括文本 $d3$、$d4$、$d6$、$d7$、$d8$ 和 $d9$,类别二包括文本 $d1$、$d2$ 和 $d5$。第一组文本包含 EPS 及图、树之类的词汇,第二组文本包含系统响应时间之类的词汇。在练习部分,读者可以重复上述步骤来进行三类的分类操作。

表 5.3　矩阵 V 的元素

词汇	$P(w|z_1)$	$P(w|z_2)$
人	0.0625	0.0768
界面	0.0623	0.0771
计算机	0.0000	9.1537
用户	0.0621	0.1543
系统	0.1876	0.0769
响应	0.000	0.1537
时间	0.0000	0.1537
EPS	0.1251	0.0000
调查	0.0000	0.1537
树	0.1876	0.0000
图	0.1876	0.0000
minors	0.1251	0.0000

表 5.4　矩阵 S 的元素

类	$d1$	$d2$	$d3$	$d4$	$d5$	$d6$	$d7$	$d8$	$d9$
$z=1$	0	0	0.997	1	0	1	1	1	0.776
$z=2$	1	1	0.003	0	1	0	0	0	0.333

5.6　聚类评估

本节主要讨论聚类结果的优劣评价,以及类别数的估计是否正确。为了解决这两个问题,可以采用多种方法。其一,可以采用 Rand 索引来比较同一数据集的两组不同数据;其二,可以采用同型相关系数,它将层级聚类中的一组嵌套分区与一个距离矩阵或另外一组嵌套分区进行比较;其三,可以采用 Mojena[1977]提出的基于融合层次的方法来判定层级聚类的组数;其四,可以用轮廓图及轮廓统计来判定可能存在的组数;最后,介绍一种新方法叫间隙统计[Tibshirani,Walther 和 Hastie,2001],该方法对于估计类别数很有效。它还可以用于判断数据集是否存在类。

5.6.1　Rand 索引

假定在一个数据集中有两个分区,分别是 G_1 和 G_2,每个分区分别有 g_1 和 g_2 个组别。具体可以表示为一个匹配矩阵 N,其大小是 $g_1 \times g_2$,任意元素 n_{ij} 表示在分区 G_1 的组 i 和分区 G_2 的组 j 中同时出现的观测变量的数目。注意,每个分区的组数不一定相同,并且也可以采用除 Rand 索引以外的方法进行分类。

Rand 索引[Rand,1971]最早是分析师用来回答下面四个问题的:

(1) 某一种方法用于提取自然类的效果如何?

(2) 某一种方法是否对数据扰动敏感?

(3) 某一种方法是否对缺失数据敏感?

(4) 采用两种方法对相同数据进行聚类,其结果是否相同?

本书重点讨论最后一个问题。

Rand 索引遵从三个假设:①聚类是离散的,每个数据点都应属于某个特定的类;②定义类的时候,类包含的观测数据及不包含的数据都很重要;③判定类结构的时候,所有数据点都具有同等重要意义。

由于类标签的判定是主观的,因此 Rand 索引主要看数据点对在组 G_1 和 G_2 中如何划分。数据点 x_i 和 x_j 分组相似的情况有两种(即,分组情况一致):

(1) x_i 和 x_j 在 G_1 与 G_2 中都属于同一类;

(2) x_i 和 x_j 在 G_1 中属于不同类,在 G_2 中也属于不同的类。

x_i 和 x_j 分组不同也有两种情况:

(1) x_i 和 x_j 在 G_1 中属于相同类,但在 G_2 中属于不同类;

(2) x_i 和 x_j 在 G_1 中属于不同类,但在 G_2 中属于相同类。

对于两组数据,分别从 n 个目标集中选取两个目标出来,Rand 索引用来计算其百分比是否相同。计算公式如下:

$$RI = \frac{nC2 + \sum_{i=1}^{g_1} \sum_{j=1}^{g_2} n_{ij}^2 - \frac{1}{2} \sum_{i=1}^{g_1} \left[\sum_{j=1}^{g_2} n_{ij} \right]^2 - \frac{1}{2} \sum_{j=1}^{g_2} \left[\sum_{i=1}^{g_1} n_{ij} \right]^2}{nC2}$$

其中,nCk 表示二项式系数或者从 n 个目标集中选出 k 个目标的方法总数。Rand 索引是一种组间相似性的度量,其值域从 0 到 1。当值为 0 时表示两组数据不相同,值为 1 时表示两组数据完全相同。

Fowlkes 和 Mallows[1983]提出了一种 $g_1 = g_2$ 条件下的索引计算方法,详细内容将在练习部分介绍。他们指出,当类的数目增加时,Rand 索引也会增加,因此值域将会变得很窄。Hubert 和 Arabie[1985]提出了一种修正 Rand 索引方法,可以解决上述问题。计算公式为 $RI_A = N/D$,其中

$$N = \sum_{i=1}^{g_1} \sum_{j=1}^{g_2} n_{ij} C2 - \sum_{i=1}^{g_1} n_i. C2 \sum_{j=1}^{g_2} n_{.j} C2 \div nC2$$

$$D = \left[\sum_{i=1}^{g_1} n_{i.} C2 + \sum_{j=1}^{g_2} n_{.j} C2 \right] \div 2 - \sum_{i=1}^{g_1} n_{i.} C2 \sum_{j=1}^{g_2} n_{.j} C2 \div nC2$$

$$n_{.j} = \sum_{i=1}^{g_1} n_{ij} \quad n_{i.} = \sum_{j=1}^{g_2} n_{ij}$$

当 $m=0$ 或 $m=1$ 时,二项式系数 $mC2$ 为 0。修正 Rand 索引方法是一种标准化的方法,当分区随机选取时值为 0,当分区一致时值为 1。

例 5.6

本例采用前面介绍过的鸢尾花数据集,通过比较 k 均值聚类结果与真实的类标签,来对 Rand 索引方法进行说明。首先,获取所需信息,构建匹配矩阵。

```
% 获取先验信息
% 用 load example52 命令加载数据
ukmus = unique(kmus); ulabs = unique(labs);
n1 = length(ukmus); n2 = length(ulabs);
n = length(kmus);
```

接下来,计算矩阵 N。注意,N 不必是方阵(分区数无需相同),通常也不是对称矩阵。

```
% 找出匹配矩阵 N
N = zeros(n1,n2);
I = 0;
  for i = ukmus(:)'
    I = I + 1;
    J = 0;
    for j = ulabs(:)'
    J = J + 1;
    indI = find(kmus == i);
    indJ = find(labs == j);
    N(I,J) = length(intersect(indI,indJ));
  end
end
nc2 = nchoosek(n,2);
nidot = sum(N);
njdot = sum(N');
ntot = sum(sum(N.^2));
num = nc2 + ntot - 0.5 * sum(nidot.^2) - 0.5 * sum(njdot.^2);
ri = num/nc2;
```

计算得到的 Rand 索引值是 0.8797,这表示分类一致性很好。我们编程实现了 randind 函数,它可以用于计算任意两个分区 $P1$ 和 $P2$ 之间的 Rand 索引值。本文也实现了修正 Rand 索引,可以使用 adjrand 函数。其使用方法如下:

```
% 调用修正 Rand 索引函数
ari = adjrand(kmus,labs);
```

计算结果是 0.7302，这表示上述的分类一致性只是偶然的。

5.6.2 同型相关

有时，比较两个层次分区的输出结果会更有意义，此时可以使用同型相关系数。该方法最常见的用处是用邻近性数据（如点间距）来比较层次聚类的结果，其中邻近性数据可以用于获取分区。比如，如前所述，不同的层次法会对数据划分不同的结构，因此，如果用邻近性来表征数据点，那么这些数据点之间的原始关系是否会被影响呢？

为了弄清答案，我们从同型矩阵 H 入手。H 的第 ij 个元素表示目标 i 和 j 首次聚合在一起时的融合值。该矩阵只有上三角项有用（即位于对角线以上的元素）。假定需要比较该分区与点间距之间的差异。同型相关由 H 中的元素值（上三角项）和点间距矩阵的对应元素之间的积差相关给出。这跟积差相关系数的属性相同。值越接近于 1 表示融合层次与距离之间的相关程度越高。要想比较两个层次类，就可以比较每个同型矩阵的上三角元素。

例 5.7

同型相关系数主要用于对层次聚类的结果进行评估，具体是通过比较观测变量的融合层次和距离实现的。MATLAB 中的 cophenet 函数可以计算同型相关系数。接下来，以例 5.1 中的 yeast 数据为例，看看单连接和全连接的同型相关系数如何计算。

```
load yeast
% 计算欧氏距离
Y = pdist(data);
% 单连接输出结果
Zs = linkage(Y);
% 计算同型相关系数
scoph = cophenet(Zs,Y);
```

上面是单连接的结果，计算得到同型相关系数是 0.9243，这表示距离与层次聚类间的一致性很好。下面对全连接进行计算。

```
% 对全连接执行相同步骤
Zc = linkage(Y,'complete');
ccoph = cophenet(Zc,Y);
```

同型相关系数是 0.8592，可知相关性较低。cophenet 函数仅比较聚类和距离之间的相关性，而不关心两个层次结构之间的差异。

5.6.3 上尾法

上尾法是 Mojena[1977] 提出的，用来计算层次聚类中的类数目。它利用层级中融合级别的相对大小来进行计算。令融合级别 $\alpha_0, \alpha_1, \cdots, \alpha_{n-1}$ 分别对应于 $n, n-1, \cdots, 1$ 个类的层级阶段。前 j 个融合级别的平均误差和标准差分别用 $\bar{\alpha}$ 和 s_α 表示。要使用上尾法，需要在第一级估计类别数，得到下式

$$\alpha_{j+1} > \bar{\alpha} + cs_\alpha \tag{5.16}$$

其中,c 是常数。Mojena 建议 c 的取值范围是 $2.75 \sim 3.50$,但 Milligan 和 Cooper[1985]通过对模拟数据集进行研究,认为 c 也可以取 1.25。还可以分别以下式和类的数目 j 为坐标轴来绘图(图中拐点出现的位置就是类的数目):

$$\frac{\alpha_{j+1} - \bar{\alpha}}{s_\alpha} \tag{5.17}$$

由于式(5.16)依赖于参数 c 的取值,因此更推荐式(5.17)的图形化方法。

例 5.8

接下来用实例演示如何实现图形化的 Mojena 过程,使之与以前介绍的例子中的拐点图相似。本例中使用 lungB 数据集,并采用标准化欧氏距离,其中每个坐标轴的平方和都跟样本的方差成反比。

```
load lungB
% 计算距离和连接
% 采用标准化欧氏距离公式
Y = pdist(lungB','seuclidean');
Z = linkage(Y,'complete');
% 绘制树状图,只有少量叶节点
dendrogram(Z,15);
```

树状图如图 5.7(a)所示。把矩阵 **Z** 翻转,然后从式(5.17)的值来看最多可分成 10 类。

```
nc = 10;
% 翻转 Z 矩阵——这样计算更简便
Zf = flipud(Z);
% 计算均值和标准差向量
for i = 1:nc
abar(i) = mean(Zf(i:end,3));
astd(i) = std(Zf(i:end,3));
end
% 计算 y 值并绘图
yv = (Zf(1:nc,3) - abar(:))./astd(:);
xv = 1:nc;
plot(xv,yv,'-o')
```

用上面代码绘制的图形如图 5.7(b)所示。图中的拐点表明分成 3 类比较合适。与之类似,也可以用下面的代码来绘制原始融合值。

```
% 只绘制融合级别,并寻找拐点
plot(1:nc,Zf(1:nc,3),'o-')
```

上述代码的绘图结果如图 5.8 所示。从图中可以看出,分成 3 类比较合适。本书中可以采用 mojenaplot 函数来进行上述绘图操作,可以利用连接来生成树状图。

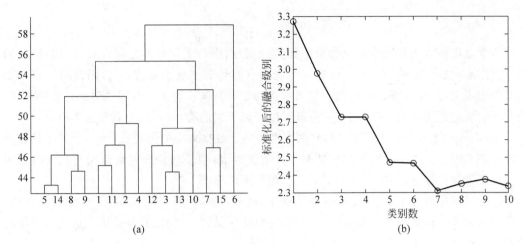

(a)　　　　　　　　　　　　(b)

图 5.7　(a)是 lungB 数据集的树状图(15 个叶子节点),采用标准化欧氏距离,全连接;(b)是标准化后的融合级别图,曲线的拐点说明数据集分为 3 类比较合理,但是,在横坐标的 5 点和 7 点处也有拐点出现,这表明也许还有其他的分类可能

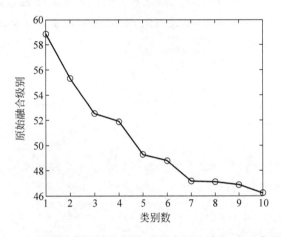

图 5.8　例 5.8 的原始融合级别示意图,从图中可以看出,在 3 类处出现了拐点

5.6.4　轮廓图

Kaufman 和 Rousseeuw[1990]提出了一种轮廓统计方法来估计数据集的类别数。对于给定的观测点 i,它与类内其他点的平均差异性用 a_i 表示。对于其他类 c,令 $\overline{d}(i,c)$ 表示 i 和类 c 中的其他数据点之间的平均差异性。最后,令 b_i 表示上述平均差异性的最小值。则第 i 个观测点的轮廓宽度用下式表示:

$$sw_i = \frac{b_i - a_i}{\max(a_i, b_i)} \tag{5.18}$$

平均轮廓宽度可以通过对所有的观测点取平均值来得到,计算公式如下:

$$\overline{sw} = \frac{1}{n} \sum_{i=1}^{n} sw_i$$

轮廓宽度值大的观测点的聚类效果好,值小的点通常散布在类之间。式(5.18)给出的轮廓宽度 sw_i 的值域是 $-1 \sim 1$。如果一个观测点的轮廓宽度值接近于 1,则说明该点与当前类的距离更近,而与邻近类更远。如果该点的轮廓宽度接近于 -1,则说明聚类效果不好。当轮廓宽度趋近于 0 时,则表明观测点既可以归属于当前类,也可以归到邻近类中。

Kaufman 和 Rousseeuw 用平均轮廓宽度来估计数据集中的类别数,当一个分区具有两个或更多类时会产生最大的平均轮廓宽度。他们指出,当平均轮廓宽度值大于 0.5 时表明数据的聚类效果较好,当值小于 0.2 时表明数据不可聚类。

还可以使用一种图形化的显示方式 silhouette plot,更直观简洁,下一个例子会介绍。这种绘图方式可以显示每个类的轮廓值,并按照降序排列。这样,数据分析人员就可以快速地对类结构进行可视化并加以评估。

例 5.9

MATLAB 的统计学工具箱里面有个函数 silhouette,可以用来绘制轮廓图,需要的话还可以返回轮廓值。接下来,用鸢尾花数据集和 k 均值方法来介绍该函数的功能,k 分别取值 3 和 4,看看有何不同。在本例中,通过设置 replicates(即重复 k 均值聚类 5 次)和 display 参数来返回关于复制的详细信息。

```
load iris
data = [setosa; versicolor; virginica];
% 对 3 类数据进行 k 均值聚类,重复 5 次.让 MATLAB 显示每一次的聚类结果
kmus3 = kmeans(data,3,...
'replicates','5,display','final');
```

运行上述程序后,命令行窗口会返回下面的信息。由于起始点的选取是随机的,所以当运行代码后可能会返回不同的结果。

```
5 iterations, total sum of distances = 78.8514
% 迭代 5 次,距离总和为 78.8514
4 iterations, total sum of distances = 78.8514
% 迭代 4 次,距离总和为 78.8514
7 iterations, total sum of distances = 78.8514
% 迭代 7 次,距离总和为 78.8514
6 iterations, total sum of distances = 78.8514
% 迭代 6 次,距离总和为 78.8514
8 iterations, total sum of distances = 142.754
% 迭代 8 次,距离总和为 142.754
```

从上面的返回信息可以看出,程序存在局部解,但最终解应该对应于目标函数的最小值,即 78.8514。接下来,取 $k=4$,重复上述步骤,得到相应的轮廓图。

```
% 用 4 类数据进行 k 均值聚类
```

```
kmus4 = kmeans(data,4,…
'replicates','5,display','final');
% 绘制轮廓图
[sil3, h3] = silhouette(data, kmus3);
[sil4, h4] = silhouette(data, kmus4);
```

$k=3$ 和 $k=4$ 的轮廓图如图 5.9 所示。从图中可以看出,如果分成 3 类,则绝大多数轮廓值都很大,并且所有值都非负。但是,如果分成 4 类的话,会产生负的轮廓值,以及一些很小的轮廓值(非负)。为了以一个数值描述各类别,我们计算平均轮廓值。

```
mean(sil3)
mean(sil4)
```

3 类聚类的平均轮廓值是 0.7357,而 4 类的平均值是 0.6714。因此,用 k 均值法把鸢尾花数据集聚成 3 类比 4 类要好。

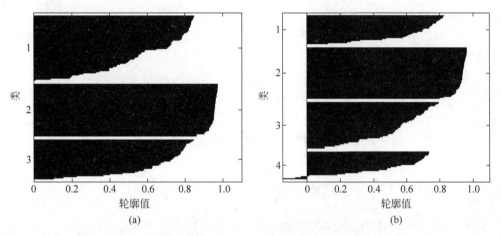

图 5.9 $k=3$ 和 $k=4$ 时鸢尾花数据集的轮廓图,从(a)图可以看出,类别 2 的轮廓值普遍偏大,而类别 1 和 3 中只有一些轮廓值较大,(b)图绘制了 4 类的轮廓图,可以看出类别 4 中有一些负值,类别 1、3 和 4 中的值普遍较低(综合左右两图可知,鸢尾花数据集分成 3 类更合适)

5.6.5 间隙统计

Tibshirani 等人[2001]提出了一种间隙统计法来估计数据集中的类别数。该方法适用于任何聚类方法,如 k 均值聚类、层次聚类等。它主要是通过比较类内的扩散程度和给定参考下的零分布(即没有类别)来实现的。Fridlyand 和 Dudoit[2001]记录了一种间隙测试方法,Bock[1985]曾用它做聚类分析,来测试同质人口与异质性的零假设。然而,它们的定义并不同。

对于 k 个类别 $C_1, C_2, \cdots, C_k$,其中第 r 个类有 n_r 个观测变量。类 r 中所有相邻点对间的距离之和用下式计算:

$$D_r = \sum_{i,j \in C_r} d_{ij}$$

定义 W_k 如下

$$W_k = \sum_{r=1}^{k} \frac{1}{2n_r} D_r \qquad (5.19)$$

Tibshirani 等人[2001]指出,式(5.19)分母中的因子 2 的作用是:当采用平方欧氏距离时,该公式就跟聚集在类平均值附近的类内平方和的总和相同。

间隙统计法把分散指数的标准图 $\log(W_k)$, $k=1,2,\cdots,K$ 跟参考零分布下的期望作比较。如果根据间隙统计方法(参见式(5.20)),有明显的证据存在,则一个单一类的零假设会被拒绝,取而代之的是一个有 k 组的模型。组数的估计值是 k,其中 $\log(W_k)$ 是在该参考曲线下面最远的那一条线。参考曲线表示 $\log(W_k)$ 的期望值,用随机采样的方法获得。

Tibshirani 等人[2001]证明,参考分布可以采用两种方法。一种是在给定变量的观测值范围内的均匀分布,另一种是在一个与数据集主成分一致的范围内均匀分布。如果想要对分布的形状进行解释,则推荐第二种方法。下面,先讨论如何从这些分布生成数据,然后再描述整个间隙统计过程。

从参考分布生成数据的步骤如下:

(1) Gap-Uniform。对于 i 维空间(或变量)的每一维,生成 n 个在 $[x_i^{\min}, x_i^{\max}]$ 范围内均匀分布的一维变量,其中 x_i 表示第 i 个变量或 X 的第 i 列。

(2) Gap-PC。假定数据矩阵 X 以列为中心。按照下式进行奇异值分解:

$$X = UDV^{\mathrm{T}}$$

接着,对 X 进行变换

$$X' = XV$$

跟第一步一样,生成一个随机变量矩阵 Z',采用 X' 的列向量。进行转置

$$Z = Z'V^{\mathrm{T}}$$

间隙统计的基本步骤就是根据任意一种零分布来模拟 B 数据集,然后用聚类方法对每一个数据集进行聚类。对于每一个模拟数据集,都可以计算相同的索引 $\log(W_k^*)$。估计的期望值就是它们的平均值,则估计的间隙统计值由下式给出:

$$\mathrm{gap}(k) = \frac{1}{B} \sum_b \log(W_{k,b}^*) - \log(W_k)$$

Tibshirani 等人[2001]没有讨论 B 应该取什么值。Fridlyand 和 Dudoit[2001]采用的是 $B=10$。下面阐述如何用间隙统计法来判定类的数目。

间隙统计法的步骤如下:

(1) 用任意一种聚类方法对给定的数据集进行聚类,从而获得分区 $k=1,2,\cdots,K$;

(2) 每个分区都包含 k 个类别,对其计算观测值 $\log(W_k)$;

(3) 用 gap-uniform 或者 gap-PC 方法生成一个随机样本 X^*,大小为 n;

(4) 用步骤(1)中采用的方法对随机样本 X^* 聚类;

（5）计算该样本的离差度量，称作 $\log(W^*_{k,b})$；

（6）重复步骤（3）～步骤（5），重复时间为 B。会生成一系列 $\log(W^*_{k,b})$，$k=1,2,\cdots,K$，$b=1,2,\cdots,B$；

（7）计算平均值

$$\overline{W_k} = \frac{1}{B}\sum_b \log(W^*_{k,b})$$

以及标准方差

$$sd_k = \sqrt{\frac{1}{B}\sum_b \{\log(W^*_{k,b}) - \overline{W}\}^2}$$

（8）计算间隙统计的估计值

$$\text{gap}(k) = \overline{W_k} - \log(W_k) \tag{5.20}$$

（9）定义

$$s_k = sd_k\sqrt{1+1/B}$$

类的数目就是使得下式成立的最小的 k 值

$$\text{gap}(k) \geqslant \text{gap}(k+1) - s_{k+1}$$

例 5.10

下面针对 lungB 数据集介绍如何对均匀零参分布实现间隙统计方法。本例中采用合并聚类（全连接），而不采用 k 均值聚类法，主要是因为当 k 值改变时无须再次聚类就能获得 K 个类别。注意，数据矩阵的列向量要先标准化。

```
load lungB
% 对 B 进行转置,因为它的列表示观测值
X = lungB';
[n,p] = size(X);
% 对列进行标准化
for i = 1:p
X(:,i) = X(:,i)/std(X(:,i));
end
```

K 取最大值 10，计算观测变量 $\log(W_k)$。

```
% 取最大类别数 10,进行计算
K = 10;
Y = pdist(X,'euclidean');
Z = linkage(Y,'complete');
% 计算观测变量 log(W_k)
% 采用欧氏距离的平方来进行间隙统计
% 先对 1 类的情况进行计算
W(1) = sum(pdist(X).^2)/(2*n);
for k = 2:K
% 计算 k 的索引值
inds = cluster(Z,k);
```

```
for r = 1:k
indr = find(inds == r);
nr = length(indr);
% 计算欧氏距离的平方
ynr = pdist(X(indr,:)).^2;
D(r) = sum(ynr)/(2 * nr);
end
W(k) = sum(D);
end
```

接着,重复上述步骤 B 次,但是采用均匀参考分布作为数据。

```
% 计算估计的期望值
B = 10;
% 用间隙均匀法计算 X 列的取值范围
minX = min(X);
maxX = max(X);
Wb = zeros(B,K);
% 对 bootstrap 进行计算
Xb = zeros(n,p);
for b = 1:B
% 用间隙均匀法进行计算
% 计算最小值和最大值
for j = 1:p
Xb(:,j) = unifrnd(minX(j),maxX(j),n,1);
end
Yb = pdist(Xb,'euclidean');
Zb = linkage(Yb,'complete');
% 计算观测值 log(W_k)
% 采用欧氏距离的平方
% 先对 1 类的情况进行计算
Wb(b,1) = sum(pdist(Xb).^2)/(2 * n);
for k = 2:K
% 计算 k 的索引值
inds = cluster(Zb,k);
for r = 1:k
indr = find(inds == r);
nr = length(indr);
% 计算欧氏距离的平方
ynr = pdist(Xb(indr,:)).^2;
D(r) = sum(ynr)/(2 * nr);
end
Wb(b,k) = sum(D);
end
end
```

矩阵 **Wb** 包含 $\log(W_k^*)$ 的值,每行一个集合。下面几行代码用于获取间隙统计值,以及观测变量和期望 $\log(W_k)$。

```
% 计算均值和标准差
```

```
Wobs = log(W);
muWb = mean(log(Wb));
sdk = (B-1) * std(log(Wb))/B;
gap = muWb - Wobs;
% 考虑加权情况
sk = sdk * sqrt(1 + 1/B);
gapsk = gap - sk;
% 计算最小值
ineq = gap(1:9) - gapsk(2:10);
ind = find(ineq > 0);
khat = ind(1);
```

最终结果是分为两类，这跟癌症类型数相符。可以把本例的结果跟例 5.8 的结果进行比较，在例 5.8 中 Mojena 图形化方法表明数据可分为三类。无论如何，间隙统计方法的结果似乎都表明，有理由否定只有一类的假设。图 5.10 绘出了间隙曲线，当 $k=2$ 时有最大值。

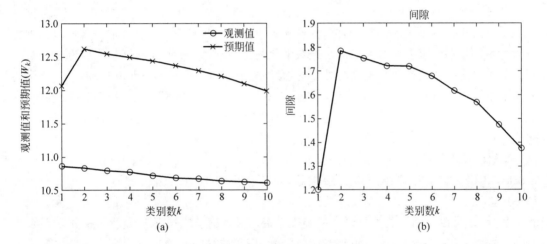

图 5.10 （a）图显示了 $\log(W_k)$ 的预期值和观测值；（b）图是间隙统计曲线（图中可以看出最大值在 $k=2$ 时出现）

间隙统计方法依赖于 B 个服从零参分布的随机样本来估计 $\log(W_k)$ 的期望值，其中每一个样本都采用跟获取观测变量相同的步骤来进行聚类。数据分析师应注意，如果样本数很大并且采用了像聚合聚类这样的聚类方法，那么计算量将变得很巨大。

5.7 总结与深入阅读

聚类方法已被应用于很多领域，例如生物学、精神病学、考古学、地质学、营销学及其他学科[Everitt，Landau 和 Leese，2001]。正是由于其应用广泛，因此它有了很多名称，例如无监督学习[Duda 和 Hart，1973；Jain，Murty 和 Flynn，1999]、分类学[Sneath 和 Sokal，

1973]以及矢量量化[Hastie,Tibshirani 和 Friedman,2009]。

本章用实例介绍了两种最常用的聚类方法：层次聚类法和基于优化的方法。层次聚类法能生成嵌套分区的完整序列；而基于优化的方法，如 k 均值法，则把数据聚成 k 个非重叠的数据集。层次法的输入是 $n(n-1)/2$ 个点间距离(有时也需要原始数据)，而基于优化的方法只需要原始数据，因此适用于大数据集。此外，还介绍了新的基于谱的聚类法、非负矩阵分解法以及概率潜在语义分析法。这些方法都适用于文本聚类。

下一章，将介绍另外一种聚类方法，称作基于模型的聚类法，其原理是估计有限混合概率密度函数。注意，第 3 章中介绍的一些方法，例如自组织图、生成拓扑图及多维尺度变换，都可以看作是一种聚类方法，其中的类是视觉化评估的。由于聚类法(绝大多数情况下)会产生一组数据，对聚类结果进行验证或评估就很重要。为此，本章介绍了多种方法。

需要强调的是，绝大多数情况下本章讨论的都是聚类方法，而不是聚类算法。聚类算法是指那些为了获取每个聚类结构而采取的计算步骤。例如，对于任意的层次聚类法或基于优化的聚类法，都可以采用多种不同的算法来达到预期的聚类结果。

有关聚类的内容很庞杂，本书无法面面俱到，读者还可以参阅其他文献。首先，推荐 Everitt、Landau 和 Leese[2001]的书，其最新版包括了一些基于分类似然和神经网络的聚类方法的最新进展。该书相对来说不是纯数学化的，它包含许多实例可供学生或专业人员学习。如果对类别数估计及其他聚类方法的综述感兴趣，可以阅读 Gordon[1999]。主要讲述聚类的书有：Kaufman 和 Rousseeuw[1990]、Jain 和 Dubes[1988]、Spath[1980]、Hartigan[1975]以及 Anderberg[1973]。其他与统计模式识别相关的书通常都会讲述无监督学习或聚类，例如，Webb[2002]就很好。这本书通俗易懂，书中包含大量的实例和算法分解。当然，模式识别最重要的一本书当属 Duda 与 Hart[1973]了，其最新版本是[Duda,Hart 与 Stork,2001]。如果对神经网络更感兴趣，可以看 Ripley[1996]或 Hastie、Tibshirani 和 Friedman[2009]。

另外，还可以参阅一些关于聚类的调查报告。最近有篇文献从机器学习的角度对聚类进行了回顾，详见 Jain,Murty 和 Flynn[1999]。该文的目的是给广大研究人员提供聚类方面的建议。另有一篇总结论文从方法和理论的角度对聚类进行了阐述，详见 Panel on Discriminant Analysis,Classification and Clustering[1989]。有一个幻灯片从 EDA 的角度介绍聚类，详见 Dubes 和 Jain[1980]。一篇较早的文章对分组进行了综述，详见 Cormack[1971]，其中作者对距离、聚类方法及其限制条件进行了总结。有一篇意见书很有意思，它从数据挖掘的角度对聚类进行了阐述，详见 Estivill-Castro[2002]。

近年来，有关文本数据挖掘及文本聚类的书和调查报告有很多。其中，有两本书写得非常好，分别是 Berry[2003]、Berry 和 Castellanos[2007]。Wu[2008]的关于数据挖掘算法的文章也很好。该文章介绍了十种最主要的数据挖掘算法，并且对 k 均值聚类法进行了描述。

如果对估计类别数的具体步骤感兴趣，可以看 Milligan 和 Cooper[1985]。该文介绍了一种很好用的方法，以组内平方和目标函数作为判别准则，由 Krzanowski 和 Lai[1988]提出。Roeder[1994]提出了一种图形化的方法来估计类别数。Tibshirani 等人[2001]提出了一种基于交叉验证的新方法来验证类以及评估组数,称作预测强度。另有一种众所周知的测量数据分区适宜度索引由 Davies 和 Bouldin[1979]提出。Bailey 和 Dubes[1982]提出了聚类有效性简介,它用紧密性和分离性与类的相互作用进行了量化,因此能比单一的索引提供更多信息。为了获取有关分组的更多有用信息,可以对数据集试用多种聚类方法,及相应的类别评估和验证方法。

关于 PLSI,Hofmann[1999]在文中对 EM 算法进行了泛化,称之为强化的 EM(TEM)。TEM 的基本思想是引入一个跟虚拟温度相关的参数。可以通过调节参数来控制优化过程,并避免过拟合。由此,该方法得到了泛化,并且对于新数据效果更好。

练习

5.1 计算鸢尾花数据的欧氏距离。用质心连接法聚类,并绘制树状图。观察树状图是否倒置?用马氏距离重复上述问题,结果相同吗?尝试其他距离公式和连接方法,看树状图是否倒置?

5.2 用单连接层次聚类法对下述数据集进行聚类。是否能够获得连接?尝试其他聚类和连接方法的不同组合,并比较结果有何异同。

(1) geyser;

(2) singer;

(3) skulls;

(4) spam;

(5) sparrow;

(6) oronsay;

(7) gene expression 数据集。

5.3 针对上题的分区构建树状图,每个数据集中是否有组或者类存在?

5.4 在层次聚类法中可以用非一致性系数来判定类别数。具体是通过比较层次中连接的长度和邻近连接的平均长度来实现的。如果合并类跟周围的其他类一致,则非一致性系数就很小。非一致性系数高就表示合并类不一致,因此还有其他类存在。cluster 函数中有一个参数可以作为非一致性系数的阈值,它跟 cutoff 参数相关。当连接比该阈值大时,系统树图的截止点就会出现。MATLAB 统计工具箱中有一个单独的函数 inconsistent,它的返回值是一个矩阵,其最后一列就是非一致性系数。生成一些变异数据,其包含两个完全分离的类。选一种合适的层次聚类方法并建立树状图。用 inconsistent 函数的输出值获取 cluster 函数的 cutoff 参数的阈值。已知有两类,观察非一致性系数给出的结果是否正确?

5.5 对 5.2 题中的层次聚类采用非一致性阈值来获取分区。可能的话,对分组结果绘制散点图或散点图矩阵(用 plotmatrix 或 gplotmatrix 函数)。不同的组用不同的颜色或符号表示。讨论结果。

5.6 在帮助中查阅 cophenet 函数。自己编写一个 MATLAB 函数来计算用于比较两个树状图的 cophenetic 系数。

5.7 生成若干服从二维均匀分布的随机变量。对这些变量进行间隙统计,对每个 k 分别绘制预期的间隙统计和观测值。对曲线进行比较。估计出来的类别数是多少?

5.8 生成若干服从二元正态分布的随机变量,其包含两个完全分离的类。对这些变量进行间隙统计,对每个 k 分别绘制预期的间隙统计和观测值。对曲线进行比较。估计出来的类别数是多少?

5.9 编写一个 MATLAB 函数实现 gap-PC 方法。

5.10 对5.2题中的聚类结果用间隙统计法进行分析。是否存在不止一个组? 从间隙统计结果来看,究竟有多少个类? 把结果跟5.5题作比较。

5.11 对5.2题的数据和分组情况应用上尾法和 mojenaplot。有多少类存在?

5.12 什么情况下 Rand 索引值为 0? 用 adjrand 和 randind 函数来验证结果。

5.13 利用 adjrand 函数对5.2题某个数据集的聚类结果进行分析,输入参数不变。值应该为 1。用 randind 函数重复上述步骤。

5.14 用 k 均值法和某种自选的聚合聚类法对 oronsay 数据集进行聚类(两种分类法都采用)。采用已知的组数。用轮廓图和平均轮廓值。取不同的 k 值并重复上述步骤。对结果进行讨论。

5.15 针对5.14题中的数据和分区,用 Rand 索引和修正 Rand 索引分别对估计的分区和真实值进行比较。

5.16 用不同的距离和连接重复5.7题。讨论结果。

5.17 用 gap-PC 法重复5.10题。结果是否有不同?

5.18 Calinski 和 Harabasz[1974]定义了一种索引来计算类别数,公式如下:

$$ch_k = \frac{tr(\boldsymbol{S}_{B_k})/(k-1)}{tr(\boldsymbol{S}_{W_k})/(n-k)}$$

其中,$\boldsymbol{S}_{W_k}$ 表示 k 个类的类内散布矩阵。$\boldsymbol{S}_{B_k}$ 是类间散布矩阵,表示类均值相对于总体平均值的散布程度,公式如下:

$$\boldsymbol{S}_{B_k} = \sum_{j=1}^{k} \frac{n_j}{n} (\bar{\boldsymbol{x}}_j - \bar{\boldsymbol{x}})(\bar{\boldsymbol{x}}_j - \bar{\boldsymbol{x}})^{\mathrm{T}}$$

估计的类别数由 ch_k 的最大值给出,其中 $k \geqslant 2$。注意,$k=1$ 的情况没有定义,这跟间隙统计法的情况类似。用 MATLAB 实现上述步骤并对5.10题的数据进行分析。跟之前的结果进行比较。

5.19 Hartigan[1985]也提出了一种索引来估计类别数。公式如下:

$$hart_k = \left[\frac{tr(\boldsymbol{S}_{W_k})}{tr(\boldsymbol{S}_{W_{k+1}})} - 1 \right](n-k-1)$$

k 的最小值就是估计的类别数,其中

$$1 \leqslant k \leqslant 10$$

用 MATLAB 实现上述步骤,并对 5.10 题的数据进行分析。跟之前的结果进行比较。

5.20 Fowlkes-Mallows[1983]提出了一种索引,可以用匹配矩阵 N 来计算(N 的大小是 $g \times g$,且 $g = g_1 = g_2$)

$$B_g = T_g \div \sqrt{P_g Q_g}$$

其中

$$T_g = \sum_{i=1}^{g} \sum_{j=1}^{g} n_{ij}^2 - n$$

$$P_g = \sum_{i=1}^{g} n_{i\cdot}^2 - n$$

$$Q_g = \sum_{j=1}^{g} n_{\cdot j}^2 - n$$

用 MATLAB 实现上述步骤。用 Fowlkes-Mallows 索引对 oronsay 数据进行分析,并跟之前的结果进行比较。

5.21 本章采用的是 PLSA 的简单实现。读者可以参考其完整实现。首先,从下面网址下载 PLSA 代码:

http://www.robots.ox.ac.uk/~vgg/software/

把 Sivic[2010] PLSA 代码解压缩到一个目录中,并对 nmfclustex 数据集进行分析。用工具包中的 pLSA-EM 函数。把本题结果跟之前的结果进行比较。

5.22 对 3 类数据重复 5.5 题的步骤,并对结果进行评价。

5.23 用非负矩阵分解法对下面的数据集进行聚类,并对结果进行评价。

(1) iris;

(2) oronsay(两类)。

5.24 对下面数据集进行谱聚类,并对结果进行评价。

(1) iris;

(2) leukemia;

(3) oronsay(两类)。

第6章

基于模型的聚类

本章介绍基于有限混合概率模型的聚类方法。首先给出基于模型的聚类方法的概述，使读者了解该方法框架。接着介绍具体聚类方法，例如有限混合模型、EM 算法以及基于模型的聚合聚类，并对这些方法在 EDA、聚类、概率密度估计以及判别分析中的应用进行讨论，最后本章节介绍如何使用 GUI 工具生成基于有限混合模型的随机样本。

6.1 基于模型的聚类方法概述

第 5 章主要介绍了两种聚类方法——层次聚类和划分聚类（k 均值）。层次方法中具体介绍了聚合聚类方法，它是对某些准则进行优化，每次优化过程中对两组进行合并。本章同样用到聚合聚类方法，不同在于目标函数采用分类似然函数。

第 5 章中介绍的聚类方法存在一些问题，首先无论是 k 均值方法还是聚合聚类，都需要预先定义类别数。针对这一问题，有些许解决方法（例如间隙统计、Mojea 上尾规则）。本章介绍的基于模型的聚类方法同样也可以解决这一问题。其次许多聚类方法都是启发式算法，会生成一个固定结构的聚类。换句话说，利用 Ward's 方法容易生成相同大小球状簇（k 均值聚类方法同样如此）。除此以外，一些聚类方法对孤立点十分敏感（例如 Ward's 方法），并且在一般情况下统计特性未知。

基于模型的聚类方法是基于概率模型的一种方法，例如概率密度的有限混合模型。利用概率模型进行聚类的方法发展已久，Bock[1996]给出了聚类分析在概率和推理方面的综述。基于有限混合模型的聚类分析方法可参考文献 Edwards 和 Cavalli-Sforza[1965]、Day[1969]、Wolfe[1970]、Scott 和 Symons[1971]以及 Binder[1978]。近年来，研究者发现基于模型的方法还可以用于解决聚类分析会出现的上述问题[Fraley 和 Raftery，2002；Everitt，Landau 和 Leese，2001；McLachlan 和 Peel，2000；McLachlan 和 Basford，1988；Banfield 和 Raftery，1993]。

有限混合方法假设其概率密度函数可以通过一组分量密度函数的加权和得到。正如下文看到的，当有限混合模型用作聚类分析时，聚类的问题就变成了混合模型的参数估计问题,例如概率密度估计。每一个分量密度对应一个聚类,再利用后验概率决定聚类的组别。

最常用的有限混合概率密度参数估计方法为最大期望算法(EM),该算法基于最大似然估计[Dempster,Laird 和 Rubin,1977]。为了使用有限混合——EM 算法,需要明确以下几点:

(1) 需要设定分量密度函数的个数(或分组数)[①];

(2) EM 算法为迭代算法,因此需要设置参数的初始值;

(3) 需要假设分量密度的概率密度形式(例如多元正态分布、t 分布等)。

基于模型的框架可以提供一个原则方法,从而巧妙地解决上述问题。

首先讨论上述问题中的第二个问题:初始化 EM 算法。为此可采用基于模型的聚合聚类方法[Murtagh 和 Raftery,1984;Banfield 和 Raftery,1993]。该方法的基本思想和层次聚合聚类一致,初始时所有的观测点各为一组,聚类的每一步骤将两类合并。在基于模型的聚合聚类方法中,当分类似然函数最大时进行合并[②]。利用层次聚类得到嵌套分割的完整数据集,从而获得分量的初始估计参数。

这就引出了上面的第三个问题,即分量密度函数采用何种形式。Banfield 和 Raftery[1993]给出了一种基于分量密度函数协方差矩阵约束的多元正态混合模型通用框架。利用约束条件来控制聚类簇的几何特性,例如方向、体积和形状等。在基于模型的聚类中,假设有限混合模型是由多元正态密度函数构成,对分量密度函数的协方差矩阵进行约束,从而产生不同的模型。

那么为什么该方法被称为"基于模型的聚类"呢?这和前两个问题相关,即指定分量密度函数的个数以及 EM 算法的初始化。不同的分组数和分量密度函数的形式可以生成数据的不同的统计模型,最后由贝叶斯信息准则(BIC)选择出最终模型。贝叶斯信息准则(BIC)是贝叶斯因子[Schwarz,1978;Kass 和 Raftery,1995]的一种逼近方法,选择具有最优 BIC 值的模型作为最佳模型。值得注意的是,本文同样用模型一词表示不同几何属性和约束的协方差矩阵类型,希望读者不会因此而混淆。

图 6.1 所示为基于模型的聚类方法框架图。首先选择分量密度函数的协方差矩阵约束(即模型),然后实现模型的聚合聚类方法。对任意模型和分组数,由此得到对数据初始划分。通过初始划分得到用于 EM 算法的分量密度函数初始参数估计。当 EM 算法收敛时,计算 BIC 的值,具体计算方法在本章后续部分介绍。再对不同的模型(不同分组数、不同形式的协方差矩阵)重复进行上述步骤,选择最大 BIC 值对应的模型作为最终模型。下述章节中将会介绍更多信息和细节内容。

[①] 类似于 k 均值聚类中设定 k 的值。

[②] 分类似然函数类似于混合似然函数,不同在于每一个观测点只允许归属于一个分量密度。详见 6.4 节。

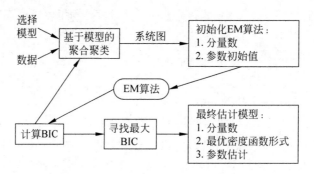

图 6.1　基于模型的聚类方法步骤

6.2　有限混合模型

本小节对有限混合模型以及基于模型聚类中不同约束形式的协方差矩阵进行深入介绍。首先我们通过实例,介绍一元有限混合概率密度函数,使读者可以更好地理解多元方法。

例 6.1

在本例中,介绍如何利用两个一元正态分布密度函数的加权和生成一个概率密度函数。首先确定各分量的参数,采用等比例或权值的混合,均值分别为 -2 和 2,对应的方差为 0.25 和 1.44。混合模型的数学表达式为:

$$f(x;\pi_k,\mu_k,\sigma_k^2) = \sum_{k=1}^{2} \pi_k N(x;\mu_k,\sigma_k^2)$$
$$= 0.5 \times N(x;-2,0.25) + 0.5 \times N(x;2,1.44)$$

其中 $N(x;\mu,\sigma^2)$ 表示均值为 μ,方差为 σ^2 的一元正态概率密度函数。下段代码的作用是设置分量密度参数。

```
% 首先采用等比例混合
pie1 = 0.5;
pie2 = 0.5;
% 均值设置为 -2 和 2
mu1 = -2;
mu2 = 2;
```

下面 MATLAB 代码中的 normpdf 函数要求使用标准差而不是方差。

```
% 第一分量的标准差为 0.5,第二个标准差为 1.2
sigma1 = 0.5;
sigma2 = 1.2;
```

现在需要确定计算密度函数的区间,并且要确保感兴趣的密度区间有足够的点。

```
% 生成计算密度函数的范围区间
x = linspace(-6, 6);
```

利用统计工具箱中的函数 normpdf 求出分量概率密度函数的值。对各个分量部分进行加权求和,可得到最终的有限混合密度。

```
% 下述函数为统计工具箱函数
y1 = normpdf(x,mu1,sigma1);
y2 = normpdf(x,mu2,sigma2);
% 加权求和得到最终曲线
y = pie1 * y1 + pie2 * y2;
% 绘制最终函数
plot(x,y)
xlabel('x'), ylabel('概率密度函数')
title('一元有限混合——两个成分分量')
```

最终曲线如图 6.2 所示,图中可以清晰地看到两个分量部分,然而不是所有情况下都如此。在聚类分析中,可以推测出分别以−2 和 2 为中心的两个分量。

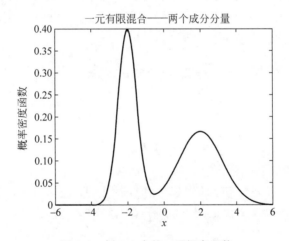

图 6.2 例 6.1 中的一元概率函数

6.2.1 多元有限混合模型

用于概率密度估计(以及聚类分析)的有限混合模型方法,既可以用于一元数据,又可以用于多元数据。下文中着重探讨多元的情况。

有限混合模型是由一组概率密度函数的加权和构成,其中的每一个概率密度函数都对应为一个分量。其密度函数形式如下:

$$f(\boldsymbol{x};\pi_k,\theta_k) = \sum_{k=1}^{c} \pi_k g_k(\boldsymbol{x};\theta_k) \tag{6.1}$$

其中 $g_k(\boldsymbol{x};\theta_k)$ 表示分量密度函数,相关的参数为 k。注意 k 表示任意类型和数量的参数。

权值为 π_k,所有权值取值非负且总和为 1,这些权值也称为混合比例或混合系数。

式(6.1)的有限混合模型可以作为生成数据的概率分布。为了估计出密度函数,还需要知道分量数 c 以及函数 g_k 的形式。

分量密度函数可以是任意一种概率密度,但最常采用的是多元正态分布。由此生成的多元高斯有限混合模型,如下式所示:

$$f(\boldsymbol{x};\pi_k,\mu_k,\boldsymbol{\Sigma}_k) = \sum_{k=1}^{c} \pi_k N(\boldsymbol{x};\mu_k,\boldsymbol{\Sigma}_k) \tag{6.2}$$

其中 $N(\boldsymbol{x};\mu_k,\boldsymbol{\Sigma}_k)$ 表示由下式给出的多元正态概率密度函数:

$$N(\boldsymbol{x};\mu_k,\boldsymbol{\Sigma}_k) = \frac{\exp\left[-\dfrac{1}{2}(\boldsymbol{x}_i-\mu_k)^{\mathrm{T}}\boldsymbol{\Sigma}_k^{-1}(\boldsymbol{x}_i-\mu_k)\right]}{(2\pi)^{\mu/2}\sqrt{|\boldsymbol{\Sigma}_k|}}$$

其中$|\cdot|$表示矩阵的行列式,从式(6.2)可以看出,其参数为 π_k、μ_k(每一列都是一个 p 维的均值向量)、$\boldsymbol{\Sigma}_k$(每一个都是的 $p\times p$ 的协方差矩阵)。

既然有了分量密度的形式,就需要知道用数据估计什么。需要估计出权值 π_k,每一分量的 p 维均值向量以及协方差矩阵。在介绍如何用 EM 算法估计这些参数之前,先对多元正态密度函数进行更详细的说明。

6.2.2 分量模型——协方差矩阵约束

文献 Banfield 和 Raftery[1993]及 Celeux 和 Govaert[1995]给出了第 k 个协方差矩阵的特征值分解公式:

$$\boldsymbol{\Sigma}_k = \lambda_k \boldsymbol{D}_k \boldsymbol{A}_k \boldsymbol{D}_k^{\mathrm{T}} \tag{6.3}$$

式(6.3)中的参数如下:

(1) 第 k 个聚类或者分量密度的体积是由 λ_k 决定,λ_k 的取值和标准差椭圆的体积成比例。聚类的体积和大小是两个概念,大小是指落入该聚类的观测点的个数,而体积是指该聚类所占的空间大小。

(2) $\boldsymbol{D}_k$ 是一个矩阵,其列向量为$\boldsymbol{\Sigma}_k$ 的特征向量,它决定了聚类的方向。

(3) $\boldsymbol{A}_k$ 是一个对角阵,其对角线上的元素为$\boldsymbol{\Sigma}_k$ 的归一化特征值。按照惯例,这些特征值按降序排列。该矩阵和分布的形状有关。

现在按照 celeux 和 Govaert 的定义和分类,对各个模型进行详细介绍。将 λ_k、$\boldsymbol{A}_k$ 以及 $\boldsymbol{D}_k$ 的值保持为常数,并限定协方差矩阵的形式(例如限定其为对角阵),可以将式(6.3)的特征值分解,产生 14 种不同的模型。可以将它们划分为三大类:球形家族、对角家族和广义家族。

Celeux 和 Govaert 给出了上述模型在 EM 算法中的协方差矩阵更新公式。部分公式有封闭解,其余需要用迭代的方式求解。本章节只介绍其中具有封闭解的九个模型,它们只是所有可能模型中的子集,详见表 6.1。

表 6.1　用于 EM 算法中协方差矩阵更新时具有封闭解的多元正态混合模型

模型编号	协方差矩阵	分　　布		属　　性
1	$\boldsymbol{\Sigma}_k = \lambda \boldsymbol{I}$	家族	球形	协方差矩阵为对角阵
		体积	固定	对角线元素相同
		形状	固定	各协方差矩阵相同
		方向	不适用	$\boldsymbol{I}$ 是 $p \times p$ 的单位矩阵
2	$\boldsymbol{\Sigma}_k = \lambda_k \boldsymbol{I}$	家族	球形	协方差矩阵为对角阵
		体积	可变	对角线元素相同
		形状	固定	各协方差矩阵可不同
		方向	不适用	$\boldsymbol{I}$ 是 $p \times p$ 的单位矩阵
3	$\boldsymbol{\Sigma}_k = \lambda \boldsymbol{B}$	家族	对角	协方差矩阵为对角阵
		体积	固定	对角线元素可不同
		形状	固定	各协方差矩阵相同
		方向	坐标轴	$\boldsymbol{B}$ 是一个对角阵
4	$\boldsymbol{\Sigma}_k = \lambda \boldsymbol{B}_k$	家族	对角	协方差矩阵为对角阵
		体积	固定	对角线元素可不同
		形状	可变	各分量协方差矩阵不同
		方向	坐标轴	$\boldsymbol{B}$ 是一个对角阵
5	$\boldsymbol{\Sigma}_k = \lambda_k \boldsymbol{B}_k$	家族	对角	协方差矩阵为对角阵
		体积	可变	对角线元素可不同
		形状	可变	各分量协方差矩阵不同
		方向	坐标轴	$\boldsymbol{B}$ 是一个对角阵
6	$\boldsymbol{\Sigma}_k = \lambda \boldsymbol{D} \boldsymbol{A} \boldsymbol{D}^{\mathrm{T}}$	家族	广义	
		体积	固定	协方差矩阵非对角线的元素可以为非零值
		形状	固定	各协方差矩阵相同
		方向	固定	
7	$\boldsymbol{\Sigma}_k = \lambda \boldsymbol{D}_k \boldsymbol{A} \boldsymbol{D}_k^{\mathrm{T}}$	家族	广义	
		体积	固定	协方差矩阵非对角线的元素可以为非零值
		形状	固定	各分量协方差矩阵不同
		方向	可变	
8	$\boldsymbol{\Sigma}_k = \lambda \boldsymbol{D}_k \boldsymbol{A} \boldsymbol{D}_k^{\mathrm{T}}$	家族	广义	
		体积	固定	协方差矩阵非对角线的元素可以为非零值
		形状	可变	各分量协方差矩阵不同
		方向	可变	
9	$\boldsymbol{\Sigma}_k = \lambda_k \boldsymbol{D}_k \boldsymbol{A}_k \boldsymbol{D}_k^{\mathrm{T}}$	家族	广义	
		体积	可变	协方差矩阵非对角线的元素可以为非零值
		形状	可变	各分量协方差矩阵不同
		方向	可变	

1. 球形家族

该类模型由对角阵描述,其中协方差阵 $\boldsymbol{\Sigma}_k$ 的每一个对角线元素有相同的值。因此它的分布为球形,每一个分量密度都具有相同的方差。下面给出这类模型的两种封闭例子,每个例子都对应一个固定的球形。

第一个例子是每一个分量都具有相同的体积,因此协方差矩阵的形式为:

$$\Sigma_k = \lambda DAD^{\mathrm{T}} = \lambda I$$

其中 I 是 $p \times p$ 的单位矩阵,第二种封闭解允许改变体积,在这种情况下式(6.3)变化为:

$$\Sigma_k = \lambda DAD^{\mathrm{T}} = \lambda_k I$$

Celeux 和 Govaert 指出这些模型对任意的等距变换都具有不变性。

例 6.2

根据表 6.1 中的模型 2 生成一个数据集合。模型 2 属于球形家族,不同的分量密度函数可以有不同的协方差矩阵。生成三维空间 $n=250$ 的数据集合,选择 $c=2$ 个分量密度函数,多变量分量正态分布的参数如下:

$$\mu_1 = [2,2,2]^{\mathrm{T}} \quad \mu_2 = [-2,-2,-2]^{\mathrm{T}}$$
$$\Sigma_1 = I \quad\quad\quad \Sigma_2 = 2I$$
$$\pi_1 = 0.7 \quad\quad\quad \pi_2 = 0.3$$
$$\lambda_1 = 1 \quad\quad\quad \lambda_2 = 2$$

利用 genmix GUI 工具生成样本,本章中最后一小节将会介绍如何使用该 GUI 工具。一旦数据生成,可以选择散点图矩阵的形式将数据显示,如图 6.3 所示。注意以 $[-2,-2,-2]^{\mathrm{T}}$ 为中心的第二个分量成分虽然点数较少,但却呈现较大的体积。

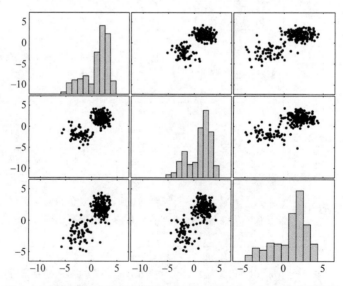

图 6.3　根据球形家族中的模型 2 随机生成的样本集合散点矩阵图

2. 对角家族

第二类模型同样是对角阵,不同的是协方差矩阵对角线元素可以取不同的值。协方差矩阵形式如下:

$$\boldsymbol{\Sigma} = \lambda \boldsymbol{B} = \lambda \boldsymbol{D A D}^{\mathrm{T}}$$

其中 $\boldsymbol{B} = \mathrm{diag}(b_1, b_2, \cdots, b_p)$，并且 $|\boldsymbol{B}| = 1$，矩阵 $\boldsymbol{B}$ 决定了聚类的形状。

这一类模型生成的聚类形状为椭圆形，这是由于每一维度上的方差可以取不同的值。Celeux 和 Govaert 指出对角家族中的模型并不是对所有的线性变换都具有不变性，但对变量具有缩放不变性。

对角家族包含三种模型，第一种模型中，各个分量协方差矩阵是相等的，具有相同的体积和形状，如下：

$$\boldsymbol{\Sigma}_k = \lambda \boldsymbol{B}$$

第二种模型的协方差矩阵允许改变形状，却不能改变体积，如下：

$$\boldsymbol{\Sigma}_k = \lambda \boldsymbol{B}_k$$

最后一种模型，既允许分量间的形状和体积变化，如下：

$$\boldsymbol{\Sigma}_k = \lambda_k \boldsymbol{B}_k$$

例 6.3

以对角家族为例，使用 genmix 工具根据以下模型产生随机变量。选择 $n = 250$，$p = 2$，$c = 2$。均值、权值以及协方差矩阵如下：

$$\mu_1 = [2, 2]^{\mathrm{T}} \qquad \mu_2 = [-2, -2]^{\mathrm{T}}$$

$$\boldsymbol{B}_1 = \begin{bmatrix} 3 & 0 \\ 0 & \dfrac{1}{3} \end{bmatrix} \qquad \boldsymbol{B}_2 = \begin{bmatrix} \dfrac{1}{2} & 0 \\ 0 & 2 \end{bmatrix}$$

$$\pi_1 = 0.7 \qquad \pi_2 = 0.3$$

$$\lambda_1 = 1 \qquad \lambda_2 = 1$$

该数据为相同体积不同形状，属于模型 4。图 6.4 所示为该分布的随机变量散点图矩阵。

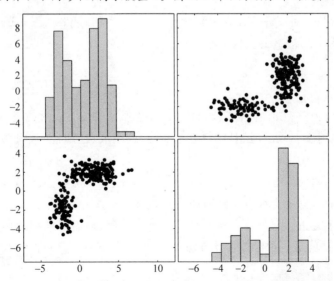

图 6.4　根据对角家族中的模型 4 随机生成的样本集合散点矩阵图

3. 广义家族

这一家族中的聚类或者分量密度函数包含更广义的情况。协方差矩阵不再限定为对角阵。换句话说,非对角阵上的元素可以取非零值。广义家族的模型对任意线性变换都具有不变性。

该家族包含四类模型。通常,第一种模型具有相同的协方差矩阵,因此各个聚类都具有固定的形状、体积和方向,如下:

$$\boldsymbol{\Sigma}_k = \lambda \boldsymbol{D} \boldsymbol{A} \boldsymbol{D}^T$$

第二种模型保持体积和固定形状,但允许更改方向,如下:

$$\boldsymbol{\Sigma}_k = \lambda \boldsymbol{D}_k \boldsymbol{A} \boldsymbol{D}_k^T$$

第三种模型是保持体积固定,但允许改变形状和方向,如下

$$\boldsymbol{\Sigma}_k = \lambda \boldsymbol{D}_k \boldsymbol{A}_k \boldsymbol{D}_k^T$$

最后一种是无约束模型,即形状、体积和方向都可以改变,如下

$$\boldsymbol{\Sigma}_k = \lambda_k \boldsymbol{D}_k \boldsymbol{A}_k \boldsymbol{D}_k^T$$

无约束模型通常用于含有多元正态分量的有限混合模型。

例 6.4

广义家族中的模型要求其成分密度的协方差矩阵为全矩阵,本例采用下面模型生成数据($n=250, p=2, c=2$):

$$\mu_1 = [2,2]^T \qquad\qquad \mu_2 = [-2,-2]^T$$

$$\boldsymbol{A}_1 = \begin{bmatrix} 3 & 0 \\ 0 & \frac{1}{3} \end{bmatrix} \qquad\qquad \boldsymbol{A}_2 = \begin{bmatrix} \frac{1}{2} & 0 \\ 0 & 2 \end{bmatrix}$$

$$\boldsymbol{D}_1 = \begin{bmatrix} \cos(\pi+8) & -\sin(\pi+8) \\ \sin(\pi+8) & \cos(\pi+8) \end{bmatrix} \qquad \boldsymbol{D}_2 = \begin{bmatrix} \cos(6\pi+8) & -\sin(6\pi+8) \\ -\sin(6\pi+8) & \cos(6\pi+8) \end{bmatrix}$$

$$\pi_1 = 0.7 \qquad\qquad \pi_2 = 0.3$$

$$\lambda_1 = 1 \qquad\qquad \lambda_2 = 1$$

上述参数对应为模型8,它具有固定体积,可变形状和方向。将这些参数按照式(6.3)的方式相乘,得到用于 genmix 工具的协方差矩阵,取小数点后四位,如下所示:

$$\boldsymbol{\Sigma}_1 = \begin{bmatrix} 2.6095 & 0.9428 \\ 0.9428 & 0.7239 \end{bmatrix} \quad \boldsymbol{\Sigma}_2 = \begin{bmatrix} 1.6667 & -1.3333 \\ -1.3333 & 1.6667 \end{bmatrix}$$

该模型生成的数据集合散点矩阵图如图 6.5 所示。

现在已经对多元正态有限混合模型有了一定的了解,还需要掌握利用数据进行参数估计的方法,EM 算法就是一种参数估计方法。

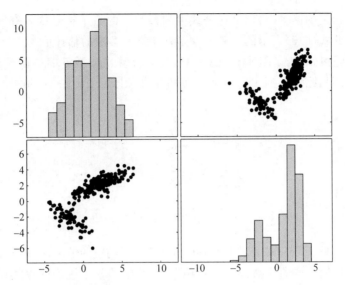

图 6.5　根据广义模型中的模型 8 随机生成的样本集合散点矩阵图（两个分量体积
　　　　相同，形状和方向不同）

6.3　最大期望算法

对有限混合模型中的参数估计问题研究已久。本小节介绍一种方法称为最大期望算法。这是一种通用的似然函数最优化法，当其他方法失效或者存在数据缺失的情况下，该方法仍然有效。文献 Dempster，Laird 和 Rubin[1977]中给出了 EM 算法的公式及性质。1984 年，Redner 和 Walker[1984]将 EM 算法应用于有限混合概率密度估计。目前已经成了统计领域的一个标准工具，除了有限混合估计，也应用于多个领域。

希望估计的参数为

$$\theta = \pi_1, \cdots, \pi_{c-1}, \mu_1, \cdots, \mu_c, \Sigma_1, \cdots, \Sigma_c$$

利用最大似然方法，最大化对数似然函数如下：

$$L(\theta \mid \boldsymbol{x}_1, \cdots, \boldsymbol{x}_n) = \sum_{i=1}^{n} \ln \left[\sum_{k=1}^{c} \pi_k N(\boldsymbol{x}_i; \mu_k, \Sigma_k) \right] \tag{6.4}$$

假设各个分量按 π_k 这个固定的比例进行混合的。因此就可以计算出一个特定的样本点 $\boldsymbol{x}_i$ 属于某一个分量密度的概率。然而分量类别属性（或者聚类的类别）是未知的，这就是需要 EM 这样的算法来对式(6.4)进行最大化的原因所在。观测点属于分量 k 的后验概率为：

$$\hat{\tau}_{ik}(\boldsymbol{x}_i) = \frac{\hat{\pi}_k N(\boldsymbol{x}_i; \hat{\mu}_k, \hat{\Sigma}_k)}{\hat{f}(\boldsymbol{x}_i; \hat{\pi}_k, \hat{\mu}_k, \hat{\Sigma}_k)} \quad k = 1, 2, \cdots, c, \quad i = 1, 2, \cdots, n \tag{6.5}$$

其中

$$\hat{f}(\boldsymbol{x}_i; \hat{\pi}_k, \hat{\mu}_k, \hat{\Sigma}_k) = \sum_{k=1}^{c} \hat{\pi}_k N(\boldsymbol{x}_i; \hat{\mu}_k, \hat{\Sigma}_k)$$

对于不熟悉标记的读者而言,上述公式中的参数上的帽子符号或者补字符号表示该参数为估计值。因此式(6.5)表示的后验概率是基于这些参数的估计值。

从微积分理论可知,为了最大化式(6.4),需要计算出参数 θ 的一阶导数,并令其等于零,就得到似然方程,此处未列出。本文采用的是文献[Everitt 和 Hand, 1981]中的方法求解似然方程:

$$\hat{\pi}_k = \frac{1}{n} \sum_{i=1}^{n} \hat{\tau}_{ik} \tag{6.6}$$

$$\hat{\mu}_k = \frac{1}{n} \sum_{i=1}^{n} \frac{\hat{\tau}_{ik} \boldsymbol{x}_i}{\hat{\pi}_k} \tag{6.7}$$

$$\hat{\Sigma}_k = \frac{1}{n} \sum_{i=1}^{n} \frac{\hat{\tau}_{ik} (\boldsymbol{x}_i - \hat{\mu}_k)(\boldsymbol{x}_i - \hat{\mu}_k)^{\mathsf{T}}}{\hat{\pi}_k} \tag{6.8}$$

式(6.8)的协方差矩阵更新公式适用于上一小节介绍的无约束的情况,就是表 6.1 中的模型 9。本文没有列举出其他模型的更新公式。EDA 工具箱中的基于模型的聚类函数实现了这些模型。文献 Govaert[1995]给出了包含所有模型的完整的更新公式。

由于后验概率(式(6.5))是未知的,因此需要通过迭代的方式对其进行求解。如下所述整个过程包含两个步骤:E-Step 和 M-Step。交替计算这两个部分直至估计值收敛。

E-Step:利用当前的参数值,计算第 i 个观测点属于第 k 个成分的后验概率,即式(6.5)。

M-Step:利用估计出的后验概率以及式(6.6)~式(6.8),更新参数值(或者对于特定的模型,利用协方差矩阵更新公式)。

M-Step 利用观测点属于分量密度的后验概率对参数进行更新,E-Step 再利用更新后的参数对各个分量进行加权。

对于读者而言,显而易见的是当已知有限混合模型的组成个数时,还需要对 EM 算法进行初始化。由于似然函数曲面往往都包含若干个模式,因此不同的起始点的取值可能导致 EM 算法不收敛。若起始点选择较好,则可以改善参数估计的值[Fraley 和 Raftery, 2002]。基于模型的合并聚类算法可以为 EM 选择好的起始点[Dasgupta 和 Raftery 1998]。

有限混合模型估计步骤如下:

(1)确定混合模型中分量密度数量 c;

(2)确定分类参数的初始猜测值,包括每一个多元正态分布的混合系数、均值、协方差矩阵;

(3)E-step:对每一个数据点,利用当前参数值,计算式(6.5)的后验概率;

(4)M-Step:利用式(6.6)~式(6.8),对每一个成分的混合系数、均值以及协方差矩阵进行更新,在基于模型的聚类中,对特定的模型采用更新协方差的特别方法(代替式(6.8));

(5)重复第(3)步和第(4)步直至估计值收敛。

典型地,重复执行步骤(5)直至每次迭代得到的参数估计值变化量都小于一个预先设定的阈值,或者重复迭代直至似然函数收敛。值得注意的是,EM 算法是使用整个数据集合同时用于参数估计的更新。

例 6.5

由于 MATLAB 中 EM 算法代码复杂,因此不在列举。本例介绍如何使用函数 mbcfinmix,对于给定的初始值,该函数返回值为权值、均值以及协方差。该函数语法结构为:

```
[pies,mus,vars] = mbcfinmix(X,muin,varin,wtsin,model);
```

函数输入的参数 model 是表 6.1 中的号码。利用例 6.4 方法产生数据,将数据存储到工作空间中变量 **X**。下面的代码功能为 EM 算法设置初始值。

```
% 对参数进行初始化
piesin = [0.5, 0.5];
% 变量 musin 是均值矩阵,每一列都是一个 p 维的均值向量
musin = [ones(2,1), -1*ones(2,1)];
% 参输参数 varin 是一个三维数组,其中每一页都对应为一个协方差矩阵
varin(:,:,1) = 2*eye(2);
varin(:,:,2) = eye(2);
```

可以看出初始值十分敏感,需要进一步调整,接着调用 EM 算法:

```
% 调用 EM 算法函数
[pie,mu,vars] = mbcfinmix(X,musin,varin,piesin,8);
```

最终的估计值(保留到小数点后四位)如下:

```
pie = 0.7188      0.2812
mu =
     2.1528    -1.7680
     2.1680    -2.2400
vars(:,:,1) =
     2.9582     1.1405
     1.1405     0.7920
vars(:,:,2) =
     1.9860    -1.3329
    -1.3329     1.4193
```

可以看出 EM 算法得到的估计值较精准。下面研究如何构建有限混合模型曲面,最终结果如图 6.6 所示。

```
% 构建密度函数曲面
% 设置函数的取值区间
x1 = linspace(-7,7,50);
x2 = linspace(-7,5,50);
[X1,X2] = meshgrid(x1,x2);
% X1、X2 为矩阵,将这两个矩阵转化为列向量的形式进行合并
dom = [X1(:), X2(:)];
% 在定义域内,生成各个分量的多元正态分布密度函数. 函数 mvnpdf 是统计工具箱中的函数
Y1 = mvnpdf(dom,mu(:,1)',vars(:,:,1));
Y2 = mvnpdf(dom,mu(:,2)',vars(:,:,2));
```

```
%  将各个分量加权求和得到最终函数
y = pie(1) * Y1 + pie(2) * Y2;
%  为了绘制曲面图,需要将 Y 向量转换为矩阵形式
[m,n] = size(X1);
Y = reshape(y,m,n);
surf(X1,X2,Y)
axis([ -7 7 -7 5 0 0.12])
xlabel('X_1'),ylabel('X_2')
zlabel('概率密度函数')
```

将结果和图 6.5 中的随机样本散点图进行对比,可以看出曲面图符合样本原本的分布密度函数。

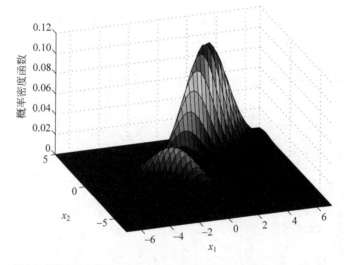

图 6.6   例 6.5 利用 EM 算法对图 6.5 中的数据进行密度估计。图 6.5 为数据的散点图,本图为估计函数的曲面图

6.4   基于模型的层次聚合聚类

本小节将介绍另一种基于模型的聚类方法,该方法可以对任意给定的分组数,寻找参数的初始值。基于模型的聚合聚类和前一章中讨论的层次方法类似,不同的是基于模型的聚合聚类并不定义任何的距离,而是将分类似然函数作为目标函数。分类似然函数公式如下:

$$l_{CL}(\theta_k,\gamma_i;\boldsymbol{x}_i) = \prod_{i=1}^{n} f_{\gamma_i}(\boldsymbol{x}_i;\theta_{\gamma_i}) \tag{6.9}$$

其中 γ_i 是第 i 个观测点的分类标记,如果 $\boldsymbol{x}_i$ 属于第 k 个成分,则 $\gamma_i = k$。在混合模型当中,每个分量包含的观测点数 n 呈多项式分布,其概率参数为 $\pi_1,\pi_2,\cdots,\pi_c$。

基于模型的聚合聚类方法是对分类似然函数最大化的过程。起始状态时每个点为一个单一的类,算法执行时每一步骤将分类似然函数增长最快的两类合并。这一过程重复执行

直至所有观测点合并为一组。文献 Fraley[1998]中对单一聚类的目标函数进行了改进。

理论上而言,可以采用表 6.1 中的任何一个模型,然而研究表明,基于模型的聚合聚类采用无约束模型(模型 9)可以为 EM 算法和任何模型产生最合理的初始分割。因此,本书在 MATLAB 中仅实现了非约束模型的聚合聚类。Fraley[1998]为四种模型(1、2、6、9)提供了有效的算法,并且证明了如何推广到其他模型。

例 6.6

函数 agmbclust 的功能为基于模型的聚合聚类。和 MATLAB 中的 linkage 函数一样,输入为数据矩阵 X,返回连接矩阵 Z。因此函数 agmbclust 的输出可以用于其他需要该矩阵的函数。本例中采用常见的鸢尾花数据集。

```
% 加载数据,以矩阵形式存储数据
load iris
X = [setosa; versicolor; virginica];
% 接着调用函数进行基于模型的聚合聚类
Z = agmbclust(X);
```

图 6.7(a)所示的是树状图。很显然可以看出两类分组,但是也可认为是三类。调用第 5 章介绍的轮廓图函数,评价分为三类的合理性。

```
% 分割后令分类数等于 3,绘制轮廓图
cind = cluster(Z,3);
[S,H] = silhouette(X,cind);
```

图 6.7(b)所示的是轮廓图。从图中可以看到一个很好的聚类(总类别数为 3),其余的值较小或者为负值。平均轮廓值为 0.7349。

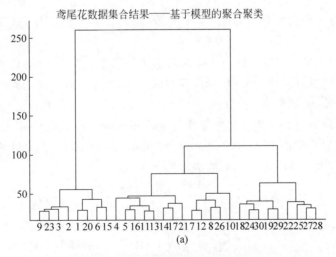

鸢尾花数据集合结果——基于模型的聚合聚类

(a)

图 6.7 (a)图为对鸢尾花数据进行基于模型的聚合聚类算法结果的树状图表示,将数据分成三组,得到轮廓值;(b)图所示对应的轮廓图

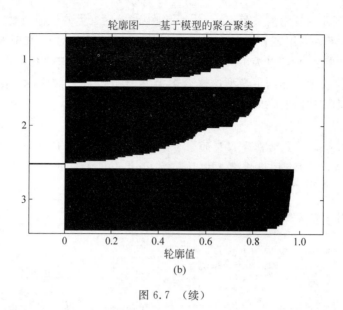

图 6.7 （续）

6.5 基于模型的聚类

基于模型的聚类框架包括三个主要部分：

（1）利用基于模型的聚合聚类分割对 EM 算法进行初始化；

（2）通过 EM 算法对参数进行最大似然估计；

（3）根据贝叶斯因子的 BIC 逼近，选择模型和类别数。

前面章节已经对前两部分内容进行详细的介绍，因此本节重点对 BIC 准则和贝叶斯因子进行介绍。

Jeffreys[1935,1961]中最早采用贝叶斯方法进行模型选择。Jeffreys 提出一种利用贝叶斯因子计算一个空假设（或者模型）置信度的框架，即当两个假设的先验概率相同时，选择后验概率较大者[Kass 和 Raftery,1995]。

简化起见，以两类为例。假设数据集合 $\boldsymbol{X}$ 是由模式 M_1 或者模式 M_2 生成，对应的概率密度函数为 $p(\boldsymbol{X}|M_1)$ 或 $p(\boldsymbol{X}|M_2)$，先验概率为 $p(M_1)$ 和 $p(M_2)$。由贝叶斯理论可知，可以得到给定数据 $\boldsymbol{X}$ 条件下 M_g 出现的后验概率为

$$p(M_g \mid \boldsymbol{X}) = \frac{p(M_g)\,p(\boldsymbol{X} \mid M_g)}{p(M_1)\,p(\boldsymbol{X} \mid M_1) + p(M_2)\,p(\boldsymbol{X} \mid M_2)} \tag{6.10}$$

对于 $g=1,2$，对每一个模型计算式(6.10)的概率比值，可以得到：

$$\frac{p(M_1 \mid \boldsymbol{X})}{p(M_2 \mid \boldsymbol{X})} = \frac{p(\boldsymbol{X} \mid M_1)}{p(\boldsymbol{X} \mid M_2)} \times \frac{p(M_1)}{p(M_2)} \tag{6.11}$$

式(6.11)中第一项因子即为贝叶斯因子，即

$$B_{12} = \frac{p(\boldsymbol{X} \mid M_1)}{p(\boldsymbol{X} \mid M_2)}$$

如果任意一个模型包含未知参数,对这些参数进行积分可以得到概率密度 $p(\boldsymbol{X}|M_g)$,这种情况下得到的 $p(\boldsymbol{X}|M_g)$ 称为模型 M_g 的积分似然函数,如式(6.12)所示:

$$p(\boldsymbol{X} \mid M_g) = \int p(\boldsymbol{X} \mid \theta_g, M_g) p(\theta_g \mid M_g) \mathrm{d}\theta_g \tag{6.12}$$

其中 $g = 1, 2, \cdots, G$。

对给定的数据,很自然地为其选择最可能的模型。当先验概率相等时,就意味着选择积分似然函数 $p(\boldsymbol{X}|M_g)$ 最大的模型。该方法对两种或以上的模型适用,因此基于模型的聚类算法和就采用这一过程,也就是贝叶斯解[Fraley 和 Raftery,1998,2002;Dasgupta 和 Raftery,1998]。

利用式(6.12)存在的一个问题是需要知道先验概率 $p(\theta_g|M_g)$ 的值。对于满足特定约束条件的模型,可以利用贝叶斯信息规则(BIC)近似代替积分似然函数的对数值:

$$p(\boldsymbol{X} \mid M_g) \approx BIC_g = 2\log p(\boldsymbol{X} \mid \hat{\theta}_g, M_g) - m_g \log(n) \tag{6.13}$$

其中 m_g 是需要模型 M_g 估计的未知独立参数个数。显然有限混合模型并不能满足式(6.13)要求的特定条件。然而已有的应用及理论研究表明,将 BIC 应用于基于模型的聚类方法可以得到合理结果[Fraley 和 Raftery,1998;Dasgupta 和 Raftery,1998]。

上述内容构成了基于模型的聚类方法的各个环节,基于模型聚类的完整步骤如下所述:

(1) 采用无约束模型,对数据进行基于模型的聚合聚类,根据任意给定输入的类别数,对数据进行分割;

(2) 选择模型 M(详见表 6.1);

(3) 选择类别数或分量密度 c;

(4) 利用基于模型的聚合聚类(步骤(1))的结果,得到 c 个分组的分割;

(5) 利用该分割,计算每一个类的混合系数、均值和方差,方差需满足步骤(2)中选择模型的约束限制;

(6) 将步骤(3)中的参数 c 和步骤(5)中的参数初始值用于 EM 算法,得到最终参数估计值;

(7) 计算当前 c 和 M 的 BIC 值:$BIC_g = 2L_M(\boldsymbol{X}, \hat{\theta}) - m_g \log(n)$,其中 L_M 是给定数据,模型 M 和估计参数 $\hat{\theta}$(式(6.3))得到的对数似然函数;

(8) 返回步骤(3),选择另一个参数 c 的值;

(9) 返回步骤(2),选择另一个模型 M;

(10) 选择最大 BIC 值对应的最优参数(聚类数 c 和协方差矩阵)。

从上述过程可以看出,基于模型的聚类方法对不同的聚类数和协方差矩阵模型进行聚类分析,最终选择出最可能的聚类。因此该方法是一种在感兴趣的可能的模型空间中的穷尽搜索。假设使用所有九个模型对 1 到 C 个分组进行聚类,则需要执行 $C \times 9$ 次,因此该算法是计算密集型的。

例 6.7

本例中仍然使用鸢尾花数据集合。函数 mbclust 可以执行完整的基于模型的聚类过程：基于模型的聚合聚类，基于 EM 算法的有限混合估计，BIC 估计。函数输出为①一个 BIC 矩阵，每一行对应一个模型；②一个结构体，域中为最优模型的参数值(pies, mus 以及 vars)；③一个结构体，包含所有模型的信息(详见下一章)；④矩阵 $\mathbf{Z}$，表示基于模型的聚合聚类；⑤利用最优模型得到分类类别向量。

```
load iris
data = [setosa;versicolor;virginica];
% 执行基于模型的聚类,最大类别数为6
bics,bestmodel,allmodel,Z,clabs] = mbclust(data,6);
```

我们调用 plotbic 函数，绘制 BIC 曲线。

```
% 显示 BIC 曲线
plotbic(bics)
```

图 6.8 为绘制的 BIC 曲线，可以看出当分类数为两类时出现最佳模型和最大的 BIC 值。虽然鸢尾花数据集合中包含三类对象，但其中的两类存在重叠很难区分，因此基于模型的聚类将其划分为两类也不足为奇了。如之前所述，EM 算法可能不收敛，因此协方差矩阵变为奇异阵。在这种情况下，EM 算法对该模型停止迭代，因此可能会出现不完整的 BIC 曲线。

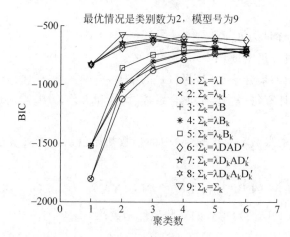

图 6.8　图中为对鸢尾花数据集做基于模型聚类的 BIC 曲线。可以看出当类别数为 2、模型为 9 时得到最大的 BIC 值

上述基于模型的聚类过程是对一个有限混合概率模型进行估计。在聚类分析中，每一个分量密度都是一个类的模板。当得到最优模型(聚类数和协方差矩阵形式)后，可以根据后验概率对数据进行分组。将观测点归为后验概率最大的一类：

$$\{\text{cluster} j \mid \hat{\tau}_{ij}^* = \max_k \hat{\tau}_{ik}\}$$

换句话说,计算第 i 个观测点属于每一个分量密度的后验概率,最终认为观测点 i 属于最大后验概率的类。这种判别方法的优点之一是可以将 $1-\hat{\tau}_{ij}^*$ 作为分类不确定性的度量[Bensmail 等,1997]。

例 6.8

反观前面例子的结果,本例介绍如何使用 mbclust 函数的其他输出结果。我们都知道鸢尾花集合包含三类数据。首先展示如何提取当模型为 9、类别为 3 时对应的模型。可利用下面语句实现:

```
allmodel(9).clus(3)
```

allmodel 为一个结构体变量,包含一个域 clus。Allmodel 中共有九条记录,每一条对应一个模型。Clus 域同样也是一个结构体,它包含 maxclus 条记录和三个域:pies、mus 以及 vars。利用函数 mixclass,根据该模型可以得到分组标签。这就需要数据以及模型参数作为函数输入。

```
% 提取信息参数
pies = allmodel(9).clus(3).pies;
mus = allmodel(9).clus(3).mus;
vars = allmodel(9).clus(3).vars;
```

接下来对观测值进行分类。

```
% mixclass 函数返回类别标记以及分类不确定性度量
[clabs3,unc] = mixclass(data,pies,mus,vars);
% 如先前一致,利用 silhouette 函数对结果进行评价
[S, H] = silhouette(data,clabs3);
title('Iris Data - Model-Based Clustering')
```

图 6.9 所示为 silhouette 图,平均 silhouette 值为 0.6503。作为练习,请读者采用相同的方式观测当分组数为 2 时,最佳模型得到的结果。

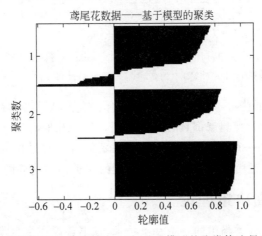

图 6.9 采用模型 9、分组数为 3 时,基于模型的聚类算法得到轮廓图

6.6　基于模型聚类的密度估计和判决分析

6.6.1　模式识别介绍

本章前面的小节主要介绍了基于模型的聚类算法在无监督学习或聚类方面的应用。本小节将进一步讨论如何利用基于模型的聚类算法进行有限混合模型概率密度估计,以及算法在有监督学习领域中的应用。首先介绍一些背景知识,即判决分析或模式识别。

模式识别的应用范围广泛,例如医疗、计算机视觉、机器人、生产制造、经济等诸多领域。其中一些应用包括如下场景[Martinez 和 Martinez,2007]:

(1) 医生根据症状和测试结果对病人进行诊断;

(2) 地质学家判断地震信号是否表示临震;

(3) 银行贷款经理必须根据客户收入,过往信用记录以及其他因素判断客户是否具有良好信用度。

在所有这些应用当中,人类可以借助机器进行模式识别,通过计算机分析数据并给出参考答案。

本节讨论的是有监督学习下的模式识别。在有监督学习中,已知数据集合中各个观测点的类别,因此每一个数据点都有类别标记。在该数据集合上构建一个分类器,用于对未来的数据进行分类。在本书的第 1 章中我们介绍了一些数据集(例如 oronsay、yeast 以及 leukemia 数据集)就属于这个范畴。

图 6.10 展示的是统计模式识别的主要步骤。第一步为选择用于区分各个类别的特征。如读者预期的一样,特征选择是整个模式识别中最重要的部分。利用区分性好的特征,构建一个正确的分类器相对较为容易。

图 6.10　统计模式识别主要步骤的框图[Duda 和 Hart,1973;Martinez 和 Martinez,2007],图中的传感器表示测量设备

当特征选定后,即可获得各类别一组样本集合。也就是说当找到感兴趣类的目标后,然后测量特征。因此每一个观测点都具有类别标记。现在我们有属于不同类别的数据集合,可以利用这些信息构建一个分类器。分类器采用新的特征测量作为输入,输出则是估计的类别信息。本小节的主题就是如何利用基于模型的聚类构建这样的分类器。

6.6.2　贝叶斯决策理论

贝叶斯方法是模式分类当中的一个基础技术,本书建议在多数模式识别应用中,首先采用贝叶斯方法,若该方法不适用时,再采用其他更为复杂的方法(例如神经网络、分类树以及支持向量机)。贝叶斯决策理论是一种基于概率的分类方法,因此必须已知所有的概率或者从数据中估计出相应的概率。

首先我们给出符号定义。类别属性用 ω_i 表示,其中 $j=1,2,\cdots,J$,共 J 个类。例如 oronsay 数据集包含以下三个类:

(1) $\omega_1=\text{midden}$;

(2) $\omega_2=\text{beach}$;

(3) $\omega_3=\text{dune}$。

用于分类的特征向量 x 为 p 维向量。对于 oronsay 数据集,有 12 个测量值表示沙粒的大小,因此 $p=12$。在有监督情况下,每一个特征向量都有对应的类别标记。

我们的目标是利用这些数据生成一个决策规则或分类器,对分类器输入未知类别的特征向量 x,返回的可能性最大的类别信息。符合常理的方式是将特征向量归类为后验概率最大的那一类。后验概率为

$$P(\omega_j \mid x), \quad j=1,2,\cdots,J \tag{6.14}$$

式(6.14)表示给定观测特征向量 x 属于第 j 类的概率。使用这一规则,需要计算出所有 J 个后验概率,选用最大后验概率对应的类作为类别标记。

利用贝叶斯理论计算后验概率:

$$P(\omega_j \mid x) = \frac{P(\omega_j)P(x \mid \omega_j)}{P(x)} \tag{6.15}$$

其中

$$P(x) = \sum_{j=1}^{J} P(\omega_j)P(x \mid \omega_j) \tag{6.16}$$

从式(6.15)看出,还需计算出第 j 类的先验概率:

$$P(\omega_j), \quad j=1,2,\cdots,J \tag{6.17}$$

以及类条件概率:

$$P(x \mid \omega_j), \quad j=1,2,\cdots,J \tag{6.18}$$

式(6.18)中的类条件概率表示的是每一类特征向量的概率分布。式(6.17)的先验概率表示特征集合属于第 j 类的初始置信度。构建分类器的过程就是估计这些概率值。

先验概率可以是从应用的先验知识推断、从数据中估计或者假设各类具有相同的先验概率。例如采用 oronsay 数据集,可以通过各类在样本集中所占的比例作为先验概率。Oronsay 数据集中共有 226 个观测特征向量(沙子样本),其中 77 个垃圾堆样本、110 个沙滩样本以及 39 个沙丘样本。因此 $n=226$,$n_1=77$,$n_2=110$,以及 $n_3=39$。估计的先验概率为:

$$\hat{P}(\omega_1) = \frac{n_1}{n} = \frac{77}{226} \approx 0.34$$

$$\hat{P}(\omega_2) = \frac{n_2}{n} = \frac{110}{226} \approx 0.49$$

$$\hat{P}(\omega_3) = \frac{n_3}{n} = \frac{39}{226} \approx 0.17$$

在一些场合中,当假设各类存在的可能性相同时,可采用相等的先验概率。

现在有了先验概率$\hat{P}(\omega_j)$,再来讨论一下类条件概率$P(x \mid \omega_j)$。可以使用不同的密度估计技术得到这些概率。本质上,是利用只属于ω_j的观测特征向量进行密度估计。最终会选用基于模型的聚类方法对每一类进行概率密度估计。读者可通过文献Martinez,Martinez[2007]和Scott[1992]查看更多细节和其他方法。

一旦确定了先验概率(式(6.17))和类条件概率(式(6.18)),就可以用贝叶斯理论(式(6.15))计算后验概率。贝叶斯准则是基于后验概率的,具体如下:

贝叶斯准则就是给定一个特征向量x,将其判决为ω_j,如果满足

$$P(\omega_j \mid x) > P(\omega_i \mid x), \quad i = 1, 2, \cdots, J \text{ 且 } i \neq j \tag{6.19}$$

实质上,是将观测点x判决为具有最大后验概率的那一类。

后验概率(式(6.15))中的分母只是一个归一化因子,对所有的类都相同,因此贝叶斯准则可以等价为下述规则:

$$P(x \mid \omega_j)P(\omega_j) > P(x \mid \omega_i)P(\omega_i), \quad i = 1, 2, \cdots, J \text{ 且 } i \neq j \tag{6.20}$$

当各类的先验概率相同时,式(6.20)的决策准则仅仅依赖于类条件概率。决策准则将特征空间划分为J个不同的决策区域$\Omega_1, \Omega_2, \cdots \Omega_J$。如果$x$落在$\Omega_j$区域,则认为$x$属于$\omega_j$。

6.6.3 基于模型聚类的概率密度估计

下面探讨一下如何用基于模型的聚类方法为每一类进行类条件概率密度函数估计(式(6.18))。其思想是对聚类过程生成的混合模型进行概率密度估计。如上述章节所述,可以利用最大似然函数或者BIC对估计值的有效性进行评估。

通过模型聚类的过程可以看出,聚类过程是首先利用一个混合模型估计出一个概率密度函数,将混合模型中的每一个成分作为一个分类模板。然而在有监督的学习中,可以通过聚类为每一类进行概率密度估计,再通过贝叶斯决定准则进行判决。下例中具体探讨这一过程。

例6.9

在本例中,借助统计工具箱中的gmdistribution函数生成一个包含两类的数据集合。这一过程可以通过已知的有限混合模型为每一类生成数据集合,这是MATLAB中相对新的功能。同样还可以使用EDA工具箱中的genmix GUI完成这一功能(genmix GUI在下一小节中介绍)。首先生成第一类数据样本。

```
% 设置均值矩阵
MU1 = [3 3;-3 -3];
% 设置协方差矩阵,并将其存入一个三维数组
SIGMA1 = cat(3,[1,0;0,1],[.3,0;0,.3]);
% 设置采用相同的混合比例
p1 = ones(1,2)/2;
% 利用统计工具箱函数生成一个混合对象
```

```
obj1 = gmdistribution(MU1,SIGMA1,p1);
% 从该混合模型中随机抽取 1000 个样本点
% X1 = random(obj1, 1000);
```

现在同样的过程生成第二类样本集合。

```
MU2 = [3 -3;-3 3];
SIGMA2 = cat(3,[1,.75;.75,1],[1,0;0,1]);
p2 = ones(1,2)/2;
obj2 = gmdistribution(MU2,SIGMA2,p2);
X2 = random(obj2, 1000);
```

图 6.11(a)显示的是这些样本数据的散点图,第一类数据用"十字"表示,第二类用"点"表示。下一步是利用 MBC 构建分类器用于估计各类的类条件概率。

```
% 利用基于模型的聚类函数估计第一类数据的类条件概率密度
[bics1,modelout1,model1,Z1,clabs1] = mbclust(X1,5);
```

函数得到结果如下:

```
Maximum BIC is -5803.689.
Model number 2. Number of clusters is 2.
```

可以看出有 MBC 程序得到的类别数和实际混合模型中的类别数一致。混合模型的各项均值估计值为:

```
-3.0086 3.0406
-2.9877 2.9692
```

每一列对应一个二维均值向量,可以看出估计值和真实值很接近。各项的协方差估计值为:

```
0.27  0
0     0.27
0.97  0
0     0.97
```

协方差的估计值看起来也是合理的。再对第二类样本做相同的估计。

```
% 对第二类数据重复上述操作
[bics2,modelout2,model2,Z2,clabs2] = mbclust(X2,5);
```

第二类数据的估计值并未列出,但混合模型的估计值和真实参数(二维均值、协方差、混合系数)接近。利用 gmdistribution 函数生成一个有限混合模型对象,用于进行贝叶斯判决,该对象的返回值是有限混合模型的概率密度。

```
% 下段代码可以生成一个 MATLAB 对象,它表示的是真实的密度函数,因此可以用于贝叶斯判决
obj1fit = gmdistribution(modelout1.mus', …
modelout1.vars,modelout1.pies);
obj2fit = gmdistribution(modelout2.mus', …
```

```
modelout2.vars,modelout2.pies);
```

对估计出的密度函数进行贝叶斯判决,利用下段代码生成判决边界。

```
% 下面绘制判决边界,首先生成网格
[xx,yy] = meshgrid(-6:.1:6,-6:.1:6);
dom = [xx(:),yy(:)];
% 利用统计工具箱中的 pdf 函数,计算网格位置的类条件概率
ccp1 = pdf(obj1fit,dom);
ccp2 = pdf(obj2fit,dom);
% 更改为网格的大小
ccp1 = reshape(ccp1,size(xx));
ccp2 = reshape(ccp2,size(xx));
```

由于每一类采用相同的先验概率,因此判决规则更加简单。只需要比较两个估计出的类条件概率。ccp1 大于 ccp2 的区域判决为第一类,其他则为第二类。

```
% 判决规则简单,即对两个类条件概率进行比较
ind = ccp1 > ccp2;
figure
surf(xx,yy, + ind)
colormap([.55 .55 .55; .85 .85 .85])
view([0 90])
axis tight
shading interp
```

判决边界如图 6.11 中的图(b)所示。

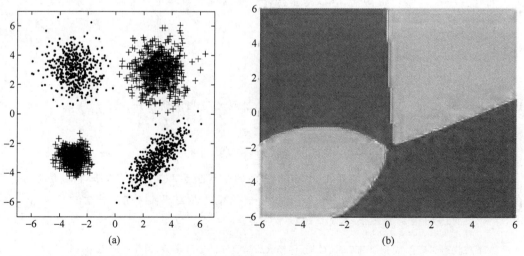

(a)   (b)

图 6.11 (a)图中的散点图为例 6.9 中的两类数据集合,第一类用"十字"表示,第二类用"点"表示。
每一类数据都是通过一个两个成分的混合模型生成;(b)图为利用 MBC 方法估计概率密度
后,用贝叶斯准则判别生成的决策边界

例 6.9 展示了如何使用 gmdistribution 函数。该函数同样可以用于对有限混合模型进行聚类,但必须明确聚类的个数。它并不是采用本章的基于模型的聚类方法。通用的 k 个聚类的函数语法为:

```
fmfit = gmdistribution.fit(X,k);
```

6.7　由混合模型生成随机数据

根据本章讨论的有限混合模型生成随机数据是让人感兴趣的事情。当然,也可以使用多变量的标准随机数生成器手动生成数据(例如 MATLAB 统计工具箱的 mvnrnd 函数),但是对于混合模型,这种方法是极其烦琐的。因此,本书介绍一个名为 genmix 的 GUI,该GUI 可以根据一个有限混合模型来生成数据。

用户可以通过在命令行内输入命令 genmix 来调出 GUI,如图 6.12 所示。需要输入的参数罗列在 GUI 的左侧窗口。下面将简要介绍这些参数是如何工作的。步骤如下所示:

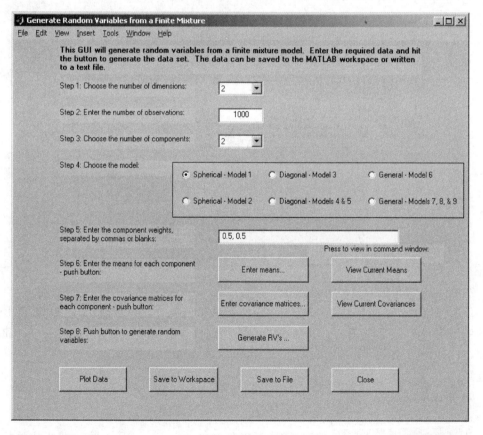

图 6.12　图示为 genmix GUI 工具(首先必须输入参数信息,在左侧窗口显示生成的数据)

1）选择维度数

这是一个用于选择数据维度数的弹出窗口。

2）输入观测值的数量

输入数据集的总数量,这个值就是式(6.4)中的 n。

3）选择混合模型的分量数量

这个值是混合模型的分量数量,也即是式(6.2)和式(6.4)中的 c。注意,该 GUI 也可以用来生成一个单成分的有限混合模型,这在其他应用里是非常有用的。

4）选择模型

为数据选择相应的模型。模型标号对应于表 6.1 中的第一列数字标示,需要输入的协方差信息类型取决于选择的模型。

5）输入分量权重并用逗号或空格隔开

输入每个分量对应的权重(k),权重的值必须用逗号或者空格隔开,并且所有权重之和必须等于 1。

6）为每个成分输入平均值

单击按钮 Enter means …弹出一个窗口用于输入 p 维的均值,如图 6.13 所示。该窗口中会有数个文本框,其数量等于步骤 3）中的分量数量。注意,必须在文本框中输入正确个数的数值。就是说,如果在步骤 1）中的维度数 $p=3$,那么每个均值就需要 3 个数值。如果想检查所使用的均值,可以单击按钮 View Current Means,均值将会显示在 MATLAB 的命令行窗口中。

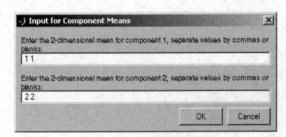

图 6.13 图示弹出窗口用于输入二维混合模型的两个成分的均值

7）为每个分量输入其协方差矩阵

单击按钮 Enter covariance matrices …来激活弹出窗口,窗口会根据在步骤 4）中所选择的模型不同而不同,见图 6.14 所示的 3 种类型的协方差矩阵所对应的输入窗口。和均值一样,也可以单击按钮 View Current Covariances 在 MATALAB 的命令行窗口中来查看协方差矩阵。

8）生成随机数据

在输入所有的变量后,单击按钮 Generate RVs…即可生成数据集。

数据生成后,有几个后续选项。首先可以单击按钮 Save to Workspace 将生成的数据存入工作空间。单击该按钮时会有一个弹出窗口出现,可以在窗口内的文本框中输入存储数

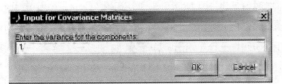

(a) 用于设置球形家族的弹出式窗口。必须
为每一个协方差矩阵输入的变量是体积 λ

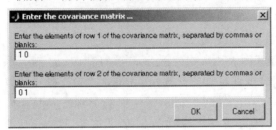

(b) 用于设置对角家族的弹出式窗口。需要输入体
积 λ (第一个文本框)和矩阵 **B** 对角线元素(第二个文本框)

(c) 当选择广义家族时，会有用于设置每一个协方差矩阵
的弹出式窗口。每一个文本框对应于协方差矩阵的一行

图 6.14 列举三种不同模型的协方差矩阵输入

据的变量名。为了在其他应用里使用数据,也可以单击按钮 Save to File 将数据存入文件。
单击该按钮会调出一个用于存储文件的窗口。另外还有一个额外的功能——Plot Data 按
钮,用于验证输出的数据。当单击这个按钮时,该工具(使用 plotmatrix 函数)会将数据显示
到一个散点图上。

6.8 总结与深入阅读

本章介绍了一种基于有限混合概率密度函数估计的聚类方法。密度函数中的每一个分
量都表示一个分组,利用观测点属于每一个分量密度的后验概率进行分类判决。这种基于
模型的聚类方法整体包含三个部分:①利用基于模型的聚合聚类获得初始数据分割;②利
用 EM 算法进行最大似然估计获得有限混合模型的参数估计值;③利用 BIC 准则选择最佳
模型。

关于有限混合模型有许多优秀的参考书籍。文献 Everitt、Hand[1981]为研究者介绍

了许多相关应用。文献 McLachlan、Basford[1988]和 Titterington、Smith、Makov[1985]中的理论性较强。McLachlan、Peel[2000]中包含了更多新技术内容,文中同时讨论了混合模型在大数据中的应用,可供 EDA 和数据挖掘的研究者参考。大多数关于有限混合模型的参考书中都包含 EM 算法,同时也提供其他的参数估计方法。McLachlan、Krishnan[1997]中全面介绍了 EM 算法的内容,包括理论、方法以及应用。Martinez 和 Martinez[2007]中描述了有限混合模型的一元、多元 EM 算法以及参数估计的可视化过程。

本章介绍的 EM 算法也称为迭代 EM 算法,这是由于算法是采用批处理模式,每一步更新时需要已知所有数据。当数据集合庞大时,就带来了较大的计算和存储负担。另外一种递归的 EM 算法采用的是在线模式,文献 Martinez、Martinez[2007]中具体介绍了这种递归 EM 算法以及 MATLAB 实现。

文献 Celeux、Govaert[1995]介绍了约束协方差矩阵(多变量正态混合模型)的所有模型以及对应的 EM 参数估计过程,同时介绍了当混合系数相同时受限情况。本书中只涉及参数可变的无约束情况。

许多文献是关于基于模型的聚类方法以及有趣应用的。例如雷场探测[Dasgupta and Raftery,1998]、纺织物缺陷检测[Campbell 等,1997,1999]、天文学中 γ 射线分类[Mukherjee 等,1998]和基因表达数据分析[Yeung 等,2001]。基于模型的聚合聚类方法的一个主要问题是大规模数据计算时的计算量。Posse[2001]提出了以及基于最小生成树的初始分割算法,Solka、Martinez[2004]描述了一种基于自适应混合模型的聚合聚类初始化算法。更多应用于大数据集的模型聚类算法参见文献 Wehrens 等[2003]以及 Fraley、Raftery、Wehrens[2003]。文献 Fraley、Raftery[1998,2002]为两篇相关综述。另外,本章给出部分有限混合模型个数选择的文献。文献 Banfield、Raftery[1993]中采用基于分类似然函数的逼近积分似然函数,称为 AWE,但文献表明 BIC 性能更优。Biernacki、Govaert[1997]和 Biernack 等[1999]中介绍了 NEC 熵准则(归一化熵准则)。文献 Bensmail 等[1997]中提供了一种通过吉布斯采样的精准贝叶斯推理方法。在第 6 章中,详细介绍了 McLachlan 和 Peel[2000]的方法。

基于模型的聚类方法相关软件也可以获得。其中一个是 MCLUST,可以通过下列网址进行下载:

http://www.stat.washington.edu/mclust/

MCLUST 基于 S-Plus 平台和 R 语言[③]。Fraley、Raftery[1999,2002,2003]中详细介绍了该软件。McLachlan[1999]等介绍了一个拟合正态和 t 分布混合模型的软件 EMMIX,网址是:

http://www.maths.uq.edu.au/~gjm/emmix/emmix.html

---

③ 更多关于 R 语言的内容请读者查看附录 B。

练习

6.1　对 oronsay 数据集进行基于模型的聚合聚类,利用间隔统计法选择类别数,通过轮廓图和 Rand 指数对分割性能进行评估。

6.2　对 oronsay 数据集进行基于模型的聚合聚类,利用间隙法确定其中一个模型的聚类数,比较间隙法和 BIC 法的聚类类别数的差别。

6.3　对具有接近均值的分量密度重做例 6.1。这如何影响密度函数的结果?

6.4　利用一元指数混合函数,构建另一个如例题 6.1 中的一元有限混合密度函数。

6.5　类别大小和体积不直接相关,解释它们的区别。在有限混合模型中,哪个参数和类别的"大小"相关?

6.6　利用 MATLAB 语言,生成一个如下形式的一元正态概率密度函数:

$$f(x;\mu,\sigma) = \frac{1}{\sigma\sqrt{2\pi}}\exp\left[-\frac{(x-\mu)^2}{2\sigma^2}\right]$$

利用这段代码代替 normpdf 函数,重做例 6.1。

6.7　对下述数据集进行基于模型的聚合聚类。用树状图显示。如需要可先用第 2 章、第 3 章的方法对数据降维。

(1) skulls;

(2) sparrow;

(3) oronsay();

(4) BPM 数据集;

(5) 基因表达数据集。

6.8　对本书表 6.1 中未给出示例的其余的六个模型,生成数据集。结果用 plotmatrix 展示。

6.9　重新审视例 6.6 的鸢尾花数据。尝试 2 类和 4 类的基于模型的聚合聚类。用轮廓图评估聚类结果。

6.10　归一化熵准则 NEC(Normalized Entropy Criterion)定义如下。请在 MATLAB 中实现并将其用于例 6.7 中的模型中。即将原有的 BIC 矩阵的值替换为 NEC 值(一个模型和一个聚类数对应一个 NEC 值)。结果有什么差异?

当 $1 \leqslant k \leqslant K$ 时有下式成立:

$$L(K) = C(K) + E(K)$$

$$C(K) = \sum_{k=1}^{K}\sum_{i=1}^{n}\hat{\tau}_{ik}\ln[\hat{\pi}_k f(\boldsymbol{x}_i;\hat{\theta}_k)]$$

$$E(K) = -\sum_{k=1}^{K}\sum_{i=1}^{n}\hat{\tau}_{ik}\ln\hat{\tau}_{ik} \geqslant 0$$

上式是将对数似然函数分解成由 τ_{ik} 表示的分类对数似然函数 $C(K)$ 和熵 $E(K)$。NEC

的值为

$$NEC(K) = \frac{E(K)}{L(K) - L(1)}, \quad K > 1$$

$$NEC(1) = 1$$

选择最小 NEC 对应的 K 值。

6.11 将 NEC 准则用于习题 6.2，NEC 估计的聚类数和间隙法的结果是否一致？

6.12 用其他类型的聚合聚类方法(不同的距离和链接)，令聚类数为 3，采用 silhouette 函数，对鸢尾花数据集聚类。将结果和例 6.6 中基于模型的聚合聚类结果比较，并利用树状图进行可视化分析。

6.13 根据表 6.1 中不同的模型生成随机变量，令 $n=300, p=2, c=2$。对生成的数据集进行基于模型的聚类，是否可以恢复出正确的模型(正确的分量数和协方差矩阵形式)？

6.14 对一个较大的样本集重做例 6.5，估计出的参数是否接近真实值？

6.15 利用最优模型聚类数为 2，重做习题 6.8，比较分析结果。

6.16 生成九个模型对应的二元随机变量，对这些变量进行模型聚类并分析结果。

6.17 对下述数据集进行完整的基于模型的聚合聚类。如需要可先用第 2 章、第 3 章的方法对数据降维，用第 5 章的方法评估结果。

(1) skulls；

(2) sparrow；

(3) oronsay (两类)；

(4) BPM 数据集；

(5) 基因表达数据集。

6.18 采用合适的方法将下面的数据集降维至二维，利用模型聚类方法估计类条件概率并构建分类器。生成并显示出如例 6.9 中的判决区域。最后用构建二维散点图，对不同的类采用不同的颜色和符号。比较散点图和判决区域，评价结果。

(1) iris；

(2) lukemia；

(3) oronsay(两类)；

(4) BPM 数据集(选两个主题)。

第 7 章

平滑散点图

在实际应用中,经常会对生成数据的过程做一些分布和模型方面的假设,因此可以用参数化的方法进行数据分析。参数化方法有很多优点(如采样分布已知、计算量小等),但是如果假设的模型不正确,那么结果就会完全错误。此外,还有非参数化的方法,无须对潜在的数据结构或处理过程做任何形式上的假设。如果目的是对变量之间的关系进行总结,那么就可以采用平滑方法,它可以作为联系两种方法的一个纽带。平滑方法会做一个弱假设,即变量间的关系可以用一条平滑曲线或一个平滑曲面来表述。本章将介绍几种散点平滑的方法,以及一些结果评估方法。

7.1 简介

在大多数科学实验和分析中,研究人员都需要对数据进行总结、解释或者可视化,才能洞察结构、发现模式并进行推理。例如,对于基因表达数据来说,我们感兴趣的通常是特定病人或特定实验条件下的基因表达值的分布情况,因为这有助于发现活性基因,可以用概率密度估计来实现该目的。另一种常见的情况是,已知响应 y 和预测值 x,想要理解 y 和 x 之间的关系,并建立模型。

从 EDA 的角度来说,平滑的主要目的是洞悉数据之间是如何关联的,以及如何发现数据模式或结构。这种思路已经出现很多年了,特别是对于时间序列数据的平滑,其中数据是以等时间间隔采集的。读者可能对这类方法较熟悉,例如滑动平均法、指数平滑法以及其他一些特定的多项式滤波方法。

一般来说,本章介绍的平滑过程是通过在局部构建拟合点来进行的。对于 loess 拟合,是通过在目标值的滑动邻域进行局部回归来实现的。对于样条拟合,则是通过在不相交区域用分段多项式来构建曲线的。

首先,介绍二维多元数据的 loess 拟合过程。当数据中存在孤立点时采用鲁棒 loess 拟合。其次,讨论残差图和诊断图,它们可以用来对平滑结果进行评估。接着,描述另一种常用的方法——平滑样条。下一节将讨论平滑程度控制参数的选择方法。

Cleveland 和 McGill[1984]对 loess 散点平滑进行了拓展,来研究关于 x 和 y 的二元分布当中的关系,称作中间平滑对和极平滑。后面会分别进行详述。MATLAB 的曲线拟合工具箱中包含了 loess 及其他平滑方法。最后一节对本章进行了总结,并对该工具箱中包含的函数进行了描述。

7.2　loess

loess(早期的文献中也称作 lowess)是一种局部加权回归方法,主要是通过把因变量平滑成自变量的函数,来对回归曲线(或曲面)进行拟合的。loess 的架构跟回归方法中常用的架构类似。对因变量 y_i 进行 n 次测量,对于每个 y_i 都有相应的自变量 x_i 与之对应。此处假定维数 $p=1$,多元预测变量 x 的情况在后面介绍。

假定数据由下式得到

$$y_i = f(x_1) + \varepsilon_i$$

其中,ε_i 是独立正态随机变量,均值为 0,方差为 σ^2。对于经典的回归(或参数化)方法,我们假定函数 f 属于参数化方程(如多项式)构成的类。对于 loess 或局部拟合,则假定 f 是一个自变量的平滑函数,目标就是要估计该函数 f。估计值用 $\hat{y}$ 表示,可以在散点图中绘制 $\hat{y}$ 从而进行 EDA 分析,也可以用来预测因变量。有序对 $(x_0, \hat{y}_0)$ 所表示的点称作域 x_0 上的平滑点,$\hat{y}_0$ 表示相应的拟合值。

由 loess 模型得到的曲线由两个参数约束:α 和 λ。α 是平滑参数,用来控制邻域的大小,表示局部拟合中所含点的比例。我们只关注 α 在 $0 \sim 1$ 取值,值越大曲线越平滑。Cleveland[1993]研究了 α 大于 1 的情况。参数 λ 决定了局部回归的程度。通常采用一阶或二阶多项式,因此 $\lambda=1$ 或 $\lambda=2$,当然也可以采用高阶多项式。早期的一些局部回归的文献采用的是 $\lambda=0$,因此在每个邻域中都是用一个常函数来进行拟合[Cleveland 和 Loader,1996]。

loess 拟合的实质是进行跟随。要获得曲线 $\hat{y}_0$ 在给定点 x_0 处的值,首先要根据 α 定一个 x_0 局部邻域。该邻域内的所有点都根据它们距离 x_0 的远近程度进行加权,离 x_0 越近权值越大。用邻域内的这些加权点来进行线性或二次多项式拟合,就可以获取 x_0 点处的估计值 $\hat{y}_0$。对区域内点 x 的均匀网格重复上述步骤,就能获得拟合曲线。

使用加权函数的原因是,只有离 x_0 近的点才对回归有贡献,因为它们对 x_0 邻域中变量之间关系的描述更准确。加权函数 W 应满足下列条件:

(1) $W(x) > 0$,当 $|x| < 1$;

(2) $W(-x) = W(x)$;

(3) $W(x)$ 是一个非递增函数,当 $x \geqslant 0$;

(4) $W(x) = 0$,当 $|x| \geqslant 1$。

基本思路是,对于希望获取平滑值 $\hat{y}_0$ 的每一个点 x_0,都用加权函数 W 来定义权值。让函数 W 以点 x_0 为中心并进行尺度变换,使得 W 在 x_0 的 k 近邻处值为 0。下面将会看到,k

的值由参数 α 控制。

本文 loess 算法中采用三次方权重函数。第 i 个数据点 x_i 在 x_0 处的权重 $W_i(x_0)$ 由下式给出：

$$W_i(x_0) = W\left(\frac{|x_0 - x_i|}{\Delta_k(x_0)}\right) \tag{7.1}$$

且

$$W(u) = \begin{cases} (1-u^3)^3, & 0 \leqslant u < 1 \\ 0, & \text{其他} \end{cases} \tag{7.2}$$

式(7.1)中，分母 $\Delta_k(x_0)$ 表示 x_0 与它的 k 近邻之间的距离，其中 k 是小于等于 $\alpha \times n$ 的最大整数，x_0 的邻域用 $N(x_0)$ 表示。三次方权重函数如图 7.1 所示。

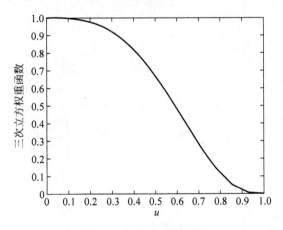

图 7.1　三次方权重函数

在下面介绍的 loess 步骤(6)中，既可以用直线对权重点 (x_i, y_i) 进行拟合，也可以用二次多项式(本文采用的方法)，x_i 的邻域是 $N(x_0)$。如果用直线作为局部模型，则 $\lambda = 1$。对于 (x_i, y_i)，x_i 的邻域是 $N(x_0)$，通过最小化下式可以得到 β_0 和 β_1 的值：

$$\sum_{i=1}^{k} w_i(x_0)(y_i - \beta_0 - \beta_1 x_i)^2 \tag{7.3}$$

令 $\hat{\beta}_0$ 和 $\hat{\beta}_1$ 是使得式(7.13)最小的值，x_0 处的 loess 拟合值可以用下式得到：

$$\hat{y}(x_0) = \hat{\beta}_0 + \hat{\beta}_1 x_0 \tag{7.4}$$

当 $\lambda = 2$ 时，用加权最小二乘法进行二次多项式拟合，同样只选用 $N(x_0)$ 中的点。此时，通过最小化下面的公式可以获得 β_i 的值。

$$\sum_{i=1}^{k} w_i(x_0)(y_i - \beta_0 - \beta_1 x_i - \beta_2 x_i^2)^2 \tag{7.5}$$

与线性情况类似，如果 $\hat{\beta}_0$, $\hat{\beta}_1$ 和 $\hat{\beta}_2$ 使得式(7.5)最小，则 x_0 处的 loess 拟合是

$$\hat{y}(x_0) = \hat{\beta}_0 + \hat{\beta}_1 x_0 + \hat{\beta}_2 x_0^2 \tag{7.6}$$

加权最小二乘法的更多信息可以参考文献 Draper 和 Smith[1981]。

下面介绍获得 loess 曲线的步骤,如图 7.2 所示,用一组生成的数据来展示给定点 x_0 处的 loess 拟合。(a)图是 x_0 邻域的线性拟合,(b)图是二次拟合。图中曲线上的圆圈表示该点的平滑值。

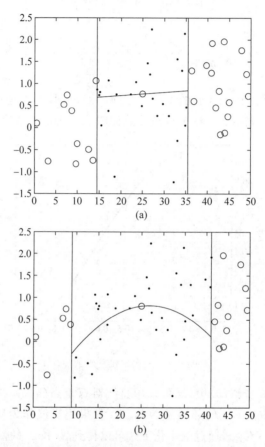

图 7.2 (a)图表示点 $x_0 = 25$ 处的局部拟合,其中 $\lambda = 1$, $\alpha = 0.5$。竖线表示邻域的边界。(b)图表示 x_0 处的局部拟合,其中 $\lambda = 2$, $\alpha = 0.7$。曲线上的圆圈表示点 $(x_0, \hat{y}_0)$

loess 曲线的构建步骤如下:

(1)令 x_i 表示预测变量的 n 个值,y_i 表示响应;

(2)选择一个 α 值,使得 $0 < \alpha < 1$,令 $k = \lfloor \alpha \times n \rfloor$,其中 k 表示小于等于 $\alpha \times n$ 的最大整数;

(3)对于想要获取平滑估计 $\hat{y}_0$ 的每个 x_0,都在数据集中找 k 个与 x_0 距离最近的点 x_i,这些 x_i 构成了 x_0 的邻域,用 $N(x_0)$ 表示;

(4)在 $N(x_0)$ 中找到跟 x_0 距离最远的点,并用下式计算距离:

$$\Delta_k(x_0) = \max_{x_i \in N_0} |x_0 - x_i|$$

（5）用三次方权重函数（式（7.1）和式（7.2））为每个点(x_i, y_i)分配一个权重，x_i在邻域$N(x_0)$中；

（6）对于给定的λ，用加权最小二乘拟合计算曲线在x_0点处的$\hat{y}_0$值，x_i在邻域$N(x_0)$中（参见式（7.3）～式（7.6））；

（7）对所有感兴趣的x_0重复步骤（3）～步骤（6）。

接下来使用在 loess 文献［Cleveland 和 Devlin, 1988；Cleveland 和 McGill, 1984；Cleveland, 1993］中熟知的数据集，在例7.1中给出了一元数据的 loess 实现过程。这个数据集包括4个变量的111个测量值，表示臭氧和其他气象数据。数据采集于纽约地区的不同地点，时间从1973年5月1日至1973年9月30日。目标是描述臭氧（PPB）和气象数据（太阳辐射能量 Langleys，温度 Fahrenheit 以及风速 MPH）的关系，以预测臭氧浓度。

例 7.1

用臭氧密度作为响应变量（y），用温度作为预测变量（x），我们说明了一元 loess 方法的步骤。接下来几行 MATLAB 代码载入数据集，在图7.3中显示了散点图。

```
load environmental
% 加载数据集后出现四个变量.把臭氧数据作为响应,温度数据作为预测
% 先绘制散点图
plot(Temperature,Ozone,'.')
xlabel('Temperature (Fahrenheit)')
ylabel('Ozone (PPB)')
```

从散点图中可见，臭氧浓度有随着温度升高而增加的趋势，但这两组数据的关系类型尚不清晰。对于给定的温度的华氏度为78，下面展示如何使用 loess 步骤找到臭氧水平的估计值。首先，设置一些参数。

```
n = length(Temperature); % 数据点总数
% 计算该点的估计值:
```

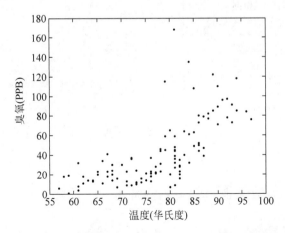

图7.3 臭氧与温度之间关系的散点图（可以看到，总体上臭氧浓度随温度升高而增加）

```
x0 = 78;
% 设置其他常数:
alpha = 2/3;
lambda = 1;
k = floor(alpha * n);
```

接着,我们确定 $x_0 = 78$ 处的邻域。

```
% 首先,得到邻域
dist = abs(x0 - Temperature);
% 计算最近距离
[sdist,ind] = sort(dist);
% 从邻域中获取点
Nx = Temperature(ind(1:k));
Ny = Ozone(ind(1:k));
% 邻域的最大距离:
delxo = sdist(k);
```

现在(临时)删除邻域外的所有点,使用其余点作为三次立方加权函数的输入。

```
% 删除邻域外面的点
sdist((k+1):n) = [];
% 这些是权重函数的参数
u = sdist/delxo;
% 计算邻域中所有点的权值
w = (1 - u.^3).^3;
```

下面的代码准备用于加权最小二乘回归的矩阵(参见 Draper 和 Smith[1981])。换句话说,即使现在有 x_i 的值,但是我们需要一个矩阵,矩阵第一列全 1,第二列是 x_i,第三列是 x_i^2 ($\lambda = 2$ 时)。

```
% 接着,用邻域中的点来进行加权最小二乘拟合,阶数为 lambda
% 下面步骤跟"polyfit"相同
x = Nx(:); y = Ny(:); w = w(:);
% 计算权重矩阵
W = diag(w);
% 转换矩阵形式
A = vander(x);
A(:,1:length(x) - lambda - 1) = [];
V = A' * W * A;
Y = A' * W * y;
[Q,R] = qr(V,0);
p = R\(Q' * Y);
% 下面操作是为了跟 MATLAB 的二项式命名规则相符
p = p';
```

已经有了用于拟合的多项式,现在可以用 MATLAB 函数 polyval 获得在华氏 78 度时的 loess 平滑值。

```
% 局部拟合的多项式模型
% 用 polyval 函数计算该点的值
yhat0 = polyval(p,x0);
```

在 78 度处得到数值 33.76 PPB。以下几行代码产生对一个范围的温度值做 loess 平滑，并重合到散点图上。loess 函数包含在 EDA 工具箱中。

```
% 调用 loess 函数绘制结果
% 在某个域上估算曲线
X0 = linspace(min(Temperature),max(Temperature),50);
yhat = loess(Temperature,Ozone,X0,alpha,lambda);
% 绘制结果
plot(Temperature,Ozone,'.',X0,yhat)
xlabel('Temp (Fahrenheit)'),ylabel('Ozone (PPB)')
```

带有 loess 平滑的散点图结果显示于图 7.4 中。需要注意的是，使用 loess 函数，用下式获得仅在 78 度时的臭氧估计值：

```
yhat0 = loess(Temperature,Ozone,78,alpha,lambda);
```

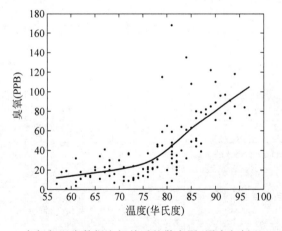

图 7.4　臭氧与温度数据之间关系的散点图，图中包括 loess 平滑

读者可能会想知道，loess 这个词是怎么来的。在地质学中，loess 是指或河床沉积的细土或淤泥。如果人们在这个地方取一个泥土的垂直截面，那么 loess 看起来是贯穿截面的弯曲的地层。这与人们在散点图上看到的 loess 平滑曲线是类似的。

现在，研究元变量的情况，就是对于预测变量 x，维度 $p>1$ 的情况。主要过程是一样的，但权重函数的定义方式有些不同。需要自变量空间里的一个距离函数，大部分情况下选择欧式距离。正如在第 1 章讨论的，在计算距离之前，应该将每个自变量除以其估计的数据范围。

既然已经有了距离,对 p 维的数据点 x_0 定义权重函数为:

$$w_i(\boldsymbol{x}_0) = W\left(\frac{d(\boldsymbol{x}_0,\boldsymbol{x}_i)}{\Delta_k(\boldsymbol{x}_0)}\right)$$

其中 $d(\cdot)$ 表示距离函数,$\Delta_k(\boldsymbol{x}_0)$ 是基于同样的距离定义,第 k 个最近邻到 x_0 之间的距离。W 是三次立方函数,正如之前的定义。一旦有了权重,就可以在 x_0 的邻域构建一个多元线性或者多元二次拟合。线性拟合计算量不大,但在回归曲面有很多曲率的应用中,二次拟合表现更好。附录 B 描述的数据可视化工具箱(Visualizing Data Toolbox 译者注,可以免费下载)包含一个函数,生成二元预测值的 loess 平滑。下面在例 7.2 中展示其应用。

例 7.2

本例中使用 Cleveland 和 Devlin[1988]分析使用的 galaxy 数据集。Buta[1987]测量了南半球 NGC 7531 旋涡星云的速度,包括天球南北方向 200 角秒、东西方向 135 角秒的一组点。与往常一样,首先载入数据,设置一些参数。

```
% 首先,加载数据并设置参数
load galaxy
% 接着,绘制轮廓
contvals = 1420:30:1780;
% loess 所需的参数如下
alpha = 0.25;
lambda = 2;
```

接着,获得区域内的一些 (x,y) 点,对这些点应用 loess 获得表面估计。然后,调用 loess2 函数,下载自数据可视化工具箱。

```
% 得出域内的点
% 估算这些点处的 loess 表面
XI = - 25:2:25;
YI = - 45:2:45;
[newx,newy] = meshgrid(XI,YI);
newz = loess2(EastWest,NorthSouth, …
    Velocity,newx,newy,alpha,lambda,1);
```

为了绘制等高线图,进行如下操作。绘图显示于图 7.5 中。

```
% 绘制轮廓并添加标签
[cs,h] = contour(newx,newy,newz,contvals);
clabel(cs,h)
xlabel('East – West Coordinate (arcsec)')
ylabel('North – South Coordinate (arcsec)')
```

现在讨论选择 loess 参数的一些问题,包括在平滑各点估计的多项式次数 λ、权重函数 W 和平滑参数 α。之前已涉及了一些关于多项式次数选择的问题。任何多项式次数 $\lambda = 0,1,2,\cdots$ 都可以采用。$\lambda = 0$ 提供常数拟合,但这看起来过于严格,结果的曲线或曲面会很粗糙。在大部分情况下,$\lambda = 1$ 就足够了,计算量上也表现很好,但 $\lambda = 2$ 应该用于有很多曲率或者局部最大最小值的情形。

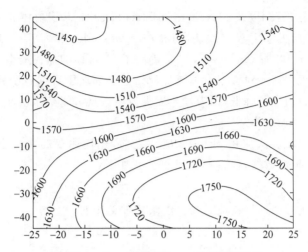

图 7.5　galaxy 数据的 loess 表面等高线图

对于函数 W，回到前面提到的四个条件。第一个条件是权重必须是正值，因为负权重没有意义。第二个条件是权重函数必须对称，x_0 两侧的点必须同等处理。第三个条件是对于靠近 x_0 的点提供大的权重。第四个条件不是必需的，虽然这个条件可以在运算量上进行简化。如果邻域以外的权重为 0，那么在计算量上会节省一些，因为这些点不进入最小二乘运算（参见式(7.3)和式(7.5)——它们仅计算到 k，不是到 n）。可以使用未遵从条件四的加权函数，比如正态概率密度函数，但那样的话，在平滑每个点时，就要在最小二乘计算中包含所有的 n 个观测值点。

可能最难选择的参数就是平滑参数 α。如果 α 小，那么 loess 平滑就倾向于弯曲，会过度拟合数据（也就是偏差小）。另外一方面，如果 α 大，那么曲线就更加平滑（也就是方差小）。在 EDA 中，平滑的主要目的是强化散点图和寻找模式，α 的选择不是很重要。在这些情况下，Cleveland[1979]建议 α 值在 0.2～0.8。不同的 α 值（和 λ 值）可以获得不同的 loess 曲线。那么附加了 loess 曲线和残差的散点图（在 7.4 节讨论）可以用于确定模型是否清晰描述了（变量之间的）关系。在 7.6 节中再次讨论这个话题，那时会提供一个分析方法，基于交叉验证准则选择平滑参数。

7.3　鲁棒 loess 拟合

前面介绍的 loess 方法不是鲁棒的，因为它在进行局部拟合时采用的是最小二乘法。如果当基本假设条件（例如正态性）不满足的时候，若某个方法依然有很好的性能，则该方法就是鲁棒的[Kotz 和 Johnson，Vol. 8，1986]。实际上，在很多方法中都会出现假设条件不满足的情况。常见的如响应数据中存在孤立点或极值时，这些样本点跟其他观测数据的模式明显不同。最小二乘回归对孤立点很敏感，一个极值就会对结果造成很大影响。习题中会对最小二乘法的非鲁棒性展开讨论。

Cleveland[1993,1979]以及 Cleveland 和 McGill[1984]基于鲁棒 loess 拟合提出了一种散点平滑方法。该方法采用双二次法[Hoaglin,Mosteller 和 Tukey,1983;Mosteller 和 Tukey,1977;Huber,1973;Andrews,1974]提高了 loess 中的加权最小二乘步骤的鲁棒性。双二次法的思路是根据残差对数据点重新加权。如果邻域中数据点的残差太大(即偏离模型过大),则该点的权值应该降低,因为残差太大说明该点可能是孤立点。反之,如果数据点的残差较小,则应该增加权值。

在介绍如何把双二次法应用到 loess 拟合之前,先描述双二次最小二乘的基本步骤。首先,用线性回归来拟合数据,残差 $\hat{\varepsilon}_i$ 的计算公式如下:

$$\hat{\varepsilon}_i = y_i - \hat{y}_i \tag{7.7}$$

采用残差从双二次函数中计算权值。双二次函数定义如下:

$$B(u) = \begin{cases} (1-u^2)^2, & |u| < 1 \\ 0, & \text{其他} \end{cases} \tag{7.8}$$

鲁棒权值通过下式获得

$$r_i = B\left(\frac{\hat{\varepsilon}_i}{6\,\hat{q}_{0.5}}\right) \tag{7.9}$$

其中,$\hat{q}_{0.5}$ 是 $|\hat{\varepsilon}_i|$ 的中值。采用上式的权值进行加权最小二乘回归。

要在 loess 拟合中增加双二次函数,需要先对 loess 进行平滑拟合,采用跟前面相同的步骤。接着,用式(7.7)计算残差并用式(7.9)计算鲁棒权值。把权值变为 $r_i w_i(x_0)$,并用加权最小二乘重复 loess 拟合。注意,拟合中用的数据点是 x_0 的邻域中的点,跟前面相同。迭代过程重复进行,直至 loess 曲线收敛或值不再改变。Cleveland 和 McGill[1984]认为两到三次迭代就已足够得到一个合理的模型。

鲁棒 loess 的步骤如下:

(1) 用 loess 过程拟合数据,权重为 w_i;

(2) 用公式 $\hat{\varepsilon}_i = y_i - \hat{y}_i$ 计算每个观测值的残差;

(3) 计算残差绝对值的中值 $\hat{q}_{0.5}$;

(4) 用下面公式计算鲁棒权值,其中双二次函数参见式(7.8);

$$r_i = B\left(\frac{\hat{\varepsilon}_i}{6\,\hat{q}_{0.5}}\right)$$

(5) 用权值 $r_i w_i$ 重复 loess 步骤;

(6) 重复步骤(2)~步骤(5),直至 loess 曲线收敛。

鲁棒 loess 的本质就是用残差来调整权值,重复迭代直至收敛。下面通过例7.3来对鲁棒 loess 过程进行说明。注意,虽然该例子是对单变量进行鲁棒 loess 拟合,但是鲁棒 loess 也可以用于多变量的情况。

例 7.3

下面结合 Simonoff[1996]的例子来对鲁棒 loess 进行说明。输入数据表示每年产卵量的多少(x值),输出表示新繁殖的捕捞规格鱼的数量,即新成员(y值)。观测数据(单位是每千条鱼)采自1940—1967年间的斯基纳河红鲑。本文用loessr函数来实现上述步骤,其用法如下:

```
% 加载数据并设置 x 和 y 的值
load salmon
x = salmon(:,1);
y = salmon(:,2);
% 生成一个数值域,用于绘制 loess 曲线
xo = linspace(min(x),max(x));
% 计算常规 loess 曲线
yhat = loess(x,y,xo,0.6,2);
% 计算鲁棒 loess 曲线
yhatr = loessr(x,y,xo,0.6,2);
% 绘制上述两条曲线
plot(xo,yhat,'-',xo,yhatr,':',x,y,'o')
legend({'loess';'Robust loess'})
xlabel('Spawners')
ylabel('Recruits')
```

曲线如图7.6所示。图中右上角有个数据点很可能是孤立点。该点周围区域处的鲁棒loess曲线和loess曲线有所不同。

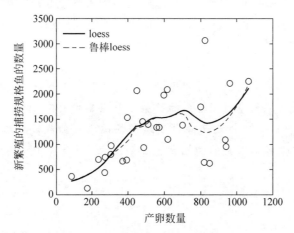

图 7.6   鲑鱼数据的常规 loess 和鲁棒 loess 曲线图,用局部二次多项式进行拟合,$\alpha=0.6$(注意:右上角可能存在孤立点,鲁棒 loess 拟合通过降权削弱了该点对分类结果可能造成的影响)

7.4   loess 残差分析与诊断

本节将介绍几种方法,可以用于对 loess 散点平滑(及其他平滑类型)的结果进行评估,也可以用来辅助 α 和 λ 的取值。因为本书主要是介绍 EDA 方法,所以重点放在图形化的方

法上,如残差图、散布平滑,以及向上/向下 loess 平滑。Cleveland 和 Devlin[1988]介绍了几种统计方法,它们的定义与采用最小二乘法进行参数函数的拟合过程类似,所以这些方法中用到的推理步骤也同样适用于 loess。此外,Cleveland 和 Devlin 还介绍了残差分布、拟合值及残差平方和。

7.4.1　残差图

众所周知,在回归分析中残差的假定至关重要[Draper 和 Smith,1981]。在进行平滑时也有这个问题,因此可以采用类似的诊断图。回顾前文可知,真实误差(ε_i)服从正态分布,并且零均值同方差,残差(或误差)的估计值由下式给出:

$$\hat{\varepsilon}_i = y_i - \hat{y}_i$$

可以通过绘制正态概率图的方法来判定正态假设是否成立。正态概率图将在第 9 章进行详述,这里只是为了方便理解 loess。正态概率图适用于单变量和多变量的情况。还可以通过绘制残差直方图来对分布进行视觉评估。

可以通过绘图来检验固定方差的假设是否成立,横轴是残差的绝对值,纵轴是拟合值或$\hat{y}_i$。如果图中出现水平条带,但没有任何模式或趋势,则认为假设成立。

最后,可以通过绘图来观察估计出来的曲线是否存在偏差,横轴是残值,纵轴是独立变量,图中也应该会出现一个水平条带。这称为残差相关图[Cleveland,1993]。如果是多变量的情况,则可以分别对每个变量绘图。下面的例子中,将通过附加 loess 平滑,来增强这些散点图的诊断能力。

例 7.4

本例将采用第 1 章中介绍的软件检查数据来对各种残差图进行说明。要关注的是发现的缺陷数量跟代码或文档检查时间之间的关系。数据集中共有 491 个观测值,其中 x 表示每页的准备或检查时间,响应 y 表示每页发现的缺陷数。加载数据后要进行变换,因为两个变量都是偏斜的。变换后数据的初始散点图如图 7.7 所示。图中可以看到,变量间的关系大致是线性的。

```
load software
% 对数据进行变换
X = log(prepage);
Y = log(defpage);
% 绘制初始图形
plot(X,Y,'.')
xlabel('Log [ PrepTime (mins) / Page ]')
ylabel('Log [ Defects / Page ]')
```

接下来,为 loess 平滑设置参数($\alpha = 0.5, \lambda = 2$)。平滑散点图如图 7.8 所示。

```
% 设置参数
alpha = 0.5;
```

```
lambda = 2;
% 进行 loess 拟合
x0 = linspace(min(X),max(X));
y0 = loess(X,Y,x0,alpha,lambda);
% 绘制曲线和散点图
plot(X,Y,'.',x0,y0)
xlabel('Log[PrepTime (mins)/Page]')
ylabel('Log[Defects/Page]')
```

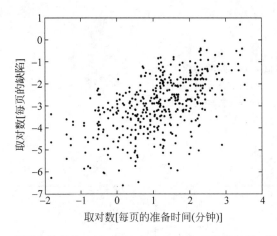

图 7.7 观测变量的散点图,纵轴表示每页发现的缺陷数,横轴表示
检查每页所需的时间。图中的点近似线性

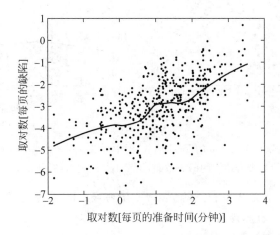

图 7.8 当图中增加了 loess 曲线($\alpha = 0.5, \lambda = 2$)后,可以看到数据并
非完全是线性的

可以通过观察残差图来对结果进行评估。首先,找到残差值并绘制在图 7.9(a)中。图中可以看到,残差基本上是关于零值对称的。接着,绘制残差绝对值与拟合值之间的函数关

系图(见图7.9(b))。对观测值进行 loess 平滑后,方差似乎不再依赖于拟合值了。

```
% 计算残差
% 首先,计算观察变量 X 处的 loess 值
yhat = loess(X,Y,X,alpha,lambda);
resid = Y - yhat;
% 接着,绘制残差
plot(1:length(resid),resid,'.')
ax = axis;
axis([ax(1), ax(2), -4 4])
xlabel('Index')
ylabel('Residuals')
% 绘制残差绝对值与拟合值之间的函数关系图
r0 = linspace(min(yhat),max(yhat),30);
rhat = loess(yhat,abs(resid),r0,0.5,1);
plot(yhat,abs(resid),'.',r0,rhat)
xlabel('Fitted Values')
ylabel('| Residuals |')
```

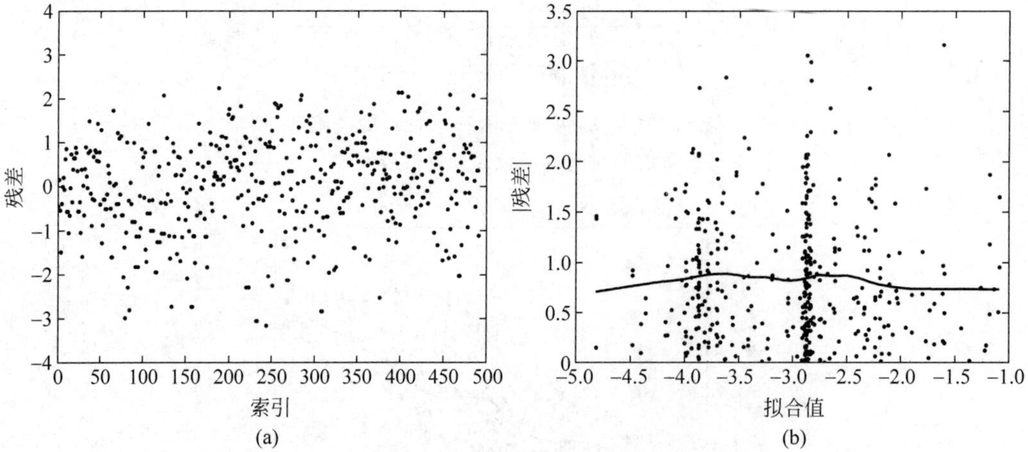

图 7.9 (a)图的残差值来自于图 7.8 的 loess 曲线,图中可以看到一条水平分布的数据带;(b)图绘制了残差绝对值与拟合值之间的关系图,虽然不是最理想,但是方差基本上是常数

下面几行代码绘制的是残差相关的 loess 平滑曲线。loess 平滑的目的是为了更好地理解结果,如图 7.10 所示,数据没有偏差。

```
% 接下来,用纵轴表示残差,水平轴表示独立变量,绘制残差相关的 loess 平滑曲线
rhat = loess(X,resid,x0,.5,1);
plot(X,resid,'.',x0,rhat)
xlabel('Log[PrepTime (mins)/Page]')
ylabel('Residuals')
```

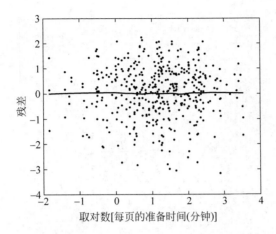

图 7.10　残差相关图,附带 loess 平滑曲线,估计曲线中没有出现任何偏差

下一个例子将继续进行结果分析。

7.4.2　散布平滑

某些应用中可能需要了解 y 相对于 x 的扩散情况。一般我们会观察变量的散点图,但是前面介绍过,有时仅仅通过散点图是很难判断此类关系的。Cleveland 和 McGill[1984]认为散布平滑是解决这类问题的一种图形化方法。

散布平滑的步骤如下:

(1) 用 loess 或其他估计方法计算拟合值 $\hat{y}_i$。

(2) 用式(7.7)计算残差 $\hat{\varepsilon}_i$;

(3) 绘制 $|\hat{\varepsilon}_i|$ 对于 x_i 的散点图;

(4) 用 loess 对散点图进行平滑处理,并把曲线添加到图中。

在步骤(4)中找到的平滑值构成了散布平滑。例 7.5 对此进行详细说明。

例 7.5

用前面例子中的数据和残差来对散布平滑加以说明。注意,虽然看上去跟图 7.9(b)的比较相似,但这次是用残差绝对值来对观测预测值进行拟合的。从图 7.11 的 loess 曲线散点图中可以看到,对于 x 的观测值,方差基本上是恒定的。

```
% 图 7.11 中 y 值表示残差绝对值.图中叠加绘制了一条 loess 拟合曲线,便于更好地评估
r0 = linspace(min(X),max(X),30);
rhat = loess(X,abs(resid),r0,0.5,1);
plot(X,abs(resid),'.',r0,rhat)
xlabel('Log [ PrepTime (mins) / Page ]')
ylabel('| Residuals |')
```

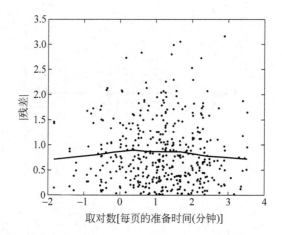

图 7.11　用例 7.4 的残差值绘制的散布平滑图(图中可以看到,方差基本恒定)

7.4.3　loess 包络——向上和向下平滑

loess 平滑方法能够对 y 相对 x 分布的中间部分进行建模分析。可以对它加以扩展,从而进行向上平滑和向下平滑[Cleveland 和 McGill,1984],其中向上平滑和向下平滑之间的距离就称为散布。loess 包络跟散布平滑比较相似,但是更关注与误差条图保持一致。接下来,介绍向上和向下平滑的具体步骤。

向上和向下平滑(loess)的步骤如下:

(1) 用 loess 或鲁棒 loess 计算拟合值 $\hat{y}_i$;

(2) 计算残差 $\hat{\varepsilon}_i = y_i - \hat{y}_i$;

(3) 找出正残差 $\hat{\varepsilon}_i^+$ 及相应的 x_i 和 $\hat{y}_i$ 值,用点对 $(x_i^+, \hat{y}_i^+)$ 标记;

(4) 找出负残差 $\hat{\varepsilon}_i^-$ 及相应的 x_i 和 $\hat{y}_i$ 值,用点对 $(x_i^-, \hat{y}_i^-)$ 标记;

(5) 对 $(x_i^+, \hat{\varepsilon}_i^+)$ 进行平滑,并把平滑过程中得到的拟合值加到 $\hat{y}_i^+$ 上,就是向上平滑;

(6) 对 $(x_i^-, \hat{\varepsilon}_i^-)$ 进行平滑,并把平滑过程中得到的拟合值加到 $\hat{y}_i^-$ 上,就是向下平滑。

例 7.6

本例没有写出实现上包络和下包络的完整 MATLAB 程序,详细步骤用函数 loessenv 封装了,重点放在介绍如何使用该函数。数据采用前面例子用过的软件检查数据。下面代码调用 loessenv 函数并绘制曲线。

```
% 计算并绘制包络
[yhat,ylo,xlo,yup,xup] = loessenv(X,Y,x0,0.5,2,1);
plot(X,Y,'.',x0,y0,xlo,ylo,xup,yup)
xlabel('Log [ PrepTime (mins) / Page ]')
ylabel('Log [ Defects / Page ]')
```

图 7.12 画出了带包络的 loess 曲线。从上、中、下平滑曲线可以看出,y 相对 x 的分布

大部分情况都是对称的，方差也基本是常数。

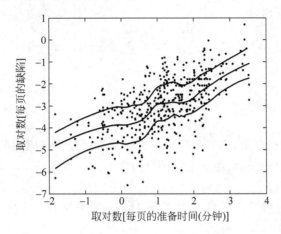

图 7.12　下、中、上平滑曲线表明，方差是常数，y 相对 x 的分布是对称的

　　注意，本节介绍的对 loess 输出进行评估的方法也同样适用于采用其他平滑方法的情况，例如：平滑样条。将在下一节进行详细介绍。

7.5　平滑样条及应用

　　接下来介绍另一种方法：平滑样条。样条的概念来自于工程领域，绘图员常用的一种长薄木条就叫作样条。他们使用样条在数据点间绘制平滑曲线，若点的位置改变了就会产生新的全局曲线。接下来会看到，平滑样条可以用来解决有约束的优化问题，主要是在数据拟合的保真度和估计的平滑程度之间权衡，寻找最优解。接下来首先简要描述下参数样条回归模型，并用分段多项式模型在预测变量和响应变量间进行拟合。然后，讨论如何扩展至用样条进行散点图平滑。

7.5.1　样条回归

　　回归样条采用分段多项式拟合建立起预测变量（或自变量）与响应变量（或应变量）之间的关系。这些样条模型可以建立起变量之间的关系，还能避免负面影响，例如共线性和高复杂度。关于样条，推荐一些参考文献：Marsh 和 Cormier[2002]、Wahba[1990]、Hastie 和 Tibshirani[1990]、de Boor[2001] 以及 Martinez 和 Martinez[2007]。

　　因为采用分段多项式来进行拟合，所以需要为每个多项式分别定义区域。这些区域由一系列点构成，称为节点。内节点用 t_i 表示，其中 $t_1 < \cdots < t_K$，边界节点由 t_0 和 t_{K+1} 表示。选用不同的模型，则节点要满足的条件也不同。例如，对于分段线性的情况，节点处的函数是连续的，但是其一阶（或更高阶）导数是非连续的。

　　接下来，假定已知节点数及其位置。如果需要估计节点的数量和位置，则需要用到更高级的方法，如非线性最小二乘法或者逐步回归。对此感兴趣的话可以参考以下文献：

Marsh 和 Cormier[2002]或者 Lee[2002]。

样条模型由下式给出:

$$f(X) = \beta_0 + \sum_{j=1}^{D} \beta_j X^j + \sum_{j=1}^{K} \beta_{j+D} \delta(t_j)(X - t_j)^D \tag{7.10}$$

其中

$$\delta(t_j) = \begin{cases} 0, & X \leqslant t_j \\ 1, & X > t_j \end{cases}$$

上式中,$\delta(t_j)$也称为虚拟变量,在回归分析中常用它来区分不同组的数据。有了虚拟变量,模型就可以不用考虑参数,从而生成所需的分段多项式。从式(7.10)可以看出,函数 $f(X)$ 是多个单项式的线性组合。

还有一种方法可以描述该模型,即用阶数 D 的截幂基来表示。公式如下:

$$f(X) = \beta_0 + \beta_1 X + \cdots + \beta_D X^D + \sum_{j=1}^{K} \beta_{j+D}(X - t_j)_+^D \tag{7.11}$$

其中,$(a)_+$是 a 的实部,跟式(7.10)中的虚拟变量起相同作用[Lee,2002]。也可以采用其他基函数,如 B 样条或径向基函数[Green 和 Silverman,1994]。

Martinez 和 Martinez[2007]提出了一种方法,用回归样条模型从模拟数据中估计拟合曲线,数据用下面真实的分段线性函数获得[Marsh 和 Cormier,2002]:

$$f(X) = \begin{cases} 55 - 1.4x, & 0 \leqslant x \leqslant 12 \\ 15 + 1.8x, & 13 \leqslant x \leqslant 24 \\ 101 - 1.7x, & 25 \leqslant x \leqslant 36 \\ -24 + 1.7x, & 37 \leqslant x \leqslant 48 \end{cases} \tag{7.12}$$

从上式可知,有三个内部节点和两个边界节点。图 7.13 给出了模拟数据的散点图和回归拟合曲线。

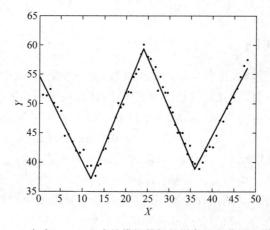

图 7.13　由式(7.12)生成的模拟数据的样条回归曲线和散点图

式(7.12)中的多项式都是线性的($D=1$)。从图 7.13 可以看出,函数在节点处是连续的,但是其一阶导数是非连续的。如果用高阶(如二次或三次)样条,则函数曲线更平滑,因为在节点处对高阶导数施加了附加约束。如果采用分段三次多项式,则不仅函数是连续的,其一阶和二阶导数也是连续的。一般来说,如果阶数 $D \geqslant 1$ 时样条回归生成的函数在节点处是连续的,则其 $D-1$ 阶及更低阶的导数也必是连续的。

7.5.2 平滑样条

下面解释如何用分段多项式来生成平滑样条的基底。采用 Green 和 Silverman[1994]以及 Martinez 和 Martinez[2007]中的处理方法来对下面的平滑样条进行详细描述。变量的记号略微调整,以便跟文献当中的保持一致。估计值不再用 $\hat{y}$,改为 $\hat{f}$。

平滑样条采用粗糙度惩罚方法。也就是说,估计值 $\hat{y}$ 是通过对目标函数最优化来获得的。其中,目标函数包含一个关于 $\hat{f}$ 的粗糙度的惩罚项。对任意定义在区间$[a,b]$上的二次可微函数 f,带惩罚项的平方和由下式给出:

$$S(f) = \sum_{i=1}^{n} [Y_i - f(x_i)]^2 + \alpha \int_a^b [f''(t)]^2 \mathrm{d}t \qquad (7.13)$$

其中,$\alpha > 0$ 是平滑参数。估计值 $\hat{f}$ 定义为,在所有二阶可微函数 f 的类上 $S(f)$ 的最小值。在$[a,b]$区间上唯一的约束条件是,必须包含所有的观测变量 x_i[Green 和 Silverman, 1994]。

式(7.13)左边的项是我们熟悉的残差平方和,用来度量数据的拟合优度。右边的项是拟合的变异性指标,表示惩罚项的粗糙度。调整平滑参数 α 可以在平滑和拟合优度之间保持平衡。α 值越大,曲线越平滑。当 α 接近无穷大时,曲线 $\hat{f}$ 等价于用线性回归进行拟合。当 α 为 0 时,结果就跟插值拟合的效果一样。

如果同时满足下面两个条件,则定义在区间$[a,b]$上的函数 f 就是一个三次样条,其节点在 $a < t_1 < \cdots < t_n < b$ 区间取值条件为:

(1) 函数 f 在每个区间$(a, t_1), (t_1, t_2), \cdots, (t_n, b)$都是一个三次多项式;

(2) 所有节点处的多项式彼此相连,且 f 与其前两个导数在每个 t_i 处都是连续的。
第二个条件说明函数 f 在区间$[a,b]$上处处连续[Green 和 Silverman, 1984]。

自然三次样条是一个三次样条函数,其边界处必须满足某些附加条件。如果三次样条函数在端点 a 和 b 处的二阶和三阶导数都为 0,则它在$[a,b]$区间就是一个自然三次样条。这说明函数 f 在两个边界区间$[a, t_1]$和$[t_n, b]$上是线性的。

接下来,假定 $n \geqslant 3$,并且观测预测值 x_i 是有序的。Green 和 Silverman[1994]认为,自然三次样条可以用 f 的值以及每个节点 t_i 处的二阶导数来表示。如果 f 是一个自然三次样条,并且节点符合 $t_1 < \cdots < t_n$,则对于 $i=1, 2, \cdots, n$,节点处的值定义为

$$f_i = f(t_i)$$

节点处的二阶导数定义为

$$\gamma_i = f''(t_i)$$

从自然三次样条的定义可知,端点处的二阶导数为 0,因此有 $\gamma_1 = \gamma_n = 0$。分别用向量 f 和 γ 来表示函数值和二阶导数,其中 $f = (f_1, f_2, \cdots, f_n)^\mathrm{T}$,$\gamma = (\gamma_2, \gamma_3, \cdots, \gamma_{n-1})^\mathrm{T}$。注意,向量 γ 的定义和索引都跟标准定义不同。

下面定义两个带状矩阵 Q 和 R,用于平滑样条算法。带状矩阵是指矩阵中的非零元素呈带状,并沿着主对角线排列。条带以外的矩阵元素都为 0。首先,令 $h_i = t_{i+1} - t_i$,其中 $i = 1, 2, \cdots, n-1$。则 Q 的非零元素 q_{ij} 为

$$q_{j-1,j} = \frac{1}{h_{j-1}}, \quad q_{jj} = -\frac{1}{h_{j-1}} - \frac{1}{h_j}, \quad q_{j+1,j} = \frac{1}{h_j}, \tag{7.14}$$

其中,$j = 2, 3, \cdots, n-1$。因为 Q 是一个带状矩阵,所以,当 $|i-j| \geqslant 2$ 时,元素 q_{ij} 值都为 0。由此可以看出,矩阵 Q 的列索引跟标准定义不同,其左上角的元素由 q_{12} 给出,大小是 $n \times (n-2)$。

矩阵 R 是一个 $(n-2) \times (n-2)$ 的对称矩阵,其非零元素由下式给出:

$$r_{ii} = \frac{h_{i-1} + h_i}{3}, \quad i = 2, 3, \cdots, n-1 \tag{7.15}$$

$$r_{i,i+1} = i_{i+1,i} = \frac{h_i}{6}, \quad i = 2, 3, \cdots, n-2 \tag{7.16}$$

当 $|i-j| \geqslant 2$ 时,元素 r_{ij} 值为 0。

看来并不是所有的向量 f 和 γ(前面定义过)都能构成自然三次样条。Green 和 Silverman[1994]证明,向量 f 和 γ 构成一个自然三次样条,当且仅当下式成立:

$$Q^\mathrm{T} g = R \gamma \tag{7.17}$$

用这些矩阵和关系式来找出估计曲线 $\hat{f}$,并使得式(7.13)中的惩罚平方和最小。

Reinsch [1967]很好地证明了,如果函数 $\hat{f}$ 能够最小化惩罚平方和且结果唯一,则它在观测值 x_i 表示的节点上就是一个自然三次样条[Hastie 和 Tibshirani,1990;Green 和 Silverman,1994]。因此,在接下来的讨论中将用(有序的)观测值 x_i 来代替现有的节点命名方式。

Reinsch 还提出了一个构造平滑样条曲线的算法。具体是通过在节点处对 γ_i 建立一个线性方程组来实现的。然后就可以用 γ_i 和观测值 y_i 来获取平滑样条值。有关算法的具体推导参见 Green 和 Silverman[1994]。

Reinsch 的平滑样条算法步骤如下:

(1) 给定观测值 $\{x_i, y_i\}$,其中 $a < x_1 < \cdots < x_n < b, n \geqslant 3$,用向量表示如下

$$x = (x_1, x_2, \cdots, x_n)^\mathrm{T}, \quad y_i = (y_1, y_2, \cdots, y_n)^\mathrm{T}$$

(2) 用式(7.14)至式(7.16)计算出矩阵 Q 和 R;

(3) 生成向量 $Q^\mathrm{T} y$ 和矩阵 $R + \alpha Q^\mathrm{T} Q$;

(4) 解下面的方程(自变量是 γ)

$$R + \alpha Q^\mathrm{T} Q \gamma = Q^\mathrm{T} y \tag{7.18}$$

(5) 用下式计算估计值 $\hat{f}$

$$\hat{f} = y - \alpha Q\gamma \qquad (7.19)$$

例 7.7

下面用 ozone 数据集来对 Reinsch 的方法进行解释说明。该数据集中记录的是 1974 年夏季的每日最大臭氧浓度(ppb)数据,共包含两个向量:一个是纽约州扬克斯市的数据,另一个是康涅狄格州斯坦福德市的数据。本例将采用扬克斯市的数据。首先,加载数据并设置平滑参数。注意,大多数情况下都需要对 x_i 的值进行排序,才能作为节点来用。本例 x_i 是索引,已经排序过了。

```
load ozone
% 给 X 分配索引值
X = 1:length(Yonkers);
Y = Yonkers;
% 有时需要对 X 进行排序,才能作为节点来用
% 方便起见,通常转换成列向量
x = x(:); y = y(:);
n = length(x);
alpha = 30;
```

第二步,用前面介绍的公式计算 Q 和 R。注意,矩阵的大小保持 $n \times n$,否则索引会出错。接着,删掉没用的行和列。

```
% 接着,计算矩阵 Q 和 R
h = diff(x);
% 计算 1/h_i;
hinv = 1./h;
% 矩阵 Q 保持 n 行 n 列不变,以便下标与书中相符
% 接着,删除第一列和最后一列
qDs = - hinv(1:n-2) - hinv(2:n-1);
I = [1:n-2, 2:n-1, 3:n];
J = [2:n-1,2:n-1,2:n-1];
S = [hinv(1:n-2), qDs, hinv(2:n-1)];
% 创建一个稀疏矩阵
Q = sparse(I,J,S,n,n);
% 删除第一列和最后一列
Q(:,n) = []; Q(:,1) = [];
% 计算矩阵 R
I = 2:n-2;
J = I + 1;
tmp = sparse(I,J,h(I),n,n);
t = (h(1:n-2) + h(2:n-1))/3;
R = tmp' + tmp + sparse(2:n-1,2:n-1,t,n,n);
% 剔除那些不再需要的行和列
R(n,:) = []; R(1,:) = [];
```

```
R(:,n) = []; R(:,1) = [];
```

最后,用 Reinsch 方法中的第(3)步到第(5)步计算平滑样条。

```
% 计算得到平滑样条曲线
S1 = Q' * y;
S2 = R + alpha * Q' * Q;
% 计算 gamma 的值
gam = S2\S1;
% 计算得到 fhat
fhat = y − alpha * Q * gam;
```

平滑样条如图 7.14 所示。图中可以看到,平滑曲线出现了上下波动,如果单从散点图是看不出来的。在 EDA 工具箱里有一个函数(splinesmth)可以基于平滑样条进行拟合。

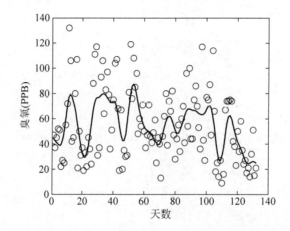

图 7.14　1974 年 5 月到 1974 年 9 月期间纽约州扬克斯市臭氧浓度数据的散点图和平滑样条。注意,平滑曲线出现了上下波动,单从散点图看不到这一现象

上面的例子给出了如何在节点处得到平滑样条。但是,有时还想得到任意目标点处的样条,以便进行预测或绘制曲线。Green 和 Silverman[1994]介绍了如何用向量 f 和 γ 及节点 $t_1 < \cdots < t_n$ 来绘制全立方样条。

首先,给出计算三次样条值的表达式,其中 x 在区间范围内任意取值,而取值区间的端点由节点给出。表达式如下:

$$f(x) = \frac{(x-t_i)f_{i+1} + (t_{i+1}-x)f_i}{h_i} -$$

$$\frac{1}{6}(x-t_i)(t_{i+1}-x)\left[\left(1+\frac{x-t_i}{h_i}\right)\gamma_{i+1} + \left(1+\frac{t_{i+1}-x}{h_i}\right)\gamma_{ii}\right] \quad (7.20)$$

其中,$t_i \leqslant x \leqslant t_{i+1}$,$i=1,2,\cdots,n-1$。式(7.20)在任意两个节点之间都是有效的。

要计算区间$[t_1,t_n]$外的三次样条值,则用下式求取区间外节点的一阶导数:

$$f'(t_1) = \frac{f_2-f_1}{f_2-t_1} - \frac{1}{6}(t_2-t_1)\gamma_2$$

$$f'(t_n) = \frac{f_n - f_{n-1}}{t_n - t_{n-1}} + \frac{1}{6}(t_n - t_{n-1})\gamma_{n-1} \tag{7.21}$$

因为 f 在区间 $[t_1, t_n]$ 外是线性的,所以有

$$\begin{aligned} f(x) &= f_1 - (t_1 - x)f'(t_1), \quad \text{当 } a \leqslant x \leqslant t_1 \\ f(x) &= f_n + (x - t_n)f'(t_n), \quad \text{当 } t_n \leqslant x \leqslant b \end{aligned} \tag{7.22}$$

在上面的推导中用的是更泛化的命名方式,但是也可以用它们来绘制式(7.19)中的估计函数 $\hat{f}$。

7.5.3 均匀间隔数据的平滑样条

对于均匀采样的数据(如时间序列),有很多种方法可以用来进行平滑,其中具有代表性的是滑动平均法和指数平滑法。最近 Garcia[2010] 提出了一种快速平滑样条法,可以对这类数据进行处理。该方法基于离散余弦变换,适用于在一维及更高维空间上等间隔分布的数据。该方法中还介绍了如何生成鲁棒估计,如何自动选择平滑参数,以及如何处理缺失值。

首先针对一维数据进行讨论,然后再介绍如何扩展到多维空间。假定有一维观测噪声信号 $y = \hat{y} + \varepsilon$,其中 ε 是零均值高斯噪声,方差未知。还假定 $\hat{y}$ 是平滑的。Garcia 把惩罚最小二乘回归法用到了平滑上,使得目标函数最小化,从而数据拟合结果很好,此外,还使得拟合粗糙度的惩罚项也最小。因此,我们的目标就是让下式最小:

$$F(\hat{y}) = \| \hat{y} - y \|^2 + \alpha P(\hat{y}) \tag{7.23}$$

其中,$\| \cdot \|$ 表示欧式范数,α 是平滑参数,P 是粗糙度的惩罚项。把式(7.23)与式(7.13)比较就会发现,这里用的目标函数跟平滑样条的很像。

此外,还可以用二阶差分对粗糙度进行建模,即

$$P(\hat{y}) = \| \boldsymbol{D} \hat{y} \|^2 \tag{7.24}$$

当数据来自于均匀网格时,$\boldsymbol{D}$ 就是一个三对角方阵。联合式(7.23)和式(7.24),并对 $F(\hat{y})$ 最小化可以得到:

$$(\boldsymbol{I}_n + \alpha \boldsymbol{D}^\top \boldsymbol{D}) \hat{y} = y \tag{7.25}$$

其中,$\boldsymbol{I}_n$ 是 $n \times n$ 的单位阵。

因为数据是均匀间隔的,所以矩阵 $\boldsymbol{D}$ 可以写成

$$\begin{bmatrix} -1 & 1 & & & \\ 1 & -2 & 1 & & \\ & \cdots & \cdots & \cdots & \\ & & 1 & -2 & 1 \\ & & & 1 & -1 \end{bmatrix}$$

对 $\boldsymbol{D}$ 进行特征分解得到下式:

$$\boldsymbol{D} = \boldsymbol{U}\boldsymbol{\Lambda}\boldsymbol{U}^{-1}$$

其中,$\mathbf{\Lambda}$ 是一个对角矩阵。对角元素包含 $\mathbf{D}$ 的特征值,形式如下[Yueh,2005]:

$$\lambda_{ii} = -2 + 2\cos((i-1)\pi/n) \tag{7.26}$$

矩阵 $\mathbf{U}$ 是一个酉矩阵,即

$$\mathbf{U}^{-1} = \mathbf{U}^{\mathrm{T}}$$

$$\mathbf{U}\mathbf{U}^{\mathrm{T}} = \mathbf{I}_n$$

因此,式(7.25)可以写成:

$$\hat{y} = \mathbf{U}(\mathbf{I}_n + \alpha\mathbf{\Lambda}^2)^{-1}\mathbf{U}^{\mathrm{T}}y \equiv \mathbf{U}\mathbf{\Gamma}\mathbf{U}^{\mathrm{T}}y \tag{7.27}$$

结合式(7.26),对角矩阵 $\mathbf{\Gamma}$ 的元素由下式得出

$$\Gamma_{ii} = [1 + \alpha(2 - 2\cos((i-1)\pi/n))^2]^{-1}$$

Garcia 指出,$\mathbf{U}$ 是一个 $n \times n$ 大小的离散余弦逆变换(IDCT)矩阵,而 $\mathbf{U}^{\mathrm{T}}$ 是离散余弦变换(DCT)矩阵。

$$\hat{y} = \mathbf{U}\mathbf{\Gamma}\mathbf{U}^{\mathrm{T}}y = \mathrm{IDCT}(\Gamma\mathrm{DCT}(y)) \tag{7.28}$$

Buckley[1994]也将离散余弦变换用于平滑。

Garcia[2010]提出一种方法,用泛化交叉验证(GCV)来自动选择最优平滑参数 α。GCV 最早是 Craven 和 Wahba[1979]在研究平滑样条时提出来的。这里不对该方法进行详细介绍,相关文献参考本章最后部分。

在许多应用中会发生数据缺失,或者最好能根据观察数据的质量(例如孤立点)对其加权。Garcia 在其方法中对此类问题进行了探讨,具体是把权重引入平滑过程来实现的。如果有数据缺失,则权值赋为 0,对应的 y 赋值为一个任意的有限值。这样,Garcia 的算法就实现了插值和平滑,缺失的数据值从整个数据集估计得到。

Garcia 还采用加权平滑来处理孤立点,从而实现了鲁棒平滑。这跟前面介绍的 loess 类似,即先计算残差,然后计算双二次权值。接着,采用加权残差值再次计算平滑值。下面的例子采用 Garcia[2009]的方法来进行说明。

例 7.8

从 Garcia[2009]下载 smoothn 函数及另外两个进行 DCT 和 IDCT 操作的函数(dctn 和 idctn)。方便起见,EDA 工具箱中集成了这些函数。Garcia 提供了 MATLAB 源码和图,可以通过在命令行输入 smoothn 来运行查看。数据集来自 Simonoff[1996],数据表示 1989—1991 年间收获的葡萄产量,单位是 lug。独立变量是行数,均匀间隔,因此可以采用平滑方法。下面代码加载数据并进行平滑处理。

```
% 加载数据,共有两个变量
% x 表示行号,y 表示 lug 的数量
load vineyard
yhat = smoothn(totlugcount);
plot(row, totlugcount, 'o', row, yhat)
```

图 7.15 给出了数据散点图和平滑曲线。图中可以看出,数据的平滑效果不错。

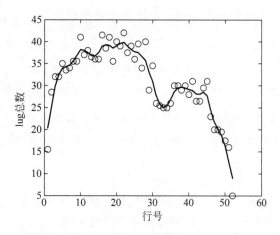

图 7.15　vineyard 数据集的散点图,采用 Garcia 的方法对均匀间隔数据进行平滑,用 smoothn 函数进行平滑处理,该函数会自动选择合适的平滑参数

Garcia 的方法可以很容易地泛化至高维均匀采样的数据。因为多维离散余弦变换可以看成是沿着每个维度分别进行一维 DCT 的叠加[Strand,1999;Garcia,2010]。可以用前面例子中的 Smoothn 函数来对多维数据进行平滑处理。

7.6　选择平滑参数

大多数平滑方法都可以通过参数来调整估计(例如 $\hat{f}$)的平滑程度。参数可以是 bin smoother 方法中的区域数,或者是 running line smoother 中的邻域大小[①],或是 loess 和平滑样条中的平滑参数 α[Martinez 和 Martinez,2007]。本节的后面部分都将用平滑参数来控制估计曲线的平滑程度,并用 s 表示。

通常,平滑参数 s 会根据所用方法的不同而取不同的值。当 s 在区间范围的某一边取值时,曲线就更贴合数据,因此曲线看上去就更加粗糙或歪歪扭扭。如果平滑参数在区间范围的另一边取值时,曲线就会变得更加平滑。平滑参数的选择很重要,因为当改变平滑参数值的时候,估计值可能会表现出不同的结构(例如,模式、趋势等)。

可以用探索性的方法来帮助选择参数 s,即用不同的平滑参数分别估计 $\hat{f}$,并在散点图上绘制曲线。这样就生成了一系列曲线和图,然后再进行分析。有可能不同平滑程度的估计 $\hat{f}$ 会生成不同的结构或特征。也有可能多条曲线都表现出相同的结构(即结构具有持续性),则认为该结构并不是因为选取了某个平滑参数才生成的,应该是有实际意义的。

还可以用一种趋向于数据驱动的方法。该方法基于预测误差进行交叉验证,其中预测误差是指预测响应 $\hat{f}$ 和观测响应[Martinez 和 Martinez,2007]之间的均方误差。

---

① 练习部分有关于 bin smoother 和 running line smoother 方法的相关描述。

交叉验证常用来估计模型的准确性。基本思路是把数据划分成 K 个均等大小的子集。其中一个子集用来进行测试,其余的数据用来估计拟合值 $\hat{f}_k$。测试集中的每个观测值都用来计算估计 $\hat{f}_k$ 的平方误差。重复进行 K 次,于是生成 n 个误差。

当 $K=n$ 时,交叉验证最精确。此时,每次只留一个数据点用于测试,其余的 $n-1$ 个数据点用于平滑。定义 x_i 处的估计函数为 $\hat{f}_s^{-i}(x_i)$,其中平滑参数为 s,留第 i 个观测数据。平滑参数的交叉验证平方和函数(有时也称为交叉验证分数函数)记作

$$CV(s) = \frac{1}{n} \sum_{i=1}^{n} (y_i - \hat{f}_s^{-i}(x_i))^2 \qquad (7.29)$$

接着,最小化交叉验证函数来估计平滑参数,具体步骤为:首先,选择合适的 s 值;其次,为每个 s 值找到 $CV(s)$ 并选择使得 $CV(s)$ 最小化的 s 值。

注意,用该方法估计平滑参数 s 时,预测误差最优。因此,跟其他估计方法类似,需要考虑采样变异性。Fox[2000b]指出,如果样本大小 n 较小,则用 $CV(s)$ 来选择 s 值时,生成的估计值可能太小。同样,用交叉验证估计的平滑参数 s 可能是探索性过程的起点,前面已经介绍过。

用交叉验证方法和式(7.29)中的表达式来计算 $CV(s)$ 值是可行的,但是还有更快的方法[Hastie 和 Tibshirani,1990;Green 和 Silverman,1994]。当平滑方法是线性的时候,该方法才有效。线性平滑方法可以写成平滑函数矩阵 $\boldsymbol{S}$ 的形式,具体为

$$\hat{\boldsymbol{f}} = \boldsymbol{S}(s)\boldsymbol{y}$$

其中,观测值 x_i 处的拟合值为 $\hat{\boldsymbol{f}}$。$\boldsymbol{S}$ 称为平滑方法矩阵(n 行 n 列),从定义可以看出它依赖于平滑参数 s。

以下平滑方法都是线性的:running-mean、running-line、三次平滑样条、核方法以及 loess 拟合。鲁棒 loess 是非线性的。还有一个非线性平滑方法是 running-median,它采用的是每个邻域的中值,而不是平均值。对于平滑样条,平滑方法矩阵是

$$\boldsymbol{S}(\alpha) = (\boldsymbol{I} + \alpha\boldsymbol{Q}\boldsymbol{R}^{-1}\boldsymbol{Q}^{\mathrm{T}})^{-1}$$

其中,$s=\alpha$。

平滑参数 s 的交叉验证分数记作

$$CV(s) = \frac{1}{n} \sum_{i=1}^{n} \left(\frac{y_i - \hat{\boldsymbol{f}}(x_i)}{1 - \boldsymbol{S}_{ii}(s)} \right)^2 \qquad (7.30)$$

其中,$\boldsymbol{S}_{ii}(s)$ 是平滑方法矩阵的对角线元素,$\hat{\boldsymbol{f}}(x_i)$ 是针对全体数据集用平滑参数 s 在 x_i 处的拟合值。计算量大大减小了,因为无须对每个平滑参数 s 分别进行 n 次回归拟合。下面的例子介绍如何将交叉验证函数用于平滑样条。

例 7.9

本例中将介绍如何用式(7.30)计算交叉验证函数,并用于平滑样条。下面步骤用到了 EDA 工具箱中的 splinesmth 函数。该函数返回一个平滑方法矩阵和 $\hat{f}$ 值。数据集采用前

面用过的 ozone,以便比较 α 值的选择是否合适。

```
load ozone
% 给 X 分配一个索引值
x = 1:length(Yonkers);
y = Yonkers;
% 给 alpha 赋值
alpha = 1:0.5:50;
CV = zeros(1,length(alpha));
for i = 1:length(CV)
i
[x0,fhat,S] = splinesmth(x,y,alpha(i));
num = y - fhat;
den = 1 - diag(S);
CV(i) = mean((num./den).^2);
end
% 计算 CV(alpha)的最小值
[m,ind] = min(CV);
% 计算相应的 alpha 值
cvalpha = alpha(ind);
```

平滑参数值 $\alpha=8$,跟交叉验证函数的最小值相对应。在前面例子中 $\alpha=30$,从本例看出该参数选取的并不好。在后面的练习中,可以尝试构建 $\alpha=8$ 的平滑样条,并比较平滑结果。交叉验证函数如图 7.16 所示。

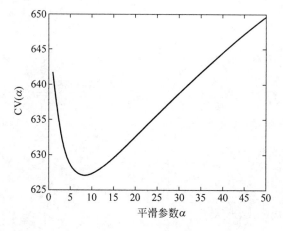

图 7.16 对例 7.9 中的 ozone 数据集进行平滑样条拟合的交叉验证函数(如图所示,最优的平滑参数是 8)

7.7 二元分布平滑

本节将对用于图形化数据探索的平滑方法进行介绍,并对两个变量的分布加以总结。我们不仅研究 y 如何依赖于 x,还研究 x 如何依赖于 y。在散点图中绘制 loess 平滑曲线对是理解两者之间关系的一种方法[②]。也可以用极平滑,通过平滑点云的边界来理解 x 和 y 之间的二元分布。

7.7.1　中间平滑对

前面关于 loess 的例子中,y 都是响应变量,而 x 是预测变量,大多数情况下的目标是研究 y 如何依赖于 x。然而,更多时候并没有明确的响应变量或因子,所以目标就变成了研究 x 和 y 的二元分布。

对于这种情况,可以用 loess 曲线对。具体思路是:跟以前一样,先对给定 x 平滑 y,然后对给定 y 平滑 x[Cleveland 和 McGill,1984;Tukey,1977]。两条平滑曲线同时绘制在散点图上。下面用例 7.10 对此进行详述,采用 software 数据。

例 7.10

考虑三个变量间的二元关系:每个 SLOC(代码行)的缺陷数量、每个 SLOC 的准备时间,以及每个 SLOC 的会话时间。首先,计算进行 loess 平滑及构建散点图矩阵的参数。注意,要先对数据取自然对数,因为原始数据是偏斜的。

```
% 准备绘图
vars = ['log Prep/SLOC'; …
'log Mtg/SLOC';'log Def/SLOC'];
% 对原始数据取对数
X = log(prepsloc);
Y = log(mtgsloc);
Z = log(defsloc);
% 设置参数
alpha = 0.5;
lambda = 2;
n = length(X);
```

接着,计算得到平滑对,共有 6 个。

```
% 计算平滑对,共有 6 个
% 首先,计算定义域
x0 = linspace(min(X),max(X),50);
y0 = linspace(min(Y),max(Y),50);
z0 = linspace(min(Z),max(Z),50);
% 接着,计算曲线
xhatvy = loess(Y,X,y0,alpha,lambda);
yhatvx = loess(X,Y,x0,alpha,lambda);
xhatvz = loess(Z,X,z0,alpha,lambda);
zhatvx = loess(X,Z,x0,alpha,lambda);
yhatvz = loess(Z,Y,z0,alpha,lambda);
```

---

② 还有其他方法可以对二元分布进行描述,例如概率密度估计。有限混合方法是其中的一种方法(见第 6 章),直方图是另一种方法(见第 9 章)。

```
zhatvy = loess(Y,Z,y0,alpha,lambda);
```

最后,构建散点图矩阵。用 MATLAB 的句柄图形为每个绘图添加行。

```
% 绘制矩阵
data = [X(:),Y(:),Z(:)];
% gplotmatrix 函数可以在统计工具箱里找到
[H,AX,BigAx] = gplotmatrix(data,[],[],'k','.',…
0.75,[],'none',vars,vars);
% 用句柄图形画线
axes(AX(1,2));
line(y0,xhatvy);line(yhatvx,x0,'LineStyle','--');
axes(AX(1,3));
line(z0,xhatvz);line(zhatvx,x0,'LineStyle','--');
axes(AX(2,1));
line(x0,yhatvx);line(xhatvy,y0,'LineStyle','--');
axes(AX(2,3));
line(z0,yhatvz);line(zhatvy,y0,'LineStyle','--');
axes(AX(3,1));
line(x0,zhatvx);line(xhatvz,z0,'LineStyle','--');
axes(AX(3,2));
line(y0,zhatvy);line(yhatvz,z0,'LineStyle','--');
```

结果如图 7.17 所示。注意,y 对于 x 的平滑曲线用实线标识,x 对于 y 的平滑曲线用虚线标识。在图的左下角,看到了准备时间和发现的缺陷之间的一个有趣的关系,即局部最大值,可能说明发现了更高的缺陷率。

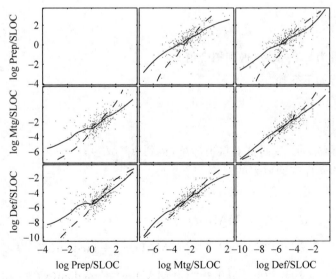

图 7.17　software 数据的散点图矩阵,附加了 loess 曲线,关注的是每个 SLOC 的检查信息(实线标识 y 对于 x 的平滑曲线,虚线标识 x 对于 y 的平滑曲线)

7.7.2 极平滑

极平滑的目的是找出二元点云的中央部分,具体包括点云的位置、形状和方向。通过找点云的凸包也可以实现相同目的,其中凸包是指完整包含数据的最小凸多边形。但是,凸包对于孤立点敏感,因为它必须要包含孤立点,所以有时边界会变得太大。loess 极平滑则没有这个问题。

下面介绍极平滑的具体步骤。前三步把 x 和 y 居中并进行缩放。平滑在极坐标下进行。最后,把结果变回原始比例尺度并绘图。

极平滑的步骤如下:

(1) 用下式对 x_i 和 y_i 分别进行归一化

$$x_i^* = (x_i - \mathrm{median}(x)) \div \mathrm{MAD}(x)$$
$$y_i^* = (y_i - \mathrm{median}(y)) \div \mathrm{MAD}(y)$$

其中,MAD 是绝对中位差;

(2) 计算下面的值

$$s_i = y_i^* + x_i^*$$
$$d_i = y_i^* - x_i^*$$

(3) 用下式分别归一化 s_i 和 d_i

$$s_i^* = s_i \div \mathrm{MAD}(s)$$
$$d_i^* = d_i \div \mathrm{MAD}(d)$$

(4) 把 (s_i^*, d_i^*) 变为极坐标 (θ_i, m_i);

(5) 对 m_i 进行如下变换

$$z_i = m_i^{2/3}$$

(6) 把 z_i 平滑为 θ_i 的函数,得到拟合值 $\hat{z}_i$;

(7) 对 $\hat{z}_i$ 进行如下变换

$$\hat{m}_i = \hat{z}_i^{3/2}$$

并计算 m_i 的拟合值;

(8) 把极坐标 $(\theta_i, \hat{m}_i)$ 变回笛卡尔坐标系,得到 $(\hat{s}_i^*, \hat{d}_i^*)$;

(9) 把下面的坐标变回原来的尺度

$$\hat{s}_i = \hat{s}_i^* \times \mathrm{MAD}(s)$$

$$\hat{d}_i = \hat{d}_i^* \times \mathrm{MAD}(d)$$

$$\hat{x}_i = [(\hat{s}_i - \hat{d}_i) \div 2] \times \mathrm{MAD}(x) + \mathrm{median}(x)$$

$$\hat{y}_i = [(\hat{s}_i + \hat{d}_i) \div 2] \times \mathrm{MAD}(y) + \mathrm{median}(y)$$

(10) 在散点图上绘制 $(\hat{x}_i, \hat{y}_i)$ 坐标,并用直线连接任意两点。连接所有的点,形成封闭的多边形。

下面对步骤(6)中用到的平滑方法进行说明。Cleveland 和 McGill[1984]建议采用下面的方法,用常规 loess 来进行环形平滑。θ_i 表示角度,其中 $i=1,2,\cdots,n$。按升序对 θ_i 进行排序,$j=n/2$ 向上取整。然后用下面的公式进行 loess 拟合:

$$(-2\pi+\theta_{n-j+1}, z_{n-1+1}), \cdots, (-2\pi+\theta_n, z_n)$$

$$(\theta_1, z_1), \cdots, (\theta_n, z_n)$$

$$(2\pi+\theta_1, z_1), \cdots, (2\pi+\theta_j, z_j)$$

实际需要的平滑值来自第二行。

例 7.11

本例中用 BPM 数据集来对极平滑进行介绍。Martinez[2002]的结果表明,主题8(北朝鲜领导人死亡)和主题11(北朝鲜直升机坠毁)间有重叠。本例用极平滑对这两个主题进行探索分析。采用 ISOMAP 非线性降维方法和 IRad 相异性矩阵来生成二元数据。降维后的数据散点图如图 7.18 所示。

```
load L1bpm
% 选取主题
t1 = 8;
t2 = 11;
% 用 Isomap 对数据降维
options.dims = 1:10; % 适用于 ISOMAP
options.display = 0;
[Yiso, Riso, Eiso] = isomap(L1bpm, 'k', 7, options);
% 计算输出值
X = Yiso.coords{2}';
% 计算数据并绘图
ind1 = find(classlab == t1);
ind2 = find(classlab == t2);
plot(X(ind1,1),X(ind1,2),'.',X(ind2,1),X(ind2,2),'o')
title('Scatterplot of Topic 8 and Topic 11')
```

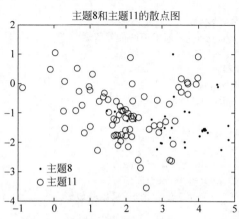

图 7.18　采用 ISOMAP 降维后,主题 8 和主题 11 的散点图(图中可以看出,两个主题之间有重叠)

对第一个主题进行极平滑。

```
% 首先,对第一个主题进行极平滑,从而得到 x 和 y 的值
x = X(ind1,1);
y = X(ind1,2);
% 第 1 步
% 用绝对中位差进行归一化
% 利用 Matlab 的 inline 函数
md = inline('median(abs(x - median(x)))');
xstar = (x - median(x))/md(x);
ystar = (y - median(y))/md(y);
% 第 2 步
s = ystar + xstar;
d = ystar - xstar;
% 第 3 步,对下列值归一化
sstar = s/md(s);
dstar = d/md(d);
% 第 4 步,变换到极坐标系
[th,m] = cart2pol(sstar,dstar);
% 第 5 步,对半径 m 进行变换
z = m.^(2/3);
% 第 6 步,用给定的 theta 值对 z 进行平滑
n = length(x);
J = ceil(n/2);
% 计算 loess 的临时数据
tx = -2 * pi + th((n-J+1):n);
% 获得以下数据
ntx = length(tx);
tx = [tx; th];
tx = [tx; th(1:J)];
ty = z((n-J+1):n);
ty = [ty; z];
ty = [ty; z(1:J)];
tyhat = loess(tx,ty,tx,0.5,1);
% 第 7 步,把数据变换回去,注意,只需要中间部分数据
tyhat(1:ntx) = [];
mhat = tyhat(1:n).^(3/2);
% 第 8 步,转换回笛卡尔坐标系
[shatstar,dhatstar] = pol2cart(th,mhat);
% 第 9 步,变换到原尺度
shat = shatstar * md(s);
dhat = dhatstar * md(d);
xhat = ((shat - dhat)/2) * md(x) + median(x);
yhat = ((shat + dhat)/2) * md(y) + median(y);
% 第 10 步,绘制平滑曲线,为了便于绘制图形,采用凸包
K = convhull(xhat,yhat);
plot(X(ind1,1),X(ind1,2),'.',X(ind2,1),X(ind2,2),'o')
```

```
hold on
plot(xhat(K),yhat(K))
```

本文的函数 polarloess 包含了上述步骤。用该函数对第二个主题进行极平滑,并把平滑结果叠加绘制到第一个结果上。

```
% 用 polarloess 函数计算另一条曲线
[xhat2,yhat2] = …
polarloess(X(ind2,1),X(ind2,2),0.5,1);
plot(xhat2,yhat2)
hold off
```

极平滑的散点图如图 7.19 所示,图中两组数据间的重叠效果更好。

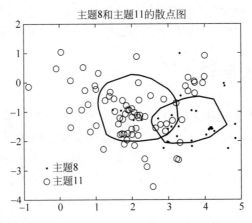

图 7.19　两个主题的散点图,采用了极平滑

7.8　曲线拟合工具箱

本节简要介绍下曲线拟合工具箱[③],在本节以外无须用到该工具箱。跟其他工具箱一样,曲线拟合工具箱包含图形用户界面(GUIs)和 M 文件函数,专为 MATLAB 环境编写。

曲线拟合工具箱具有以下特性:

(1) 能进行数据预处理,例如数据分割、数据平滑及剔除孤立点;

(2) 可以用参数化或非参数化方法拟合曲线,参数化方法包括多项式方程、指数方程、有理数方程、高斯和方程及自定义方程,非参数拟合方法包括样条平滑及其他插值方法;

(3) 采用标准的最小二乘法、加权最小二乘法以及鲁棒拟合方法;

(4) 有统计数据可以查看拟合优度。

该工具箱只能处理 y 和 x 的拟合,不支持多变量预测。

---

③　可以从 MathWorks 官方获取该工具箱。

曲线拟合工具箱中还有一个独立的函数 smooth,可以用于计算不同的平滑值。该函数语法如下:

```
x = smooth(x,y,span,method);
```

其中,span 表示邻域大小。该函数有以下六种方法:

(1) moving——滑动平均(默认值);

(2) lowess——Lowess(线性拟合);

(3) loess——loess(二次拟合);

(4) sgolay——Savitzky-Golay;

(5) rlowess——鲁棒 Lowess(线性拟合);

(6) rloess——鲁棒 loess(二次拟合)。

smooth 函数(及 GUI)有一个缺陷,它只能计算观测点 x 处的平滑值。

7.9　总结与深入阅读

这里推荐几本关于平滑和非参数回归(一种关联方法)的书,都写得非常好。Cleveland[1993]的《Visualizing Data》一书对 loess 的介绍最为全面。书中还对可视化工具进行了介绍,如边缘绘图、曲面线框、coplots、多点图及其他工具。关于平滑方法,可以看 Simonoff[1996]。该书对平滑方法在统计学中的应用进行了总结,主要侧重应用角度,内容包括单变量和多变量的密度估计、非参数回归,以及分类数据平滑。Schimek[2000]对平滑和回归领域的技术贡献进行了汇总。Green 和 Silverman[1994]写了一本统计学中的非参数平滑的专著,重点介绍方法而不是理论。

Loader[1999]对局部回归和似然性的理论、方法和应用进行了概述。这本书通俗易懂,采用 S-Plus 代码实现。Efromvich[1999]对平滑和非参数回归进行了综述,此外还介绍了时间序列分析。书中没有附带实现代码,但网上可以下载到 S-Plus 版本的相应代码。还有一本采用 S-Plus 编程的关于平滑的书,参见 Bowman 和 Azzalini[1997]。关于核平滑方法,可以阅读 Wand 和 Jones[1995]。

广义相加模型可以用来进行非参数化的多元变量预测。在经典的(或参数化的)回归分析中,假定预测变量是线性的或是参数化的。对于广义相加模型来说,只需用散点平滑方法,例如 loess,估计出平滑函数即可,平滑函数通过迭代计算得到。关于广义相加模型,可以参阅 Hastie 和 Tibshirani[1990]的专著,其中有多章专门介绍散点平滑,例如 loess、样条及其他方法。还有一篇文章讨论了相同的问题,但是更加简洁明了[Hastie 和 Tibshirani, 1986]。Wood[2006]用 R 语言对广义相加模型进行了介绍。

更早的关于平滑方法的文献,可以阅读 Stone[1977]。Cleveland[1979]的文章介绍了鲁棒 loess,以及与局部加权回归相关的采样分布内容。Cleveland 和 McGill[1984]的文章介绍了许多散点图增强的工具,很有参考价值。Cleveland、Devlin 和 Grosse[1988]讨论了局部回归的方法和计算算法。Titterington[1985]对统计实践中用到的多种平滑技术进行了概述,并把它们统一在一个结构框架下。Cleveland 和 Devlin[1988]描述了如何将 loess 用于探索性数据分析、参数化模型的诊断检查以及多元非参数回归。Cleveland 和 Loader[1996]对平滑方法加以总结,还介绍了其发展史。其他平滑方法,包括基于核函数的平滑方法,可以参考 Scott[1992]以及 Hastie 和 Loader[1993]。

关于样条方法的文献有很多。Wegman 和 Wright[1983]对统计学中的样条方法进行了综合和总结。Green 和 Silverman[1994]以及 Martinez 和 Martinez[2007]介绍了如何通过构造加权平滑样条和广义交叉验证来选择平滑参数。当假设条件不满足的时候,上述方法就很有用,例如预测值或非独立误差之间存在关联。Hastie 和 Tibshirani[1990]也对此进行了详细讨论。

练习

7.1 如果对 polyfit 和 polyval 函数的具体用法不熟悉,可以查阅 MATLAB 的帮助文件。对于点 x 的给定区域,用函数 polyval 计算 y 的值,阶数为 3。给 y 值添加正态分布的随机噪声(用 normrnd 函数,均值为 0,方差为 σ)。对数据进行多项式拟合,阶数依次取 1、2 和 3,并分别绘制拟合曲线和数据。构造并绘制 loess 曲线。对结果进行讨论。

7.2 用 polyval 函数生成数据,令阶数为 1。用函数 randn 生成随机噪声并加到数据点上。用 polyfit 函数对 1 阶多项式进行拟合。在 x 值区间的任意一端添加一个孤立点。用直线进行拟合。绘制所有图形,以及散点图,并对结果差异进行比较。

7.3 对习题 7.1 生成的数据绘制散点图。激活 Figure 窗口的 Tools 菜单,并单击 Basic Fitting 选项。接着,会弹出一个图形用户界面,可以选择拟合参数。学习该图形用户界面里的各种功能。

7.4 加载 abrasion 数据集。分别构造两条曲线:磨耗损失作为抗拉强度的函数和磨耗损失作为硬度的函数。对结果进行分析。用该数据集重复例 7.10 的过程,并对结果进行评估。

7.5 用 environmental 数据集重复例 7.10 的过程。对结果进行分析。

7.6 对 votfraud 数据集构造一系列 loess 曲线。每条曲线的 α 分别取值 0.2、0.5 和 0.8。先取 $\lambda=1$ 进行上述操作,再取 $\lambda=2$ 重复该操作。讨论曲线的差异。观察曲线,α 和 λ 应该取什么值。

7.7 重复习题 7.6,并用残差图来辅助选取 α 和 λ 的值。

7.8 对 calibrat 数据集重做习题 7.6 和习题 7.7。

7.9 检验三次立方权重是否满足权重函数的四个属性。

7.10 用例 7.11 的数据,绘制每个主题的凸包(用函数 convhull)。把结果与极平滑的进行比较。

7.11 从 BPM 中选择几个主题,重复例 7.11 中的极平滑过程。

7.12 采用一个基因表达数据集,选择一个实验内容(肿瘤、病人等),并用本章介绍的方法进行平滑处理,看基因和实验是如何关联的。选择某个基因和平滑作为实验的函数,构建 loess 上平滑和下平滑并比较差异,并对结果进行评论。

7.13 在 software 数据分析中,构建残差的正态分布图。参考第 9 章获取相关信息或 MATLAB 统计工具箱中的函数 normplot 的相关帮助。建立直方图(用 hist 函数),对误差的分布假设进行评论。

7.14 对习题 7.6 和习题 7.8 中的分析分别重复习题 7.13。

7.15 选取 oronsay 数据集中的某两维数据。采用极平滑总结每一类的点云。对 oronsay 数据集的两个分类问题都进行上述操作,比较结果。

7.16 对例 7.2 的 galaxy 数据绘制三维散点图(参见 scatter3 函数),并求解散点矩阵(用 plotmatrix 函数)。图 7.5 的等高线图跟散点图结果一致吗?

7.17 讨论当 $D=0$ 来拟合样条模型时,会得到哪种函数。

7.18 bin smoother[Hastie 和 Tibshirani,1990;Martinez 和 Martinez,2007]是一种简单的平滑方法。把观察到的预测变量 x_i 划分成互不相交的若干区域,用切割点表示为 $-\infty = c_0 < \cdots < c_K = \infty$。定义区域 R_k 内的数据点索引值为

$$R_k = \{i ; (c_k \leqslant x_i < c_{k+1})\}$$

其中,$k=0,1,\cdots,K-1$。区域 R_k 内的点 x_0 的平滑估计值由该区域的响应平均值给出

$$\hat{f}(x_0) = \text{average}_{i \text{ in } R_K}(y_i)$$

编写 MATLAB 函数来实现 bin smoother,并用于处理 salmon 数据。把结果跟图 7.6 进行比较。

7.19 running mean smooth 方法[Martinez 和 Martinez,2007]通过考虑重叠区域或分组 $N^s(x_i)$,扩展了 bin smoother 方法,使得估计值更加平滑。注意,下面的关于 running mean smooth 方法的定义是针对与观测变量 x_i 相等的目标值的:

$$\hat{f}(x_i) = \text{average}_{j \text{ in } N^s(x_i)}(y_j)$$

这种平滑也称作滑动平均,常用于时间序列分析,其中观测预测值是等间距的。用 MATLAB 编写函数实现移动平均平滑方法,并用于 salmon 数据集。把结果跟前面方法的结果进行比较。

7.20 running line smoother[Martinez 和 Martinez,2007]是 running mean 的泛化,其中 f 的估计值是通过对邻域中的观测值进行线性拟合得到的。公式如下:

$$\hat{f}(x_i) = \hat{\beta}_0^i + \hat{\beta}_1^i x_i$$

其中,$\hat{\beta}_0^i$ 和 $\hat{\beta}_1^i$ 是通过对 x_i 邻域中的数据运用常规最小二乘法估计得到的。编写 MATLAB 函数来实现 running line smoother,并用于 salmon 数据集。把结果跟前面方法的结果进行比较。

7.21 采用不同的平滑参数重复例 7.7。当 α 值接近于 0 时会发生什么情况?当 α 值变大又会发生什么?

7.22　对前面习题中获得的每条平滑样条拟合曲线,分别构建残差图。对在分析残差图的过程中观察到的现象加以解释。(参见例 7.4。)

7.23　用扩散平滑方法解决习题 7.21 中的一些平滑问题。

7.24　令 $\alpha=8$,重复例 7.7。比较平滑结果。

7.25　下面的例子和代码均来自 Garcia[2009]。该例子对均匀间隔数据的离散余弦平滑进行了解释说明。也涉及鲁棒平滑的情况。运行代码并绘制 z(常规平滑)和 zr(鲁棒平滑)的曲线图。

```
x = linspace(0,100,2^8);
y = cos(x/10) + (x/50).^2 + randn(size(x))/5;
y([70 75 80]) = [5.5 5 6];
[z,s] = smoothn(y);  % 常规平滑
zr = smoothn(y,'robust'); % 鲁棒平滑
```

调整平滑参数值,使之欠光滑和过光滑,调用 smoothn 函数,并对结果进行分析(参考该函数的帮助文件)。

7.26　下面的例子和代码来自 Garcia[2009]。该例子介绍了离散余弦变换平滑方法是如何处理有缺失值的二维数据的。先用 MATLAB 的峰值函数生成含噪声二维数据。接着,添加高斯噪声,随机剔除一半数据,再让某一部分数据为空。运行下面代码并分别绘制原始数据(y0)、损坏数据(y)和平滑值(z)。用函数 imagesc 来绘图。

```
n = 256;
y0 = peaks(n);
y = y0 + rand(size(y0)) * 2;
I = randperm(n^2);
y(I(1:n^2 * 0.5)) = NaN;       % 缺失一半数据
y(40:90,140:190) = NaN;        % 创建孔洞
z = smoothn(y,'MaxIter',250);  % 平滑数据
```

把孔洞移到不同位置,并比较结果。

第三部分

EDA的图形方法

▶▶▶

第 8 章

聚类可视化

在第 5 章和第 6 章中,提出了各种聚类方法,包括聚合聚类、k 均值聚类和基于模型的聚类。在这个过程中展示了一些可视化技术,比如查看层次结构的树状图,以及散点图。本章中主要介绍其他可以可视化聚类结果的方法。这包括一个空间填充版本的树状图,称为树图;树图的扩展版本,称为矩形图;一种新的基于矩形的非层次聚类可视化方法,称为 ReClus 方法;数据图像,可用于查看数据聚类以及异常值检测。下面,本章从树状图开始讲解。

8.1 树状图

树状图(也称为 tree diagram)是一种数学的、也是视觉的表达方法,用来表示聚合层次聚类以及分裂层次聚类的过程。因此,经常把层次聚类的结果称为树状图。

树状图的一些术语可以参见图 8.1。树状图从根开始,树根可以在垂直树的顶部或在水平树的左侧。树状图的节点代表簇,它们可以是内部节点或终端节点。内部节点包含或者表示根据连接类型和距离分类的所有观测值。在大多数树状图中,终端节点包含唯一观测值。后面会说明,在 MATLAB 实现树状图的案例中并非总是如此。此外,终端节点通常有附加的标号。这些标号可以是名称、字母、数字等。MATLAB 树状图函数以数字标记终端节点。

树干或边显示内部节点的子簇以及与其下面簇的连接关系。边的长度表达了其所连接的两个簇之间的距离。层次聚类树状图是二叉树,所以每个内部节点都延伸出两个边。树的拓扑结构是指茎和节点的排列。

树状图说明了构建层次结构的过程,一旦树状图在某个给定的水平完成切割,那么内部节点描述了一种特定的分割。数据分析师应该知道,对于同一组数据,聚类过程可以产生 2^{n-1} 个树状图,显示节点的顺序决定了树状图的外观。软件包选择自动绘制算法,通常不指定如何绘制。一些基于各种目标函数的算法可以优化树状图的显示效果[Everitt,Landau,和 Leese,2001]。在讨论数据图像的最后一节中看到,这是一个重要的考虑因素。

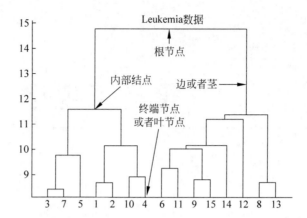

图 8.1　采用凝聚聚类处理白血病数据,使用欧氏距离和完全连接,这里显示了包含了 15 个叶节点的树状图(如果在树状图(竖轴上)的 10.5 水平带上分割,那么我们会得到 5 个簇或集合)

例 8.1

在图 8.1 中,使用白血病数据集,说明如何构建树状图。函数 dendrogram 默认显示最多 30 个节点,这是为了防止显示的叶节点过于拥挤。正如下面打算做的,用户可以指定要显示的数量,或者可以用命令 dendrogram(Z,0)显示所有的树状图节点。

```
% 先载入数据
load leukemia
[n,p] = size(leukemia);
x = zeros(n,p);
% 将各行(基因数据)标准化处理,均值为 0,标准差为 1
for i = 1:n
    sig = std(leukemia(i,:));
    mu = mean(leukemia(i,:));
    x(i,:) = (leukemia(i,:) - mu)/sig;
end
% 层次聚类
Y = pdist(x);
Z = linkage(Y,'complete');
% 只显示 15 个节点
% 输出参数是可选的
[H,T] = dendrogram(Z,15);
title('Leukemia Data')
```

请注意,在这个例子中,MATLAB 树状图的叶节点不一定代表一个原始观测,它们可能包含多个观测值。可以(选择)要求函数 dendrogram 输出变量,以帮助确定有哪些观测值在独立节点中。输出向量 **T** 包含数据集中的每个对象的叶节点序号,以下是用来找出节点 6 中包含的观测数据:

```
ind = find(T == 6)
ind = 26
      28
      29
      30
      46
```

这样,可看到在图 8.1 中,树状图的终端节点 6 包含原始观测值 26、28、29、30 和 46。

8.2 树图

在数据分析中的层次聚类应用中,分析师对树状图是很熟悉的。树状图很容易理解,因为分析师与本文对树枝树叶的自然形态的理解是一致的(除了树根有时放错了地方)。Johnson 和 Shneiderman[1991]指出,树状图不能有效利用展示空间,因为大部分显示空间都是空白,只有很少的油墨。他们提出了用空间填充(即使用整个展示空间)展示层次信息,称为树图(treemaps),树图的每个节点是一个长方形,其面积与节点特性参数成正比[Shneiderman,1992]。

树图的最早应用是为了显示硬盘上的目录和文件结构。它也适用于组织的可视化,比如一所大学的部门结构。因此,树图可视化可以用在包含任意数量的划分或者内部节点分支,包括层次聚类的二叉树结构。

Johnson 和 Shneiderman[1991]提到,层次结构包含两种类型的信息。首先,它们包含与层次结构关联的结构或组织信息。其次,它们有与各节点相关的内容信息。树状图可以表示结构信息,但并不比文本标签传达更多的叶节点信息。树图可以描述层次的结构和内容。

树图通过一系列嵌套的矩形显示层次信息和关系。父代矩形(或树的根)占据了整个显示区域。通过递归分割父代矩形得到树图,每个子矩形的尺寸是正比于节点尺寸的。节点尺寸可以是文件的字节数,或者是组织单位中的雇员人数。在聚类时,节点尺寸相当于簇中观测值的数量。持续交替地在水平方向和垂直方向细分矩形,直至达到给定叶节点的配置(例如在聚类时的组数)。

图 8.2 中显示了树图的例子及其原理图。注意树图原理图与之前讲到的树状图不同,因为它在每个节点有任意数量的分支。根节点有四个子节点:一个叶节点的尺寸为 12,另一个叶节点的尺寸为 8,一个内部节点有四个子节点,另一个内部节点有三个子节点,这些都是由父代矩形的第一次垂直分割表示。现在在第二个层次上水平分割,有四个子节点的内部节点被分成四个与其尺寸成正比的子矩形,这四个矩形每一个都是终端节点,所以不必进一步细分。下一个内部节点有两个子节点,分别是一个叶节点和一个内部子节点。注意,这个内部节点被进一步垂直细分为尺寸为 6 和 11 的两个叶节点。

当使用树图可视化技术作为层次聚类输出时,必须指定类别数量。也要注意,树图中没有距离度量或者其他与类别相关的目标函数,但在树状图中含有这样的度量。树图(也包括树状图)的另一个问题是缺少原始数据的信息,因为矩形只是被赋予了标签。我们用

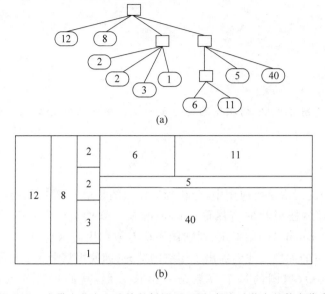

图 8.2　(a)图展示了一个带有节点和连接的树图原理图,每个叶节点的数字代表了该节点的尺寸,另一种标签可以只是节点号码或一些文本标签,相应的树图在(b)图显示(请注意,根节点的分割被显示为父代矩形的垂直分割,其中每个子矩形的尺寸与子节点的总尺寸成比例,下一个分割是水平的,这种分隔交替进行直到显示所有叶节点[1992])

MATLAB 实现了树图,它的用法在下一个例子中。

例 8.2

在本例中,将展示如何使用 EDA 工具箱中的 treemap 函数。图 8.1 的白血病数据层次聚类树状图中,函数只为二叉树层次聚类实现了树图显示,需要 MATLAB 的 linkage 函数的输出。treemap 函数的输入包括 Z 矩阵(由 linkage 输出)和所需的聚类数量。默认显示与树状图中一样的标签。有一个可选的第三个参数,使树图不显示任何标签。下面的语法是构建对应于图 8.1 中树状图的树图。

```
% 矩阵 Z 在例 8.1 中计算获得
treemap(Z,15);
```

树图如图 8.3 所示。注意,可以由树图了解各个节点的尺寸,这在树状图并不明显(见图 8.1)。然而,如前所述,在树图中丢失了距离的概念。因此,与树图比较,在树状图中可以更加清晰地看到节点成员的组别。

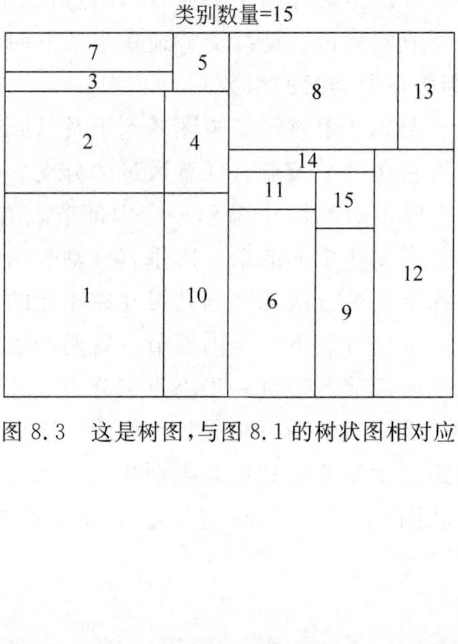

图 8.3　这是树图,与图 8.1 的树状图相对应

8.3　矩形图

回顾在树状图中,用户可以指定沿轴的值,不同的簇或分割是基于其指定的数值得到的。当然,在树状图中看不到这种变化,也就是说,树状图的显示不依赖于簇的数量或者截止距离。然而,它依赖于选定的叶节点数(在 MATLAB 实现时)。如果指定不同的叶节点数目,那么树状图必须完全重绘,并且节点标签也发生变化,这会显著改变树状图的布局以及对图的理解。

要以树图显示层次信息,用户必须指定聚类数目(或者可以认为这就是叶结点数)而不是距离的分界点。如果用户想指定不同的类别数去探索其他的聚类结构,那么,就像树状图一样,树图会重新绘制。如前所述,没有与树图关联的距离测度,缺乏原始的数据信息。知道哪些观测值聚类到哪个类别是非常有价值的。下面这个聚类可视化方法试图解决这些问题。

回顾第 5 章和第 6 章,层次聚类的优点之一是,对任何给定的类别数量或者相异度水平,这种方法都可以给出一个数据聚类结果。此属性在 EDA 中是一个优势,因为可以对一个大的数据集运行一次这个算法,然后以快速合理的方式探索并可视化结果。为了解决树图的一些问题,利用层次聚类的优势,Wills[1998]开发了矩形的可视化方法。这种方法类似于树图,但是以符号显示点,并且采用不同的切分方式。

为建立一个矩形图,沿着长边分割长方形,而不是像树图那样交替做垂直和水平分割。树图的交替分割可以很好地显示树的深度,但对于不平衡的树,它倾向于产生细长的矩形[Wills,1998]。矩形图中的分割提供了更加像正方形的矩形。

持续分割矩形,直到到达一个叶节点或达到截止距离为止。如果一个矩形因为达到分界点而不再分割,但在矩形中有多个观测值,那么算法继续分割矩形,直到到达一个叶节点为止。然而,它并不绘制矩形。它使用叶节点信息确定点或符号布局,这里的每一个点都是在自己的矩形中。这种方法的优点是其他配置(即簇的数量或给定的距离)可以在不重新显示符号的情况下显示出来,只有矩形边界是重新画出的。

在图 8.4 和图 8.5 中显示了模拟数据集的矩形图。数据集包含随机产生的二元数据($n=30$),包括 2 个类别,分别以 $(-2,2)^T$ 和 $(2,2)^T$ 为中心。图 8.4(a)显示了所有 30 个节点的树状图,可以看到的节点标签是很难区分;图 8.4(b)显示了 30 个簇的矩形图,在这里可以看到每个观测值都在它自己的矩形或簇中。

在图 8.5 中,应用相同的数据集和层次聚类信息,展示了另一组树状图和矩形图。我们绘制了含有 10 个叶节点的树状图并在图 8.5(a)显示结果。叶节点现在更加清晰,但它们不再代表观测值序号。图 8.5(b)给出了 10 个簇的矩形图。比较图 8.4 和图 8.5,可以看到树状图发生了很大的变化,而在矩形图中只有矩形的边界发生了变化。

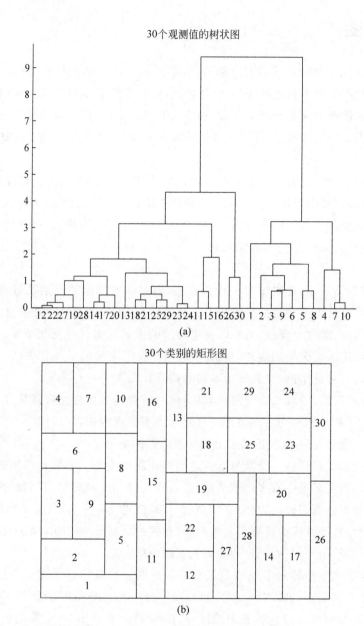

图 8.4 本图的上部(a)显示的是包含两个类别的二元随机数据集的树状图(欧氏距离和全连接),所有 $n=30$ 个叶节点都显示出来,可见其文本标签有重叠,与此对应的矩形图显示在下半部(b),每个观测值序号绘制在其自己的矩形或类别中(Wills[1998]最初将其绘制为点或圆。)

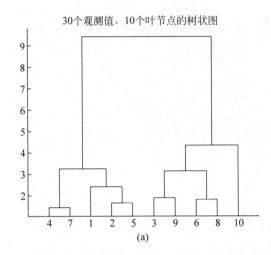
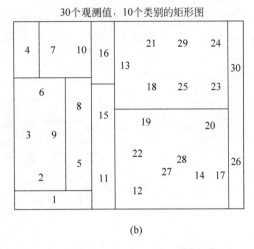

图 8.5　使用与图 8.4 相同的信息,现在显示只有 10 个叶节点树状图;可以看到,与图 8.4 相比,
树状图完全重画了;10 个类别的矩形图由(b)给出;比较图 8.4 和图 8.5 的矩形图,可
以看到,符号(观测值序号)的位置没有改变,只有矩形的边界是不同的;还可以通过观
测值序号看到原始数据的信息

例 8.3

本例仍以白血病数据集为例。首先将展示如何使用 rectplot 函数得到一个显示观测值
序号的矩形图。为了与之前的结果进行比较,绘制 15 个类别。

```
% 使用与例 8.1 一样的 leukemia 数据集和矩阵 Z,第二个参数是类别数量
% 第三个参数是一个字符串,表明第二个参数的类型
rectplot(Z,15,'nclus')
```

图 8.6(a)显示该图。接下来将展示如何使用可选的输入参数,使用真正的类别标签作
为标号。首先,必须将类别标签转换为数字,因为输入向量必须是数值型的。

```
% 现在,展示如何使用可选的类别标签设置癌症类型
% 参数必须是数值型的,因此我们把字符串转换为数字
% 首先,把所有索引设置为 0——这是 ALL 类型
labs = zeros(length(cancertype),1);
% 现在确认所有的 AML 类型的癌症
% 将其设置为 1
inds = strmatch('AML',cancertype);
labs(inds) = 1;
% 现在绘制矩形图
rectplot(Z,15,'nclus',labs)
```

此图显示在图 8.6(b)。标记为 0 的观测值是 ALL 型癌症,标记为 1 的是 AML 型癌症。

这个技术的 MATLAB 实现中,绘制各个观测值的序号或者其实际类别号。对于大的
数据集,这种方法有时会过度绘制。在将来的实现中,图中会包含其他绘制符号以节省显示

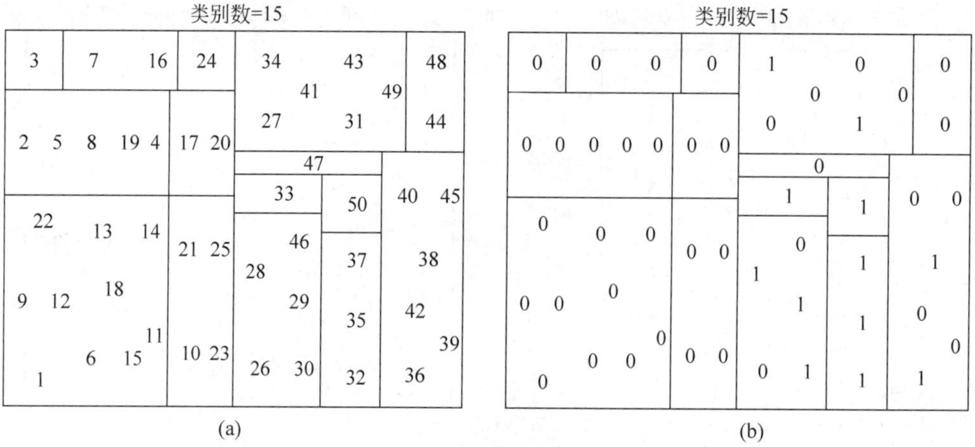

图 8.6　白血病数据的矩形图显示在(a)图,在这里,为指定的类别序号或者分割绘制了观测值的序号;(b)图的矩形图显示了包含真实癌症标签的观测值,类别 0 和类别 1 分别对应于 ALL 和 AML 类型

空间。用户也可以基于树状图,通过提供一个截止相异度,进而确定类别数,相异度作为函数的第二个参数。在本例中,绘制矩形图函数 rectplot 的第三个参数是相异度(dis)。

Will 最初提出矩形图的目的是为了在类似树图的显示中添加距离标注。他通过一个补充的线图在横轴显示显示类别序号,在纵轴显示进行进一步分割所需的相异度指标。用户可以用鼠标与线图进行交互,观察在矩形图上类别序号的变化。

矩形图也适合显示笔刷与关联的应用(见第 10 章),观察者可以在图(比如散点图)中选中一个观测值,在另一张图(比如矩形图)中观察其对应的情况。矩形图的一个缺点是:树图中的一些嵌套结构在矩形图中未能显示。另外一个问题是,到目前为止,所讨论的矩形图应用仅限于显示层次信息。下面显示的图可以应用到非层次聚类的过程中。

8.4　ReClus 图

ReClus 是 Martinez[2002]提出的一种观察非层次聚类的方法,比如 k 均值聚类、基于模型的聚类等等,可以让人联想到树图和矩形图的显示。注意到,一旦有了指定的分割,那么 ReClus(即 Rectangle Clusters)也可以用来表达任何层次聚类方法的结果。

正如之前的方法,ReClus 使用全部显示区域作为父代矩形。然后该矩形分割为子矩形,每个子矩形的面积与其对应类别包含的观测值数量成正比。观测值以序号或者类别号(如果已知)绘出,标签是按照观测值序列顺序或者类别号有条不紊地绘制出来。

也有其他一些选项。如果输出是来自基于模型的聚类,那么可以得到观测值属于某个类别的概率。这些附加信息通过字体颜色加以区分。为了快速简便地理解聚类结果,可以设置一个阈值,那些概率较高的观测值以黑体字显示。对于其他聚类方法,我们也提供类似的选择：比如对于 k 均值聚类，使用轮廓值。现在描述绘制 ReClus 图的过程。

ReClus 图绘制过程如下：

（1）设置父代矩形，按照每组包含观测值数量的比例沿着长边的方向分割矩形；

（2）在每个类别中，搜索所有的点及其比例；

（3）升序排列各个比例值；

（4）将比例值分为两组，如果类别数是奇数，那么将类别数量多的放到左/下的分组中；

（5）基于每组的全部比例值，分割父代矩形的长边，得到两个子矩形，注意，需要基于当前的父代矩形重新标准化比例值；

（6）重复步骤（4）～步骤（5），直到所有的矩形只代表一个类别；

（7）在每个类别或者图形中搜索观测值，作为个案标签或者实际的类别标签。

下面例子中会展示 ReClus 的用法。

例 8.4

本例中，L1bpm 点间距离矩阵的数据，来自第 1 章讨论的 503 个文档的 BPMS。首先，使用 ISOMAP 降维，获得衍生的观测值。仅仅使用 16 个主题中的 5 个，所以也构建索引提取它们。

```
load L1bpm
% 只取第 5 个到第 11 个主题
ind = find(classlab == 5);
ind = [ind; find(classlab == 6)];
ind = [ind; find(classlab == 8)];
ind = [ind; find(classlab == 9)];
ind = [ind; find(classlab == 11)];
% 为了绘制效果,改变类别 11 的标签
clabs = classlab(ind);
clabs(find(clabs == 11)) = 1;
% 先做降维——ISOMAP
[Y, R, E] = isomap(L1bpm,'k',10);
% 选择 3 个维度,基于残差方差
XX = Y.coords{3}';
% 只需要那些感兴趣类别的观测值
X = XX(ind,:);
```

下一步，指定最大类别数为 10，进行基于模型的聚类。

```
% 现在做基于模型的聚类
[bics,bestm,allm,Z,clabsmbc] = mbclust(X,10);
```

可以看到，基于模型的聚类找到了正确的分组（5 组），第 7 个模型效果最佳（按照 BIC 准则）。既然有了聚类信息，需要确定各个观测值属于对应类别的概率。如果使用其他一些聚类方法，需要确定其轮廓值。在本例的基于模型的聚类中，根据模型，使用 mixclass 函数获得观测值不属于某个类别的概率。

```
% 必须获取观测值不属于该类别的概率
[clabsB,uncB] = mixclass(X,bestm.pies,…
    bestm.mus,bestm.vars);
% 用实际的类别标签绘制
% 这个函数需要使用到属于该类别的后验概率
reclus(clabsB,clabs,1 - uncB)
```

注意,mixclass 返回分类的不确定性值,所以必须用 1 减去这个值,再作为传递给 reclus 的参数。图 8.7(a)显示该图。注意,主题 8 和主题 1(之前的主题 11)都是关于朝鲜的,可以看到这些主题的一些分组错误。然而,主题 5、主题 6 和主题 9 很好地分类到一起,除去主题 1 的一个文档分类到主题 5 中。后验概率的色彩编码使得观测不确定性水平更加容易。一些应用中,色彩上的二元设置,可以在类别上获得更好的洞察效果。也就是说,我们愿意看到那些高后验概率的观测值与低后验概率的观测值的区分。reclus 的一个可选参数指定阈值,在此阈值之上的后验概率值用黑体字显示,这样,更加容易快速掌握聚类质量的总体情况。

```
% 查看 reclus 的其他可选项
% 对于后验概率大于 0.9 的点,绘制加黑粗体字
reclus(clabsB,clabs,1 - uncB,.9)
```

ReClus 图显示在图 8.7(b)中,可以看到主题 5、主题 6 和主题 9 的文档的后验概率超过阈值。一个例外就是主题 1 的一个文档分组到主题 5 中。可以看到这个文档的较低的后验概率在图 8.7(a)中并不明显可见。也可以观察到,主题 1 和主题 8 的文档混合在一起的两组中,有很多文档的后验概率是低于阈值的。可以进一步探索这两个类别,看看这种分类是否意味着有一些子主题。

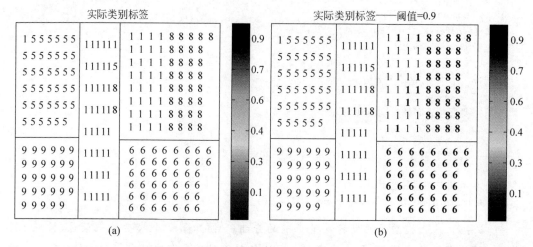

图 8.7　(a)图的 ReClus 图显示了从基于模型的聚类中选择的最佳类别配置,此处绘制了真实的类别标签,并通过色彩指出观测值从属于某个类别的概率;(b)中的 ReClus 图采用同样的数据源和基于模型的聚类输出,但此处概率大于 0.9 的以加黑粗体字显示

下一个例子显示,除去 reclus 函数的其他一些可选项,怎样结合层次聚类信息使用 ReClus。ReClus 的一个优势是,当真实的类别成员已知时,它可以快速观察类别聚集的强度。在 ReClus 图中,发现哪些观测值属于感兴趣的类别是有帮助的。比如,图 8.7(a) 中,我们可能想确定位于两个混合组的那些故事,看看这样的混合是否有什么意义。或者,我们可能想找到错误地分配到主题 5 中的主题 1 的文档。

例 8.5

使用与前例同样的数据,但现在只看主题 8 和主题 11。这两个是与朝鲜有关的,使用基于模型的聚类方法得到的这两个主题的聚类结果让人困惑,而使用 ReClus 图可以帮助我们评估层次聚类如何处理这两个主题。首先需要取得观测值及其标签。

```
%继续使用例8.4的数据集
ind = find(classlab == 8);
ind = [ind; find(classlab == 11)];
clabs = classlab(ind);
%为了绘制效果,改变类别11的标签
clabs = classlab(ind);
clabs(find(clabs == 11)) = 1;
%只需要那些感兴趣类别的观测值
X = XX(ind,:);
```

然后,使用欧式距离和全连接进行层次聚类。用 cluster 函数,指定聚类类别数为 2,然后得到轮廓值。注意,这里 silhouette 语句禁止绘图,只是返回轮廓值。

```
%进行层次聚类
Y = pdist(X);
Z = linkage(Y,'complete');
dendrogram(Z);
cids = cluster(Z,'maxclust',2);
%现在计算轮廓值
S = silhouette(X,cids);
```

最初的 ReClus 图采用观测值序号作为绘制的符号,需要以真正的类别标签为参数,这样这些标签就可以映射到第二张 ReClus 图的相同位置,如图 8.8 所示。相关代码如下。

```
%以下绘制观测值序号,有指针指向实际类别标号
%用"指针"指向下一个绘制的实际类别标签
reclus(cids, clabs)
%现在绘制同样的内容,但使用实际类别标签
reclus(cids,clabs,S)
```

从图中可以发现,这种层次聚类并未给出很好的结果,正如轮廓值所显示的,因为我们在右侧的类中有几个负值。

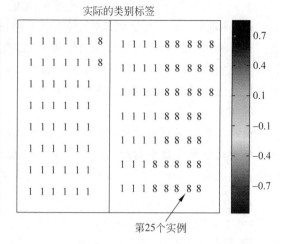

图8.8　在图8.8(a)中,基于层次聚类,显示主题8和主题1(主题11)的ReClus图,这些符号的位置对应于图8.8(b)中的符号,这样很容易看到哪个实例属于感兴趣的观测值,(b)图中ReClus图的标尺对应于轮廓值

8.5　数据图像

　　数据图像是一种高维数据的可视化技术,这些数据构成一幅图像。在第1章的图1.1中已经看到一个例子,在该例中,基因表达数据显示为灰度图像。其基本思想是将数据映射到一个图像框架中,使用灰度值或色彩(如果需要彩色图)来表示各个观测值的各个变量的幅值。因此,一个有n个数据、p个变量的数据集绘制的数据图像尺寸是$n\times p$。

　　一个早期版本的数据图像参见Ling[1973],其中的数据绘制为一个字符矩阵,字符矩阵的不同油墨量表示观测值的灰度值。然而,Ling第一次绘制了点间相异度(或相似度)矩阵的最初形式。然后在应用了一些聚类方法之后,他用类别标签重新对相异度矩阵的行和列进行排序。换句话说,原来的观测值序列重新排列了,每个类别的成员在换位后的相异度阵中按行和列顺序排列。显然地,沿对角线的黑(或白,根据灰度)方块表示与邻近点相区分的紧凑类别。如果数据不包含显著的聚类,那么这也是很容易从图像观察到的。

　　Wegman[1990]也描述了一个版本的数据图像,但他称之为色彩直方图(color histogram)。他提出使用分组色彩梯度的彩色像素来呈现这一图像。基于一个变量的数据排序,可以观察到正、负关联特性。人们可以通过对每一个变量进行排序,以巡查的方式探索数据。

　　Minnotte和West[1998]使用精细尺度分组,创造了数据图像这个词以便更好地描述输出。他们不是排序一个变量,而是提出要寻找一个排序,使得在高维空间里相邻的点在数据图像中也邻近,这会帮助分析师更好地观察高维结构。我们注意到这会让人想起多维尺度分析。特别地,他们应用这个方法理解高维数据的聚类结构,在图像中呈现为垂直的带状结构。

Minnotte 和 West 提出两种数据排序方法。一种方法是应用旅行商算法[Cook 等人，1998]搜索高维点云数据中的最短路径。另一种选择是使用层次聚类得到排序，这是下一个例子中所做的。

例 8.6

以熟悉的鸢尾花数据集为例。把三类鸢尾花数据放到一个矩阵中并随机排列行，其数据图像如图 8.9(a)所示。在图像中可以看到四个变量为列或垂直带，但没有看到任何表明观测值组别的水平带。

```
load iris
% 保存在同一矩阵中
data = [setosa;versicolor;virginica];
% 随机排序数据
data = data(randperm(150),:);
% 构建数据图像
imagesc( − 1 ∗ data)
colormap(gray(256))
```

现在使用全连接的凝聚聚类分类方式处理数据。为了得到排序，绘制有 n 个叶节点的树状图。函数 dendrogram 的输出参数 perm，根据树的不同方向，提供观测值从左到右或者从上到下的顺序，用这个参数来重新排列数据点。

```
% 现在用层次聚类和树状图获得排序
Y = pdist(data);
Z = linkage(Y,'complete');
% 同时绘制树状图和数据图像
figure
subplot(1,2,1)
[H, T, perm] = dendrogram(Z,0,'orientation','left');
axis off
subplot(1,2,2)
% 需要翻转矩阵,显示为图像
imagesc(flipud( − 1 ∗ data(perm,:)))
colormap(gray(256))
```

图 8.9(b)为重新排序的数据图像和相关的树状图。现在可以看到三个水平带，表明存在三个组别。然而，每个鸢尾花类有 50 个观测值，一些数据可能是错误地聚类在一起了。

就像在例 8.6 中看到的，数据图像和树状图一起，被广泛应用于基因表达分析的文献中。然而，其名称并不被人熟知。现在展示了如何应用数据图像的概念，使用 Ling 的方法确定数据集中的类别。

例 8.7

本例使用来自例 8.4 的数据(主题 6 和主题 9)来说明数据图像的概念如何用于点间相异度矩阵。提取想要处理的主题后，用 pdist 和 squareform 函数计算距离矩阵，图 8.10(a)

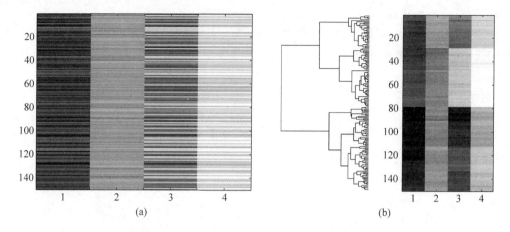

图 8.9 (a)图中的数据图像是鸢尾花数据,其观测值已经随机排序,类别或水平带并不明显,按照层次聚类的结果重新排列数据,实现了数据图像概念;重新排列数据的数据图像和相应的树状图显示在(b)图中,三个水平带或类别现在很容易看到

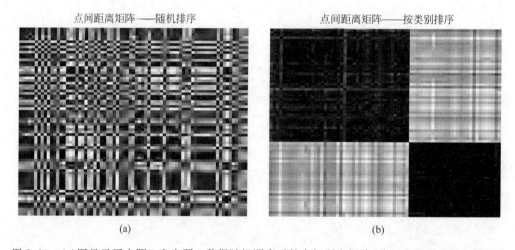

点间距离矩阵——随机排序   点间距离矩阵——按类别排序

图 8.10 (a)图显示了主题 6 和主题 9 数据随机顺序时的点间距离矩阵,分组或类别的存在是很难辨别的,接下来,根据所希望的方法将数据进行聚类,然后重新排列这些数据点,使得同一组中的观测值在距离矩阵中相邻;(b)图显示这个重新排列的矩阵,可以清楚地看到这两个分组

显示此图像。本例随机排序了数据,因此,很难分辨类的结构或者类。代码如下:

```
% 继续使用例 8.4 中同样的数据
% 只用主题 6 和主题 9
ind = find(classlab == 6);
ind = [ind; find(classlab == 9)];
n = length(ind);
clabs = classlab(ind);
```

```
data = XX(ind,:);
% 随机排序数据,查看点间矩阵矩阵图像
data = data(randperm(n),:);
Y = pdist(data);
Ys = squareform(Y);
imagesc(Ys);
colormap(gray(256))
title('Interpoint Distance Matrix - Random Order')
axis off
```

现在必须得到一些分类,将使用层次聚类,并指定两个分组,得到类别标签。然后排序距离,这样同组的观测值相互靠近,重新绘制距离矩阵为一个图像。

```
% 现在使用 Ling 方法
% 首先要得到分隔或者聚类
Z = linkage(Y,'complete');
% 现在根据聚类,得到排序
T = cluster(Z,'maxclust',2);
% 排序,这样同一类别的点相互靠近
[Ts,inds] = sort(T);
% 排序距离矩阵,重新绘制
figure
imagesc(Ys(inds,inds))
title('Interpoint Distance Matrix - Cluster Order')
colormap(gray(256))
axis off
```

本图像在图 8.10(b) 中显示。现在可以清楚地看到沿着对角线的两个类别。

8.6 总结与深入阅读

聚类的主要目的之一是组织数据,因此,用图形化工具来展示这些方法的结果是很重要的。这些展示应使分析师能够发现数据分组是否说明了一些潜在的结构。同样重要的是,如果数据中不存在真正的结构,那么聚类显示应该能够表明这个事实。本章中的聚类可视化技术应该能够使分析师更好地探索、评估和理解层次聚类的、基于模型聚类的或 k 均值聚类等等方法的结果。

也有人提出一些树状图的增强算法。一个是树状图的推广,称为 espaliers[Hansen, Jaumard 和 Simeone,1996]。比如在垂直树状图中,espaliers 使用水平线长度编码类别的另一个特征,比如直径。其他一些用于评估和解释聚类的图形参见 Cohen 等人的文献[1977]。

Johnson 和 Shneiderman[1991]提供其他类型的树图示例。一个是嵌套树图,每个子矩形的周围有一些空白区域,嵌套的性质显而易见,但在可视化边界时会浪费一些显示空间;

他们也展示了维恩树状图(Venn diagram treemap),图中各个分组以嵌套的椭圆形显示。

树图广泛用于计算机科学中磁盘驱动器的目录结构可视化。树图的几个扩展版本也开发出来。这些包括 cushion 树图[Wijk 和 Wetering,1999]、正方形化树图[Bruls,Huizing 和 Wijk,2000]。cushion 树图保持了填充式树图的基本结构,但它们补充了面高度和阴影,来提供对层次结构的额外观察。正方形化树图方法试图(尽可能地)以正方形代替矩形,防止出现瘦长的矩形,但这在某种程度上牺牲了对嵌套结构的视觉理解。

Marchette 和 Solka[2003]利用数据图像在数据中发现离群数据点。他们把这个概念应用于点间距离矩阵,把行或者列作为观测值。这些观测值用一些层次聚类的方案处理,并且相应的行和列次序也打乱了。异常值显示为一个黑体的 V 字或者交叉符号(根据色彩标尺)。

其他一些文献中也讨论了数据排序对帮助探索和理解数据的重要性。这方面的最近讨论出现在 Friendly 与 Kwan[2003]的文献中,他们勾勒出视觉显示中排序信息的通用框架,包括表格和图形。他们展示了这些基于效果的排序数据图像可以如何用于发现数据中的模式、趋势和异常。

练习

8.1 查看 dendrogram 函数的帮助文档,了解输入可选参数"colorthreshold"。用这个选项重做例 8.1。

8.2 比较树状图、树图、矩形图和 ReClus 可视化技术。它们各自的优势和不足之处是什么?对这些方法用于大数据集的有效性予以评论。

8.3 为例 8.1 中 leukemia 数据集的 15 个类别绘制 ReClus 图(不带和带有类别标签),与之前的层次可视化技术作比较。

8.4 重做例 8.3,使用距离入口参数指定在矩形图上显示的类别数量。

8.5 对于以下数据集,使用一种恰当的层次聚类方法和在本章中介绍的可视化方法进行处理,分析结果。

(1) geyser;

(2) singer;

(3) skulls;

(4) sparrow;

(5) oronsay;

(6) 基因表达数据集。

8.6 使用来自例 8.4 和例 8.5 的矩阵 **XX**(由 ISOMAP 压缩)的所有数据,重做例 8.7。使用层次聚类或者 k 均值方法,要求分为 16 类。有聚类的依据吗?

8.7 将例 8.7 的方法用于处理鸢尾花数据。

8.8 使用其他的 BPM 数据集重做例 8.4、例 8.5 和例 8.7,报告结果。

8.9　对于基于模型的聚类分类，用轮廓值重做例8.4。

8.10　使用其他类型的层次聚类方法重做例8.5。比较结果。

8.11　用 k 均值或者基于模型的聚类处理以下数据集，用 ReClus 方法可视化并分析结果。

（1）skulls；

（2）sparrow；

（3）oronsay（两种分类）；

（4）BPM 数据集；

（5）基因表达数据集。

8.12　观察图 8.9 的数据图像，评论哪种变量最有利于分类鸢尾花数据。

第 9 章

分 布 图 形

本章将展示分布图形可视化的多种方法。探索性数据分析对分布图形的可视化能力是很重要的,原因如下:首先,它可以汇总数据集,更好地理解像形状、分布或者位置特性。相应地,这些信息可以用来表明数据变换或者数据概率模型;其次,能够用这些方法验证模型假设,比如对称性、正态性等。本章展示了一元和二元分布的几项可视化技术,包括一维和二维直方图、箱线图、分位数图、袋状图和测距仪箱线图。

9.1　直方图

直方图,使用垂直的线条用视觉方式传达数据分布,以图形化的方式概括或者描述数据集。它们很容易构造和计算,因此可用于大规模数据集。在本小节中,描述几种直方图,包括频率和相对频率直方图,以及一种密度直方图。

9.1.1　一元直方图

构建频率直方图,首先要建立一组覆盖全部数据范围的分组或者间隔。重要的是,这些分组等距且不相互重叠,这样就可以对落入各个分组的观测值进行计数。为了观看这些信息,在每个分组位置放置一个条形图,其高度对应于频率。相对频率直方图是将分组的高度映射为观测值落入各个分组的相对频率。

MATLAB 基础包有一个计算并绘制一元频率直方图函数——hist。在下面例子中,展示了怎样用这个函数构造两种直方图。

例 9.1

本例中,观察频率和相对频率这两种一元直方图。使用 MATLAB 命令获得简单直方图,命令如下:

```
load galaxy
% "hist"函数返回分组中心和频率
% 用默认分组数——10
[n, x] = hist(EastWest);
```

```
% 使用参数 width = 1 绘制邻接的条形
bar(x,n,1,'w');
title('Frequency Histogram - Galaxy Data')
xlabel('Velocity')
ylabel('Frequency')
```

注意,如果调用 hist 函数时没有输出参数,那么函数会根据基于默认的分组数量(10组)构建并绘制直方图。使用第一个选项,提取分组位置和分组频率,这样我们就可以用下列代码获得相对频率直方图:

```
% 现在建立一个相对频率直方图
% 用全部点数除各个分组的数据点数
% 我们用 bar 绘图
bar (x,n/140,1,'w')
title('Relative Frequency Histogram - Galaxy Data')
xlabel('Velocity')
ylabel('Relative Frequency')
```

图形如图 9.1 所示。注意两种类型的直方图形状是类似的,但竖轴标度不同。从直方图形状来看,假设数据是正态分布(对当前分组方式而言)是合理的。

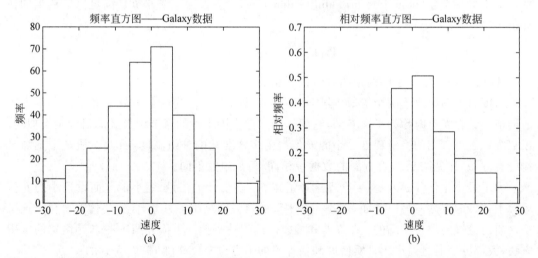

图 9.1 (a)图显示了落入各个分组的观测值数量,(b)图显示了相对频率(注意,直方图的分布形状是相同的,但竖轴标度数值不同)

使用频率或相对频率直方图的一个问题是,它们并不表达有意义的概率密度,因为条形图表示的全部区域面积之和并不等于 1。这一点可以通过把相对频率直方图和对应的正态分布重合观察到,如图 9.2 所示。然而,它们在快速获得数据分布的描述方面很有用。

密度直方图是将直方图标准化,使曲线下面积(由条形图的高度表示)为 1。密度直方图由下面等式给出:

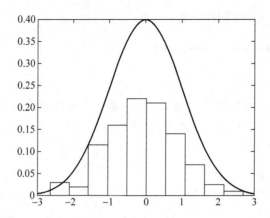

图 9.2 本图显示标准正态分布数据的相对频率直方图(注意曲线比直方图高,表明直方图并非有效的概率密度函数)

$$\hat{f}(x) = \frac{v_k}{nh}, \quad x \in B_k \tag{9.1}$$

其中 B_k 表示第 k 个分组,k 表示落入第 k 个分组的观测值数量,h 表示组宽度。既然是为了估计真实概率密度(bona fide probability density),希望得到一个非负且满足以下约束的估计值:

$$\int_{-\infty}^{\infty} \hat{f}(x)\mathrm{d}x = 1$$

式(9.1)满足这个条件的证明留给读者做练习。

密度直方图取决于两个参数:分组的原点 t_0 和组宽 h。这两个参数定义了构造直方图的网格。组宽 h 有时称为平滑参数,它的作用与散点图平滑的章节中提及的目的是类似的。组宽决定了直方图的平滑程度。小的 h 值产生多样变化的分组高度,而大 h 值产生更加平滑的直方图,详见图 9.3,直方图的数据源相同,但是组宽不同。

为了最小化估计误差,需要合理选择组宽 h。在估计中,为了缩小偏差而设置小的 h 值增大了估计的方差。另一方面,创建一个平滑的直方图缩小了方差,代价是偏差恶化。这又是之前讨论过的那种熟悉的:在方差和偏差之间保持平衡。下面介绍一些选择组宽的常用方法,大部分是通过最小化真实密度和估计值的平方误差[Scott,1992]得到的。

直方图组宽的选择方法主要有:

(1) Sturges 规则

$$k = 1 + \log_2 n \tag{9.2}$$

其中,k 是分组数量。组宽 h 是用数据范围除以分组数 k 得到的[Sturges,1926]。

(2) 正态参考规则——一维直方图

$$\hat{h}^* = \left[\frac{24\sigma^3 \sqrt{\pi}}{n} \right]^{\frac{1}{3}} \approx 3.5 \times \sigma \times n^{\frac{-1}{3}} \tag{9.3}$$

Scott[1979,1992]提出把样本标准差作为式(9.3)的 σ 估计值,得到以下组宽规则。

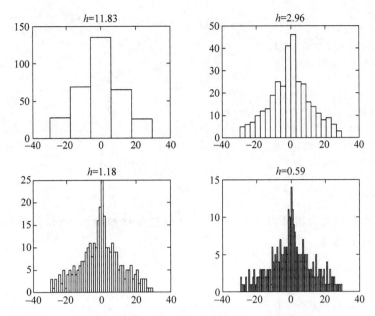

图 9.3　这些是例 9.1 中 galaxy 数据的直方图（注意对于更大的组宽，只有一个峰值，当平滑参数变小时，直方图显示出更多变化，欺骗性的尖峰在直方图估计中出现）

（3）Scott 规则

$$\hat{h}^* = 3.5 \times s \times n^{\frac{-1}{3}}$$

（4）Freedman-Diaconis 规则

$$\hat{h}^* = 2 \times IQR \times n^{\frac{-1}{3}}$$

这个鲁棒性规则由 Freedman 和 Diaconis[1981]提出，使用四分位距（interquartile range，IQR）而不是样本标准差。

结果是，如果数据是偏态分布或者重尾分布（heavy-tailed），应用正态参考规则会导致组宽过大。对偏态分布数据，Scott[1979，1992]推导出如下修正系数：

$$\text{skewness 因子} = \frac{2^{1/3}\sigma}{e^{5\sigma^2/4}(\sigma^2+2)^{1/3}(e^{\sigma^2}-1)^{1/2}} \tag{9.4}$$

如果怀疑数据是偏态分布的，那么正态参考规则的组宽需要乘以式（9.4）给出的修正系数。

至此，仅从可视化的角度讨论了直方图。可能也需要在给定点 x 的密度估计，就像将在下一部分箱线图看到的那样。对于给定点 x，可以使用式（9.1）确定其密度估计值。可以把数据集中落入相同分组的观测值数量作为 x，乘以 $1/(nh)$，得到 $\hat{f}(x)$ 的值。

例 9.2

本例中，给出 MATLAB 代码，用以计算给定点 x 的估计值 $\hat{f}(x)$。使用前例中的相同数据，用 Sturges 规则估计分组数。

```
load galaxy
n = length(EastWest);
% 使用 Sturges 规则获得分组数
k = round(1 + log2(n));
% 数据分组
[nuk,xk] = hist(EastWest,k);
% 得到分组宽度
h = xk(2) - xk(1);
% 绘制密度直方图
bar(xk, nuk/(n * h), 1, 'w')
title('Density Histogram - Galaxy Data')
xlabel('Velocity')
```

这段代码生成的直方图见图 9.4。注意：要调整 hist 的输出，确保估计的是真实密度。估计 $x_0 = 0$ 处的函数值。

```
% 现在在点 x0 返回一个估计值
x0 = 0;
% 寻找所有小于 x0 的分组中心
ind = find(xk < x0);
% xo 应该在下面两个分组中心之间
b1 = xk(ind(end));
b2 = xk(ind(end) + 1);
% 放在更近的分组中
if (xo - b1) < (b2 - x0)        % 然后放在第一个分组中 bin
    fhat = nuk(ind(end))/(n * h);
else
    fhat = nuk(ind(end) + 1)/(n * h);
end
```

结果是 fhat = 0.0433。参照图 9.4，可见这是正确的估计值。

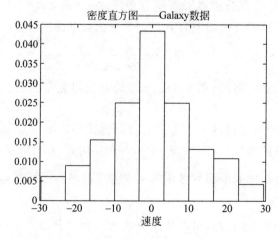

图 9.4　本图显示了 Galaxy 数据的密度直方图

9.1.2 二元直方图

一元直方图很容易扩展到多元直方图,但是本书中,聚焦在二元直方图。二元直方图定义为:

$$\hat{f}(\boldsymbol{x}) = \frac{v_k}{n h_1 h_2}, \quad \boldsymbol{x} \in B_k \tag{9.5}$$

其中,v_k 是落入二元分组 B_k 的观测值数量,h_i 是沿着第 i 个坐标轴的分组组宽。这样,概率密度估计由落入相同分组的观测值数量除以样本数量和组宽得到。

和一元直方图一样,必须确定组宽。Scott[1992]提出以下多元正态参考规则。

正态参考规则——多元直方图,如下:

$$h_i^* \approx 3.5 \times \sigma_i \times n^{\frac{-1}{2+p}}, \quad i = 1, 2, \cdots, p \tag{9.6}$$

注意,当 $p=1$ 时,这个表达式简化为一元正态参考规则(式(9.3))。像之前那样,基于数据,可以估计一个适当的 σ_i。

例 9.3

回看例 7.11 使用的数据,展示二元直方图。记住,首先使用等距映射(ISOMAP)和近似性度量 L_1 方法把 BPM 数据降到二维。上述操作的代码重写如下:

```
load L1bpm
% 用 Isomap 降维
options.dims = 1:10;          % 给 ISOMAP
options.display = 0;
[Yiso, Riso, Eiso] = isomap(L1bpm, 'k', 7, options);
% 输出数据
XX = Yiso.coords{2}';
inds = find(classlab == 8 | classlab == 11);
x = [XX(inds,:)];
[n,p] = size(x);
```

使用正态参考规则确定数据的密度直方图。

```
% 需要分组中心
bin0 = floor(min(x));
% 对于 p = 2,分组宽度 h:
h = 3.5 * std(x) * n^( - 0.25);
% 计算分组数
nb1 = ceil((max(x(:,1)) - bin0(1))/h(1));
nb2 = ceil((max(x(:,2)) - bin0(2))/h(2));
% 计算分组边缘
t1 = bin0(1):h(1):(nb1 * h(1) + bin0(1));
t2 = bin0(2):h(2):(nb2 * h(2) + bin0(2));
[X,Y] = meshgrid(t1,t2);
% 计算分组频率
[nr,nc] = size(X);
```

```
vu = zeros(nr - 1, nc - 1);
for i = 1:(nr - 1)
  for j = 1:(nc - 1)
      xv = [X(i,j) X(i,j+1) X(i+1,j+1) X(i+1,j)];
      yv = [Y(i,j) Y(i,j+1) Y(i+1,j+1) Y(i+1,j)];
      in = inpolygon(x(:,1),x(:,2),xv,yv);
      vu(i,j) = sum(in(:));
  end
end
% 计算适当的分组高度
Z = vu/(n * h(1) * h(2));
% 绘制为条形
bar3(Z,1,'w')
```

直方图在图 9.5 中显示,用另外一些 MATLAB 代码显示有意义的坐标轴标注。请参见这个例子的 M 文件,并对照代码的操作。统计工具箱(Statistics Toolbox)包含一个函数 hist3,其功能为构造二元数据直方图。

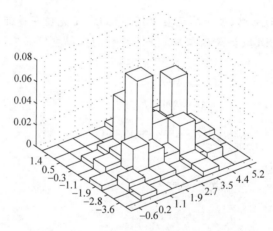

图 9.5　这是主题 8 和主题 11 数据的直方图,正态参考规则用于确定组宽,请参见图 7.18 中相应的散点图

9.2　箱线图

箱线图(有时称为盒须图,box-and-whisker diagrams)已经使用了很多年[Tukey, 1977]。在像中值这种汇总统计量、数据分布研究,以及用一元信息补充多元显示等等可视化应用方面,箱线图是很出色的方式。Benjamini[1988]勾画出箱线图的如下特性,使其显示出价值:

(1) 以数据统计可视化方式,即时展现样本的位置、分布、偏态和拖尾信息;

(2) 箱线图展示尾部的观测值信息,比如可能的离群值;

（3）箱线图可以并排放置，比较几个数据集的分布情况；

（4）箱线图构造方便；

（5）对于统计用户而言，箱线图容易解释和理解。

在本节中，首先介绍基本箱线图，然后是几个加强版本箱线图和变体，包括变宽度箱线图、统计直方图和百分位数箱线图。

9.2.1　基本箱线图

在描述箱线图之前，需要定义一些术语。本质上，构造一个完整的箱线图，需要数据集的三个统计量：样本四分位数 $q(0.25)$、$q(0.5)$ 和 $q(0.75)$。这些样本四分位数基于样本分位数，定义如下[Kotz 和 Johnson,1986]：

给定数据集 $x_1,x_2,\cdots,x_n$，按从小到大的顺序排列数据，称为顺序统计量，表示为 $x_{(1)}$，$x_{(2)},\cdots,x_{(n)}$。一个随机样本的 $u(0<u<1)$ 分位数 $q(u)$ 是样本数据区间的一个值，该数据的（近似的）分数值 u 小于等于 u。

由 $q(0.25)$ 表示的分位数也称为下四分位数，大约 25% 的数据小于或者等于这个数。$q(0.5)$ 分位数就是中值，$q(0.75)$ 分位数是上四分位数。我们需要定义分位数 $q(u)$ 中的 u，对于尺寸为 n 的随机样本，使得：

$$u_i = \frac{i-0.5}{n} \qquad (9.7)$$

式（9.7）中的 u_i 形式是有些主观的[Cleveland,1993]，是对 $u_i(i=1,2,\cdots,n)$ 的定义。如果给定 u_i 和 $q(u_i)$，那么可以通过内插或者外插值扩展到 $u(0<u<1)$ 的所有值。在下一部分将讨论分位数的更多细节。

不同的软件对四分位数的定义各有不同。Frigge、Hoaglin 和 Iglewicz[1989] 的研究描述了一些常见的统计软件比如 Minitab、S、SAS、SPSS 等，是如何计算四分位数的。他们给出了四分位数的 8 个定义，并展示了其箱线图的不同。本书使用的是 Tukey[1977] 定义的 standard fourths 或者 hinges。

寻找四分位数的步骤如下：

1. 从小到大进行数据排序。

2. 确定中值 $q(0.5)$，它在排序中位于 $(n+1)/2$ 位置：

（1）如果 n 是奇数，中值是中间数据点。

（2）如果 n 是偶数，中值是两个中间数据点的平均值。

3. 确定下四分位数，就是小于或等于（步骤 2 的）中值的那些数据的中值：

（1）如果 n 是奇数，那么 $q(0.25)$ 是排序位置 $1\sim(n+1)/2$ 的数据的中值；

（2）如果 n 是偶数，那么 $q(0.25)$ 是排序位置 $1\sim n/2$ 的数据的中值。

4. 确定上四分位数，它大于或者等于（步骤 2 的）中值的那些数据的中值：

（1）如果 n 是奇数，那么 $q(0.75)$ 是排序位置 $(n+1)/2\sim n$ 的数据的中值；

（2）如果 n 是偶数，那么 $q(0.75)$ 是排序位置 $n/2+1\sim n$ 的数据的中值。

这样,可以看到下四分位数是数据集下半部分的中值,上四分位数是数据集上半部分的中值。在例 9.4 中展示用 MATLAB 计算四分位数。

例 9.4

本例使用 geyser 数据集展示如何用 MATLAB 代码确定四分位数。这些数据是黄石国家公园里老实泉间歇喷发的时间间隔(分钟)。

```
load geyser
% 先排序数据
geyser = sort(geyser);
% 获取中值
q2 = median(geyser);
% 首先计算 n 是奇数还是偶数
n = length(geyser);
if rem(n,2) == 1
    odd = 1;
else
    odd = 0;
end
if odd
    q1 = median(geyser(1:(n+1)/2));
    q3 = median(geyser((n+1)/2:end));
else
    q1 = median(geyser(1:n/2));
    q3 = median(geyser(n/2:end));
end
```

样本四分位数是 59、76、83。在练习中,要求读者通过观察直方图等图形验证这些分位数的意义。我们提供一个函数 quartiles 以实现一般应用。

回忆统计学导论中的内容,样本的四分位距(interquartile range,IQR)是样本的第一和第三四分位数之差,涵盖了中间 50% 的数据。表达如下:

$$IQR = q(0.75) - q(0.25)$$

需要再定义两个分位数,以确定那些潜在的离群观测值,分别是下限(lower limit,LL)和上限(upper limit,UL),由 IQR 计算如下:

$$LL = q(0.25) - 1.5 \times IQR$$
$$UL = q(0.75) + 1.5 \times IQR$$

(9.8)

这个界限以外的观测值是潜在离群值。换句话说,小于 LL 值或者大于 UL 值的观测值标记为关注点,因为它们位于大部分数据的外围。临界值是位于数据集上下边界内的极端观测值。如果没有潜在离群值,那么临界值只是数据点的最大和最小值。

因为各个软件对四分位数的定义不同,所以其离群值的定义也可能不同。某些情况下,在式(9.8)中用一个乘数而不是 1.5,又会产生不同的箱线图。Hoaglin、Iglewicz 和 Tukey[1986]研究了这个问题,指出这个定义如何影响箱线图显示的离群值数量。

起初的箱线图由 Tukey 定义,并不像现在这样包括离群值的显示。Tukey 称这种带离群值的箱线图为 schematic plot。现在,在大部分统计软件包(和教科书)中,默认采用这种箱线图,下面对此箱线图进行具体描述。

构建箱线图,在三个四分位数位置放置三条水平线,在边缘绘制垂直线形成箱形。然后,从第一四分位线延伸一条线到最小临界值,同样对第三分位线和最大临界值执行同样的操作。这些线有时称为须线。最后,任何可能的离群值以星号或者其他符号表示出来。图 9.6 显示并标注了箱线图的各部分。

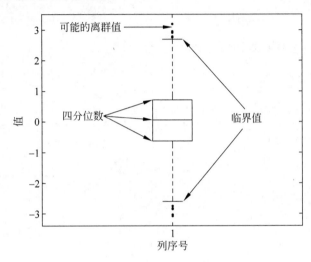

图 9.6　带有可能离群值的箱线图

不同的一元样本箱线图可以绘制在一起比较分布情况,除去垂直绘制,它们也可以水平绘制。

例 9.5

现在展示如何自己编写程序,绘制 software 数据中的 defsloc 这个数据变量的箱线图,因为这个数据变量有一些潜在的离群值。首先,载入数据,并用对数变换。

```
load software
% 计算数据对数
x = log(sort(defsloc));
n = length(x);
```

下一步,确定四分位数、四分位距和上下边界值。

```
% 先计算四分位数
q = quartiles(x);
% 计算四分位间距
iq = q(3) - q(1);
% 计算离群值边界
UL = q(3) + 1.5 * iq;
```

```
LL = q(1) - 1.5 * iq;
```

以下代码寻找边界以外的观测值：

```
% 计算任何的离群值
ind = [find(x > UL); find(x < LL)];
outs = x(ind);
% 计算临界值.寻找那些不是离群值的点
inds = setdiff(1:n,ind);
% 计算最大值和最小值
adv = [x(inds(1)) x(inds(end))];
```

现在全部分位数已经齐备,可以画图了。

```
% 现在绘制所需的部分
% 绘制四分位数
plot([1 3],[q(1),q(1)])
hold on
plot([1 3],[q(2),q(2)])
plot([1 3],[q(3),q(3)])
% 绘制箱形边缘
plot([1 1],[q(1),q(3)])
plot([3 3],[q(1),q(3)])
% 绘制须线
plot([2 2],[q(1),adv(1)],[1.75 2.25],[adv(1) adv(1)])
plot([2 2],[q(3),adv(2)],[1.75 2.25],[adv(2) adv(2)])
% 绘制有符号的离群值
plot(2 * ones(size(outs)), outs, 'o')
hold off
axs = axis;
axis([-1 5 axs(3:4)])
set(gca,'XTickLabel','')
ylabel('Defects per SLOC (log)')
```

图 9.7 显示了箱线图,可见其分布并非完全对称的。

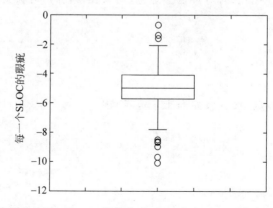

图 9.7　本图显示了 software 数据集中,每一个 SLOC(日志中)瑕疵的数量

本节提供一个函数 boxp,构建箱线图,也包括以下讨论的一些衍生功能。MATLAB 统计工具箱也有一个箱线函数,读者可以据此在练习中做探索。

9.2.2 基本箱线图的变形

现在讨论前面基本箱线图的变形及其增强功能。当想要理解中值之间的不同含义时,可以使用带有槽口(notches)的箱线图[McGill,Tukey 和 Larsen,1978]。箱线图两边的槽口表示趋中性(central tendency)的不确定性,提供了数值之间显著性的粗略量度。如果槽口表示的间隔不重合,那么有证据表明中值显著不同。MATLAB 统计工具箱函数 boxplot 可以绘制带槽口的箱线图,在练习中有解释说明。

Vandervieren 和 Hubert[2004]为偏态分布提供了一个鲁棒性版本的箱线图。偏态分布中,很多数据都归类为离群值。他们的"广义"箱线图有一个鲁棒性的偏态量度,用来确定须线。他们表明,调整后的箱线图提供的数据分布表达比基础箱线图更加准确。附录 B 中提供了下载此函数和其他鲁棒性分析方法的信息。

另一个箱线图的增强版本也来自 McGill,Tukey 和 Larsen[1978],称为变宽度箱线图,它集成了样本数量的度量。不像基础箱线图是等宽度的,可以让宽度与 n 的函数成正比。McGill,Tukey 和 Larsen 推荐使用与 n 的平方根成正比的宽度,并将此定为标准。他们也提出其他方法,比如让宽度直接正比于样本数量或者使用 logit 度量(logit scale)。

Benjamini[1988]使用箱线图的宽度传达数据分布密度而非数量信息。他提供两种箱线图来实现这个想法:histplot 和 vaseplot。在 histplot 中,三个分位数的宽度与对应的三个位置的联合密度估计值(an estimate of the associated density)成正比。在实现上,他使用了密度直方图,但也可使用其他任何密度估计方法。然后,他把这个方法扩展为:各个分位点上盒子宽度与密度估计值成正比,称为 vaseplot,因为形似花瓶。在这些图中,不能再使用槽口显示中值的置信区间,因此 Benjamini 使用有阴影的条形图。这些扩展形式只调整箱子的宽度,须线保持不变。

百分位数箱线图(box-percentile plot)也使用箱线图的边缘传达全部数值范围内的数据分布信息[Esty 和 Banfield,2003]。他们不再绘制须线或者离群值,因此不存在如何定义箱线图这些特征的歧义。

为了构建百分位数箱线图,可以按照下面方法做。从最小值到第 50 百分数,"箱子"的宽度与该高度的百分位数成正比。第 50 百分数以上,宽度与 100 减去该百分位数的值成正比。百分位数箱线图中间宽度大,就像箱线图一样,但离中间位置越远,就越窄。

现在描述其详细过程。w 是百分位数箱线图的最大宽度,是中值处的宽度。取得随机观测值 $x_{(1)},x_{(2)},\cdots,x_{(n)}$ 的顺序统计量。然后,用以下方法绘制百分位数箱线图的两侧图形:

(1)对于小于等于中值的 $x_{(k)}$,在垂直对称轴的两侧,距离 $kw/(n+1)$ 和高度 $x_{(k)}$ 的位置绘制观测值;

(2)对于大于中值的 $x_{(k)}$,在对称轴两侧,高度 $x_{(k)}$ 和距离 $(n+1-k)w/(n+1)$ 的位置绘制观测值。

在下一个例子中展示百分位数箱线图和 histplot。构建变宽度箱线图留给读者做练习。

例 9.6

使用与 Esty 和 Banfield[2003]类似的一些仿真数据集展示 histplot 和百分位数箱线图。本书没有他们所使用数据的确切分布模型,但尽量重现这些数据。第一个数据集是标准正态分布。第二个是在区间[−1.2, 1.2]的均匀分布数据集,有一些接近−3 和 3 的离群值。第三个是三峰随机样本数据集。这三个数据集有类似的四分位数和数据范围,正如图 9.8 箱线图所示。生成样本数据的代码如下(我们的数据保存在 MAT 文件中供使用):

```
%生成标准正态数据
X(:,1) = randn(400,1);
%生成均匀分布数据
tmp = 2.4 * rand(398,1) − 1.2;
%添加一些离群值
X(:,2) = [tmp; [−2.9 2.9]'];
tmp1 = randn(300,1) * .5;
tmp2 = randn(50,1) * .4 − 2;
tmp3 = randn(50,1) * .4 + 2;
X(:,3) = [tmp1; tmp2; tmp3];
save example96 X
```

在图 9.8 中并列显示箱线图,以 MATLAB 统计工具箱的有长须线的 boxplot 函数绘制,因此没有显示离群值。

```
%以下来自统计工具箱
figure,boxplot(X,0,[],1,10)
```

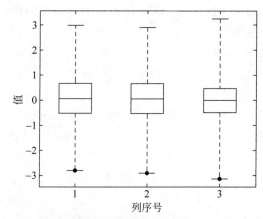

图 9.8 本图显示了例 9.6 生成数据的箱线图,第一列是标准正态分布,第二列是在−3 和 3 附近有离群值的均匀分布,第三列是三峰分布(注意,这些分布在这组箱线图中看起来差别不大)

在 histplot 图中，可以获得分布的更多深层信息。前面提到的 boxp 函数有这个表现能力，它的其他一些功能可以在练习中尝试。

```
% 这里可以得到 histplot，该函数随书提供
boxp(X,'hp')
```

图 9.9 显示了这张图，存在的差异是显而易见的。本书提供的函数 histplot 使用一个核概率密度估计函数[Scott，1992；Martinez 和 Martinez，2007]估计四分位数处的密度值。现在显示百分位数箱线图，在函数 boxprct 中有编码实现。这个函数构建了定宽度的箱线图，也有变宽度的箱线图。帮助文档有这个函数功能的更多信息。最简单的百分位数箱线图用以下语句实现：

```
% 来看看百分位数箱线图
boxprct(X)
```

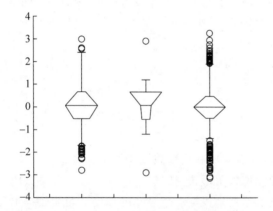

图 9.9 例 9.6 数据的 histplot 版的箱线图（现在可以在分布上看到一些差异）

如图 9.10 所示。注意，图形的两侧给我们更多分布方面的信息和洞察，它们的差异也显而易见。在百分位数箱线图中，像第二个分布中的一些离群值，在此显示为瘦而长的线。为了获得变宽度百分位数箱线图（最大宽度与 n 的平方根成正比），使用如下语句：

```
boxprct(X,'vw')
```

histplot 的一个问题是它依赖于密度估计。密度估计值高度依赖于组宽（或者是窗口宽度——对于核估计而言），这样 histplots 会随着这些参数变化而有很大差异。百分位数箱线图的好处是能更好地理解数据的分布，不必武断地设置参数——像确定离群值的边界值或者确定密度的组宽这些参数。

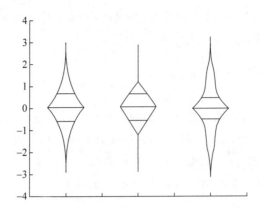

图 9.10 本图是例 9.6 仿真数据的百分位数箱线图(正态分布数据的百分位数箱线图
在中值处显示了单一模式,关于中值对称以及凹陷的边缘。均匀分布的百分
位数箱线图在两端有离群值,显示为细长的线。图形中间是钻石形,因为均
匀分布的百分位数是线性的。虽然有点难以观察,我们在最后一张图中有多
个模式,包括"山谷"处(有很少几个观测值)和两侧的峰值)

9.3　分位数图

　　作为箱线图的替代者,可以使用基于分位数的图形来比较两个样本的分布。当想比较
一个已知的理论分布和一个样本时,这也是恰当的方法。比较时,读者可能对了解它们如何
彼此相对地转变感兴趣,或者对检验模型假设比如正态分布感兴趣。

　　在本节中讨论几种分位数图形,包括概率图、分位数—分位数图(有时也称 q-q 图)和分
位数图。概率图在历史上是用来根据一个已知的理论分布比较样本分位数,比如正态分布、
指数分布等。典型地,q-q 图是用来确定两个随机变量是否来自同一分布。通过从理论分
布产生另一样本,q-q 图也可以用来比较随机样本与理论分布的样本。最后,用分位数图表
现了样本分位数的信息。

9.3.1　概率图

　　概率图绘制的是理论分位数与像样本分位数这样的顺序数据的关系,其主要目的是观
察确定数据是否是由某个理论分布产生的。如果样本分布与理论分布一致,那么就可以看
到两者的关系近似是一条直线。偏离线性关系意味着两者分布不同。

　　为了显示,在竖轴上绘制 $x_{(i)}$,在另一个轴上绘制

$$F^{-1}\left(\frac{i-0.5}{n}\right) \tag{9.9}$$

其中 $F^{-1}(\cdot)$ 是假设分布的累积分布函数的逆。如果样本与式(9.9)表示的分布相同,那么
理论分位数和样本分位数应该落在近似的直线上。正如前面讨论的,上述公式中的 0.5 可

以是其他值[Cleveland, 1993]。比如，可以用 $i/(n+1)$，参见 Kimball[1960] 的其他选择。一个广为人知的概率图例子是正态概率图，其中使用了来自正态分布的理论分位数。

MATLAB 统计工具箱有几个绘制概率图的函数。一个是 normplot，用于评估数据集来自正态分布的假设。也有一个函数 weibplot（新函数 WBLPLOT 替代其功能），比较样本数据与 Weibull 分布的数据，构建概率图。其他理论分布的概率图，可以使用以下 MATLAB 代码，替代适当的函数得到理论分位数。

统计工具箱也有几个函数，可以用来探索数据分布形态。一个是 probplot 函数，默认构建一个带有参考线的正态分布图。然而，可以通过函数入口参数 distname 指定分布。另外，在 MATLAB 命令行执行 dfittool 命令，可以获得 GUI（图形交互界面）工具来拟合分布。这个工具允许你从 MATLAB 的工作空间导入数据，拟合数据的分布，绘制分布并处理或评估不同的拟合效果。

例 9.7

本例展示了如何用 MATLAB 展示概率图，这里使用 galaxy 数据集。从之前的图形看，这些数据看起来像是正态分布的，因此用概率图检查这个假设。首先，排序样本数据，然后获得正态分布的理论分位数。结果的分位数图（原文如此，应为概率图）在图 9.11 显示。

```
load galaxy
% 我们会再次使用 EastWest 数据
x = sort(EastWest);
n = length(x);
% 计算概率
prob = ((1:n) - 0.5)/n;
% 对于一个正态分布,计算理论四分位数
qp = norminv(prob,0,1);
% 现在绘制理论四分位数和排序数据
plot(qp,x,'.')
ylabel('Sorted Data')
xlabel('Standard Normal Quantiles')
```

我们看到在图 9.11 的末端有些轻微的弯曲，表明有点偏离正态。然而，这张图只是探索性的，结论是主观的。数据分析师应该使用统计推断方法（比如，拟合优度测试），评估任何偏离理论分布的显著性。

9.3.2 q-q 图

q-q 图最初是由 Wilk 和 Gnanadesikan[1968] 提出，是通过图形观察分位数来比较两个数据集的分布。这两个分布可以全部是或者分别是经验分布和理论分布。因此，概率图是 q-q 图的一个特例。

假设有两个包含一元变量的数据集。第一个数据集的顺序统计量为：

$$x_{(1)}, x_{(2)}, \cdots, x_{(n)}$$

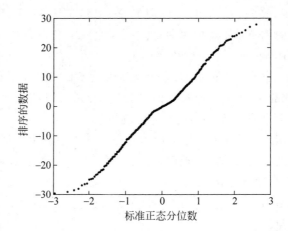

图 9.11　本图显示 galaxy 数据集中 EastWest 这个变量的概率图,其中的弯曲表明数据并非完全的正态分布

第二个数据集的顺序统计量为:

$$y_{(1)}, y_{(2)}, \cdots, y_{(m)}$$

不失一般性地,$m \leqslant n$。

在下一个例子中显示了如何构建一个 q-q 图,其中两个数据集的尺寸是相等的,即 $m=n$。这样,就直接绘制了两个数据集的样本分位数点。

例 9.8

本例生成两组正态随机变量,构造 q-q 图。为分属于不同分布的、数量不同的随机样本构造的 q-q 图在下一个例子中展示。第一个仿真数据集是标准正态的,第二个数据集的均值为 1,标准差为 0.75。

```
% 生成两个样本——同尺寸
x = randn(1,300);
% 让下一个样本有不同的均值和标准差
y = randn(1,300) * .75 + 1;
% 计算排序统计量——对样本排序
xs = sort(x);
ys = sort(y);
% 构建 q-q 图——绘制散点图
plot(xs, ys, '.')
xlabel('Standard Normal - Sorted Data')
ylabel('Normal - Sorted Data')
title('Q-Q Plot')
```

q-q 图显示于图 9.12。数据似乎来自同一分布族,因为看起来它们的关系是近似线性的。

现在看这个样本数量不等,$m<n$ 的案例。为了得到 q-q 图,我们绘制 $y_{(i)}, i=1, 2, \cdots, m$ 与另一个数据集的 $(i-0.5)/m$ 分位数。数据集 x 的 $(i-0.5)/m$ 分位数通常通过插值

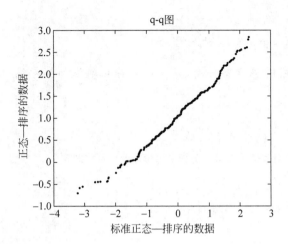

图 9.12　这是两个随机生成样本的 q-q 图,各自来自一个正态分布。正如所预期的,它们的关系是近
　　　　似线性的

获得。

　　用户应该注意 q-q 图只提供两个数据集的分布相似度的大致分析。如果样本数量小,
那么可以预料其数据分布分散,这样比较就值得怀疑。为了辅助视觉上的比较,一些 q-q 图
有一条参考线。这些线使用各自数据集的第一和第三个四分位数进行估计,然后将参考线
扩展到整个数据区域。MATLAB 的统计工具箱提供函数 qqplot,显示这个类型的 q-q 图。
下面演示如何添加参考线。

　　例 9.9

　　本例显示当样本数量不同时,如何绘制 q-q 图。使用本书提供的函数 quantileseda[①] 从
一个大的数据集中获得需要的样本分位数。然后,绘制分位数和另一个样本的顺序统计量
的关系。注意使用 polyfit 函数,根据各个数据集第一个和第三个四分位数添加了参考线。
首先产生来自不同分布的数据集。

```
% 生成一些样本数据——一个是正态分布,另一个是均匀分布
n = 100;
m = 75;
x = randn(1,n);
y = rand(1,m);
```

接着,从数据集 y 获得顺序统计量,从数据集 x 获得对应的分位数。

```
% 排序 y,这些是排序统计量
ys = sort(y);
% 现在用 x 计算关联的四分位数
% 四分位数的概率
```

---

　　① 统计工具箱也有类似的函数 quantile 和 prctile,用来计算样本分位数和百分位数。

```
p = ((1:m) - 0.5)/m;
%下一个函数
xs = quantileseda(x,p);
```

现在,可以构建图形,基于第一个、第三个四分位数添加参考线,以利于分析线性关系特性。

```
%绘图
plot(xs,ys,'.')
%生成参考线,用各自数据集的第一个和第三个四分位数绘制线
qy = quartiles(y);
qx = quartiles(x);
[pol, s] = polyfit(qx([1,3]),qy([1,3]),1);
%在图上添加线
yhat = polyval(pol,xs);
hold on
plot(xs,yhat,'k')
xlabel('Sample Quantiles - X'),
ylabel('Sorted Y Values')
hold off
```

由图 9.13 可见,数据并不是来自同一分布,因为其关系不是线性的。

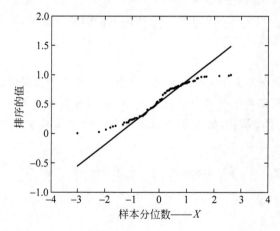

图 9.13　本图显示了例 9.9 的 q-q 图,x 值正态分布,$n=100$,y 值均匀分布,$m=75$,图中可见这些数据不属于同一分布

到目前为止,我们所讨论的基于分位数的 q-q 图的主要优势是:它们并不需要两个样本(或者样本和理论分布)处于相同位置,有同样的尺度参数(have the same location and scale parameter)。如果分布相同,但位置或者尺度不同,那么,q-q 图仍然会绘制出直线。将会在后面的练习中探索。

9.3.3 分位数图

Cleveland[1993]描述了另一个版本的基于分位数的图形,称之为分位数图。数据包括沿着横轴的 u_i 值(式(9.7))和沿着纵轴的顺序数据 $x_{(i)}$。将这些顺序数据对绘制成点,由直线连接。当然,这与之前的概率图或者 q-q 图相比,并不具有相同的含义或传达同样的信息。这种分位数图提供一种数据分布的最初形态,这样就可以寻找不同的结构或行为。本书也获得了样本分位数的一些信息及其与剩余数据的关系信息。这类描述在下个例子中讨论。

例 9.10

本例使用 Cleveland[1993]的数据集,包含了纽约合唱协会演唱者的高度(英寸)数据。下面的 MATLAB 代码为数据 Tenor_2 构建了分位数图。

```
load singer
n = length(Tenor_2);
% 为 y 轴排序数据
ys = sort(Tenor_2);
% 得到相关的 u 值
u = ((1:n) - 0.5)/n;
plot(u,ys,'-o')
xlabel('u_i value')
ylabel('Tenor 2 Height (inches)')
```

图 9.14 中,四分位数值(和其他感兴趣的分位数)显而易见。

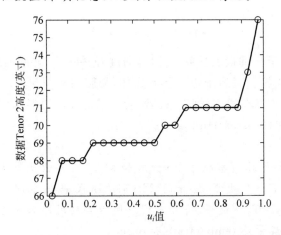

图 9.14 这是数据 Tenor_2 的分位数图,属于数据 singer 的一部分

本节讨论的基于分位数的图形有一点需要注意,就是规范。这些分位数图的一些命名在统计学书中并无统一标准。比如,Kotz 和 Johnson[Vol. 7,p. 233,1986]称分位数图为 q-q 图。

9.4 袋状图

袋状图是二元的箱线图,由 Rousseeuw、Ruts 和 Tukey[1999]提出,是之前讨论的一元箱线图的泛化。对于一个二元数据集,它使用了观测值定位深度的思想。把一元的排名或排序的思想扩展到二元,这样我们就可以像寻找一元四分位数一样确定分位数。袋状图包括以下要素:

(1) 一个袋子(bag)包含数据集内 50% 的数据,类似于 IQR;

(2) 一个"+"符号(或者其他符号)表明深度中值(depth median)(稍后解释);

(3) 一个围栏(fence)确定潜在的离群值;

(4) 一个环(loop)指出了在袋子和围栏之间的数据点。

为了绘制袋状图,需要事先定义几个概念。首先,由 Tukey[1975]引入的概念:半空间定位深度(halfspace location depth)。二元数据集中一个点 θ 的半空间定位深度定义为:在边缘线穿过 θ 的某个封闭半平面包含的最少数据点数量。然后,我们有深度区 D_k,是半空间定位深度大于等于 k 的所有 θ 点集。Donoho 和 Gasko[1992]定义了二元点云的深度中值(depth median),这个定义在大部分情况下是指最深区域(deepest region)的重心。Rousseeuw 和 Ruts[1996]提出一个搜索定位深度和深度区域(depth regions)的时间高效算法,也包含了计算深度中值(depth median)[1998]的算法。

袋子由以下列方式建立。定义 $\sharp D_k$ 是深度区域 D_k 中数据点的数量。首先,寻找 k 值满足下式:

$$\sharp D_k \leqslant \left\lfloor \frac{n}{2} \right\rfloor < \sharp D_{k-1}$$

其中,$\lfloor x \rfloor$ 是指小于等于 x 的最大整数。然后,通过 D_k 和 D_{k-1} 之间的线性插值,获得袋子,这个袋子与深度中值相关。对袋子进行膨胀操作,膨胀因素与深度中值有关,就得到了围栏,围栏以外的点标示为潜在的离群值。最后,袋状图的外围边界构成环。也就是说,环是袋子和非离群点的凸包(Convex Hull)。

例 9.11

Rousseuw、Ruts 和 Tukey 提供了 Fortran 和 MATLAB 代码来构建袋状图,参见附录 B 的下载信息。然而,一个更加友好的 MATLAB 代码版本可以由 LIBRA 工具箱 [Verboven 和 Hubert,2005][2]获得,将在本例中展示其应用。本例使用 environmental 这个数据集,关注的两个变量是 temperature 和 ozone。

```
% 首先我们载入一些用于绘图的数据
load environmental
```

---

[2] 函数 bagplot 包含在 EDA 工具箱中(获得许可),遵从网站 wis. kuleuven. be/stat/robust/LIBRA. html 所述的协议。

```
% 现在将数据组合到一起
data = [Temperature,Ozone];
```

函数 bagplot 有很多可选项,使用帮助了解其更多信息。我们在调用这个函数时使用默认值。

```
% bagplot 函数来自 LIBRA 工具箱,此处使用得到作者许可
bagplot(data)
title('Bagplot of Environmental Data')
xlabel('Temperature')
ylabel('Ozone')
```

结果图形显示于图 9.15。

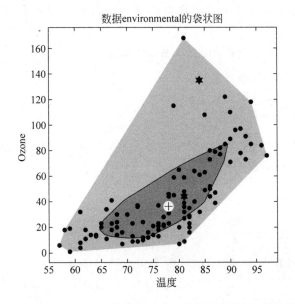

图 9.15 本图显示了 environmental 数据集中两个变量的袋状图,深度中值以带有一个圆圈的加号表示

9.5 测距仪箱线图

Becketti 和 Gould[1987]介绍了一种二元版本的箱线图,称为测距仪箱线图。这种图与二维散点图联合使用的方法,将在下一章中讨论。测距仪箱线图提供的变量 x_1 和 x_2 的信息,与一元箱线图加上散点图的信息是一样的。

测距仪箱线图显示为六条线覆盖于散点图之上的样子。三条线是水平的,另外三条线是垂直的。线的位置和长度表示中值,四分位距和各个变量的临界值。下面提供构建测距仪箱线图的细节,并在下例中显示如何构建。

测距仪箱线图构造步骤如下:

(1) 首先,构建数据的散点图;

(2) 确定变量 x_1 和 x_2 的四分位数:

$$q_{x_1}(0.25), q_{x_1}(0.50), q_{x_1}(0.75)$$

$$q_{x_2}(0.25), q_{x_2}(0.50), q_{x_2}(0.75)$$

(3) 确定各个变量的四分位距:

$$IQR_{x_1} = q_{x_1}(0.75) - q_{x_1}(0.25)$$

$$IQR_{x_2} = q_{x_2}(0.75) - q_{x_2}(0.25)$$

这些数值决定了线的长度,所有的水平线长度是 IQR_{x_1},所有垂直线长度是 IQR_{x_2};

(4) 基于各变量数据的上下限确定临界值(式(9.8)),这些值确定了边界线的摆放位置;

(5) 在 $(q_{x_1}(0.50), q_{x_2}(0.50))$ 放置一条垂直线和一条水平线,在中值处交叉;

(6) 为 x_1 在各临界值处放置垂直线;

(7) 为 x_2 在各临界值处放置水平线。

例 9.12

下面使用 oronsay 数据集的两个变量展示构建测距仪箱线图的过程。首先,载入数据,将感兴趣的数据变量放在矩阵中。

```
% 本例中使用了 oronsay 数据中的两个变量
load oronsay
X = oronsay(:,7:8);
```

现在,构建变量的散点图,如图 9.16 所示。

```
% 绘制散点图
plot(X(:,1),X(:,2),'.')
xlabel(labcol{7})
ylabel(labcol{8})
title('Oronsay Data')
% 保持图形,这样我们可以添加线
hold on
```

接着,计算各个变量的四分位数和四分位距。

```
% 为各个变量计算四分位数
qx1 = quartiles(X(:,1));
qx2 = quartiles(X(:,2));
% 计算四分位距
iqr1 = qx1(3) - qx1(1);
iqr2 = qx2(3) - qx2(1);
```

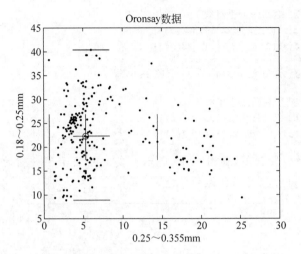

图 9.16 本图显示了来自 oronsay 数据集两个变量的测距仪箱线图（注意，这张图提供的信息与各个变量单独的箱线图提供的信息是相同的（比如，四分位距和潜在的离群值），但好处是看到了散点图中的实际数据）

再使用这些信息确定两个变量的上下限。

```
% 计算上下边界值
LL1 = qx1(1) - 1.5 * iqr1;
UL1 = qx1(3) + 1.5 * iqr1;
LL2 = qx2(1) - 1.5 * iqr2;
UL2 = qx2(3) + 1.5 * iqr2;
```

如前所述，临界值是除离群点以外的观测值极值（最大、最小值）。以下代码确定临界值。

```
% 现在计算临界值
Xs(:,1) = sort(X(:,1));
Xs(:,2) = sort(X(:,2));
ind1 = find(Xs(:,1) > LL1 & (Xs(:,1) < UL1));
adjv1 = [min(Xs(ind1,1)), max(Xs(ind1,1))];
ind2 = find(Xs(:,2) > LL2 & (Xs(:,2) < UL2));
adjv2 = [min(Xs(ind2,2)), max(Xs(ind2,2))];
```

下面将向散点图上添加测距仪箱线图的线条。首先，添加穿过中值的交叉线。

```
% 在中值位置添加十字线
plot([qx1(1),qx1(3)],[qx2(2),qx2(2)])
plot([qx1(2),qx1(2)],[qx2(1),qx2(3)])
% 在待检查的中值位置绘制一个圆圈
plot(qx1(2),qx2(2),'o')
```

添加沿水平方向变量的两条垂直临界值线。

```
% 为 x_1 在临界值处绘制两条垂直线
plot([adjv1(1),adjv1(1)], [qx2(1),qx2(3)])
plot([adjv1(2),adjv1(2)], [qx2(1),qx2(3)])
```

最后,添加沿垂直方向变量的两条水平临界值线。

```
% 为 x_2 在临界值处绘制两条水平线
plot([qx1(1),qx1(3)], [adjv2(1),adjv2(1)])
plot([qx1(1),qx1(3)], [adjv2(2),adjv2(2)])
```

测距仪箱线图叠加散点图,如图 9.16 所示。我们也显示了并列的两个一元的箱线图 (见图 9.17),读者可以比较两图传递的信息。

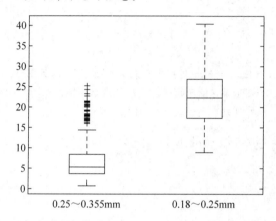

图 9.17　本图显示了在测距仪箱线图中两个变量各自的箱线图,这样读者就可以将 此图与图 9.16 比较

9.6　总结与深入阅读

本章展示了几种可视化方法,来观察连续随机变量的分布形状。最容易和最直观的方 法就是直方图和箱线图。然后讨论了这些图形的几个变形。对于直方图,本章展示了频率 直方图、相对频率直方图、密度直方图和二维直方图。箱线图的增强版本包括 histplots、百 分位数箱线图、变宽度箱线图和其他图形。最后用基于分位数的图形和一元箱线图向二维 的泛化结束了本章内容。

在概率密度估计方面有一些扩展文献,包括二元变量和多元变量。本领域最全面的书 籍来自 Scott[1992]。他讨论了直方图、频率多边形(frequency polygons)、核密度估计和平 均偏移直方图。他叙述了这些方法的理论基础,怎样选择平滑参数(比如组宽)等,和许多实 例。在这些方法的 MATLAB 实现方面,请参见 Martinez 和 Martinez[2007]。William Cleveland[1993]所著的 *Visualizing Data*,是数据可视化,包括本章讨论的基于分位数的图 形的最好的参考书。

本章仅涵盖了连续数据的基于分位数的图形。然而,这些方法对离散数据也是可行的,比如二项分布或者泊松分布。离散分布的基于分位数的 MATLAB 实现方法,可以参见 Martinez 和 Martinez[2007]。分类数据可视化的另一个资源是 Friendly[2000],使用了 SAS 软件实现。最后,推荐 Hoaglin 和 Tukey[1985]对检测离散分布形状的方法总结。

练习

9.1 用 5 分组和 50 分组重做例 9.1。与图 9.1 比较。

9.2 用 forearm 数据重做例 9.1。

9.3 对 forearm 和 galaxy 数据应用不同的分组宽度规则,讨论结果。

9.4 本章的直方图方法是 hist 函数,可以指定分组数。查看 hist 或者 histc 的帮助文档,看如何设置分组的中心。用这个选项构建指定宽度和分组中心的直方图。

9.5 使用练习 9.4 的代码,展示改变分组的起点如何影响 galaxy 数据的直方图。

9.6 使用例 9.2 的数据,使用样本均值和标准差构建正态曲线。把该曲线与直方图重叠,分析结果。

9.7 使用 surf 函数绘制例 9.3 的直方图,代码如下:

```
% 绘制曲面图
% 得到一些有意义的轴线
[XX,YY] = …
meshgrid(linspace(min(x(:,1)),max(x(:,1)),nb1), …
linspace(min(x(:,2)),max(x(:,2)),nb2));
% Z 是例 9.3 中的分组高度
surf(XX,YY,Z)
```

9.8 使用箱线图和直方图验证例 9.4 中 geyser 数据的四分位数有意义。

9.9 生成一些样本量为 $n=30, n=50$ 和 $n=100$ 的标准正态分布数据。先用函数 boxp 得到一组简单的箱线图,然后用它得到不同宽度的箱线图。以下代码会有帮助:

```
% 生成一些不同样本尺寸的标准正态数据,放到一个元胞中
X{1} = randn(30,1);
X{2} = randn(50,1);
X{3} = randn(100,1);
% 先构建一个简单箱线图
boxp(X)
% 接着得到不同宽度的箱线图
boxp(X,'vw')
```

9.10 生成一些随机数据。探讨统计工具箱里的 histfit 函数。

9.11 展示在密度直方图中条形表示的面积和为 1。

9.12 载入例 9.6(load example96)使用的数据。构建 *X* 列的直方图(12 个分组)。与箱线图和百分位数箱线图比较。

9.13 在 MATLAB 命令行输入 help boxplot,学习这个统计工具箱里的函数。并排绘制 oronsay 数据集的箱线图。须线的长度很容易通过 boxplot 的入口参数调整,尝试不同的参数值。

9.14 探索 boxplot 函数的 'notches' 选项。生成二元正态数据,其各列有相同的均值,构建这个矩阵的槽口箱线图。现在产生各列均值不同的二元正态数据,构建这个矩阵的槽口箱线图。讨论结果。

9.15 对 oronsay 数据绘制槽口箱线图,讨论结果。

9.16 生成两个数据集,他们来自不同位置和尺度参数的正态分布。绘制 q-q 图(参见例 9.9),讨论结果。

9.17 使用密度直方图重绘图 9.2,在图上添加正态曲线。讨论此图与图 9.2 的差异。

9.18 用来自例 7.11 的 BPM 数据绘制袋状图。与极平滑比较。

9.19 rootogram 是箱高度与频率平方根成正比的直方图。写一个 MATLAB 函数绘制这种直方图,使用 galaxy 数据。

9.20 重做例 9.6,绘制变宽度百分位数箱线图。

9.21 使用 MATLAB 函数 boxplot 获得以下数据集的并排的箱线图,讨论结果。绘制有和没有槽口的箱线图。

(1) skulls;

(2) sparrow;

(3) pollen;

(4) BPM 数据集(施加 ISOMAP 后);

(5) 基因表达数据集;

(6) spam;

(7) iris;

(8) software。

9.22 对练习 9.21 中的数据,绘制其他类型的箱线图。

9.23 产生均匀随机分布变量(用 rand 函数),绘制正态概率图(或者绘制其他标准正态数据的 q-q 图)。对指数分布的随机变量做同样的操作(参见统计工具箱的 exprnd 函数)。讨论结果。

9.24 用例 7.11 的 BPM 数据构建测距仪箱线图。与极平滑和袋状图比较。

第 10 章

多元可视化

　　本章主要介绍几种可视化并探索多元数据的方法。在前几章中已经看到这样一些方法。比如,在第 4 章中已经介绍了总体巡查和投影追踪法,数据维度首先降至二维,然后做散点图可视化。本章重点是如何同时可视化和探索数据的所有维度。

　　本章首先讨论象形图,然后介绍散点图,包括二维和三维以及散点图矩阵。接着,讨论了一些动态图形,比如笔刷与关联技术。这些技术能够寻找关联图形之间点的关系、删除和标记数据点、突出显示子集点。然后讲解了协同图,这种图传递了各个属性变量之间条件依赖的信息。接着是点阵图,可以用于汇总统计和数据值的可视化。接着又讨论如何通过安德鲁曲线形式或者平行坐标系的断续线段查看每一个观测值,也展示了如何将数据图像的概念和安德鲁曲线组合起来揭示高维数据的结构。然后,描述如何将这些方法与图形矩阵的概念和总体巡查组合起来。最后,以对双标图的讨论总结了本章。双标图可以用于对 PCA、非负矩阵分解和其他类似降维的结果进行可视化。

10.1　象形图

　　这里首先简单讨论一些本书中不会详细涉及的多元可视化方法。这些方法大部分都只适合于小数据集,因此不认为这些方法可以适应分析大规模、高维数据的趋势,正像在大部分 EDA 应用和数据挖掘中看到的一样。

　　下面介绍的第一个方法来自 Chernoff[1973]。他的想法是把每一个观测值(维数 $p \leqslant 18$)用卡通人脸来表示。人脸的每个特征,比如鼻子的长度、嘴角的弧度、眉毛的形状、眼睛的大小等,都对应于变量的值。这个技术有助于了解数据中的整体规律和异常,但它有几点不足。主要缺点是缺少变量的定量可视化,仅仅得到数值和趋势性质的理解。另一个问题是,对属性变量特征的主观性指定。换句话说,对眉毛和其他面部特征赋予不同变量对面部的最终呈现会有显著影响。图 10.1 中展示了 cereal 数据(见附录 C)的切尔诺夫脸谱图 (Chernoff face)。

　　星形图(Star diagrams)[Fienberg,1979]也是类似的图形,对于每个观测值,有一个图形或者"星星",这种图形与脸谱图一样受限于样本尺寸和维度。样本中每一观测数据点绘制为一个"星星",从"星星"中心发出的射线表示了观测值的属性值。这样,一个观测值的各个属性绘制为多条射线,各条射线(的长度)与属性值成正比,各个射线端部相连接,形成星形。图 10.2 中展示了同样的 cereal 数据的星形图。

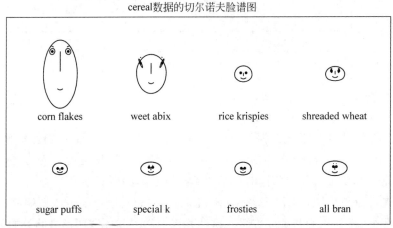

cereal数据的切尔诺夫脸谱图

图 10.1　本图显示了 cereal 数据的切尔诺夫脸谱图,包括具有 11 个属性变量的 8 个观测值;面部特征(头、眼、眉、嘴等)的不同形状和尺寸对应于不同的属性变量值,变量表达了对于谷物描述的一致性百分比值,描述包括:回味(comes back to),味道好,受所有家庭的喜爱,容易消化,有营养,自然风味,价格合理,很大的食用价值,牛奶中保持干脆,有助于保持健康,给孩子吃的乐趣

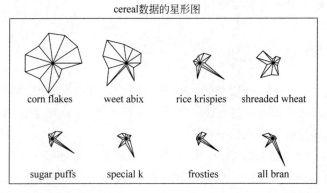

cereal数据的星形图

图 10.2　本图显示了同一组 cereal 数据的星形图。每个属性对应一条射线,射线的长度表示属性值

　　统计工具箱有一个函数 glyphplot,可以为各个观测值构建切尔诺夫脸谱图或者星形图。我们将在练习中使用这个函数。

　　在文献[Kleiner 和 Hartigan,1981;du Toit,Steyn 和 Stumpf,1986]中描述了其他象形

图和类似的图形,大部分图形都有同样的缺点。这些图形包括类星图(star-like diagrams),射线从一个圆中发出,端点不相连。也有轮廓图(profile plots),各个观测值绘制为条形图,条形图的高度表示属性值。另外一种可能性是将各个观测值表达为一个盒子,盒子的高、长和宽分别对应于不同的属性变量。

10.2 散点图

在前面的章节中,已经向读者介绍了散点图和散点图矩阵,现在更加详细地讨论这些方法,特别是如何在 MATLAB 中构建这些图形。本节也展示了适用于大数据集的基于六边形分组(hexagonal binning)的增强版散点图。

10.2.1 2D 和 3D 散点图

散点图是在数据分析中广泛使用的可视化技术,是传达两个变量关系信息的有效方式。为了构建 2D 散点图,仅仅就是将数据(x_i, y_i)绘制为独立的点或者其他符号。对于 3D 散点图,增加了第三个维度,将数据(x_i, y_i, z_i)绘制为点。

如例 10.1 所示,MATLAB 主程序包里有构建 2D 和 3D 散点图的方法。统计工具箱中也有一个函数 gscatter 创建 2D 散点图,每个簇或者类别可以用不同的符号标签。然而,正如在例 10.1 和练习中所见,使用 scatter 和 plot 函数也可以获得类似的结果。

例 10.1

本例中,通过绘图展示 2D 和 3D 散点图函数 scatter 和 scatter3 的用法。同等效果的散点图也可以用基本的 plot 和 plot3 函数绘制,这些在练习中会有详细讨论。既然散点图通常绘制 2D 或者 3D 数据,那么需要从 oronsay 数据中提取一个属性变量子集。选择变量 8、9 和 10:0.18~0.25mm、0.125~0.18mm 和 0.09~0.125mm。首先用变量 8 和 9 构建基本的 2D 散点图。

```
% 首先载入数据,取得感兴趣的变量
load oronsay
% 使用 oronsay 数据集,只绘制两个变量,绘制如下:
scatter(oronsay(:,8),oronsay(:,9))
xlabel(labcol{8})
ylabel(labcol{9})
```

这张图显示于图 10.3(a)。scatter 函数的基本语法为:

```
scatter(X,Y,S,C,M)
```

其中 X 和 Y 是要绘制的数据向量,其他参数是可选项。S 可以是标量或者向量,指明了各个标记点的面积,以点的平方为单位。M 是一个可选的标记点(默认为圆形),C 是色彩向量。接着,根据贝丘类别归属,展示如何使用色彩向量绘制不同颜色的观测值。参见图 10.3(a)

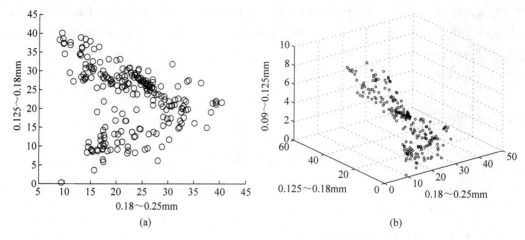

图 10.3　(a)图显示了 oronsay 数据集两个变量(就是第 8 列和第 9 列)的 2D 散点图(两幅图中符号的颜色表明了贝丘的类别),(b)图显示了第 8 列到第 10 列的 3D 散点图

的彩色插图。

```
% 如果我们打算为不同的组用不同的颜色,可以使用以下语法
% 注意这不是设置颜色的唯一方法
ind0 = find(midden == 0);  % 红
ind1 = find(midden == 1);  % 绿
ind2 = find(midden == 2);  % 蓝
% 这构建一个 RGB - 3 列的 colormap 矩阵
C = zeros(length(midden),3);
C(ind0,1) = 1;
C(ind1,2) = 1;
C(ind2,3) = 1;
scatter(oronsay(:,8),oronsay(:,9),5,C)
xlabel(labcol{8})
ylabel(labcol{9})
zlabel(labcol{10})
```

3D 散点图用处也很大,使用 scatter3 函数很容易绘制,如下所示:

```
% 现在展示 scatter3 函数。语法一样,只是增加了第三个向量
scatter3(oronsay(:,8),oronsay(:,9),oronsay(:,10),5,C)
xlabel(labcol{8})
ylabel(labcol{9})
zlabel(labcol{10})
```

3D 散点图在图 10.3(b)显示。MATLAB 的图形窗口工具栏有一个有用的按钮,就是熟悉的旋转按钮 ⊙ ,当单击它时,允许用户单击 3D 轴以旋转图形。当轴旋转时,用户可以在图形窗口的左下方观察当前的仰角和方位角(单位是度)。

统计工具箱有一个有用的函数 scatterhist,创建 2D 散点图,在水平和竖直方向增加单变量直方图。这提供了数据边际分布的有用信息。在后面例子中显示 scatterhist 的用法。

例 10.2

回到图 10.3 中用来绘制散点图的 oronsay 数据,用边际分布直方图建立 2D 散点图。

```
% 首先载入数据,获得感兴趣的变量
load oronsay
% 现在构建带有边际直方图的散点图
% 注意,我们可以为这个函数设置一个可选参数,指定各个直方图的分组数
scatterhist(oronsay(:,8),oronsay(:,9),[20,20])
xlabel(labcol{8})
ylabel(labcol{9})
```

结果图形如图 10.4 所示。边际分布直方图展示了一些在散点图中难以发现的有趣结果。

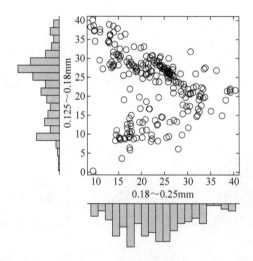

图 10.4   使用 scatterhist 函数,绘制了 oronsay 数据集中两个变量的散点图,这个 scatterhist 函数绘制 2D 散点图,并沿着横轴和纵轴绘制单变量直方图,这些直方图显示边际分布的有用信息

10.2.2   散点图矩阵

当 $p > 2$ 时,多元数据适合用散点图矩阵表达。散点图矩阵展示了所有可能的 2D 散点图,每个图形的轴都表达了一个属性。这些散点图以矩阵的方式布局,方便查看和理解。一些散点图矩阵在具体实施时,只显示下三角部分的图形,因为全部显示有些冗余。然而,一般情况下认为全部显示可以很容易理解各个属性变量之间的关系。正如在例 10.3 所见,MATLAB 的散点图矩阵函数显示所有图形。

　　散点图矩阵的一个优势是可以沿着行或者列观察一个变量与所有其他变量之间的关系。也可以把散点图矩阵作为观察部分关联点的一种方式,尤其是当感兴趣的观测值以不同的标记点样式(符号或者颜色)显示的时候。

　　MATLAB 主程序包中有一个函数 plotmatrix,可以绘制矩阵 X 的散点图矩阵。图形对角线位置是各个属性变量(也就是 X 的列)分布的直方图。请参见帮助文档了解其他使用方法。统计工具箱中有一个增强版本的函数 gplotmatrix,可以提供分组标签,这样属于不同分组的观测值就以不同的符号和颜色绘制。

　　例 10.3

　　当第一个参数是一个矩阵时,函数 plotmatrix 绘制一个散点图矩阵。另外一个语法允许用户绘制一个矩阵列和另外一个矩阵列的关系图。使用以下命令,对之前例子中使用的 oronsay 数据,构建其三个属性变量的散点图矩阵。

```
% 使用前例中同样的三个变量
X = [oronsay(:,8),oronsay(:,9),oronsay(:,10)];
plotmatrix(X,'.');
% 让符号小一些
Hdots = findobj('type','line');
set(Hdots,'markersize',1)
```

　　从全部数据集的散点图矩阵中选择这部分图,是因为它们看起来有一些有趣的结构。也可以注意到沿着对角线的直方图,它们提供了分布的更多信息。散点图矩阵在图 10.5 中显示。

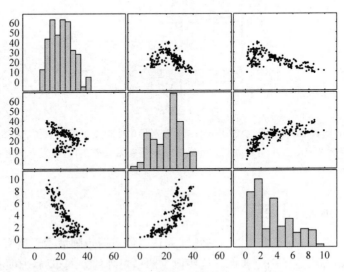

图 10.5　这是 oronsay 数据从第 8 列到第 10 列的散点图矩阵,图的第一行展示了第 8 列与第 9、10 列之间的关系,对于其他两行散点图,也有类似的图形

10.2.3 六边形分组散点图

Carr 等人[1987]对于数据数量 n 很大的情况,提出了几种散点图矩阵的绘制方法。n 很大时,散点图中过多的重叠绘制,导致每个数据点很难看清楚。当存在明显的过度绘制时,比起观测值本身,绘制点的密度信息就更有价值。于是,Carr 等人建议用灰度或者符号面积,而不是观测值本身来表达二元密度信息。

为了绘制这种图,需要先估计数据的密度。之前在第 9 章提到过,使用矩形或者方形分组的直方图估计二元密度。也要记住,使用的是垂直条形,而非散点图来表示密度值。本章中,将要使用六边形分组而不是矩形分组,表达数据密度的是符号尺寸以及颜色。

Carr 等人推荐了六边形替换方形符号,因为方形分组有沿着水平或者垂直方向延伸的倾向。下面叙述绘制六边形分组的过程。

六边形分组散点图的步骤如下:

(1) 根据给定分组的数量,计算六边形的边长 r;

(2) 根据数据范围,确定一组六边形分组;

(3) 对数据分组;

(4) 对非零的分组数进行调整,最大频次分组的边长为 r,最小(非零)频次分组的边长为 $0.1r$;

(5) 在每个分组的中心显示一个六边形,其边长由步骤(4)决定。

在下面的例子中给出一个 MATLAB 函数 hexplot,并展示其用法。

例 10.4

hexplot 的基本语法是:

```
hexplot(X,nbin,flag)
```

前两个参数是必需的。X 是 n 行两列的矩阵,nbin 是有较大数据范围的那个维度的近似分组数。使用前一个例子中的 Oronsay 数据集展示该函数。

```
X = [oronsay(:,8),oronsay(:,9)];
% 构建一个六边形散点图,沿着更长的维度方向有 15 个分组
hexplot(X,15);
```

在图 10.6(a)显示该图形。既然分组和结果图形依赖于分组数量,那么,用不同的 nbins 值构建其他的散点图来观察是否存在有趣的密度分布,就是有意义的。可选的输入参数 flag(可以是任何值)产生的散点分组图中,六边分组的符号颜色对应于该分组的概率密度。概率密度与含有矩形分组的二元直方图是类似的,除去用六边形分组的面积做归一化处理。这个例子显示于图 10.6(b),用以下 MATLAB 代码绘制:

```
hexplot(X,15,1)
colormap(gray)
```

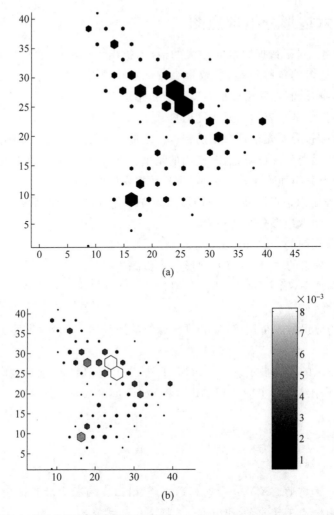

图 10.6　(a)图是六边形分组的散点图(这是图 10.3 的一个替代方案),(b)图是针对同样的数据,但该分组是用概率密度值对符号色彩编码,密度值是按照与二元直方图类似的方式得到的

10.3　动态图

　　本节展示一些动态图形方法。这些方法可以与图形交互、揭示结构、移除离群值、确定分组等等。特别地,本节也涉及了标记观测值兴趣点、删除点、寻找和显示数据子集、笔刷与关联。正如在第 4 章中讨论的巡查方法,很难通过本书的静态图片传达上述信息。所以,读者可以自己尝试这些方法来理解这些技术。

10.3.1　识别数据

人们可以用一些方法识别图形中的数据点。首先,可以对一些感兴趣的数据点添加标签,或者可以使用其他符号和颜色突出观测值[Becker,Cleveland 和 Wilks,1987]。

我们可以在图形中为数据点添加文本来识别观测值。不可能显示所有的标签,这会由于重叠而导致无法分辨。这样,可选择地向图形添加标签成为有用的功能,可以用两种方法实现该功能。用户可以点击图形中的一个点(或者几个点)添加标签。或者,用户可以从列表中选择一个(或者几个)观测值,从而标记观测值。在后面的例子中会探索这些方法。

有时也有必要交互地删除数据点,因为它们可能是离群值,这些离群值会导致难以看清所有的观测值。比如,可能有一个极端值,使得其他数值在图形中一个很小的区域显示,很难分辨紧密的数据点。

也可能需要标记数据子集的数据点,而不是孤立的几个观测值。比如,使用文档聚类数据,可以分别观察各个主题的散点图,或者用不同的颜色和符号来强调一个类别中的数据点。这些选项允许在同一尺度上直接比较,但是数据点的重叠以及过度绘制会影响对数据的理解。也可以在不同的面板上绘制各组图形,就像绘制散点图矩阵一样。

与数据巡查有关的观测数据子集的动态方法称为 alternagraphics[Tukey,1973]。这种方法轮换地探察数据子集(比如:类别),在其散点图上分别显示各个子集。这种轮换显示按照固定的时间间隔暂停,所以为了比较方便,各个图形要有一致的缩放尺度。另外,也可以在整个周期显示所有的数据,在各步骤中使用不同的颜色或符号强调显示各个子集。这个想法作为练习留给读者实现。

例 10.5

统计工具箱提供一个标记图形上数据的函数 gname。用户可以使用包含名称字符串的输入参数来调用这个函数,这个参数必须是字符串矩阵的形式。另一个语法是调用无任何参数的 gname,在这种情况下,观测值以序号标记。一旦调用该函数,图形窗口被激活,出现一个十字线。用户可以点击要标记的观测值的附近位置,标记就会出现。可以一直标记,直到按下回车键。与对孤立点使用十字线不同,也可以使用包围盒(单击图形,并拖拽)标记一组点。下面使用 animal 数据展示如何使用 gname。这个数据包括几种动物的大脑重量和体重数据[Crile 和 Quiring,1940]。

```
load animal
% 绘制 BrainWeight 与 BodyWeight 关系图
scatter(log(BodyWeight),log(BrainWeight))
xlabel('Log Body Weight (log grams)')
ylabel('Log Brain Weight (log grams)')
% 调整轴线,提供更多空间
axis([0 20 -4 11])
% 需要将动物名称转换为字符串矩阵
% 入口参数必须是字符串矩阵
cases = char(AnimalName);
```

gname(cases)

图 10.7 显示的散点图有两个观测值做了标记。有另外一个替代 gname 的函数,可以执行前面讲过的很多标记操作。这个函数是 scattergui,它需要两个输入参数。第一个参数是待绘制的 $n\times 2$ 矩阵,默认的绘制符号是蓝色圆点。用户可以右击坐标轴(不要单击数据点),获得快捷菜单。有几个选项,比如选择待识别的数据子集,以及删除数据点。这个函数的更多使用方法请参见帮助文档。以下的 MATLAB 代码演示如何调用这个函数。

```
% 现在看看处理 BPM 数据的 scattergui 函数
load L1bpm
% 用 isomap 降维
options.dims = 1:10;          % 用于 ISOMAP
options.display = 0;
[Yiso, Riso, Eiso] = isomap(L1bpm, 'k', 7, options);
% 获得输出数据
X = Yiso.coords{2}';
scattergui(X,classlab)
% 鼠标右击轴线,会有一个列表框出现
% 选择一个类别高亮显示
```

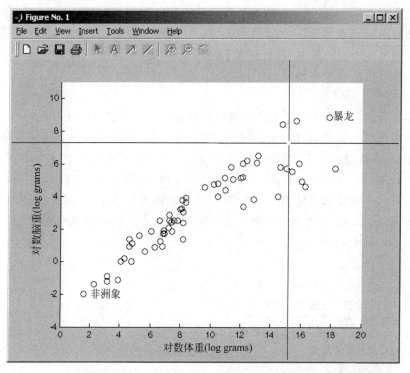

图 10.7 构建 animal 数据的散点图,又用动物名(转化为字符串矩阵)为参数调用函数 gname;执行 gname 函数后,激活图形窗口,出现十字线,用户单击一个点的附近位置,该点就标记出来;除了十字线,也可以使用包围盒标记圈选的数据点(参见例 10.5 中的 MATLAB 命令)

当用户单击了 Select Class 菜单选项,出现一个列表框,有不同的类别可以选择。我们选择类别 6,结果显示于图 10.8 中,可见类别 6 的数据以红色 x 显示。

既然使用 2D 散点图展示并实施我们的这些想法,它们很容易转换为其他类型的图表,比如平行坐标图或者安德鲁曲线(见 10.6 节)。

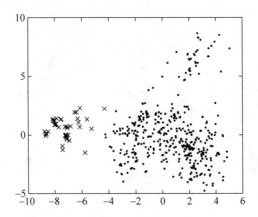

图 10.8 本图显示了 BPM 数据使用 ISOMAP 方法降到 2D,并使用 scattergui 函数显示出来,通过在坐标系内右键的快捷菜单,选择类别 6,显示为红色的 x

10.3.2 关联

关联技术背后的思想是:为了提供数据的总体信息,可以使得数据的多个视图相互联系。观测值关联的早期思想是由 Diaconis 和 Friedman[1980]提出的。他们提出:在两张散点图中,把同一个观测值划线连接起来。另一个想法是之前提到过的:对同样的观测值,在所有的散点图面板中使用不同(与各图中其他点不同)的颜色或符号。最后,可以用多边形手动圈选这些数据子集的点,从而突出了所有散点图中的这些点。

前面已经见过一种关联视图的方法,就是通过总体巡查或者在散点图矩阵中散点图之间的部分关联。虽然可以把这些想法应用于所有的开放图形(散点图、直方图、树状图等等),但还是重点考察散点图矩阵的观测值关联。

例 10.6

在本例中,演示了如何用 plotmatrix 函数,以强力方式(也就是无交互的)来做关联。本例仍然使用 oronsay 数据集,但是处理不同的变量。就像之前看到的那样,先建立一个散点图矩阵。

```
load oronsay
X = [oronsay(:,7),oronsay(:,8),oronsay(:,9),];
% 绘制初始图形
% 我们需要子图的图形句柄
[H,AX,BigAx,P,PAx] = plotmatrix(X,'o');
```

```
Hdots = findobj('type','line');
set(Hdots,'markersize',3)
```

调用 plotmatrix 函数,其输出参数包含一些图形句柄信息,可以进一步用不同的符号显示关联点。散点图矩阵显示于图 10.9(a)。以下代码展示如何在所有的散点图中突出显示观测值 71。

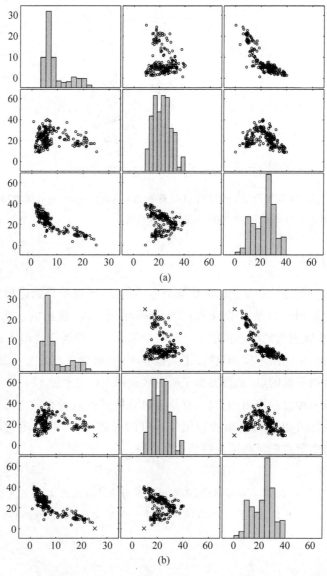

图 10.9　对于 oronsay 数据的三个变量(第 7 列~第 9 列),(a)图显示了一个默认的散点图矩阵,在所有的图形面板中关联观测值 71,在(b)图中以符号×显示

```
% 矩阵 AX 包含轴线句柄
% 遍历,改变观测值 71 为不同的标记
% 获得要关联的数据点
linkpt = X(71,:);
% 从其他矩阵移除该点
X(71,:) = [];
% 现在在所有图中做改变
for i = 1:2
  for j = (i+1):3
      % 将该观测值改为"x"
      axes(AX(i,j))
      cla, axis manual
      line('xdata',linkpt(j),'ydata',linkpt(i), …
          'markersize',5,'marker','x')
      line('xdata',X(:,j),'ydata',X(:,i), …
          'markersize',3,'marker','o', …
          'linestyle','none')
      axes(AX(j,i))
      cla, axis manual
      line('xdata',linkpt(i),'ydata',linkpt(j), …
          'markersize',5,'marker','x')
      line('xdata',X(:,i),'ydata',X(:,j), …
          'markersize',3,'marker','o', …
          'linestyle','none')
  end
end
```

该图形在图 10.9(b)显示。该图形虽然很容易用统计工具箱中的 gplotmatrix 函数绘制,但是这种方法会促进对交互式图形技术的需求。下一个例子展示了一个函数,这个函数允许人们交互地突出散点图面板上的一些点,并以不同的颜色绘制该点,以与其他图相关联。

10.3.3　笔刷

笔刷方法首先由 Becker 和 Cleveland[1987]提出用于散点图绘制中,包含了一组动态的图形方法,可以可视化和理解多元数据。主要的一种用法就是在数据的散点图之间交互式地关联数据。一个笔刷由图形中的正方形或矩形组成。笔刷可以有默认的尺寸和形状(矩形或正方形),或者可以交互式地构建(比如:用鼠标创建一个包围盒)。笔刷由用户控制,用户可以点击笔刷并在图形范围内拖拽它。

Becker 和 Cleveland 描述了几种笔刷操作,包括突出强调、删除和标记。当用户在图中的观测值上拖拽笔刷时,在所有散点图上对应的观测值也执行相应的操作。删除和标记操

作的结果显而易见。在突出显示模式,笔刷刷过的观测值(在各自的图中)以不同的符号或不同的颜色显示。

突出显示操作可以有三种笔刷模式。第一种是短暂绘制模式。这种情况下,只有那些在当前笔刷刷过的观测值才被突出显示,超出笔刷范围的观测值就不再突出显示。持久模式正相反,笔刷刷过的观测值保持突出显示不变化。最后,我们可以使用取消模式取消突出显示。

例 10.7

本例写了一个函数 brushscatter,实现突出显示操作和上述的三种模式。基本的语法如下所示,使用了例 10.3 中的 oronsay 数据。

```
% 使用与例 10.3 中一样的 oronsay 列数据
load oronsay
X = [oronsay(:,8),oronsay(:,9),oronsay(:,10)];
% 获得这些数据的标签
clabs = labcol(8:10);
% 调用函数——这些标签是可选项
brushscatter(X,clabs)
```

散点图矩阵显示于图 10.10,可以看到在第一行第二个面板上已经由笔刷选择了一些点。笔刷处于短暂模式,所以只有处于笔刷之内的那些点在全部散点图中突出显示出来。注意,为了最大限度地使用显示空间,没有使用轴线标记。然而,在对角线面板中间显示了变量的范围,这是早期文献中的实现方法。几个选项(比如,三种模式,删除笔刷和重置图形为原始形式)可以右击对角线上的图形——有变量名字的那个方框来实现。笔刷可以按用户自己的方式构建:在任何一个散点图面板上创建一个包围盒。默认的笔刷并未在这个函数中实现。

MATLAB 主程序包提供了笔刷和关联的工具。用户可以对显示于 2D、3D 图形以及曲面图做笔刷操作。并非所有图形都可以做笔刷操作,可以查看 brush 函数的帮助文档中的列表。

有几种调用笔刷功能的方式。一种是调用 brush 函数。在图形窗口或者变量编辑器工具栏中也有按钮(参见 Desktop 菜单)。最后,也可以在图形窗口的工具栏菜单中选择"笔刷"。

就像缩放或者图形编辑操作一样,笔刷使得用户可以与图形交互。然而,与前面所述方式不同的是,笔刷允许用户通过交互方式选择数据、删除数据或者替换个别的数据值。一旦数据由笔刷处理过,用户可以从工具栏菜单或者快捷菜单(右击任何刷过的点)执行以下任务:

(1) 删除任何刷过的或者未刷过的观测值;

(2) 用常数或者 NaN 替换刷过的数据点;

(3) 将刷过的数据值粘贴到命令行窗口中;

(4) 创建包含笔刷选择数据的变量。

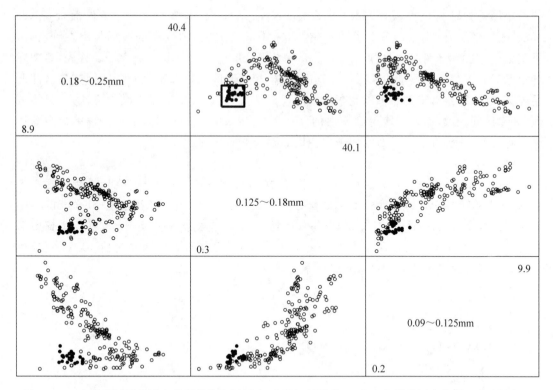

图 10.10　这是使用了笔刷和关联的散点图矩阵,这是短暂模式,只有在笔刷范围内的那些点才被突出显示,对应的点在所有散点图中突出显示出来

与笔刷功能一起,MATLAB 也具有关联多个图形和工作空间的数据的能力。这个功能由 linkdata 函数,或者图形窗口工具栏的一个按钮实现。会有提示信息表明图形的数据源,也包括编辑选项。当关联功能开启时,图形中显示的数据与工作空间以及其他使用这些数据的图形连接起来。对工作空间和图形中数据的任何后续操作(笔刷、删除或者改变观测值),会反映在以该数据为数据源的任何关联对象上,包括变量编辑器、图形和工作空间。

10.4　协同图

正如在前面章节所见,有时需要了解响应变量是如何依赖于一个或多个预测变量的。可以通过估计一个表达此类关系的函数来探索这种依赖关系,然后,使用线、面或者等高线来可视化。在本书中不会进一步探究这个方面。相反,本书介绍协同图,展示某个变量给定值的多个关系。本书只考察三个变量的情况(一个是条件变量)。关于两个条件变量的协同图,读者可以参见 Cleveland[1993]。

协同图的思想是按照自变量排列一个因变量的子图。这些子图可以是有平滑或无平滑的散点图,或者表明它们之间关系的图形。每个子图显示了第二变量给定区间下的关系。

子图称为因变量面板(dependence panels),它们以矩阵样式布局。条件面板(given panel)位于图形上部,表明各个子图对应的取值区间。通常,协同图的布局是由左到右,由下到上①。注意,条件变量区间有两个主要属性[Becker 和 Cleveland,1991]。首先,希望在各个区间有近似相同数量的观测值。其次,希望相邻区间的重合区域相同。因变量区间要足够大,这样有足够多的点可以观察效果以及评估关系(通过平滑或者其他方法)。另一方面,如果区间太大,那么可能得到错误的关系图。Cleveland[1993]提出了一种等计数算法来选择区间,这种方法在下面的例子中使用 coplot 函数来演示。

例 10.8

下面来看 Cleveland[1993]和数据可视化工具箱函数——coplot②。我们升级了这个函数,使其与 MATLAB 的后续版本兼容。这些数据包括三个变量:磨耗损失(abrasion loss)抗拉强度(tensile strength)以及硬度(hardness)。磨耗损失是响应变量,其他的是预测变量,想了解磨耗损失如何依赖于其他因素。以下的 MATLAB 代码构建了图 10.11 中的协同图。注意条件变量必须是输入矩阵的第一列。

```
load abrasion
% 载入数据到一个矩阵中
% 数据基于硬度
X = [hardness(:) tensile(:) abrasion(:)];
labels = {'Hardness'; 'Tensile Strength'; …
        'Abrasion Loss'};
% 为协同图设置参数
% 为区间设置参数
np = 6;                        % 指定区间的数量
overlap = 3/4;                 % 区间重叠值
intervalParams = [np overlap];
% loess 曲线的参数
alpha = 3/4;
lambda = 1;
robustFlag = 0;
fitParams = [alpha lambda robustFlag];
% 函数调用
coplot(X,labels,intervalParams,fitParams)
```

协同图显示于图 10.11。基于条件变量对各个子集的数据做了 loess 平滑处理。通过曲线可以看到,大部分子图有类似的形状——从左向右下降,在末端会有轻微提升。然而,在上面一行的第三个面板上,loess 曲线的模式与众不同——首先轻微上升,接着是下降的趋势。读者可以探索磨耗损失与硬度的关系,以抗拉强度为条件变量。注意到,其他图形也可以用于面板显示,比如单独的散点图、直方图、曲线图等,但是这里并未涉及。

---

① 这与 MATLAB 的子图排序方法相反:从左到右,从上到下。

② 也参见数据可视化工具箱的 m 文件 book_4_3.m。

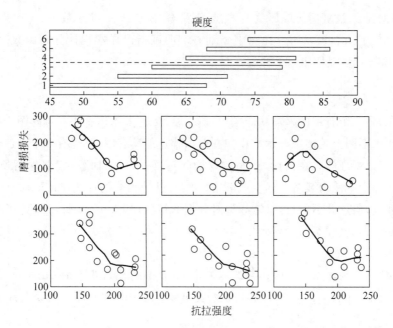

图 10.11 这是磨耗损失与抗拉强度之间关系的协同图，以硬度为条件变量，除去上面一行第三
图之外，loess 曲线都遵从类似的模式

10.5 点阵图

点阵图与本章其他图形有些不同，它通常用于更小的、带有标签的数据集，而且到目前
为止，就关注的角度来看，它未用于多元数据。然而，认为它是一个有用的、可以图形化概括
数据统计特性的方式，也是 EDA 的一部分。首先描述了基本点阵图及其几个变体，比如使
用标度截断（scale breaks）、误差条（error bars），以及为样本累积分布函数添加标签。接着
是多路点阵图。按照分类变量，多个点阵图布局于面板上。

10.5.1 基本点阵图

数据分析师可以用点阵图替代条形图［Cleveland，1984］。它们有时被称作点图（dot
plots）［Cleveland，1993］，但不要与统计学入门书籍中见到的其他点图混淆③。图 10.12 是
点阵图的一个例子。标签沿着竖轴左侧显示，数据的值在沿着横轴放置点（或者圆）的位置
上给出。连接点和标签的虚线帮助观察者在观测值与标签之间建立联系。如果只有很少的
观测值，那么虚线可以略去。

---

③ 这类点图有一条涵盖数据区间的水平线。每个观测值有一个点，沿着竖线堆叠。这种点图在最后呈现时让人
想起直方图或者条形图。

如果数据是经过排序的,那么这些点就是样本累计分布函数的一个可视化概括。Cleveland[1984]提出,可以通过在图中竖轴右侧明确指出样本累计分布函数。那么,可以在第 i 个顺序统计量上使用以下标签:

$$\frac{i-0.5}{n}$$

点阵图的另一个有用的附加功能是通过误差线传达方差信息。在点阵图上这是很容易添加的,但在条形图上就很难显示。正如在前面描述的动态图,可能有一个(或一些)离群值使得其他数值很难理解。在前面,只是建议删除离群值,但有时候,需要保留所有的数据。这样,可以在标度中使用截断。标度截断有时候通过沿轴线的标线(hash marks,两条平行的短线)来强调,但这并不醒目,可能导致对数据的错误理解。Cleveland推荐了全标度截断(full scale break),会在练习中展示。

例 10.9

本例提供一个构建点阵图的函数。本例中,展示如何使用基本的 dotchart 函数的一些选项。首先,载入 oronsay 数据,计算均值和标准差。在点阵图中把均值绘制成点。

```
load oronsay
% 计算各列的均值和标准差
mus = mean(oronsay);
stds = std(oronsay);
% 用连接点的线构建点阵图
dotchart(mus,labcol)
% 改变轴线范围
axis([-1 25 0 13])
```

点阵图显示于图 10.12(a),可以看到虚线只延伸到代表该变量均值的实线圆圈位置。可以用以下代码添加误差条:

```
% 现在尝试误差条选项
dotchart(mus,labcol,'e',stds)
```

结果图显示于图 10.12(b),误差条从均值向左右两侧扩展了一个标准差。注意,这种方式为变量的一些汇总统计提供了即时的可视化展示。

10.5.2　多路点阵图

对于包含不止一个类别的数据,打算探索至少一个数值变量时,可以使用多路点阵图。数据可以放在面板上表示,每个面板包含一张点阵图,点阵图每一行表示一个(类别变量的)水平。为了展示这种可视化技术,使用 Cleveland[1993]的一个例子。

对 26 个国家的家畜调查始于 1987 年,目的是研究家畜的粪便和尿液对空气的污染情况[Buijsman,Maas 和 Asman,1987],这些国家来自欧洲和前苏联。对这些数据进行对数变换(以 10 为底),以提高图片的辨识度。

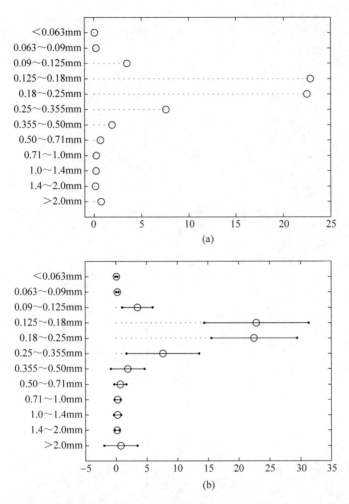

图 10.12 一个标准的点阵图显示于图(a),点代表了对应于各个筛孔尺寸的平均重量;(b)图显示了添加了误差条的同样信息,这些误差条向均值左右扩展了一个标准差

多路点阵图显示于图 10.13,其中每个面板对应于一个牲畜类别。与类别对应的数值变量是不同水平(国家类别变量)下的牲畜数量。也可以以国家为面板,以动物类别为水平绘制图形,这将在练习中展示。

注意,图 10.13 里国家的顺序(或者水平)并不是以字母排序的。有时候,根据汇总统计量排序数据更有意义。在这种情况下,使用五数统计量的中值,它们从底向上逐渐增加。也就是说,阿尔巴尼亚的中值最小,俄罗斯等国的中值最大。也可以用类似的方式给面板排序。马的中值在五类家畜中是最小的,家禽的中值最大。从这些图中,可以了解这些数值在不同国家中的差异。比如,土耳其的猪很少;大部分国家的家禽看起来数量很多,牛的数量在各个国家的数量都差不多。另一方面,马和羊的数量差异很大,马是最不常见的动物类型。

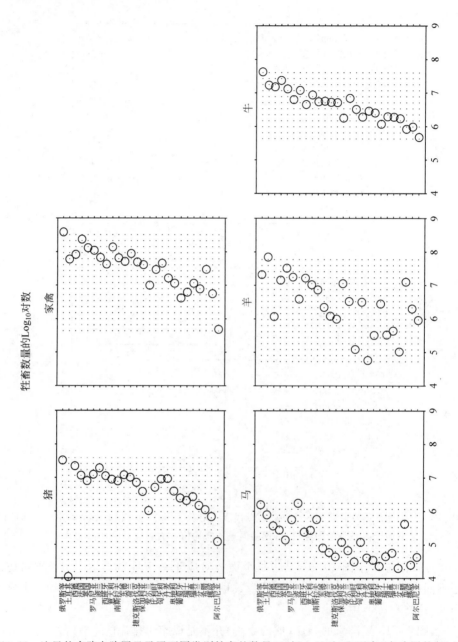

图 10.13 这里的多路点阵图显示了不同类别牲畜的数量(面板上显示)和国家(点阵图的行)(注意,这里的虚线表明了数据区间而不是像前面图形那样连接数值与标签)

例 10.10

给出函数 multiwayplot 来构建多路点阵图。用这个函数处理 oronsay 数据,使用三个类别变量(海滩,沙丘,贝丘)来分类。这样,对于每个筛孔尺寸和分类,用三个画板来显示平均的颗粒重量。

```
load oronsay
% 根据各个贝丘类别计算均值
% 变量 beachdune 包含 midden(0)、beach(1)和 dune(2)的类别标签
% 计算各组均值
ind = find(beachdune == 0);
middenmus = mean(oronsay(ind,:));
ind = find(beachdune == 1);
beachmus = mean(oronsay(ind,:));
ind = find(beachdune == 2);
dunemus = mean(oronsay(ind,:));
X = [middenmus(:), beachmus(:), dunemus(:)];
% 为各组和轴线添加标签
bdlabs = {'Midden'; 'Beach'; 'Dune'};
labx = 'Average Particle Weight';
% 为图形获取位置信息
sublocs{1} = [1,3];
sublocs{2} = [1 2 3];
multiwayplot(X,labcol,labx,bdlabs,sublocs)
```

图 10.14 显示了较大的筛孔尺寸(和两个最小的)有差不多同样的平均重量,然而,在 0.125～0.25mm 之间的两个筛孔尺寸的平均重量在各个类别中(与其他尺寸对应的平均重量)不同。注意,使用相同横轴标度以利于比较。

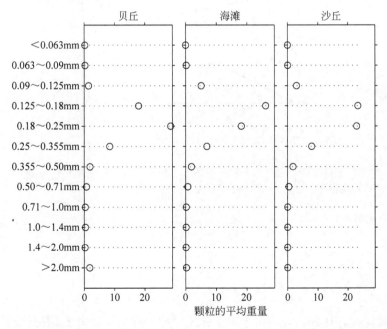

图 10.14 本图显示例 10.10 中描述的多路点阵图,这里,显示了平均颗粒重量的点图,分别来自海滩、沙丘和贝丘

10.6   绘点为线

在本节,提出两种高维数据可视化的方法:平行坐标图和安德鲁曲线。正如简单讨论的,这些方法并不完美,但是它们是有效地可视化多维数据关系的方法。

10.6.1   平行坐标图

在笛卡尔坐标系中,轴线是正交的,这样最多可以观察投射到屏幕或者纸张上的三个维度。如果绘制相互平行的坐标轴,那么可以在二维平面上看到许多轴。这个方法由Inselberg[1985]在计算几何和计算机视觉的相关研究中提出,Wegman[1986]将其作为可视化和分析多维数据的技术进一步完善。

p 维数据的平行坐标图通过绘制 p 条互相平行的直线构建。绘制 p 条直线表示 x_1,x_2,$\cdots$,x_p 的坐标轴。各条线的间距相等,并垂直于笛卡尔坐标系的 y 轴。另外,作为笛卡尔坐标系的 x 轴,它们都有同样的正方向,如图 10.15 所示。一些平行坐标轴也绘制为垂直于笛卡尔坐标系的 x 轴。

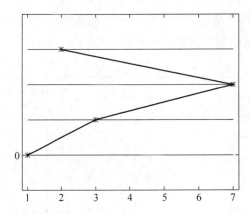

图 10.15   本图在平行坐标系中显示 4 维数据点 $c^{\mathrm{T}}=(1,3,7,2)$,读者应该注意到在后续的绘图中,轴线相互平行,由上到下排序:$x_1,x_2,\cdots,x_p$

4 维数据点如下:

$$c = \begin{bmatrix} 1 \\ 3 \\ 7 \\ 2 \end{bmatrix}$$

这组数据显示于图 10.15,在笛卡尔坐标系中的平行坐标轴 x_i 上,数据绘制为多边形折线的顶点$(c_i,i-1)$,$i=1,2,\cdots,p$。这样,在笛卡尔坐标系的一个点由平行坐标系的一系列相连的线段表示。

可以在平行坐标系中使用不同颜色或线型来表明观测值的类别或者分组。平行坐标显示也可以用来确定：①在给定坐标下的类别区分；②变量对之间的相关性（在练习中讨论）；③聚类或者分组。也可以在一个平行坐标中包含类别变量，表明类别或者分组。当数据量 n 很大时，使用颜色会帮助识别分组。

例 10.11

使用例 10.5 中 BPM 数据的子集来展示平行坐标函数 csparallel 的用法。在平行坐标系中绘制主题 6 和主题 9，使用不同的颜色和线型。

```
load example104
% 载入用 ISOMAP 降维的 BPM 特征
% 使用三维数据
X = Yiso.coords{3}';
% 计算主题 6 和主题 9 的观测值
ind6 = find(classlab == 6);
ind9 = find(classlab == 9);
% 将数据放入一个矩阵
x = [X(ind6,:);X(ind9,:)];
% 使用来自计算统计工具箱④的 csparallel 函数
% 绘图
csparallel(x)
```

平行坐标图绘制于图 10.16。注意此图的几个特征。首先，第一维度和第三维度有存在两个分组的证据。这两个变量是可用于分类和聚类的很好的特征。其次，在第二个维度上主题看起来有重叠，所以第二维度变量不是一个有用的特征。最后，虽然未使用色彩或线型做区分，看起来同一主题的观测值有类似的形状，它们与其他主题的形状不同。例 10.15 可以更加清晰地表明这一点。

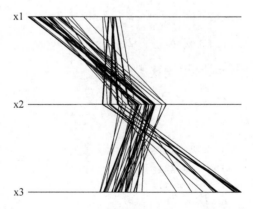

图 10.16　在本图中，绘制了例 10.11 中的 BPM 数据，在第一和第三维度上可以明显看到有两个分组，在第二个维度上看到大量的重叠

---

④ 可以下载。参见附录 B。

在平行坐标图上,变量的顺序不同会导致差异。相邻的平行轴表明了相邻变量之间的某种关系。为了观察其他的成对变量的关系,必须交换平行轴的顺序。Wegman[1990]提供了找到所有排列的系统性方法,这样可以看到所有的相邻变量的关系。在本章末尾会叙述这些遍历方法。

10.6.2 安德鲁曲线

安德鲁曲线[Andrews,1972]通过将每个观测值映射到一个函数来可视化多维数据。这与星形图把每个观测值或者样本点用星形来表达是类似的,只是星形变成了曲线。安德鲁函数定义为:

$$f_x(t) = x_1 \div \sqrt{2} + x_2 \sin t + x_3 \cos t + x_4 \sin 2t + x_5 \cos 2t + \cdots \tag{10.1}$$

其中 t 的范围是 $-\pi \leqslant t \leqslant \pi$。通过式(10.1),可以看到每个观测值映射到一组由正弦和余弦构成的正交基函数上,每个样本点由一条曲线来表示。基于这个定义,安德鲁函数可以在 t 确定的范围内产生无限多的基向量映射。现在用 MATLAB 代码获得安德鲁曲线。

例 10.12

本例使用一个小数据集展示如何获得安德鲁曲线。观测数据如下:

$$\boldsymbol{x}_1 = (2, 6, 4)$$
$$\boldsymbol{x}_2 = (5, 7, 3)$$
$$\boldsymbol{x}_3 = (1, 8, 9)$$

根据式(10.1),构建三条曲线,每一条曲线对应于一个数据点。各数据点的安德鲁曲线如下:

$$f_{x_1}(t) = 2 \div \sqrt{2} + 6\sin t + 4\cos t$$
$$f_{x_2}(t) = 5 \div \sqrt{2} + 7\sin t + 3\cos t$$
$$f_{x_3}(t) = 1 \div \sqrt{2} + 8\sin t + 9\cos t$$

可以在 MATLAB 中使用以下命令绘制这三个函数。

```
% 获取计算域
t = linspace( - pi,pi);
% 计算各个观测值的函数值
f1 = 2/sqrt(2) + 6 * sin(t) + 4 * cos(t);
f2 = 5/sqrt(2) + 7 * sin(t) + 3 * cos(t);
f3 = 1/sqrt(2) + 8 * sin(t) + 9 * cos(t);
plot(t,f1,' - .',t,f2,':',t,f3,' -- ')
legend('F1','F2','F3')
xlabel('t')
```

这些数据点的安德鲁曲线显示于图 10.17 中。

研究[Andrews,1972;Embrechts 和 Herzberg,1991]表明,由于三角函数的数学性质,安德鲁函数保留了均值,距离(可以是一个常数)和方差。这种曲线绘制的结果是:相邻的

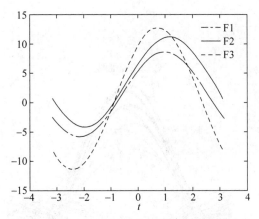

图 10.17 例 10.12 中三个数据点的安德鲁曲线

观测值产生的安德鲁曲线也是相邻的。因此,这种曲线的一个应用就是寻找数据点的聚类。

Embrechts 和 Herzberg[1991]讨论了如何构建其他的映射函数,以及如何与安德鲁曲线一起使用。一种可能性是将某一个变量设置为 0,重绘曲线。如果结果图形基本保持不变,那么该变量的判别力为低。如果曲线在很大程度上受该变量置零的影响,那么该变量含有的信息量很大。当然,也可以构建其他类型的映射(比如非线性降维、PCA、SVD 等),使用安德鲁曲线查看结果。

安德鲁曲线依赖于变量的排序。低频项对曲线形状的影响更大,所以重新排序变量再观察曲线会提供数据的更多信息。低频项是指式(10.1)求和项的第一项。Embrechts 和 Herzberg[1991]也建议数据可以重新定标为以原点为中心,使其协方差矩阵是单位阵。安德鲁曲线可以进一步使用正交基,而不是正弦和余弦函数。比如,Embrechts 和 Herzberg 演示了使用勒让德多项式(Legendre polynomials)和切比雪夫多项式(Chebychev polynomials)来生成安德鲁曲线。

例 10.13

现在,使用函数 csandrews 处理例 10.11 中的数据,来生成安德鲁曲线。以下代码产生图 10.18 中的图形。毫不意外,可以看到与平行坐标图中类似的特征。虽然主题 6 的一致性较差,但各组曲线形状是相类似的。同时,主题 6 的曲线比主题 9 的曲线的差异更大。与平行坐标图相比,安德鲁曲线的一个不足之处在于我们看不到各个单独变量的信息。

```
load example104
% 载入用 ISOMAP 降维的 BPM 特征
% 使用三维数据
X = Yiso.coords{3}';
% 确定主题 6 和主题 9 的观测值
ind6 = find(classlab == 6);
ind9 = find(classlab == 9);
% 此函数来自计算统计工具箱
% 绘制主题 6 的图形
csandrews(X(ind6,:),'-','r')
hold on
```

```
% 绘制主题 9 的图形
csandrews(X(ind9,:),':','g')
```

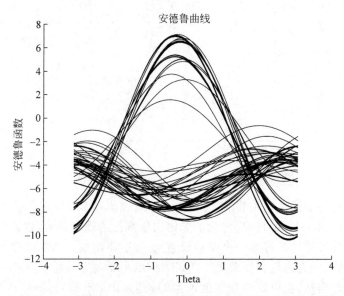

图 10.18　这是图 10.16 的安德鲁曲线版本,各个话题的曲线形状是相似的,总体上的形
　　　　状差异表明数据来自两个不同组

统计工具箱中有构建平行坐标图和安德鲁曲线的函数。函数 parallelcoords 构建水平平行坐标图。选项包括分组(基于所属类别使用不同颜色绘制曲线)、标准化(PCA 或者 z 分数)以及只绘制中值或其他分位数。构建安德鲁曲线的函数是 andrewsplot。该函数的选项与 parallelcoords 相同。

10.6.3　安德鲁图像

如果数据集很大,那么由于相互重叠,使用安德鲁曲线可视化的效果就不好。可视化安德鲁曲线的另一个方法就是将它们绘制为图像。这个方法涵盖了数据图像的概念和安德鲁曲线。

首先在 $-\pi \leqslant t \leqslant \pi$ 区间,计算每个观测值的安德鲁函数值(式(10.1))。这些值就成为矩阵 A 的行,A 的每一行对应于由安德鲁函数变换的观测值。假如分割区间,从 $-\pi \sim \pi$ 有 20 个 t 值。那么矩阵 A 的维度是 $n \times 20$。

下一步是将矩阵 A 可视化为一幅数据图像。这就是说,曲线的高度(或者矩阵 A 的值)由色彩表达。正如数据图像一样,这种方法可以根据某一聚类,帮助重新排列矩阵 A 的行。将会在例 10.14 中探索这个方法。

例 10.14

使用鸢尾花数据展示构建安德鲁图像。与通常一样,首先载入数据到矩阵中。

```
load iris
data = [setosa;versicolor;virginica];
```

在无监督学习或者聚类应用中,我们并不知道观测值可以按照某种合理的方式分组,或者有多少分组。使用像安德鲁图像这样的可视化方法帮助我们可视化地回答这些问题。数据矩阵当前的行排序包含组别信息,所以会重新排列数据矩阵的行。

```
% 重排序数据矩阵的行,使其更有趣
data = data(randperm(150),:);
```

在前面例子中使用的函数 csandrews 绘制安德鲁曲线,但不返回观测值的曲线值。所以,我们写了一个函数 andrewsvals,返回矩阵 A。在下一步中调用这个函数。

```
% 现在计算曲线值,作为矩阵 A 的行
[A,t] = andrewsvals(data);
```

现在创建安德鲁图像,在图 10.19(a)显示。

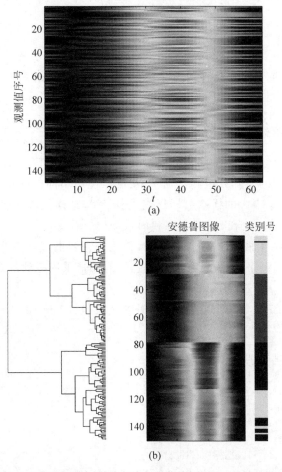

图 10.19　(a)图中显示了鸢尾花数据集的安德鲁图像,其数据行是随机排序的,可以看到每一个经安德鲁函数变换的观测值,但看不出整个数据集的结构;(b)图显示了经过行排序后的安德鲁图像,该排序是基于其左侧的树状图叶节点,也在左侧增加了色标,指出了观测值的类别属性

```
% 绘制安德鲁图像
imagesc(A)
```

不出所料,在安德鲁图像中并未看到很多结构,因为重新排了行。然而,现在可以看到单独的曲线而不是重叠的图形。正如处理数据图像一样,基于聚类,对安德鲁图像的行进行排序。这可以对聚类结果进行可视化。在下面例子中,使用层次聚类,但其实任何聚类方法都可以用于排序观测值。

```
% 聚类原始数据,用树状图叶节点为 A 的行排序
ydist = pdist(data);
Z = linkage(ydist,'complete');
subplot(1,2,1)
[H, T, perm] = dendrogram(Z,0,'orientation','left');
axis off
subplot(1,2,2)
imagesc(flipud(y(perm,:)));
```

在图 10.19(b)面板中的安德鲁图像中,可见聚类的结果,层次聚类的类别可由安德鲁函数的值得到。

10.6.4　其他绘图矩阵

到目前为止,已经讨论了用于确定分组和理解多元数据结构的安德鲁曲线和平行坐标图。当知道了数据集中的实际分组和类别时,就可以使用不同的线型和颜色在图上区分它们。然而,可能会有一个很大的样本数据集或很多分组,这样就很难探索整个数据集。

借用散点图矩阵(scatterplot matrix)和面板图(panel graphs)(比如多路点阵图、协同图)的概念,应用于安德鲁曲线和平行坐标图。使用安德鲁曲线或者平行坐标图,把每组数据分别绘制于各自的子图上。为了组间的比较,所有图形采用一致的标度。

例 10.15

继续采用同样的 BPM 数据,现在添加另外两个主题(17 和 18),在各自子图上绘制。

```
load example104
% 载入用 ISOMAP 降维的 BPM 特征数据
% 使用三维数据
X = Yiso.coords{3}';
% 为话题寻找观测值
inds = ismember(classlab,[6 9 17 18]);
% 该函数随书提供
plotmatrixpara(X(inds,:),classlab(inds),[], …
    'BPMs ISOMAP( L_1 )')
```

参见图 10.20。使用这三个特征,有一定把握可以区分三个主题:6、9 和 17。每个主题都有各自的线条形状,同一类别的线条形状是类似的。然而,主题 18 与众不同。这个主题

的线形表明区分主题17和主题18有点困难。而且,主题18的线条并不一致,看起来在该主题内的形状各不相同。可以用安德鲁曲线做类似的事情。以下给出代码,并绘图于图10.21中。对该图的分析留给读者做练习。

```
plotmatrixandr(X(inds,:),classlab(inds))
```

函数 plotmatrixandr 和 plotmatrixpara 由 EDA 工具箱提供。

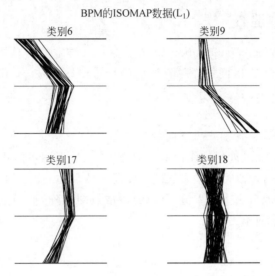

图 10.20 本图显示了例 10.15 中 BPM 数据的平行坐标图矩阵

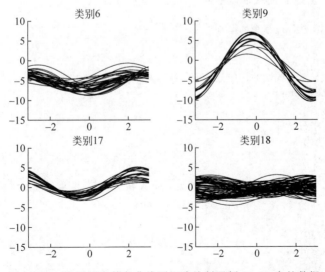

图 10.21 这里用安德鲁曲线图矩阵绘制了例 10.15 中的数据

10.7   再看数据巡查

在第 4 章,讨论了数据巡查和动态图形的基本概念,但是只使用了二维散点图来显示数据。这其中一些概念很容易扩展到高维数据的表达中。在本节,将讨论如何将总体巡查用于散点图矩阵和平行坐标图中,也包括一种称为组合巡查的动态图形。

10.7.1   总体巡查

Wegman[1991]、Wegman 和 Solka[2002]描述了 k 维空间的总体巡查,其中 $k \leqslant p$。第 4 章描述的基本过程还是相同的,但将双平面(manifold of two-planes)替换为 k 平面 (a manifold of k-planes)。这样,用:

$$A_K = Q_K E_{1,2,\cdots,k}$$

来映射数据,$E_{1,2,\cdots,k}$ 的列包含前 k 个基向量。

必须改变的另一方面是如何向用户展示数据,二维散点图不能再用了。既然有一些多元数据可视化的方法,就可以把这些方法同总体巡查结合起来。比如,$k=3$ 时,可以使用三维散点图。对于 $k=3$ 或者更大的 k 值,可以使用散点图矩阵,平行坐标图或者安德鲁曲线来显示。在例 10.16 中演示。

例 10.16

使用函数 kdimtour 在 k 维空间进行总体巡查。这里实施第 4 章所述的总体巡查,但现在显示为平行坐标图或者安德鲁曲线。用户可以指定最大迭代次数、显示类型和维度数 $k \leqslant p$。巡查前例中主题 6 的数据,迭代几次后,显示于图 10.22(a)。

```
%我们显示了几次迭代过程中的巡查
%此处使用平行坐标
%安德鲁曲线留作练习
%我们看到这里显示了线段的一些分组——看起来都遵循同样的"结构"
ind6 = find(classlab == 6);
x = X(ind6,:);
%默认的巡查是平行坐标
%我们有 10 次迭代,k = 3
kdimtour(x,10,3)
```

如果线条在大部分巡查中保持紧密状态,那么表明这是真正的同一组数据,因为在不同的旋转(投影)条件下分组是显著的。若进一步巡查,

```
%现在是第 90 次迭代
%我们看到各组有分离
kdimtour(x,90,3)
```

直到巡查结束(90 次迭代),线条保持邻近状态,最终的线条不是那么紧密。图形显示于图 10.22(b)。

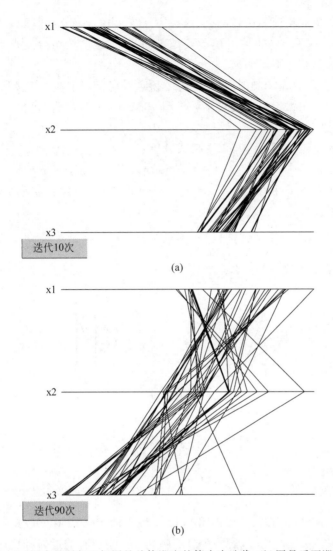

图 10.22　(a)图中的平行坐标图是总体巡查的第十次迭代,(b)图是后面巡查的结果

10.7.2　组合巡查

平行坐标图和安德鲁曲线的一个不足之处是对于变量顺序的依赖。对于平行坐标图的显示,轴线的位置很重要,因为相邻的轴线关系是显而易见的。换句话说,不相邻轴线的变量关系难以理解或者比较。对于安德鲁曲线,处于首位的变量权重更大,对曲线的形状影响显著。这样,就需要组合巡查,根据重新排序变量或者轴线,观察数据点重绘的图形。

组合巡查可以是两种类型之一:包含全部排序组合的全巡查或者部分组合的巡查。在第一种情况下,有 $p!$ 种组合或者可能的步骤,但对平行坐标图而言,这会产生很多重复的近邻。先描述一种更加精简的组合巡查,这种方法先后由 Wegman[1990]以及 Wegman 和 Solka[2002]描述。这种方法也可以用于安德鲁曲线,但这时全组合巡查更加适合,因为知道哪些变量(或轴线)相邻不成问题。

为演示这个过程,首先绘制图形,图中每个顶点对应于一个轴。连接顶点的边表明两轴线(顶点)是相邻的。用锯齿线的模式显示于图 10.23($p=6$),获得包含每个可能排序的最小子集。

以如下方式获得这个序列。从以下模式开始:

$$p_{k+1} = (p_k + (-1)^{k+1}k) \bmod p, \quad k = 1, 2, \cdots, p-1 \tag{10.2}$$

其中 $p_1 = 1$。这里的 mod 函数,有 0 mod p = p mod p = p。为了得到所有的锯齿模式,对上述序列施加如下操作:

$$p_k^{(j+1)} = (p_k^j + 1) \bmod p, \quad j = 1, 2, \cdots, \left\lfloor \frac{p-1}{2} \right\rfloor \tag{10.3}$$

其中 $\lfloor \cdot \rfloor$ 是最大整数函数。开始时,令 $p_k^1 = p_k$。

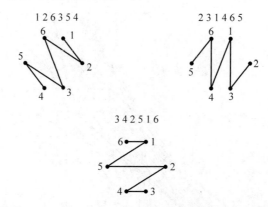

图 10.23　本图显示了 $p=6$ 时,需要获得所有近邻的最小组合数

对于 p 是偶数的情况,在式(10.2)和式(10.3)中的定义产生一个多余的序列,因此得到一些冗余的近邻。p 是奇数时,需要多余的序列来产生所有的近邻,但也会有冗余的近邻出现。为了展示这些概念,在例 10.17 中演示如何用这个公式得到图 10.23 中的序列。

例 10.17

由式(10.2)开始,得到第一个序列。必须用 MATLAB 的 mod 函数改变结果,以包括 0 mod p 和 p mod p 时的正确结果。

```
p = 6;
N = ceil((p-1)/2);
% 得到第一个序列
P(1) = 1;
for k = 1:(p-1)
  tmp(k) = (P(k) + (-1)^(k+1) * k);
  P(k+1) = mod(tmp(k),p);
```

```
end
% 为符合我们对'mod'的定义
P(find(P == 0)) = p;
```

应用式(10.3)，寻找上述序列的其他组合。

```
for j = 1:N;
    P(j + 1, :) = mod(P(j, :) + 1, p);
    ind = find(P(j + 1, :) == 0);
    P(j + 1, ind) = p;
end
```

现在把这个思路用于平行坐标图和安德鲁曲线。使用函数 permtourparallel，基于 Wegman 的最小组合方案，实施平行坐标图的组合巡查。语法是：

```
permtourparallel(X)
```

注意，这与例10.16的总体巡查大不相同。这里，只是交换了邻近的轴，并没有像在总体巡查中那样旋转数据。在巡查的每次迭代中，图形保持不变，用户必须按任意键继续。这里允许用户先检查数据的结构，然后再继续。也有面向安德鲁曲线的组合巡查函数。用户可以做 Wegman 的最小化巡查或者全组合巡查（也就是全部可能的组合）。这个函数全组合巡查语法是：

```
permtourandrews(X)
```

对于 Wegman 的最小化巡查，用

```
permtourandrews(X, flag)
```

输入参数 flag 可以是任何值。正如之前讲过的，安德鲁曲线的全巡查更加有益，因为我们不关心近邻，就像处理平行坐标图一样。

10.8　双标图

双标图最早是作为一种秩为二的矩阵的图形显示方法，由 Gabriel[1971]提出，展示其如何用于表达主成分分析的结果。其他研究者讨论了双标图如何成为散点图的加强版本，因为双标图在图形中叠加了属性变量向量，允许分析者研究数据集与原变量之间的关系。正如散点图，它们可以用于搜索模式和感兴趣的结构。

双标图可以用于第2章描述的大部分变换或者降维方法中。除了主成分分析（PCA），也包括因子分析和非负矩阵分解。在以下讨论中，会展示用于 PCA 的基本的二维双标图。然而，需要注意的是向三维以及更多维延伸的思路[Young, Valero-Mora 和 Friendly, 2006]。

对于 PCA，双标图的两个轴通常表示最大特征值对应的主成分。主成分评分（也就是变换的观测值)显示为点,原数据变量作为向量在图中显示。这样,会看到数据的两个特性——作为点的观测值和作为向量的变量。

双标图中的点与散点图中的点相同,所以可以用类似的方式解释。对应于轴线,双标图中靠近的点有类似的值。

每个向量通常靠近与该变量最相关的方向,向量的长度表达其关系的幅值。对于该成分轴线,长的向量贡献更多解释或意义(关于原始变量)。

另外,指向同样方向的向量有类似的表达和含义,而指向反方向的向量表明两个变量的负相关关系[Young,Valero-Mora 和 Friendly,2006]。

以下例子使用统计工具箱中的函数 biplot 展示刚刚讨论的概念。将其用于非负矩阵分解的结果,展示其可以用于不同类型的变换中。

例 10.18

本例针对 oronsay 数据集,使用非负矩阵分解,把数据压缩到二维。这对这些数据有意义,因为数据矩阵的所有元素是非负的。

```
load oronsay
% 做非负矩阵分解,降到二维
[W,H] = nnmf(oronsay,2);
```

回忆第 2 章和第 5 章,矩阵 W 表示二维(在本例中)的变换变量,矩阵 H 的行包含 oronsay 数据集 12 个原始变量的系数。接着,用矩阵 W 创建散点图,其标记样式和色彩表明采样地点。

```
% 绘制散点图,由标记点指明属性
% 这里使用了统计工具箱里的函数 gscatter
gscatter(W(:,1),W(:,2),midden,'rgb','xo*')
hold on
```

biplot 函数的第一个参数是来自主成分分析(princomp,pcacov)、因子分析(factoran)或者非负矩阵分解(nnmf)的系数矩阵。

```
biplot(max(W(:)) * H','VarLabels',labcol)
hold off
axis([0 45 0 40])
```

从图 10.24 中可以看到,一个长向量穿过对应于类别 1(Cnoc Coig)的观测点簇。这表明这个变量(0.125～0.18mm)对这个点簇很重要。

本可以在前例的双标图中只使用 H 的转置矩阵,但向量应该调整到与 W 中的变换数据有同样的幅度,否则向量就会太小。注意,如果系数矩阵包含三列,函数 biplot 也可以构建三维图。

MATLAB 的 biplot 函数用一个符号变换,强制在系数矩阵各列中有最大幅值的元素为正值。这会引起一些向量在反方向显示,但并不会改变对图形的解释。

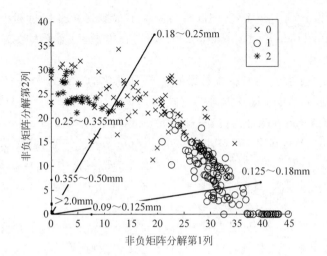

图 10.24 本图展示了例 10.18 中探讨 oronsay 数据集的散点图（点）和双标图（向量），横轴和竖轴表示通过非负矩阵分解得到的两个维度，点的位置由此次变换得到，向量表达了与其相关的变量对坐标平面的贡献

10.9 总结与深入阅读

首先推荐一些描述科学和统计可视化的书。这个领域最早的一本书是 Jacques Bertin[1983]的《Semiology of Graphics：Diagrams，Networks，Maps》，最初于 1967 年在法国出版。这本书讨论了图形系统的规则和属性，给出很多例子。Edward Tufte 写了几本可视化和图形方面的书。他的第一本书——《The Visual Display of Quantitative Information》[Tufte，1983]，描述了如何刻画数字。第二本是《Envisioning Information》[Tufte，1990]，展示了如何处理名词图形（比如，地图、航空照片、天气数据）。第三本书《Visual Explanations》[Tufte，1997]，讨论了如何展示动词（比如，动态数据、随时间变化的信息）。他最近的一本书是《Beautiful Evidence》[2006]。除了其他内容，Tufte 的这些书籍也提供了好图形和坏图形的很多例子。关于错误图形的更多示例，非常推荐 Wainer[1997]的书。Wainer 以普通读者可以接受的方式讨论了这个主题。Wainer 也出版了书籍《Graphic Discovery》[2005]，以启发性的和有趣的方式详述图形显示的历史。

在书中已经几次推荐了这本 Cleveland 的《Visualizing Data》[1993]，但读者仍应该参考该书，了解一元和多元数据的更多信息和示例。书中也包括可视化工具，经典统计方法可视化的关系，甚至是数据可视化和感知的认知方面的延伸讨论。另一数据分析图形的极好资源来自 Chambers 等人[1983]。关于分类数据可视化书籍，请参见 Blasius 和 Greenacre[1998]以及 Friendly[2000]。本书提到，Wilkinson 的《The Grammar of Graphics》[1999]适合于那些对在分布计算环境下的应用统计学和科学可视化感兴趣的人。这本书基于 Java 图形库，为量化图形学提供基础。因为本书没有涉及探索空间数据的内容，所以应该为读者提供 Carr 和 Pickle[2010]的书,该书提供了很多将统计信息和小地图联系起来的 EDA 技术。Unwin,Theus 和 Hofmann[2006]写了一本书,讨论了大数据集的可视化,他们提供了很多探索技术。

很多论文是关于数据挖掘和探索性数据分析可视化的。最近的是 Wegman[2003],讨论了高维和大数据集的可视化挖掘策略与技术。Wegman 和 Carr[1993]提出很多可视化技术,比如立体图(stereo plots)、网格图(mesh plots)、平行坐标图等等。其他综述研究包括 Anscombe[1973]、Weihs 和 Schmidli[1990]、Young 等人[1993]以及 McLeod 和 Provost[2001]。Carr 等人[1987]讨论了除六边形分箱以外的散点图方法,比如葵花图(sunflower plots)。关于不同绘图方法,比如散点图、饼图、曲线图等的有趣讨论,请参见 Friendly 和 Wainer[2004]。

笔刷散点图的进一步讨论可见参见 Becker 和 Cleveland[1987]的论文。他们展示了几种笔刷技术来关联单独的点和簇,分别考虑了单变量(一种协同图),双变量和类别变量子集的情况。对上述方法和动态图形方法提供很好评论的论文包括:Becker 和 Cleveland[1991]、Buja 等人[1991]、Stuetzle[1987]、Swayne、Cook 和 Buja[1991]以及 Becker、Cleveland 和 Wilks[1987]。Theus 和 Urbanek[2009]写了关于交互式图形的文章,展示了其如何用于分析数据。文章包含了很多数据,并使用免费软件 Mondrian(参见附录 B)。另一本交互式图形的出色书籍来自 Cook 和 Swayne[2007]。他们使用 R 和 GGobi(均为免费)图示这些概念。

在点阵图和定标方面,可以参见 Cleveland[1984]。他比较了点阵图和条形图,展示了为何点阵图在 EDA 中是有效的方法,也展示了分组点阵图。关于点阵图上有意义的基准值的重要性,他也有出色的讨论。如果标度上有 0 或者其他基准值,那么虚线应该绘制到点就结束。如果情况不是这样,那么虚线应该横贯整个图形。

平行坐标技术由 Wegman[1990]在统计背景下拓展和描述。作为一种投影变换,Wegman[1990]也给出其属性的一个严格解释,他也图示了平行坐标表达和笛卡尔正交坐标表达之间的二元属性。对平行坐标的延伸讨论是关于过度绘制(over-plotting),包括饱和(saturation)(绘制)和笔刷技术[Wegman 和 Luo,1997;Wegman,2003],以及传递聚合信息(aggregated information)[Fua 等人,1999]。

在前文中,提到了 Andrews[1972]以及 Embrechts 和 Herzberg[1991]的论文,描述了安德鲁曲线及其扩展应用。这些图形的其他信息可以参见 Jackson[1991]和 Jolliffe[1986]。

关于双标图的原理细节及其不同的变形请参见 Gower 和 Hand[1996]。他们描述了一种几何方法,展示了如何将其用于成分分析、对应分析(correspondence analysis)、规范变量分析(canonical variate analysis)。Young、Valero-Mora 和 Friendly[2006]也有一个关于双标图的有趣讨论,他们将其与更高维的版本联系起来,也包括旋转和轨道图(spinning and orbiting plots)。Udina[2005]阐述了构建交互式双标图的过程。他描述了适用于几种双标图的数据结构,也包括在网络环境实施的选项。他回顾了一些当前可用的构建双标图软件,展示了在 XLISP-STAT(一个基于 Lisp 交互式绘图工具)上的一个实现。在基因学和农业上不错的双标图应用资源请参见 Yan 和 Kang[2003]。

练习

10.1　写一个 MATLAB 函数,构建一张轮廓图,其中,每一个观测值对应于一个条形图,条形的高度就是该数据点变量的值。可以使用 subplot 和 bar 函数。用 cereal 数据集测试你的函数,与其他象形图作比较。

10.2　MATLAB 统计工具箱有一个建立象形图的函数 glyphplot。查看其帮助文档,重绘图 10.1 和图 10.2。

10.3　查看 gscatter 的帮助,重做例 10.1。

10.4　用函数 plot 和 plot3 重做例 10.1,请指定图中绘图符号,得到散点图。

10.5　使用 oronsay 数据集的所有变量绘制一幅散点图。分析结果,与图 10.5 比较。仅使用感兴趣的数据子集和两种分类绘制分组的散点图矩阵,可以看到分组的证据吗?

10.6　重做例 10.4,改变分组数。比较结果。

10.7　写一个 MATLAB 函数,用六边形分组构建一个散点图矩阵。

10.8　载入 hamster 数据,绘制散点图矩阵。图中可见在脾重量(变量 5)和肝重量(变量 7)关系图上有一个异常的观测值。使用关联技术在所有图中突出显示该观测值。观察图形,确定是否这是因为脾脏增大或者肝脏未充分发育[Becker 和 Cleveland,1991]。

10.9　使用 brainweight 数据绘制点图,分析结果。

10.10　在 MATLAB 中实现 Tukey 的 alternagraphics。这个函数应该循环应用于给定的数据集子集,绘制散点图。请对 oronsay 数据使用该函数。

10.11　随机生成二维数据($n=20$),其相关系数为 1。另产生相关系数为 -1 的二维数据。绘制平行坐标图并讨论。

10.12　产生二元数据($n=20$),第一维(X 的第一列)有一组,第二维(X 的第二列)有两个类别。绘制平行坐标图。再构建每个维度都有两个类别的二元数据,用平行坐标图绘制。评论结果。

10.13　对 playfair 数据,使用 cdf(累积分布)选项绘制点阵图。查看帮助,试验 dotchart 函数的其他选项。

10.14　使用 livestock 数据,绘制像图 10.13 那样的多路点阵图。用"国家"作为面板,"动物类型"作为水平,分析结果。

10.15　重绘例 10.8 的 abrasion 数据(abrasion loss data),使用"抗拉强度"作为条件变量,讨论结果。

10.16　用 ethanol 和 software 数据集绘制协同图,分析结果。

10.17　正如在 10.6.2 节所讨论的,Embrechts 和 Herzberg[1991]提出了用安德鲁曲

线进行投影的想法。用 MATLAB 实现这个想法,应用于鸢尾花数据,找到有低判别力的变量。

10.18 对以下数据集使用 scattergui 函数。注意,或者降维,或者只使用两个维度。

(1) skulls;

(2) sparrow;

(3) oronsay(两种分类);

(4) BPM 数据集;

(5) spam;

(6) 基因表达数据集。

10.19 用 gplotmatrix 函数重绘例 10.6。

10.20 对以下数据集使用 gplotmatrix 函数。

(1) iris;

(2) oronsay(两种分类);

(3) BPM 数据集。

10.21 用安德鲁曲线和平行坐标图进行组合巡查。使用例 10.16 的数据。

10.22 对于 $p=7$ 的组合巡查,寻找例 10.17 所述的近邻关系。最后一个序列获得了所有的近邻吗? 其中有冗余吗?

10.23 分析图 10.21 中的安德鲁曲线。

10.24 对以下数据使用 permtourandrews、kdimtour 和 permtourparallel 函数。如果有必要,就先降维。

(1) environmental;

(2) oronsay;

(3) iris;

(4) posse 数据集;

(5) skulls;

(6) BPM 数据集;

(7) pollen;

(8) 基因表达数据集。

10.25 MATLAB 统计工具箱有绘制安德鲁曲线和平行坐标图的函数。查看帮助,学习其用法和选项。用 oronsay 数据测试函数用法。这两个函数是 parallelcoords 和 andrewsplot。

10.26 查看函数 scatter 的帮助文档。构建例 10.1 中数据的二维散点图,使用控制符号尺寸的选项缩小圆的尺寸。与图 10.3 上部图形进行比较,讨论过度绘制。

10.27 对鸢尾花数据做非负矩阵分解和主成分分析。显示双标图,评论结果。

10.28 对以下数据集,绘制带有边际分布直方图的二维散点图。适当采用之前章节的方法降维至二维(提示:使用 scatterhist 绘制图形)。

(1) environmental;

(2) oronsay;

(3) iris;

(4) skulls;

(5) BPM 数据集。

近 似 度 量

本附录对近似度量进行了说明。近似度量对于聚类、多维尺度变换及非线性降维方法（如 ISOMAP）等非常重要。"近似"是指目标或被测物在空间、时间或其他维度（例如，味道、特征等）上有多相近。如何定义目标的相近程度对于数据分析至关重要，其结果依赖于所采用的方法。有两种近似度量：相似性度量和相异性度量。下面结合实例对其概念以及相互之间的转换方式进行介绍。

A.1 定义

相似性度量表示目标彼此之间的相似程度。值越大表示越相似，反之，值越小表示越不相似。目标（或观测对象）i 和 j 之间的相似性用 s_{ij} 表示。通常要对相似性进行归一化，使得最大值为 1（即，观测对象的自相似程度是 1，$s_{ii} = 1$）。相异性度量与之相反，值越小表示观测对象彼此之间越接近，也就越相似。相异性度量用 δ_{ij} 表示，因此有 $\delta_{ii} = 0$。通常，$s_{ij} \geqslant 0$，$\delta_{ij} \geqslant 0$。

Hartigan[1967]和 Cormack[1971]提出了一种分类法，由 12 个邻近结构组成，下面列出前 4 个。在该分类法中越往下约束条件就越松弛。令数据集中所有观测变量的集合为 O，则近似度量就是 $O \times O$ 空间的一个实函数。4 个结构 S 的定义如下：

S1——S 是 $O \times O$ 空间下的欧氏距离；

S2——S 是 $O \times O$ 空间下的一个度量；

S3——S 是 $O \times O$ 空间下的对称实数结构；

S4——S 是 $O \times O$ 空间下的实数结构。

第一个结构 S1 是严格按照欧氏距离来定义的，公式如下

$$S_{ij} = \sqrt{\sum_k (x_{ik} - x_{jk})^2} \tag{A.1}$$

其中，x_{ik} 是第 i 个观测变量的第 k 个元素。

如果把 S1 松弛化，并把方法变成度量，则 S1 退化成结构 S2。如果满足下面几个条件，则相异性就是一个度量条件，如下：

(1) $\delta_{ij} = 0$，当且仅当 $i = j$；

(2) $\delta_{ij} = \delta_{ji}$；

(3) $\delta_{ij} \leqslant \delta_{it} + \delta_{tj}$。

条件(2)说明相异性是对称的，条件(3)是个三角不等式。如果去掉这三个限制条件，就变成 $S3$。如果允许不对称性，则变成 $S4$。分类法中的后面几个结构都是跟相似性度量相关的。

通常用一个 $n \times n$ 的矩阵来表征目标 i 和 j 之间的间距，其中第 ij 个元素是第 i 个和第 j 个观测变量之间的距离。如果近似度量是对称的，则只需知道 $n(n-1)/2$ 个唯一值(即点间近似矩阵的上三角或下三角阵)。下面用实例给出一些常见的近似度量方法。

A.1.1　相异性

前面介绍了欧氏距离(见式(A.1))，它的应用非常广泛。欧氏距离的一个问题是，它对变量的尺度非常敏感。如果某个变量比其他变量分散得多，那么它就会在计算过程中占据主导地位。因此，建议按照第1章中介绍的先对数据进行尺度变换较好。

马氏距离公式(的平方)加入了协方差，公式如下：

$$\delta_{ij}^2 = (\boldsymbol{x}_i - \boldsymbol{x}_j)^{\mathrm{T}} \boldsymbol{\Sigma}^{-1} (\boldsymbol{x}_i - \boldsymbol{x}_j)$$

其中，$\boldsymbol{\Sigma}$ 是协方差矩阵。通常 $\boldsymbol{\Sigma}$ 是由数据估计得到的，所以会受到异常值的影响。

闵可夫斯基距离完整地定义了相异性，被广泛用于非线性多维尺度变换(参见第3章)。公式如下：

$$S_{ij} = \{\boldsymbol{\Sigma}_k \mid x_{ik} - x_{jk} \mid^{\lambda}\}^{1/\lambda}, \quad \lambda \geqslant 1 \tag{A.2}$$

当参数 $\lambda = 1$ 时，闵可夫斯基距离退化成街区距离(也称为曼哈顿距离)，公式如下：

$$\delta_{ij} = \boldsymbol{\Sigma}_k \mid x_{ik} - x_{jk} \mid$$

当 $\lambda = 2$ 时，式(A.2)变成欧氏距离(参见式(A.1))。

MATLAB 统计工具箱中的 pdist 函数可以用来计算 n 个数据点的点间距离。返回值是个向量，但可以用 squareform 函数把向量转换成方阵。pdist 函数的基本语法是

```
Y = pdist(X, distance)
```

distance 参数的取值范围如下：

```
'euclidean' - Euclidean distance
'seuclidean' - Standardized Euclidean distance, each coordinate in the sum of squares is
    inverse weighted by the sample variance of that coordinate
'cityblock' - City Block distance
'mahalanobis' - Mahalanobis distance
'minkowski' - Minkowski distance with exponent 2
'chebychev' - Chebychev distance (maximum coordinate difference)
'cosine' - One minus the cosine of the included angle between observations (treated as vectors)
'correlation' - One minus the sample correlation between observations (treated as sequences of
    values)
```

'spearman' − One minus the sample Spearman's rank correlation between observations (treated as sequences of values)

'hamming' − Hamming distance, percentage of coordinates that differ

'jaccard' − One minus the Jaccard coefficient, the percentage of nonzero coordinates that differ

cosine、correlation 和 jaccard 方法本来是计算相似度的,在上式中通过取反操作变成了相异性度量。下面会分别介绍其中的两种方法。注意,闵可夫斯基距离参数可以单独指定指数。

A.1.2　相似性度量

余弦(cosine)相似性度量是一种常见的相似性度量方法,可以对实数向量进行操作。它是两个向量之间角度的余弦值,公式如下:

$$s_{ij} = \frac{x_i^T x_j}{\sqrt{x_i^T x_i}\ \sqrt{x_j^T x_j}}$$

两个实数向量间的相关(correlation)相似性度量跟余弦相似性度量比较类似,计算公式如下:

$$s_{ij} = \frac{(x_i - \bar{x})^T (x_j - \bar{x})}{\sqrt{(x_i - \bar{x})^T (x_i - \bar{x})}\ \sqrt{(x_j - \bar{x})^T (x_j - x)}}$$

A.1.3　二值数据的相似性度量

上一节介绍的近似度量只能适用于连续或离散的定量数据,但不适用于二值数据。下面介绍几种能对二值数据进行处理的相似性度量方法。

对于给定的二值数据,可以计算其频率:

第 j 次观测值

		1	0	
第 i 次观测值	1	a	b	$a+b$
	0	c	d	$c+d$
		$a+c$	$b+d$	$a+b+c+d$

上面表格中的数值表示不同观察状态下的元素个数。例如,当第 i 和第 j 次观测值都为 1 时,元素的个数为 a;当第 i 和第 j 次观测值都为 0 时,元素的个数为 d;以此类推。可以采用上述物理量来构造若干二值数据的相似性度量方法。

首先是 Jaccard 系数,公式如下:

$$s_{ij} = \frac{a}{a+b+c}$$

其次是 Ochiai 方法:

$$s_{ij} = \frac{a}{\sqrt{(a+b)(a+c)}}$$

最后是简单匹配系数,可以用来计算匹配元素的百分比:

$$s_{ij} = \frac{a+d}{a+b+c+d}$$

A.1.4 概率密度函数的相异性

在有些应用场景下,观测值是以相对频率或概率分布的形式出现的。例如,当计算两个文本的语义相似性时就是如此。或者可能会对计算两个概率密度函数间的距离感兴趣,其中一个函数是估计出来的,而另一个是真实的。本节讨论三种方法:K-L 信息熵,L_1 范数和信息半径。

假定有两个概率密度函数 f 和 g(或任意普通函数)。K-L 信息熵(KL)计算的是函数 g 和 f 的近似程度。连续情况下的 K-L 信息熵计算公式如下:

$$KL(f,g) = \int f(\boldsymbol{x}) \log \left\{ \frac{f(\boldsymbol{x})}{g(\boldsymbol{x})} \right\} dx$$

离散情况下积分变成求和,f 和 g 表示概率质量函数。K-L 信息熵也称为判别信息,主要来计算两个函数之间的差异。值越大,则两个函数间的差异越大。

K-L 信息熵有两个问题:一是值有时会变成无穷大,这种情况在自然语言理解相关应用中经常发生[Manning 和 Schutze,2000];二是不一定对称。

第二个方法是信息半径(IRad),它能克服上述问题。IRad 基于 K-L 信息熵,其计算公式为:

$$IRad(f,g) = KL\left[f, \frac{f+g}{2} \right] + KL\left[g, \frac{f+g}{2} \right]$$

对于两个服从 f 和 g 的平均分布的随机变量,IRad 方法用来量化信息的丢失情况。信息半径的取值范围是 $[0, 2\log 2]$,其中 0 表示同分布,$2\log 2$ 表示最大不同分布。此处假定 $0\log 0 = 0$。注意,IRad 是对称的,取值不会无穷大[Manning 和 Schutze,2000]。

第三个方法是 L_1 范数。它是对称的,并且对于任意概率密度函数 f 和 g(或任意普通函数)有明确的定义。该范数可以看作是跟 f 和 g 分布不同的预期事件比例。公式如下:

$$L_1(f,g) = \int | f(\boldsymbol{x}) - g(\boldsymbol{x}) | \, dx$$

L_1 范数具有良好的性质。当 f 和 g 是有效的概率密度函数时,L_1 范数的边界范围是 $0 \sim 2$,即:

$$0 \leqslant L_1(f,g) \leqslant 2$$

A.2 变换

许多情况下,需要把相似性度量转换成相异性度量来用。几种常见的转换公式如下:

$$\delta_{ij} = 1 - s_{ij}$$
$$\delta_{ij} = c - s_{ij}, \quad c \text{ 为常数}$$
$$\delta_{ij} = \sqrt{2(1 - s_{ij})}$$

当相似度经过尺度变换,使得 $s_{ii}=1$ 时,最后一个公式才成立。一般情况下,可以用

$$\delta_{ij} = \sqrt{s_{ii} - 2s_{ij} + s_{jj}}$$

有时,又需要把相异性度量转换成相似性度量。可以通过下式完成:

$$s_{ij} = (1 + \delta_{ij})^{-1}$$

A.3 进阶阅读

大多数关于聚类和多维尺度变换的书籍都会花很多篇幅对近似度量方法进行重点介绍,因为它至关重要。下面介绍其中的一些度量方法。

Everitt,Landau 和 Leese[2001]编写了一本关于聚类的书,专门有一章介绍近似度量方法,具体包括连续和类型变量数据、加权变量、标准化以及近似度量方法选择等相关的内容。如果要从分类的角度来看近似度量问题,则推荐 Gordon[1999]这本书。

Cox 和 Cox[2001]对近似度量进行了很好的阐述,因为他们是从多维尺度变换的角度来讨论的。书中还对上述近似结构进行了系统分类。最后,Manning 和 Schutze[2000]对相似性度量进行了详述,当要计算文本或词汇之间的语义距离时就可以采用相似性度量。

还有一些关于相异性度量方法的综述文章。比如 Gower[1966]及 Gower 和 Legendre[1986]。他们对相异系数的属性进行了回顾,并强调了其度量及欧式性质的重要性。距离度量可以用于测量两个函数或统计模型间的距离,关于距离度量的文献可以参考 Basseville[1989]。该文章从信号处理的角度进行了阐述。Jones 和 Furnas[1987]用几何分析的方法对近似度量进行了研究,并将它应用到信息检索领域的多种方法中。他们证实了某个方法与其性能间的关系。

附录 B

EDA 相关软件资源

本附录主要是提供一些与 EDA 相关的网络资源。这些资源中的绝大多数都在正文中提到过,少部分没有。此外,大多数资源都是用 MATLAB 代码实现的,只有少数是独立的工具包。

B.1 MATLAB 程序

本节提供了一些用于 EDA 的 MATLAB 代码网址和参考资料。其中有的代码已经包含在 EDA 工具箱(参见附录 E)中,建议用户定期查看最新版软件。

1. 袋状图

有一些用旧版本的 MATLAB、S-Plus 及 FORTRAN 实现的袋状图程序,可参见:

http://www.agoras.ua.ac.be/Public99.htm

论文及相关的讨论也可以从上述网址找到。感谢 LIBRA 工具箱的作者[Verboven 和 Hubert,2005](在本附录后面详细介绍),才得以在 EDA 工具箱中包含 bagplot 函数。要使用该函数,需遵守下面的许可

http://wis.kuleuven.be/stat/robust/LIBRA.html

2. 计算统计工具箱

计算统计工具箱是专门为《MATLAB 计算统计手册(第 2 版)》这本书而编写的,里面包含很多有用的函数,本书使用了其中的部分函数。该工具箱可以从下面网址下载:

http://lib.stat.cmu.edu

和

http://pi-sigma.info

该工具箱中的一些函数已经包含在 EDA 工具箱中(参见附录 E)。

3. 数据可视化工具箱

MATLAB 数据可视化工具箱的作者提供了一些函数,可以用来实现 William Cleveland 在《Visualizing Data》书中描述的图形化方法。相关软件、数据集、文档及教程可

以从下面网址获得:

http://www.datatool.com/prod02.htm

其中有的函数包含在 EDA 工具箱(参见附录 E)。

4. 降维工具箱

降维工具箱由荷兰马斯特里赫特大学的 L. J. P. van der Maaten 开发。工具箱、论文和数据集可以从下面网址获得:

http://homepage.tudelft.nl/19j49/Matlab_Toolbox_for_Dimensionality_Reduction.html

该工具箱包含了很多线性及非线性的降维方法,以及用于估计数据集本征维数的相关函数。

5. 生成拓扑映射

GTM 工具箱的原始下载网址:

www.ncrg.aston.ac.uk/GTM/

该软件只能用于非商业用途,需遵循 GNU 许可证。下载的 EDA 工具箱自带 GTM。

6. 海森特征映射

海森特征映射或 HLLE 代码的原始下载网址是:

http://basis.stanford.edu/WWW/HLLE/frontdoc.htm

EDA 工具箱里面包括了 HLLE 程序。

7. ISOMAP

ISOMAP 的主站是:

http://isomap.stanford.edu/

网站上还有相关论文、数据集、收敛证明以及补充图的链接。EDA 工具箱中有 ISOMAP 函数。

8. 局部线性嵌入——LLE

LLE 的主站是:

http://cs.nyu.edu/~roweis/nldr.html

可以从该网站下载 MATLAB 代码、论文和数据集。EDA 工具箱中包含 LLE 函数。

9. MATLAB 中心

下面网址有很多用户贡献的代码:

www.mathworks.com/matlabcentral/

写代码之前可以先到这个论坛看看。你需要的信息可能已经在上面了。

10. 基因芯片分析——MatArray 工具箱

下面网址可以下载到实现基因芯片数据分析技术的软件。该工具箱包含 k 均值聚类、层次聚类,以及其他一些函数。

www.ulb.ac.be/medecine/iribhm/microarray/toolbox/

11. 基于模型的聚类工具箱

基于模型的聚类工具箱当中的代码也包含在 EDA 工具箱中。更多关于 MBC 的信息可以参考下面网址：

www. stat. washington. edu/mclust/

该网站上还有 S-Plus 和 R 语言版本的基于模型的聚类函数实现方法的链接。

12. 非线性降维工具箱

可以从下面网址获取非线性降维方法的 MATLAB 代码：

http://www. ucl. ac. be/mlg/index. php? page＝NLDR

这些代码是 Lee 和 Verleysen[2007]所著《Nonlinear Dimensionality Reduction》一书中附带的。

13. 非负矩阵分解

下面网址可以获取用于信号处理的非负矩阵分解工具箱：

http://www. bsp. brain. riken. jp/ICALAB/nmflab. html

这些 MATLAB 函数还可以用于非负张量分解。

14. 鲁棒性分析——LIBRA

下面网址可以下载鲁棒性统计分析工具箱：

http://www. wis. kuleuven. ac. be/stat/robust/LIBRA. html

该工具箱中的函数可以用于一元定位及尺度变换、多元定位和协方差分析、回归分析、主成分分析、主成分回归、偏最小二乘回归，以及鲁棒分类[Verboven 和 Hubert, 2005]。工具箱中还有图形化的工具，可以用于模型验证及异常检测。

15. 自组织映射——SOM

SOM 工具箱可以从下面网址获取：

www. cis. hut. fi/projects/somtoolbox/links/

网站上有文档、理论、研究进展及其他相关信息的链接。该软件可以用于非商业用途，并且需遵守 GNU 通用公共许可。SOM 工具箱中有些函数是由用户贡献的，使用时可能需要遵守各自的版权许可。SOM 工具箱中的一些函数包含在 EDA 工具箱中。

16. SiZer

该软件通过平滑来对数据进行探索分析。它包含许多 MATLAB 函数及图形用户界面。可以用来判定信号的特征是否存在，或者仅仅是噪声。特别是，它提供了不同平滑参数级别下的平滑效果。代码可以从下面网址获取：

www. stat. unc. edu/faculty/marron/marron_software. html

关于 SiZer 的简介，以及在 EDA 中的使用方法，可以参考：

www. galaxy. gmu. edu/interface/I02/I2002Proceedings/MarronSteve/MarronSiZerShortCourse. pdf

17. 谱聚类工具箱

可以从下面网址获取到谱聚类的 MATLAB 实现代码：

http://www. stat. washington. edu/spectral/＃code

18. 统计工具箱（免费）

下面是一些统计工具箱的链接：

www. statsci. org/matlab/statbox. html

www. maths. lth. se/matstat/stixbox/

统计模式识别工具箱的链接：

cmp. felk. cvut. cz/～xfrancv/stprtool/index. html

19．文本到矩阵发生器(TMG)工具箱

TMG 工具箱可以从文档中创建新的词汇—文档矩阵，也可以对现有词汇—文档矩阵进行更新。它包含多种词汇—加权方法、归一化方法以及词干提取方法。可以从下面网址下载 TMG 工具箱：

scgroup. hpclab. ceid. upatras. gr/scgroup/Projects/TMG/

B.2 其他 EDA 程序

下面的程序都可以下载(免费)。

1．CLUTO 聚类软件

CLUTO 是一套数据聚类算法和库，可以用于科研及非商业用途下载：

http://glaros. dtc. umn. edu/gkhome/views/cluto

2．有限混合——EMMIX

下面是 FORTRAN 平台下用正态分布和 T 分布进行有限混合模型拟合的程序，下载网址：

http://www. maths. uq. edu. au/～gjm/emmix/emmix. html

3．GGobi

GGobi 是一个数据可视化系统，专门用于观察高维数据。它包括：笔刷、关联、矩阵绘图、多维尺度变换及其他一些功能。GGobi 主页：

www. ggobi. org/

它含有 Windows 和 Linux 版本。有关 GGobi 的使用方法以及如何与 R 语言连通，可以参阅 Cook 和 Swayne[2007]的文献。

4．MANET

Macintosh 用户可以用 MANET(Missings Are Now Equally Treated)。下载网址：

http://rosuda. org/manet/

MANET 提供多种图形化的工具，可以用于研究多变量特性。

5．基于模型的聚类

基于模型的聚类软件可以从下面网址下载：

http://www. stat. washington. edu/mclust/

分别有适用于 S-Plus 和 R 平台的版本。网站上有相关论文、技术报告，还可以加入邮件列表。

6．Mondrian

该软件是一个通用的可视化和 EDA 软件包[Theus 和 Urbanek,2009]，适用于大数据

集、分类数据以及空间数据。Mondrian 中所有的绘图功能都彼此关联，也包含许多绘图和
图形交互的选项。下载网址：

　　http://www.theusrus.de/Mondrian/

7. 统计计算语言 R

　　R 语言提供统计计算开发环境，可以免费使用，遵守 GNU 许可。可以在 Windows、
UNIX(例如 Linux)及 Macintosh 操作系统下运行。R 语言的一个优点是有大量的用户编
写的软件包可以使用。详情参见下面网址：

　　www.r-project.org/

B.3　EDA 工具箱

　　探索性数据分析工具箱可以从下面两个网址获得：

　　http://lib.stat.cmu.edu

和

　　http://pi-sigma.info

安装方法及相关信息请阅读 readme 文件。

　　EDA 工具箱中的许多功能都可以通过图形化用户界面 edagui 或者命令行来打开，这
些都包含在 EDA GUI 工具箱中，可以从上面网址获得。

　　附录 E 列出了 EDA 和 EDA GUI 工具箱中用到的函数，并对其功能进行了简要说明。
要获取当前可用的函数列表(即，包括本书出版以后又新编写的函数)，在命令行输入 help
eda 即可。要获得两个工具箱的完整功能，则需要统计工具箱第 4 版或更高版本。更多关
于 EDA 工具箱的使用方法的信息可以参考随附文档。

数据集的描述

本附录对书中用到的数据集进行描述。所有数据集都从随附软件中下载而来。数据集采用 MATLAB 二进制格式（MAT 文件）。

1. abrasion 数据集

该数据集来源于对 30 个橡胶试样[Davies,1957；Cleveland 和 Devlin,1988]进行实验，测得的三个主要影响因素：抗拉强度、硬度和磨耗损失。磨耗损失是指每单位能量造成的材料磨损量。抗拉强度表示破坏一个试样所需力的大小（每单位面积）。硬度表示测试压头落到试样上后反弹的高度。磨耗损失单位是 g/hp-hour,抗拉强度单位是 kg/cm^2,硬度单位是邵氏度。实验的目的是探寻磨耗损失与硬度、抗拉强度之间的关系。

2. animal 数据集

该数据集包含多种不同种类动物的脑重量和体重[Crile 和 Quiring,1940]。生物学家认为,脑重量与体重之间的关系很奇妙,因为脑重量除以体重的比值常被用来测试智力水平[Becker,Cleveland,Wilks,1987]。MAT 文件中包含三个变量：AnimalName、BodyWeight 和 BrainWeight。

3. BPM 数据集

有多种 BPM 数据集：iradbpm、ochiaibpm、matchbpm 和 L1bpm。每个数据文件包含 503 份文档的点间距离矩阵,以及一个类别标记数组,在第 1 章中有相关介绍。在对这些数据进行分析之前可以先用 ISOMAP 进行降维处理。

4. calibrat 数据集

该数据集反映的是 14 个免疫测定法标定值(tsh)中放射性计数与激素水平之间的关系。该数据集的原作者是 Tiede 和 Pagano[1979],本书中的此数据集是从 Simonoff[1996] 的网站下载的：

http://pages. stern. nyu. edu/~jsimonof/SmoothMeth/

5. cereal 数据集

该数据集来自于对八个不同品牌麦片的评分值[Chakrapani 和 Ehrenberg,1981；Venables 和 Ripley,1994]。cereal 数据文件包含一个矩阵,其中行向量代表观测值,列向量代表某个变量或是麦片介绍与真实情况相符程度的百分比数值。麦片的介绍：还会再买、味道很赞、家人都喜欢、易于消化、营养丰富、味道天然、价格合理、食用价值大、泡在牛奶中依然酥脆、久食不胖、老少咸宜。cereal 数据文件中还有一个麦片类型字符串（labs）的元胞数组。

6. environmental 数据集

该数据集包含对四个变量的 111 次测量值。四个变量分别是：臭氧（PPB）、太阳辐射（兰利）、温度（华氏度）及风速（英里/小时）。Bruntz 等人[1974]最早开展测量，目的是对造成大气污染的潜在机制进行研究。

7. example96 数据集

例 9.6 中采用的数据集，用来说明如何绘制百分位箱线图。

8. example104 数据集

书中有很多例子都用到了该数据集，用于对如何绘制高维数据进行解释说明。它是 BPM 数据集的一个子集，在例 10.5 中采用 ISOMAP 进行了降维[5]。

9. forearm 数据集

该数据集包含 140 个成年男性前臂长度的测量值（英寸）[Hand 等人，1994；Pearson 和 Lee，1903]。

10. galaxy 数据集

galaxy 数据集包含对螺旋星系 NGC 7531 运行速度的观测值。数组 EastWest 包含的是东西方向的速度值，覆盖范围大约 135 弧秒。数组 NorthSouth 包含的是南北方向的速度值，覆盖范围大约 200 弧秒。数据是在智利的托洛洛山美洲天文台测得的，观测时间是 1981 年的 7 月和 10 月[Buta，1987]。

11. geyser 数据集

该数据集包含的是美国黄石国家公园的老忠实泉两次喷发的间隔时间（分钟）[Hand 等人，1994；Scott，1992]。

12. hamster 数据集

该数据集包含的是患有先天性心脏衰竭疾病的仓鼠脏器重量测量值[Becker 和 Cleveland，1991]。脏器包括：心脏、肾脏、肝脏、肺、脾以及睾丸。

13. iris 数据集

iris 数据集是 Anderson[1935]采集的，Fisher[1936]最先开始使用，此后许多统计学家都用该数据集进行分析。该数据集由 150 个观测值构成，根据花瓣和花萼的不同，对三种鸢尾花分别进行四次测量而得。三种鸢尾花分别是：山鸢尾、弗吉尼亚鸢尾、变色鸢尾。加载 iris 数据文件后，能获得三个 50×4 的矩阵，其中每个矩阵代表一种鸢尾花。

14. leukemia 数据集

本书第 1 章对 leukemia 数据集进行了详细描述。该数据集记录的是急性白血病患者

---

[5] 注：在第二版中，虽然例程的编号变了，但该数据集的名字维持不变。

的基因表达水平。

15. lsiex 数据集

该数据集包含的是例 2.3 和例 2.4 中曾用到的词汇—文本矩阵。

16. lungA 和 lungB 数据集

lung 是另一个测量基因表达水平的数据集。此处的对象是不同种类的肺癌。

17. oronsay 数据集

oronsay 数据集包括的是粒度测量。第 1 章中有详细介绍。该数据集可以根据采样地点和采样类别(海滩、沙丘、贝丘)进行分类。

18. ozone 数据集

ozone 数据集[Cleveland,1993]中包含的是 1974 年 5 月 1 日至 9 月 30 日期间,每日地平面最大臭氧浓度(ppb)的测量值。测量地点是美国纽约的杨克斯市和康涅狄格的斯坦福德市。

19. playfair 数据集

该数据集由 Cleveland[1993]和 Tufte[1983]提出,基于 William Playfair (1801)发表的人口与经济数据。playfair 数据集包括 22 个观测值,分别表示 18 世纪末若干城市的人口统计值(单位:千人)以及 Playfair 用于编码人口信息的圆的直径。MAT 文件还包括一个元胞数组,存储的是城市名。

20. pollen 数据集

1986 年美国统计协会联合会议组织了一场数据分析大赛,pollen 是专门为此次大赛生成的数据集。它包括 3848 个观测值,每个观测值都有五个虚拟变量:脊点、节点、裂隙、重量和密度。该数据集包含若干有趣的特征和结构。参考 Becker 等人[1986]和 Slomka[1986]获取该人工数据的分析结果和相关信息。

21. posse 数据集

posse 包含多个数据集,主要用于 Posse[1995b]的仿真研究。这些数据集包括:croix (十字型)、struct2(L 型)、boite(甜甜圈型)、groupe(四集群)、curve(两曲线组)和 spiral(螺旋形)。每个数据集包含 400 个 8 维的观测值。这些数据可以用于 PPEDA 及其他的数据探索方法。

22. salmon 数据集

salmon 数据集可以从 Simonoff[1996]所著书籍的网址下载:pages. stern. nyu. edu/~ jsimonof/SmoothMeth/。MAT 文件是 28 个观测值的二维矩阵。矩阵的第一列表示 1940 年到 1967 年间,Skeena 河中红鲑鱼每年的产卵量(单位:每千条鱼)。第二列表示新增可以捕捞的鲑鱼数量(单位:每千条鱼)。

23. scurve 数据集

该数据集的数据从一条 S 曲线流形中随机产生。参考例 3.5 获取更多信息。

24. singer 数据集

该数据集包含的是纽约合唱团[Cleveland,1993;Chambers 等人,19983]中歌唱家的身高数据(单位:英寸)。共有四个声部:女高音、女低音、男高音和男低音。

25. skulls 数据集

该数据集来源于 Cox 和 Cox[2000]。数据最早来自 Fawcett[1901] 的一篇文章,里面记录了关于上埃及地区那卡达族人颅骨的相关测量数据。skulls 文件包含一个数组叫 skullsdata,里面有 40 个观测数据,其中 18 个是女性的,22 个是男性的。变量分别是:最大长度、宽度、高度、耳高、眉嵴周长、矢状面围、横围、上面高、鼻宽、鼻高、头骨横竖指数以及高长比。

26. software 数据集

该数据集包含了软件审查中涉及的数据。每个变量都用软件审查的工作量(页面数或代码行数)进行归一化。software. mat 文件中包括准备时间(单位:分钟,如 prepage,prepsloc)、会议总工作时长(单位:分钟,如 mtgsloc)、找到的缺陷数(defpage,defsloc)。更多信息参见第 1 章。

27. spam 数据集

可以从 UCI 机器学习库下载该数据集:

http://archive. ics. uci. edu/ml/

凡是用过 email 的都对垃圾邮件深恶痛绝,即垃圾邮件,商业的或非商业的都有。例如,垃圾邮件可能是连锁信函、淫秽网站、广告、到国外赚钱,等等。该数据集来自惠普实验室,于 1999 年生成。spam 数据集包含 58 个变量:其中 57 个是连续变量,另外 1 个是类标记。如果一个观测数据被标记为类别 1,则该数据就被认为是垃圾邮件。如果被标记为类别 0,则不是垃圾邮件。前 48 个属性表征的是邮件中的词汇跟指定词汇的吻合度,另有 6 个变量用来表征邮件中的字符跟指定字符的吻合度,剩下的变量表征不间断的大写字母序列。更多信息请参阅上面的网址。可以用该数据集构建分类器,用于垃圾邮件的自动分拣,但前提条件是误检率(把正常邮件判定为垃圾邮件)要足够低才行。

28. sparrow 数据集

该数据集来源于 Manly[1994]。数据取自 1898 年 2 月 1 日一场风暴过后,对收集到的麻雀进行测量得到的观测值。对每只鸟都测量其 8 个形态学特征及体重,而该数据集仅包含其中 5 种形态学特征。实验只针对雌性麻雀进行。变量包括:身长、鼻翼长度、喙长和头长、肱骨长度及龙骨胸骨长度。所有长度单位都是毫米。所有鸟种,前 21 只是活的,其余都是死的。

29. swissroll 数据集

该数据集中的变量是由一个中空的瑞士卷流形随机生成的。例 3.5 中用到的数据是经过降维(采用 ISOMAP 和 HLLE 方法)后的。

30. votfraud 数据集

该数据集反映的是在费城 22 个县的选举中,机器投票和缺席投票两种情况下民主党与共和党谁占多数票。变量 machine 表示在机器投票中民主党占多数票,而 absentee 表示在缺席投票中民主党占多数票[Simonoff,1996]。

31. yeast 数据集

该数据集在第 1 章中介绍过,它包含两个细胞周期和五个阶段的基因表达水平。

附录 D

MATLAB 工具使用要点[①]

D.1 MATLAB 简介

MATLAB 是 MathWorks 公司开发的一种用于数值计算及数据可视化的软件平台,它既是一种交互式系统也是一种编程语言。在 MATLAB 中,数组是最基本的数据元素,它可以是一个标量、向量、矩阵或多维数组。除了可以进行基本的数组操作外,和其他计算语言一样,也可以用函数、控制流等来进行其他操作。

在本节附录中,通过对 MATLAB 进行概述从而帮助读者更好的理解书中的算法和实例。但是附录中的简介并不全面,读者还可以通过更多的渠道了解更多的 MATLAB 知识。MATLAB 自带的帮助文档非常棒,其中包含大量教程,对于读者来说很有参考价值。想要全面了解 MATLAB,推荐参考书 Hanselman 和 Littlefield[2004]。另有一本关于 MATLAB 数值计算的参考书 Moler[2004],纸质版见参考文献,电子版本可从下面网址下载获得:

http://www.mathworks.com/moler

如果需要了解更多关于 MATLAB 图形化及 GUI 方面的内容,可以阅读参考文献 Holland 和 Marchand[2002]。

MATLAB 可以在 Windows、Linux 以及 Macintosh 系统上运行,本书主要涉及的是 Windows 版本,但大部分内容也适用于其他系统。MATLAB 由主程序和工具箱构成。主程序包含了很多函数,主要用于数据分析,而各类功能各异的工具箱则大大扩展了 MATLAB 的功能。这些工具箱可以从 MathWorks 公司或第三方购买。有的甚至可以从网上免费下载。附录 B 列出了部分工具箱。

本书默认读者知道如何在自己的系统上启动 MATLAB。当 MATLAB 启动时,可以打开命令窗口,在光标处可输入语句。除了命令窗口外,也可以使用其他窗口(帮助窗口、工作空间、历史窗口等),本书不涉及这些窗口的使用。

---

① 本书附录中的大部分内容参考 *Computational Statistics Handbook with MATLAB,2nd Edition*[2007]。

D.2　在 MATLAB 中获得帮助

MATLAB 最大的特点是其强大的帮助系统,可以通过多种途径获取 MATLAB 函数的帮助信息。帮助系统不但可以提供所要查询的函数信息,同时还会给出其他相关函数的信息。下面我们讨论几种获取 MATLAB 帮助的方法。

(1) 命令行:在命令行中,输入 help 加函数名,将会得到该函数的所有有用信息。本书中,并未给出函数的所有功能及用法,建议读者通过 help 命令获得更多信息。例如,在命令行输入命令 help plot,就可以得到关于基本函数 plot 的相关帮助信息。help 命令同样适用于 EDA 工具箱(或其他工具箱)。

(2) help 菜单:通过 help 菜单也可以获取帮助文档。单击 help 菜单打开浏览器,可以获得 MATLAB 主程序及工具箱的帮助文档,也可以连接到在线学习资源,例程以及函数浏览器。

D.3　文件和工作空间管理

用户可以在命令行中逐条输入语句或者将所有语句保存为 M 文档再执行。掌握一些常用的命令会便于管理文档。表 D.1 中的命令可以用于文档的查询、显示及删除。MATLAB 工作空间中保留着程序产生的变量(没有被删除的),输入变量名且不以分号结尾就可以查看变量内容。注意,MATLAB 区分变量大小写,即 Temp、temp 以及 TEMP 是三个不同的变量。

表 D.1　文档管理命令

命　　令	用　　途
dir, ls	显示当前目录下的文档
delete *filename*	删除文件
cd, pwd	显示当前目录
cd dir, chdir	更改当前目录,也可以通过工具条上的下拉式菜单更改路径
type *filename*	显示文件内容
edit *filename*	在编辑器中显示文件名
which *filename*	显示文件 filename 的路径,这可以帮助用户判断是否为 MATLAB 主包文件
what	显示当前路径下的所有 .m 及 .mat 文件

MATLAB 可以保留曾经输入的历史命令。通过桌面菜单选择特定布局,可以得到独立浮动的历史命令窗口。选择想要执行的命令,此时会高亮显示(单击的同时按住 CTRL 键),单击右键,弹出对话菜单,选中其中的 Evaluate Selection 选项,就可自动运行并将结果显示在命令窗口中。在历史命令窗口内,还可以通过方向键对语句进行调用和编辑。利用上箭头、下箭头查看所有的命令,左右箭头查看当前命令。利用这些箭头键,再通过键盘输入,就可以查看和编辑对应的命令。

通过桌面菜单中的工作空间浏览器,可以查阅当前工作空间的内容。所有变量都显示在当前浏览器窗口中。双击变量名,会打开一个电子表格窗口,可以在这里查看和编辑该变量。

表 D. 2 中的命令是用于帮助管理工作空间的常用函数。输入及存储数据对 MATLAB 而言十分重要。下面列出了其中几种输入输出数据的方式,还有其他的方法未列出,例如利用 help 功能查询 fprintf,fscanf,以及 textread 函数获得更多使用方式。

表 D. 2　工作空间管理命令

命　　令	用　　途
who	列出工作空间中所有的变量名字
whos	列出工作空间中所有的变量名字以及它们的所占字节数、数组维数以及数据类型等信息
clear	清除工作空间中所有变量
clear x y	将变量 x、y 从工作空间中清除

(1) 命令行：MATLAB 中两种最主要的文件输入输出方法是 save 及 load。以 save 为例,列举其使用方法。load 与之相类似。

命　　令	用　　途
save *filename*	将所有变量保存到名为 filename. mat 的文件中
save *filename* var1 var2	将变量 var1,var2 保存到名为 filename. mat 的文件中
save *filename* var1-ascii	将变量保存到名为 Filename 的 ASCII 文件中

(2) file 菜单：通过 file 菜单中的命令对工作空间进行保存和加载。

(3) 导入 GUI：在 MATLAB 中,可以利用电子表格窗口式的导入向导将数据输入。它是通过 file 菜单上的 Import Data 进行的。

D.4　MATLAB 的标点符号

表 D. 3 所示为 MATLAB 中常见的标点符号及其用法。

表 D. 3　标点符号列表

符号	用　　途
%	百分号表示注释语句标识,%后的信息不被执行
,	在输入语句之后可显示运行结果。当连接两个矩阵时(在[ ]中间使用),逗号或者空格表示水平串联。其他功能包括函数输入参数分隔符,数组下标分隔符
;	在输入语句之后可取消运行显示或用于在一行中区分多条语句。当连接两个矩阵时(在[ ]中间使用),分号表示从新的行开始
…	三个黑点表示连接语句,注释和变量名不能通过该符号连接
!	调用操作系统运算
:	指定数值范围,例如 1：10 表示数字 1~10。数组维数中的冒号表示数组在该维度上的所有元素
.	操作符前的句点表示 MATLAB 按照数组中的每一个元素进行运算

D.5　算术运算符

MATLAB中算术运算符($*$,$/$,$+$,$-$,$^$)与线性代数的定义一致。假设要将 A、B 两个矩阵相乘,则它们的维数必须一致,即 A 矩阵的列数必须等于 B 矩阵的行数。这种方式的矩阵相乘,使用 $A*B$。值得注意的是,MATLAB默认按照矩阵方式进行运算。

和其他编程语言一样,MATLAB运算符遵循一定的优先级,可以通过使用括号来更改优先级。

有时需要对数组的元素逐个进行操作。例如,当需要求数组中的每一个元素平方,可以在乘法操作符之前加一个点号。举例而言,可以利用语句 $A.^2$ 将 A 矩阵的每一个元素平方。表D.4对操作符进行了归纳总结。

表 D.4　矩阵元素运算符

运算符	用　途	运算符	用　途
.*	元素相乘	.^	元素乘方
./	元素相除		

D.6　MATLAB 的数据结构

D.6.1　基本数据结构

本附录不涉及面向对象的方面,只讨论两种数据类型:浮点型(double)和字符型(char)。

MATALAB中最基本的数据元素是数组,数组可以是:

(1) 利用[ ]产生的一个空矩阵;

(2) 一个 $1*1$ 的标量数组;

(3) 一个行向量,即 $1*n$ 的数组;

(4) 一个列向量,即 $n*1$ 的数组;

(5) 一个二维数组,大小 $m*n$ 或 $n*n$;

(6) 一个多维数组,大小 $m*\cdots*n$。

对数组进行操作时,其维数要相符,并且数据类型必须相同。例如对于一个 $2*3$ 的矩阵,其每一行中必须包含三个元素(例如数字)。表D.6给出了相关获取数组元素的示例。

D.6.2　构建数组

大多数情况下,统计学家和工程师都是通过 load 或者其他之前介绍的方法将数据导入MATLAB的,然而当进行程序测试或参数输入时,仍然需要输入小规模的数组。因此在这里介绍一些构建小数组的方法。注意,也可以将若干独立的小数组合并成一个大数组。

逗号或者空格可以将元素(或者数组)按列合并。因此可以通过下面语句得到一个行向量:

```
temp = [1, 4, 5];
```

或者可以相两个列向量 *a* 和 *b* 合并成一个矩阵,按照如下方式:

```
temp = [a b];
```

分号是将元素按行合并,因此可以通过下面语句得到一个列向量:

```
temp = [1; 4; 5];
```

当合并数组时,每一个数组大小应该一致。这些方法也同样适用于元胞数组,将在后续部分进行介绍。

在介绍元胞数组之前,首先介绍一些构建数组的有用的函数,详见表 D.5。

表 D.5 构建特殊数组

函 数	用 途
zeros,ones	构建全 0 或者全 1 的矩阵
rand,randn	构建矩阵的元素为 0 到 1 的随机分布,构建矩阵的元素服从标准正态分布
eye	构建单位矩阵

D.6.3 元胞数组

元胞数组和结构的使用更加灵活。元胞数组的元素可以包含任何一种数据类型(甚至是元胞数组),可以占用不同的大小。元胞数组整体结构类似于基本数据数组,例如,元胞是按照维度进行排列(行、列等)。如果有一个大小为 2 * 3 的元胞数组,则对应为两行,每行含有三个元胞。然而,元胞的内容可以是不同大小,不同的数据类型。可以一个元胞是字符型,另一个为双精度,一些为空。对元胞数组而言,没有定义算术运算。

表 D.6 是获取矩阵元素的常用方法,既可用于基本的数组也可以用于元胞数组。对于元胞数组而言,获取的是元胞,而不是元胞中的内容。大括号{}可以用于获取元胞元素内容。例如 *A*{1,1}给出的是元胞的内容(双精度型或字符型),而 *A*(1,1)是指元胞本身,其类型为元胞。这两种括号可以联合使用,从而获取指定元胞的内容。假设 *A*{1,1}中包含向量,获取 *A*{1,1}的前两个元素可采用 *A*{1,1}(1:2)。元胞数组在绘图,例如 text 函数中十分有用。

表 D.6 获取矩阵元素示例

标 记	用 途
a(i)	行向量数组或者列向量数组(元胞数组)的第 i 个元素
A(:,i)	矩阵或者元胞数组的第 i 列,括号中的冒号表示所有行
A(i,:)	矩阵或者元胞数组的第 i 行,括号中的冒号表示所有列
A(1,3,4)	矩阵第一行、第三列、第三维的第四部分(通常称为页)

D.6.4　结构体

结构体类似于元胞数组,可以将不同类型的数据融合为一个单一变量。结构体的元素包含多个字段(field),利用"."获取字段内容,每一个结构体元素可以看成是一条记录(record)。

例如假设有一个结构体 data 包含三个字段,分别为 name、dob 和 test。可以通过下面方式获取第十条记录的信息:

```
data(10).name
data(10).dob
data(10).test
```

其中 name 和 dob 是字符型向量,test 为数值型。注意字段本身也可以是包含字段的结构体。可以利用之前介绍的元素获取方法访问字段内容。

D.7　脚本文件与函数

MATLAB 程序存储在 M 文件中,M 文件为包含 MATLAB 语句的文本文件,以.m 为扩展名。可以通过任何编辑器生成,通常建议使用 MATLAB 自带的编辑器。通过文件菜单(open 或者 new)或者工具条来激活编辑器。

脚本文件是交互式执行的,与逐条输入语句执行一致。语句可以访问工作空间,脚本执行过程中产生的新变量会在执行结束后保存在工作空间中。执行脚本文件,只需要在命令行输入文件名即可。

函数与脚本文件同为.m 的扩展名。但是函数的第一行语句具有特定的语法结构,一般情况如下:

```
function [out1,⋯,outM] = func_name(in1,⋯,inN)
```

函数是否定义输入输出参数,决定于具体的应用和函数功能。上述函数定义对应的函数文件名应该存储为 func_name.m。函数的调用和其他编程语言一致。

注意 MATLAB 中的函数和其他编程语言一样,具有独立的工作空间。因此,需要通过输入输出变量完成函数工作空间和主工作空间之间的数据传递。

一个良好的编程习惯是在函数的起始处添加注释行,通过 help 命令可以显示注释行信息。

D.8　控制流

和大多数计算机语言一样,MATLAB 也可以控制程序流按条件执行,有如下语句:

(1) for 循环体;

（2）while 循环体；

（3）if-else 语句；

（4）switch 语句。

对 MATLAB 而言，在大多数情况下，对整个数组进行操作比采用循环方式执行效率高，因此不应频繁使用循环结构。

D.8.1　for 循环

for 循环的基本语法格式为：

```
for i = 数组
    循环体
end
```

每次执行循环体时，循环变量的下一次取值在数组中。一般采用冒号产生变量 i 的一个取值序列。例如

```
for i = 1:10
```

对数组中的每一个取值，都重复执行一次 for 和 end 之间的循环体。MATLAB 允许循环嵌套，每一个循环以 end 结尾。

D.8.2　while 循环

while 循环的循环次数并不确定。一般语法结构为：

```
while 表达式
    命令行
end
```

当表达式 expression 为真时，执行 while 与 end 之间的循环语句，否则退出循环。当标量值为非零值时，则认为是真，通常采用标量的值作为表达式。也可以采用数组作为表达式，当数值中的所有元素都为真时，执行循环。

D.8.3　条件分支语句

某些情况下，程序的执行依赖于一个关系判断，此时可采用 if-else 语句，其基本语法结构如下：

```
if 表达式
    命令行
elseif 表达式 命令行
else
    命令行
end
```

一组 if、elseif 以及 else 后面只需要一个 end 结尾。当表达式 expression 取值为真时，执行语句。

D.8.4　开关语句

当程序需要多个 if、elseif 语句时，可采用 switch 语句。它类似于 C 语言中的 switch 语句，其基本语法结构如下：

```
switch 表达式
case 值 1
    当表达式取值为值 1,执行该语句
case 值 2
    当表达式取值为值 2,执行该语句
…
otherwise
    命令行
end
```

表达式的取值必须是标量或者字符串。

D.9　基本绘图

本附录中对二维绘图函数 plot 以及三维绘图函数 plot3 进行简单的介绍，建议读者通过 help 指令获得函数的更多信息。关于 MATLAB 更多的绘图功能请读者参考 MATLAB 文档《Using MATLAB Graphics and Graphics and GUIs with MATLAB 》[Holland 和 Marchand,2002]。

当调用 plot 函数时，系统会开启一个 figure 窗口(假设之前没有开启的窗口)。根据数值范围、缩放坐标轴、绘制数据点。默认采用点绘制数据，点与点之间用直线连接。例如：

```
plot(x,y)
```

以 x 为横坐标，y 为纵坐标，点与点之间用直线连接。横纵坐标的向量大小必须一致，否则系统出错。

Plot 可以有多组输入，例如语句 plot(x,y1,x,y2)可在同一坐标轴下绘制两条曲线。当 plot 函数只有一个输入时，MATLAB 以输入向量的序号作为横坐标绘制图形。

绘图默认值为实线，也可以有其他选择，如表 D.7 所示。

表 D.7　Plots 中的线型

符号	线型	符号	线型
—	实线	—.	点画线
:	点线	——	虚线

当同时绘制多条图形时,可采用不同的颜色进行绘制,颜色定义如表 D.8 所示。

表 D.8　Plots 中的线颜色

符号	颜色	符号	颜色
b	蓝色	m	品红
g	绿色	y	黄色
r	红色	k	黑色
c	青色	w	白色

绘制数据点时,也可采用符号(例如 . , * , x , o 等)。由于符号列表较长,本附录不再一一枚举,请读者通过 help plot 函数获得相关信息。如果需要同时绘制数据点和连线,可以使用

```
plot(x, y, x, y, 'b * ')
```

或者

```
plot(x, y, 'b * - ')
```

这条语句首先绘制 x、y,并用直线连接各个点。然后再用蓝色的 * 标出各个离散的点。读者可以 help graph2d 函数获取更多二维图形绘制知识。

plot3 函数与 plot 用法一致,不同的是它需要三个向量作为输入:

```
plot3(x, y, z)
```

上文介绍的线型、颜色以及符号同样适用于 plot3 函数。三维绘图还可以采用其他函数(例如 surf 和 mesh)。读者可以 help graph3d 函数获取更多三维图形绘制知识。利用函数 title、xlabel、ylabel 以及 zlabel 可以对图形和各个坐标轴进行标注。

在本小节结束之前,我们介绍 subplot 函数,调用该函数会在当前 figure 窗口中生成一个 m * n 的子窗口,从而可将多个图形绘制在同一 figure 窗口中。以下段代码为例,生成两个并排的子图形,代码如下:

```
% 生成左边图形
subplot(1,2,1)
plot(x,y)
plot(x,y,'b * - ')
% 生成右边图形
subplot(1,2,2)
plot(x,z)
```

subplot 函数前两位输入参数决定了窗口图形的位置分布,第三个输入参数决定了当前窗口。子窗口按照从上至下,从左至右的顺序排序。

输入的绘图命令只对当前窗口有效。如果需要获取之前的窗口,只需利用 subplot 函数,设置第三位输入参数即可。subplot 函数可以看成是一个指针,它指向当前需要制图的

坐标轴。

通过 MATLAB 的低级图形句柄函数,数据分析者可以控制图形输出。在本附录中不再展开。但是强烈建议读者通过在线系统 help propedit,可以利用该图像用户界面直接更改图形的任意属性,而不用操作图形句柄。

D.10　如何获取 MATLAB 信息

关于 MATLAB 产品信息,可以联系:

The MathWorks,Inc.

3 Apple Hill Drive

Natick,MA,01760-2098 USA

Tel:508-647-7000

Fax:508-647-7101

E-mail:info@mathworks.com

Web:www.mathworks.com

从下面两个资源可以获取很多有用信息,包括最新产品、编程技巧、算法发展以及最新发展等。一个是邮件订阅 MATLAB Digest,另一个为 MATLAB News & Notes。相关网址如下:

www.mathworks.com/company/newsletters/index.html

老版本的内容也可以从网上获得。

Mathworks 公司提供的教育版为教师和学生提供了十分丰富的资源。包括课程材料、课程相关产品以及 MATLAB 指导等。网址如下:

www.mathworks.com/academia/

MathWorks 同时还提供免费的在线网络研讨会和其他培训内容,详见网页查看具体安排和注册信息:

www.mathworks.com/company/events/index.html

另一个有用的资源是 MathWorks 网址主页提供的 MATLAB Central:

www.mathworks.com/matlabcentral/

MATLAB Central 是可以共享 MATLAB 文件的网页界面新闻组。建议用户在自己撰写函数之前,可以首先查看 MATLAB Central 是否已存在该功能的函数。

附录 E

MATLAB 函数

为了方便阅读,附录中列举了本书涉及的,以及探索数据分析时会用到的函数命令。可以通过 help 命令查看统计工具箱以及 EDA 工具箱的所有函数。除此以外,EDA 还包含一个附加的 GUI 工具箱,本书也涉及其中相关内容,因此对该工具箱进行总结和简介。

E.1 MATLAB

abs	求向量或矩阵的绝对值
axes	创建坐标轴属性的低级函数
axis	修改坐标轴
bar,bar3	构建二维或三维柱状图
brush	对图形上的点进行高光或交互式修改
cart2pol	将笛卡尔坐标转换成极坐标
ceil	向上取整
char	生成字符数组
cla	清除当前坐标
colorbar	显示窗口颜色条
colormap	更改窗口颜色映射
contour	生成轮廓图
convhull	寻找凸包
cos	计算一个角度(弧度)的余弦值
cov	返回样本的协方差矩阵
cumsum	计算向量中所有元素的累加和
diag	对角线矩阵和矩阵的对角线
diff	计算元素间的差值
drawnow	强制刷新屏幕

eig,eigs	满秩和稀疏矩阵的特征值和特征向量
exp	计算变量的指数
eye	生成单位矩阵
figure	生成一个空白窗口
find	找到非零元素的位置索引
findobj	找到特定性能的对象
flipud	上下方向反转矩阵
floor	向下取整
gammaln	gamma 函数的对数值
gray	灰度图像
help *funcname*	获得函数帮助的命令
hist	生成直方图
hold	图形保持命令
imagesc	对图像进行缩放
inpolygon	判断点是否在多边形内,是返回真,否则返回假
int2str	整型转换成字符串
intersect	返回交集中的元素
legend	给坐标轴加标注
length	返回向量的长度
line	生成一条直线或曲线
linkdata	当变量改变时自动更新图形
linspace	在一维范围内生成一组线性分隔的点
load	加载 M 文件或 ASCII 文件
log	计算元素的对数值
mean	计算样本的均值
median	计算中间值
meshgrid	在二维平面上生成一个线性分隔的网格(X,Y)
min,max	计算向量所有元素的最小值和最大值
mod	返回除法运算后的余数
norm	计算矢量或者矩阵的范数
ones	生成一个全 1 的数组
pause	暂停命令
pcolor	绘制伪彩色图——元素维制定颜色
pinv	矩阵的伪逆
plot,plot3	二维、三维绘图
plotmatrix	矩阵的散点图

pol2cart	将极坐标转换为笛卡儿坐标
polyfit	多项式拟合
polyval	计算多项式的值
rand	生成(0,1)之间的随机变量
randn	生成服从标准正态分布的随机变量
repmat	利用重复或平铺元素构建新的数组
reshape	重新更改矩阵大小
round	四舍五入
scatter,scatter3	绘制二维和三维散点图
semilogy	构建一个纵坐标为对数坐标的二维图形
set	设置图形对象的属性
setdiff	寻找向量之间的差异
sin	计算角度(弧度)的正弦值
size	计算数组大小
sort	按升序进行排列
sqrt	计算平方根
std	计算样本的标准差
strmatch	寻找字符串匹配
sum	计算向量中所有元素的和
surf	生成一个曲面图
svd	奇异值分解
tan	计算角度(弧度)的正切值
title	为绘图窗口添加图题
vander	范德蒙矩阵
xlabel,ylabel	在绘图窗口中的坐标轴方向上显示一个"标签"
zeros	返回全零向量

E.2 统计工具箱

如若没有特殊声明,下述函数都是包含在统计工具箱当中。它们只是工具箱中的一部分。

biplot	双标图
boxplot	箱形图
cluster	获取层次聚类中的类
clusterdata	从数据中构建类(全过程)
cmdscale	经典多维尺度分析

cophenet	计算同型系数
dendrogram	构建树状图
dfittool	用于数据分布拟合的 GUI
exprnd	生成服从指数分布的随机样本
factoran	因子分析
gmdistribution	高斯混合分布类
gname	交互式散点图标记
gplotmatrix	分组散点图矩阵
gscatter	分组散点图
hist3	二维数据直方图
iqr	四分位距
kmeans	k 均值聚类
ksdensity	核概率密度估计
linkage	合并层次聚类
mdscale	度量和非度量多维尺度分析
mvnpdf	多元正态概率密度函数
mvnrnd	生成多元正态概率密度分布变量
nnmf	非负矩阵分解
norminv	正态累积函数的反函数
normpdf	一维正态概率密度函数
normplot	正态概率分布图
normrnd	生成一维正态随机变量
pcacov	运用协方差矩阵进行 PCA
pdist	计算点间距离
princomp	主成分分析
probplot	特定分布的概率图
qqplot	经验分位数图
quantile	计算样本的分位数
scatterhist	生成带有直方图的散点图
silhouette	构建轮廓图并返回轮廓值
squareform	将函数 pdist 的输出转换成矩阵
unifrnd	生成在[a,b]区间服从均匀分布的随机变量
weibplot	韦伯概率分布图

E.3 EDA 工具箱

下面仅列举出 EDA 工具箱中的一部分函数,其中一些函数来源于其他工具箱。请读者通过独立的 M 文件(通过作者、代码以及授权)获取更多信息。

adjrand	调整 Rand 索引
agmclust	基于模型的合并聚类
andrewsvals	计算安德鲁曲线的真实值
bagplot	生成和显示袋状图
boxp	规则箱线图
boxprct	分位数箱线图
brushscatter	散点图的刷色及连接
cca	曲元分析
coplot	数据可视化工具箱中的协同图
csandrews	安德鲁曲线
csparallel	平行坐标图
csppstrtrem	去除 PPEDA 中的结构
dotchart	点阵图
fastica	独立成分分析
genmix	用于生成优先混合模型中随机变量的 GUI
gtm_pmd	计算后验模值映射(GTM 工具箱)
gtm_pmn	计算后验均值映射(GTM 工具箱)
gtm_stp2	生成一个 GTM 中的各个成分(GTM 工具箱)
gtm_trn	利用 EM 算法训练 GTM(GTM 工具箱)
hexplot	六边形分组散点图
hlle	海森特征映射
idpettis	固有维数估计
intour	数据的插值漫游
isomap	ISOMAP 非线性降维
kdimtour	k 维大漫游
lle	局部线性嵌入
loess	一维 loess 散点图平滑
loess2	数据可视化工具箱中的二维 loess 平滑
loessenv	向上或向下的 loess envelopes

loessr	鲁棒 loess 散点图平滑
mbcfinmix	基于模型的有限混合估计——EM 算法
mbclust	基于模型的聚类
mixclass	混合模型分类
multiwayplot	多路点阵图
nmmds	非度量多维尺度分析
permtourandrews	利用安德鲁曲线的组合巡查
permtourparallel	利用平行坐标图的组合巡查
plotbic	绘制基于模型聚类方法的 BIC 图
plotmatrixandr	安德鲁曲线矩阵图
plotmatrixpara	平行坐标矩阵图
PLSA	概率潜在语义分析
polarloess	利用 loess 方法的多变量平滑
ppeda	投影追踪 EDA
pseudotour	伪逆大漫游
quantileseda	样本分位数
quartiles	利用 Turkey's fourth 的样本分位数
randind	比较分组时的随机索引
rangefinder	分位数箱线图
reclus	聚类输出的可视化 reclus 图
rectplot	层次聚类的矩形图可视化方法
scattergui	交互式标注散点图
smoothn	均匀分割数据平滑
som_autolabel	自动标注(SOM 工具箱)
som_data_struct	生成一个数据结构(SOM 工具箱)
som_make	创建、初始化和训练 SOM(SOM 工具箱)
som_normalize	归一化数据(SOM 工具箱)
som_set	设置 SOM 结构(SOM 工具箱)
som_show	基本 SOM 可视化(SOM 工具箱)
som_show_add	显示标记以及轨迹(SOM 工具箱)
splinesmth	平滑样条
torustour	Asimov 大漫游
treemap	层次聚类树图显示

E.4　EDA 图形界面工具箱

下面列出 EDA GUI 工具箱(版本[①])的各个 GUI 的简单介绍。可以查询工具箱的用户指南获得更多关于 GUI 功能的最新资讯。

（1）edagui：该 GUI 是整个 GUI 系统的主入口，可以通过该 GUI 进入到其他 GUI。

（2）loadgui：该 GUI 的功能是加载数据和其他选项信息(例如类标记、变量标记和类别标记)。多数情况下，GUI 默认数据以矩阵的形式存放，矩阵的行代表观测点，列表示变量。多尺度收缩 GUI 允许加载数据时采用点间距离矩阵。

（3）transformgui：该 GUI 的功能是在对数据分析前，对数据进行各种变换，包括对球面化、居中以及缩放。

（4）gedagui：该 GUI 是探索性数据分析中的图形 GUI。它提供了基本的标准可视化工具(例如散点图)，以及一些非标准工具(例如安德鲁曲线、平行坐标图)。通过单击 GUI 界面上的按钮可以对数据涂刷或者其他方法进行涂色。

（5）brushgui：使用笔刷可以对不同分组显示不同的颜色。用户可观察同类的高亮标注的观测点。

（6）univgui：该 GUI 的功能是探索独立变量(矩阵的列)分布形状。可以生成箱线图、单变量直方图以及分位数图。

（7）bivgui：通过二维平滑散点图和直方图，对任意两个变量的分布形状进行分析。

（8）tourgui：该 GUI 为大漫游和组合漫游提供了一种工具，可以使得用户从多个角度对数据进行可视化。

（9）ppedagui：该 GUI 可以实现探索性数据分析中的投影追踪。

（10）mdsgui：该 GUI 的功能是利用经典或者度量多尺度分析进行降维。

（11）dimredgui：该 GUI 的功能是主成分分析和非线性降维。

（12）kmeansgui：该 GUI 利用 k 均值聚类寻找数据中的分组。

（13）agcgui：利用该 GUI 可以对数据进行合并聚类，包括经典聚类以及基于模型的合并聚类。

（14）mbcgui：该 GUI 的功能是提供了一种基于模型聚类方法的图形用户界面。

一般而言，需要通过按下按钮命令计算机执行相应程序。因此当参数或其他设置改变时，必须重新按下相应按钮。

大多数情况下，重复的操作会改变输出、数据变换以及降维的结果。因此还提供了保存选项以便后续的数据处理。

下面对其中一些 GUI 进行详细的介绍，更多的细节内容详见用户指南。

[①]　本节大部分内容参考 Martinez 和 Martinez[2007]。

1. 探索性数据分析 GUI

该 GUI 是整个 GUI 系统的主入口,其他的 GUI 工具可以通过该 GUI 进入或者单独打开。例如当需要加载数据的时候,可以通过数据加载 GUI 实现。GUI 界面如图 E.1 所示。

除了提供其他 GUI 工具的入口以外,该 GUI 窗口为用户提供了关于整个工具箱功能的简介,相当于一个用户指南。

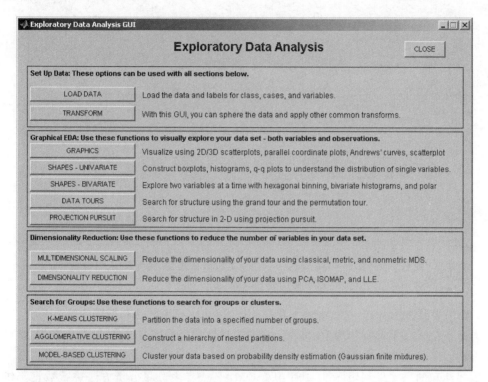

图 E.1　图示为 EDA GUI 界面。在命令行中输入 edagui 即可打开,其他 GUI 可以不通过该 GUI 打开

2. 数据加载 GUI

该 GUI 可以通过其他大多数 GUI 调用。它为数据分析提供了加载数据的功能。当数据加载完成,就可以在其他 GUI 中使用这些数据。

该 GUI 可以加载的数据类型包括 MATLAB 工作空间中的数据和 ASCII 文件。当待加载的数据为 MATLAB 的 .mat 文件时,则必须先将数据加载至工作空间中,再利用数据加载 gui 将数据加载供其他 GUI 调用。

用户还可以通过该 GUI 加载其他信息,包括变量标记,变量名,这两项对应的默认值分别为 $1,2,\cdots,n$ 和 $1,2,\cdots,d$。当需要时还可以加载真正的类别标记。

3. 探索性数据分析图形 GUI

该 GUI 为探索性数据分析提供了许多有用的数据显示方法,通过在命令行中输入 gedagui 打开 GUI,如图 E.2 所示。可以选择不同的维数(列),输入的数字用空格或者逗号

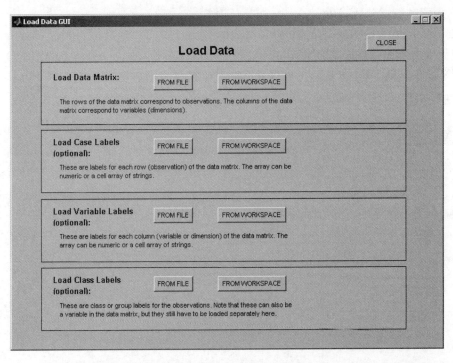

图 E.2　图示为数据加载 GUI 界面,可以用于加载数据集合、观测点标记、变量标记以及
　　　　类别标记,它可以被大多数其他 GUI 调用

隔开;如果需要显示所有维数,则输入参数 all。GUI 中显示的是初始默认值。

通过下拉式菜单选择待显示的数据。例如,对数据降维或者聚类后,这些数据也会在菜单中出现。X 表示初始数据集合。

需要注意的是如果利用降维 GUI 中 ISOMAP 或者主分量分析方法进行数据降维后,对这些数据进行可视化,需要在 gedagui 中设置相应的维数参数。

4. 单变量分布 GUI

该 GUI 可以提供了一些通用可视化方法用于分析单变量的分布。

该 GUI 功能包括各种箱形图、直方图以及 q-q 图。部分方法在第 9 章介绍。

当需要检测多维的数据,则按照每一维数分别显示。例如并排显示多个箱形图、直方图矩阵或 q-q 图矩阵。

5. 多变量分布 GUI

该 GUI 的主要功能是分析一对变量(数据矩阵 X 中的两列)的分布,它总是对两个变量进行可视化分析,如图 E.3、图 E.4、图 E.5 所示。注意的是这两个变量不是预测器和响应的关系,而可能是概率密度估计应用中的关系。

该 GUI 可以提供了用于分析多变量的分布的一些通用可视化方法,例如极平滑、多变量直方图以及六边形分组散点图。

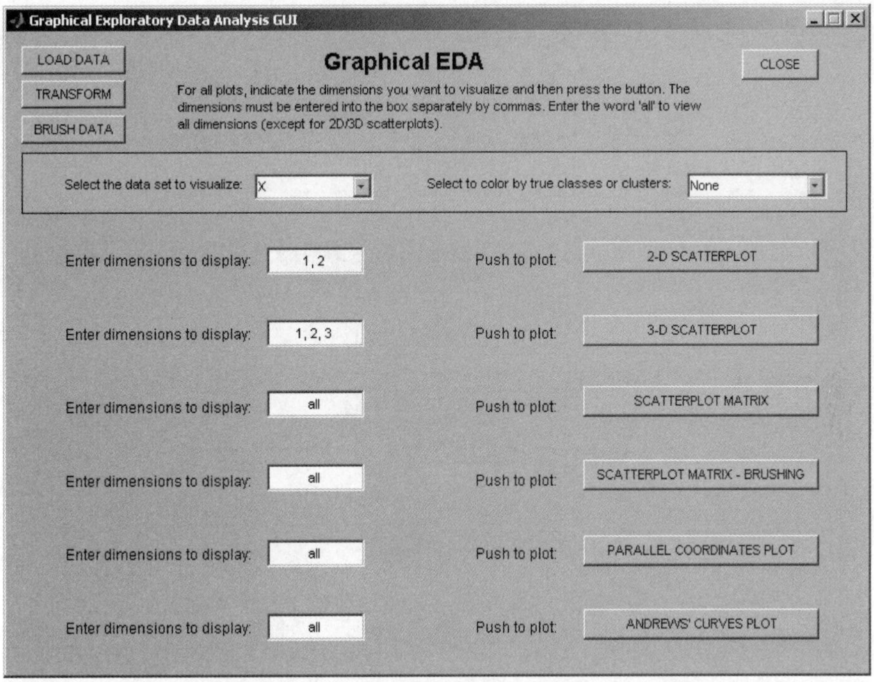

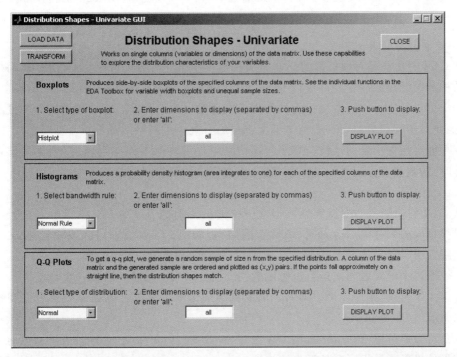

图 E.3 该 GUI 为探索性数据分析提供了许多有用的数据显示方法,这些方法在第 10 章中介绍,左上角 BRUSH DATA 按钮可以对数据进行刷色或者关联

图 E.4 该 GUI 可以提供了用于分析单变量的分布的一些通用可视化方法(这些方法在第 9 章中介绍)

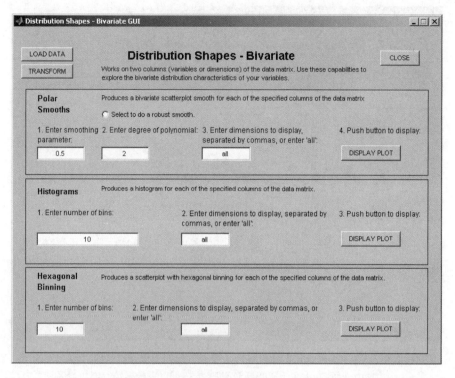

图 E.5　该 GUI 可以提供了用于分析多变量的分布的一些通用可视化方法,这些方法在
本书中介绍(第 7 章、第 9 章和第 10 章)

6. 数据漫游 GUI

该 GUI 的功能是对数据漫游。它是一种从不同角度对数据可视化的方法,从而探寻数据的结构和关键模式。它允许进行 torus 漫游,违逆大漫游或者组合漫游。

输出可以是坐标空间中变换后的数据点或者输出映射变换。组合漫游方法对变量进行组合,因此对于安德鲁曲线和平行坐标图都更为有效。这两种图都依赖于变量的次序,当次序改变可能会挖掘出新的结构。在平行结构图中还可以对不同类别属性(当类别已知或可以估计时)的观测点标记不同的颜色,这一点在模式识别应用中非常有用。

7. 投影追踪 EDA GUI

该 GUI 的功能是实现探索性数据分析中的投影追踪方法(PPEDA),该方法通过二维投影寻找令人感兴趣的部分,即偏离常态的结构,如图 E.6 所示。GUI 为用户提供了两种投影追踪索引(Posse 方法),分别为卡方索引(Posse)和矩索引。

命令窗口中可查看当前运行过程和索引值。

如第 4 章所述,用户还可以搜索不同的有趣结构的投影。可以在命令窗口中观察当前结果和索引值,如图 E.7 所示。

用户可以通过单击 Graphical EDA 按钮,对数据进行可视化(最佳投影下),同时也可以将当前最佳投影或者投影后的数据输出至工作空间。

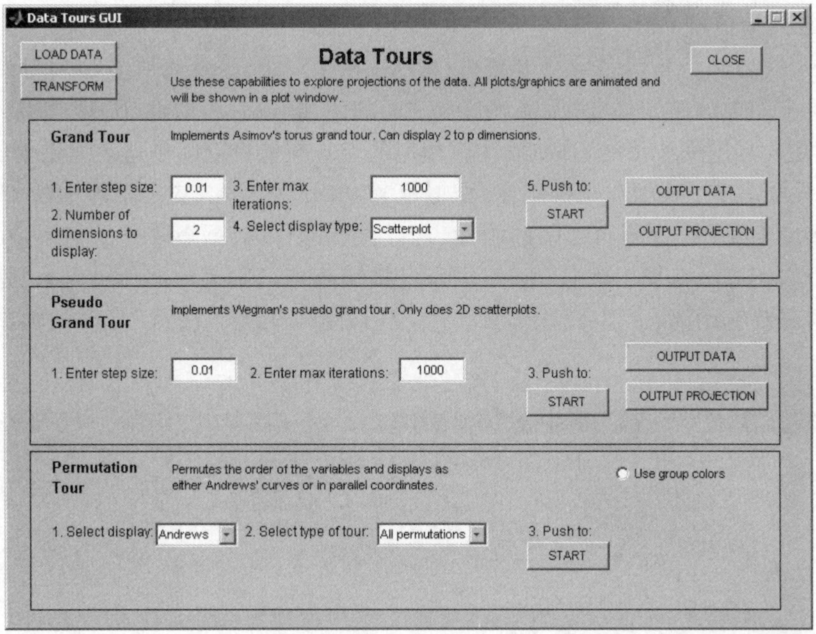

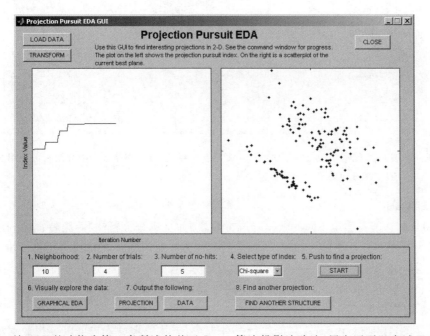

图 E.6　该 GUI 提供了一些数据漫游的方法，用于寻找数据结构，包括大漫游、伪大漫游以及组合漫游，本书第 4 章具体介绍了这些方法组合漫游方法对变量进行组合，因此于安德鲁曲线和平行坐标图都更为有效，因此这两种图都依赖于变量的次序，当次序改变可能会挖掘出新的结构

图 E.7　该 GUI 的功能为第 4 章所述的基于 Posse 算法投影追踪法，用户还可以尝试 Friedman（Friedman[1987]）提出的结构清除方法得到其他的投影

8. 多维尺度分析 GUI

该 GUI 的功能是利用多维尺度分析(MDS)方法降维,这些降维方法的目的是寻找数据点在低维空间中的结构,同时保留点与点之间的距离(或者相似性)关系,如图 E.8 所示。换句话说,在 d 维空间中里的近的点(比较相似的点),在低维空间中这个关系仍然成立。

MDS 方法本质上需要以点间距离(相似度)矩阵作为输入,其中矩阵中的第 ij 个元素代表的是第 i 个第 j 个观测点之间的距离。当然也可以以数据矩阵作为输入,在此基础上计算点间距离矩阵。在使用该 GUI 时,可以直接加载点间距离矩阵而不是数据矩阵,这样可以不用再去计算距离。可利用图形 EDA GUI 或者其聚类方法对 MDS 的输出数据进一步分析。

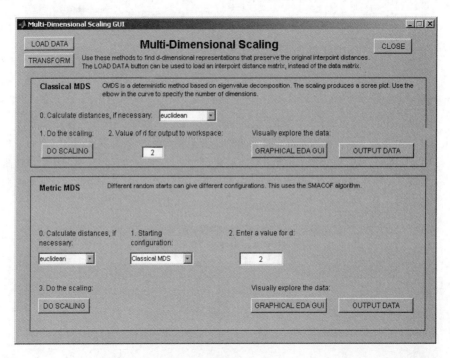

图 E.8 该 GUI 能够实现几种不同的多尺度分析降维法(在本书第 3 章中介绍),可利用图形
　　　　EDA GUI 对降维后的数据进一步分析

9. 降维 GUI

该 GUI 的功能是实现不同的数据降维方法,例如主成分分析法、等距特征映射法以及不同的局部线性嵌入法。可利用 EDA GUI 中的其他方法对该 GUI 的输出进行进一步分析。

主成分分析方法和 ISOMAP 中的维数可以通过几种不同的方法进行确定。降维后的数据还可以保存至 MATLAB 中的工作空间中。

10. k 均值聚类 GUI

和其他 GUI 不同,该 GUI 只能执行一种方法:k 均值聚类。它可以寻找数据集合中的类,再通过其他 GUI 对聚类结果进行进一步分析,如图 E.9、图 E.10 所示。

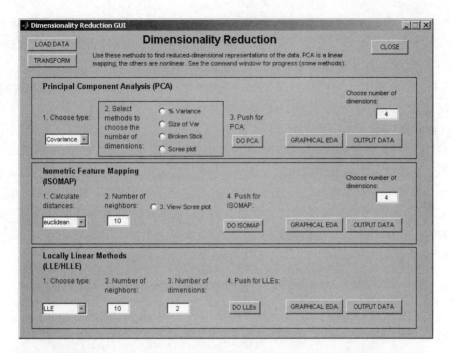

图 E.9 该 GUI 实现的是主分量分析(PCA)、等距特征映射(ISOMAP)以及局部线性嵌入,这些方法在本书的第 2 章和第 3 章中介绍,可利用图形 EDA GUI 对降维后的数据进一步分析

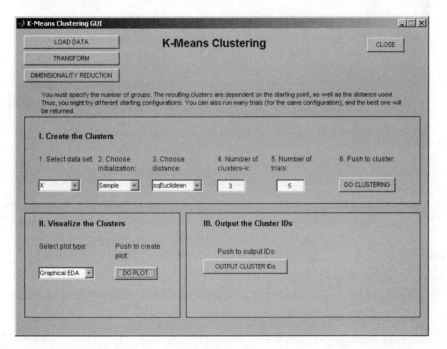

图 E.10 该 GUI 执行 k 均值聚类,可利用图形 EDA GUI 和其他绘图方法对聚类结果进一步分析

k均值聚类首先需要确定类别数(k)和k个初始聚类中心。可以采用多种方法实现,例如可以从样本集合中随机选取k个观测点。当获得初始聚类中心后,将其他的观测点归为最近的一类中,然后重新计算聚类中心,直至收敛。

MATLAB自带的k均值聚类函数kmeans比统计工具箱GUI提供更多的功能和选项。建议读者可以查阅MATLAB文档获得更多信息。

11. 合并聚类 GUI

该GUI执行两种聚类方式:基础合并聚类以及基于模型的合并聚类(见图E.11)。

基本合并聚类是聚类和模式识别中常用的方法,它采用距离合并两个最近的类。基于模型的合并聚类每一步都将似然函数最大的两个类进行合并,因此并没有利用距离信息。

MATLAB自带的合并聚类算法比统计工具箱GUI提供更多的功能和选项。关于选项设置的内容详见MATLAB帮助文档。

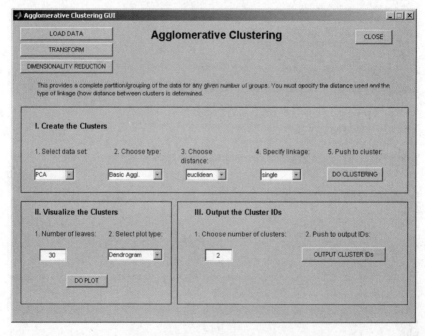

图E.11 该GUI执行两种聚类方式:(1)基础合并聚类;(2)基于模型的合并聚类(可利用图形EDA GUI和其他绘图方法对聚类结果进一步分析)

12. 模型聚类 GUI

该GUI实现的是基于模型的聚类,在本书第6章介绍。该方法基于有限混合模型的概率密度估计,同时可以估计出数据的类别数,如图E.12所示。方法主要步骤如下:

(1) 利用基于模型的合并聚类分割获得数据的初始分割。

(2) 通过EM算法进行有限混合概率密度估计。

(3) 根据贝叶斯信息准则(BIC)的值选择最优模型。使用该GUI时,用户可以选择九个模型中的任意一种。

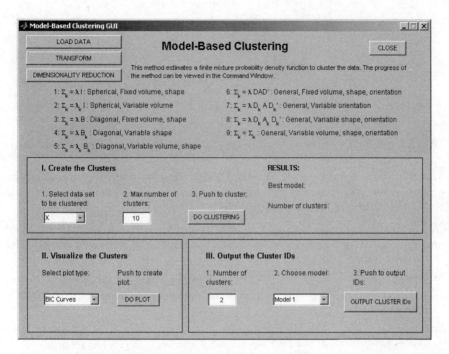

图 E.12　该 GUI 实现的是基于模型的聚类方法进行聚类,利用图形 GUI 以及其他图形对聚类结果分析,通过选项设置,还可以输出任意模型下的聚类 ID 进行进一步分析

参考文献

Ahalt, A., A. K. Krishnamurthy, P. Chen, and D. E. Melton. 1990. "Competitive learning algorithms for vector quantization," *Neural Networks*, **3**:277-290.

Alter, O., P. O. Brown, and D. Botstein. 2000. "Singular value decomposition for genome-wide expression data processing and modeling," *Proceedings of the National Academy of Science*, **97**:10101-10106.

Anderberg, M. R. 1973. *Cluster Analysis for Applications*, New York: Academic Press.

Anderson, E. 1935. "The irises of the Gaspe Peninsula," *Bulletin of the American Iris Society*, **59**:2-5.

Andrews, D. F. 1972. "Plots of high-dimensional data," *Biometrics*, **28**:125-136.

Andrews, D. F. 1974. "A robust method of multiple linear regression," *Technometrics*, **16**:523-531.

Andrews, D. F. and A. M. Herzberg. 1985. *Data: A Collection of Problems from Many Fields for the Student and Research Worker*, New York: Springer-Verlag.

Anscombe, F. J. 1973. "Graphs in statistical analysis," *The American Statistician*, **27**: 17-21.

Asimov, D. 1985. "The grand tour: A tool for viewing multidimensional data," *SIAM Journal of Scientific and Statistical Computing*, **6**:128-143.

Asimov, D. and A. Buja. 1994. "The grand tour via geodesic interpolation of 2-frames," in *Visual Data Exploration and Analysis, Symposium on Electronic Imaging Science and Technology, IS&T/SPIE*.

Baeza-Yates, R. and B. Ribero-Neto. 1999. *Modern Information Retrieval*, New York, NY: ACM Press.

Bailey, T. A. and R. Dubes. 1982. "Cluster validity profiles," *Pattern Recognition*, **15**:61-83.

Balasubramanian, M. and E. L. Schwartz. 2002. "The isomap algorithm and topological stability (with rejoinder)," *Science*, **295**:7.

Banfield, A. D. and A. E. Raftery. 1993. "Model-based Gaussian and non-Gaussian clustering," *Biometrics*, **49**:803-821.

Basseville, M. 1989. "Distance measures for signal processing and pattern recognition," *Signal Processing*, **18**:349-369.

Becker, R. A., and W. S. Cleveland. 1987. "Brushing scatterplots," *Technometrics*, **29**:127-142.

Becker, R. A., and W. S. Cleveland. 1991. "Viewing multivariate scattered data," *Pixel*, July/August, 36-41.

Becker, R. A., W. S. Cleveland, and A. R. Wilks. 1987. "Dynamic graphics for data analysis," *Statistical Science*, **2**:355-395.

Becker, R. A., L. Denby, R. McGill, and A. Wilks. 1986. "Datacryptanalysis: A case study," *Proceedings of the Section on Statistical Graphics*, 92-91.

Becketti, S. and W. Gould. 1987. "Rangefinder box plots," *The American Statistician*, **41**:149.

Bellman, R. E. 1961. *Adaptive Control Processes*, Princeton, NJ: Princeton University Press.

Benjamini, Y. 1988. "Opening the box of a boxplot," *The American Statistician*, **42**: 257-262.

Bennett, G. W. 1988. "Determination of anaerobic threshold," *Canadian Journal of Statistics*, **16**:307-310.

Bensmail, H., G. Celeux, A. E. Raftery, and C. P. Robert. 1997. "Inference in model-based cluster analysis," *Statistics and Computing*, **7**:1-10.

Berry, M. W. (editor) 2003. *Survey of Text Mining 1: Clustering, Classification, and Retrieval*, New York: Springer.

Berry, M. W. and M. Browne. 2005. *Understanding Search Engines: Mathematical Modeling and Text Retrieval*, 2nd Edition, Philadelphia, PA: SIAM.

Berry, M. W. and M. Castellanos (editors). 2007. *Survey of Text Mining 2: Clustering, Classification, and Retrieval*, New York: Springer.

Berry, M. W., S. T. Dumais, and G. W. O'Brien. 1995. "Using linear algebra for intelligent information retrieval," *SIAM Review*, **37**:573-595.

Berry, M. W., Z. Drmac, and E. R. Jessup. 1999. "Matrices, vector spaces, and information retrieval," *SIAM Review*, **41**:335-362.

Berry, M. W., M. Browne, A. N. Langville, V. P. Pauca, and R. J. Plemmons. 2007. "Algorithms and applications for approximate nonnegative matrix factorization," *Computational Statistics & Data Analysis*, **52**:155-173.

Bertin, J. 1983. *Semiology of Graphics: Diagrams, Networks, Maps*. Madison, WI: The University of Wisconsin Press.

Bhattacharjee, A., W. G. Richards, J. Staunton, C. Li, S. Monti, P. Vasa, C. Ladd, J. Beheshti, R. Bueno, M. Gillette, M. Loda, G. Weber, E. J. Mark, E. S. Lander, W. Wong, B. E. Johnson, T. R. Bolub, D. J. Sugarbaker and M. Meyerson. 2001. "Classification of human lung carcinomas by mRNA expression profiling reveals distinct adenocarcinoma subclasses," *Proceedings of the National Academy of Science*, **98**:13790-13795.

Biernacki, C. and G. Govaert. 1997. "Using the classification likelihood to choose the number of clusters," *Computing Science and Statistics*, **29**(2):451-457.

Biernacki, C., G. Celeux, and G. Govaert. 1999. "An improvement of the NEC criterion for assessing the number of clusters in a mixture model," *Pattern Recognition Letters*, **20**:267-272.

Binder, D. A. 1978. "Bayesian cluster analysis," *Biometrika*, **65**:31-38.

Bishop, C. M., G. E. Hinton, and I. G. D. Strachan. 1997. "GTM through time," *Proceedings IEEE 5th International Conference on Artificial Neural Networks*, Cambridge, UK, 111-116.

Bishop, C. M., M. Svensén, and C. K. I. Williams. 1996. "GTM: The generative topographic mapping," Neural Computing Research Group, Technical Report NCRG/96/030.

Bishop, C. M., M. Svensén, and C. K. I. Williams. 1997a. "Magnification factors for the SOM and GTM algorithms, *Proceedings 1997 Workshop on Self-Organizing Maps*, Helsinki University of Technology, 333-338.

Bishop, C. M., M. Svensén, and C. K. I. Williams. 1997b. "Magnification factors for the GTM algorithm," *Proceedings IEEE 5th International Conference on Artificial Neural Networks*, Cambridge, UK, 64-69.

Bishop, C. M., M. Svensén, and C. K. I. Williams. 1998a. "The generative topographic mapping," *Neural Computation*, **10**:215-234.

Bishop, C. M., M. Svensén, and C. K. I. Williams. 1998b. "Developments of the generative topographic mapping," *Neurocomputing*, **21**:203-224.

Bishop, C. M. and M. E. Tipping. 1998. "A hierarchical latent variable model for data visualization," *IEEE Transactions on Pattern Analysis and Machine Intelligence*, **20**:281-293.

Blasius, J. and M. Greenacre. 1998. *Visualizing of Categorical Data*, New York: Academic Press.

Bock, H. 1985. "On some significance tests in cluster analysis," *Journal of Classification*, **2**:77-108.

Bock, H. 1996. "Probabilistic models in cluster analysis," *Computational Statistics and Data Analysis*, **23**:5-28.

Bolton, R. J. and W. J. Krzanowski. 1999. "A characterization of principal components for projection pursuit," *The American Statistician*, **53**:108-109.

Bonner, R. 1964. "On some clustering techniques," *IBM Journal of Research and Development*, **8**:22-32.

Borg, I. and P. Groenen. 1997. *Modern Multidimensional Scaling: Theory and Applications*, New York: Springer.

Bowman, A. W. and A. Azzalini. 1997. *Applied Smoothing Techniques for Data Analysis: The Kernel Approach with S-Plus Illustrations*, Oxford: Oxford University Press.

Brinkman, N. D. 1981. "Ethanol fuel - a single-cylinder engine study of efficiency and exhaust emissions," *SAE Transactions*, **90**:1410-1424.

Bruls, D. M., C. Huizing, J. J. van Wijk. 2000. "Squarified Treemaps," in: W. de Leeuw and R. van Liere (eds.), *Data Visualization 2000, Proceedings of the Joint Eurographics and IEEE TCVG Symposium on Visualization*, 33-42, New York: Springer.

Bruntz, S. M., W. S. Cleveland, B. Kleiner, and J. L. Warner. 1974. "The dependence of ambient ozone on solar radiation, wind, temperature and mixing weight," *Symposium on Atmospheric Diffusion and Air Pollution*, Boston: American Meteorological Society, 125-128.

Bruske, J. and G. Sommer. 1998. "Intrinsic dimensionality estimation with optimally topology preserving maps," *IEEE Transactions on Pattern Analysis and Machine Intelligence*, **20**:572-575.

Bucak, S. S. and B. Gunsel. 2009. "Incremental subspace learning via non-negative matrix factorization," *Pattern Recognition*, **42**:788-797.

Buckley, M. J. 1994. "Fast computation of a discretized thin-plate smoothing spline for image data," *Biometrika*, **81**:247-258.

Buijsman, E., H. F. M. Maas, and W. A. H. Asman. 1987. "Anthropogenic NH_3 Emissions in Europe," *Atmospheric Environment*, **21**:1009-1022.

Buja, A. and D. Asimov. 1986. "Grand tour methods: An outline," *Computer Science and Statistics*, **17**:63-67.

Buja, A., J. A. McDonald, J. Michalak, and W. Stuetzle. 1991. "Interactive data visualization using focusing and linking," *IEEE Visualization, Proceedings of the 2nd Conference on Visualization '91*, 156-163.

Buta, R. 1987. "The structure and dynamics of ringed galaxies, III: Surface photometry and kinematics of the ringed nonbarred spiral NGC 7531," *The Astrophysical Journal Supplement Series*, **64**:1-37.

Calinski, R. and J. Harabasz. 1974. "A dendrite method for cluster analysis," *Communications in Statistics*, **3**:1-27.

Camastra, F. 2003. "Data dimensionality estimation methods: A survey," *Pattern Recognition*, **36**:2945-2954.

Camastra, F. and A. Vinciarelli. 2002. "Estimating the intrinsic dimension of data with a fractal-based approach," *IEEE Transactions on Pattern Analysis and Machine Intelligence*, **24**:1404-1407.

Campbell, J. G., C. Fraley, F. Murtagh, and A. E. Raftery. 1997. "Linear flaw detection in woven textiles using model-based clustering," *Pattern Recognition Letters*, **18**:1539-1549.

Campbell, J. G., C. Fraley, D. Stanford, F. Murtagh, and A. E. Raftery. 1999. "Model-based methods for real-time textile fault detection," *International Journal of Imaging Systems and Technology*, **10**:339-346.

Carr, D., R. Littlefield, W. Nicholson, and J. Littlefield. 1987. "Scatterplot matrix techniques for large N," *Journal of the American Statistical Association*, **82**:424-436.

Carr, D. and L. W. Pickle. 2010. *Visualizing Data Patterns with Micromaps*, Boca Raton: CRC Press.

Cattell, R. B. 1966. "The scree test for the number of factors," *Journal of Multivariate Behavioral Research*, **1**:245-276.

Cattell, R. B. 1978. *The Scientific Use of Factor Analysis in Behavioral and Life Sciences*, New York: Plenum Press.

Celeux, G. and G. Govaert. 1995. "Gaussian parsimonious clustering models," *Pattern Recognition*, **28**:781-793.

Chakrapani, T. K. and A. S. C. Ehrenberg. 1981. "An alternative to factor analysis in marketing research - Part 2: Between group analysis," *Professional Marketing Research Society Journal*, **1**:32-38.

Chambers, J. 1999. "Computing with data: Concepts and challenges," *The American Statistician*, **53**:73-84.

Chambers, J. M., W. S. Cleveland, B. Kleiner, and P. A. Tukey. 1983. *Graphical Methods for Data Analysis*, Boca Raton: CRC/Chapman and Hall.

Charniak, E. 1996. *Statistical Language Learning*, Cambridge, MA: The MIT Press.

Chatfield, C. 1985. "The initial examination of data," *Journal of the Royal Statistical Society, A*, **148**:214-253.

Chee, M., R. Yang, E. Hubbell, A. Berno, X. C. Huang, D. Stern, J. Winkler, D. J. Lockhart, M. S. Morris, and S. P. A. Fodor. 1996. "Accessing genetic information with high-density DNA arrays," *Science*, **274**:610-614.

Chernoff, H. 19 73. "The use of faces to represent points in k-dimensional space graphically," *Journal of the American Statistical Association*, **68**:361-368.

Cho, R. J., M. J. Campbell, E. A. Winzeler, L. Steinmetz, A. Conway, L. Wodicka, T. G. Wolfsberg, A. E. Gabrielian, D. Landsman, D. J. Lockhart, and R. W. Davis. 1998. "A genome-wide transcriptional analysis of the mitotic cell cycle," *Molecular Cell*, **2**:65-73.

Cichocki, A. and R. Zdunek. 2006. "Multilayer nonnegative matrix factorization," *Electronics Letters*, **42**:947-948.

Cichocki, A. R. Zdunek, and S. Amari. 2006. "New algorithms for non-negative matrix factorization in applications to blind source separation," in *IEEE International Conference on Acoustics, Speech and Signal Processing*, Toulouse, France, 621-624.

Cleveland, W. S. 1979. "Robust locally weighted regression and smoothing scatterplots," *Journal of the American Statistical Association*, **74**:829-836.

Cleveland, W. S. 1984. "Graphical methods for data presentation: Full scale breaks, dot charts, and multibased logging," *The American Statistician*, **38**:270-280.

Cleveland, W. S. 1993. *Visualizing Data*, New York: Hobart Press.

Cleveland, W. S. and S. J. Devlin. 1988. "Locally weighted regression: An approach to regression analysis by local fitting," *Journal of the American Statistical Association*, **83**:596-610.

Cleveland, W. S., S. J. Devlin, and E. Grosse. 1988. "Regression by local fitting: Methods, properties, and computational algorithms," *Journal of Econometrics*, **37**:87-114.

Cleveland, W. S. and C. Loader. 1996. "Smoothing by local regression: Principles and methods, in Härdle and Schimek (eds.), *Statistical Theory and Computational Aspects of Smoothing*, Heidelberg: Phsyica-Verlag, 10-49.

Cleveland, W. S. and R. McGill. 1984. "The many faces of a scatterplot," *Journal of the American Statistical Association*, **79**:807-822.

Cohen, A., R. Gnanadesikan, J. R. Kettenring, and J. M. Landwehr. 1977. "Methodological developments in some applications of clustering," in: Applications of Statistics, P. R. Krishnaiah (ed.), Amsterdam: North-Holland.

Cook, D., A. Buja, and J. Cabrera. 1993. "Projection pursuit indexes based on orthonormal function expansions," *Journal of Computational and Graphical Statistics*, **2**:225-250.

Cook, D., A. Buja, J. Cabrera, and C. Hurley. 1995. "Grand tour and projection pursuit," *Journal of Computational and Graphical Statistics*, **4**:155-172.

Cook, D. and D. F. Swayne. 2007. *Interactive and Dynamic Graphics for Data Analysis: With R and GGobi (Use R)*, New York: Springer-Verlag.

Cook, W. J., W. H. Cunningham, W. R. Pulleyblank, and A. Schrijver. 1998. *Combinatorial Optimization*, New York: John Wiley & Sons.

Cormack, R. M. 1971. "A review of classification," *Journal of the Royal Statistical Society, Series A*, **134**:321-367.

Costa, J. A., A. Girotra, and A. O. Hero. 2005. "Estimating local intrinsic dimension with k-nearest neighbor graphs," *IEEE Workshop on Statistical Signal Processing (SSP)*.

Costa, J. A. and A. O. Hero. 2004. "Geodesic entropic graphs for dimension and entropy estimation in manifold learning," *IEEE Transactions on Signal Processing*, **52**:2210-2221.

Cottrell, M., J. C. Fort, and G. Pages. 1998. "Theoretical aspects of the SOM algorithm," *Neurocomputing*, **21**:119-138.

Cox, T. F. and M. A. A. Cox. 2001. *Multidimensional Scaling, 2nd Edition*, Boca Raton: Chapman & Hall/CRC.

Craven, P. and G. Wahba. 1979. "Smoothing noisy data with spline functions," *Numerische Mathematik*, **31**:377-403.

Crawford, S. 1991. "Genetic optimization for exploratory projection pursuit," *Proceedings of the 23rd Symposium on the Interface*, **23**:318-321.

Crile, G. and D. P. Quiring. 1940. "A record of the body weight and certain organ and gland weights of 3690 animals," *Ohio Journal of Science*, **15**:219-259.

Dasgupta, A. and A. E. Raftery. 1998. "Detecting features in spatial point processes with clutter via model-based clustering," *Journal of the American Statistical Association*, **93**:294-302.

Davies, O. L. 1957. *Statistical Methods in Research and Production*, New York: Hafner Press.

Davies, D. L. and D. W. Bouldin. 1979. "A cluster separation measure," *IEEE Transactions on Pattern Analysis and Machine Intelligence*, **1**:224-227.

Day, N. E. 1969. "Estimating the components of a mixture of normal distributions," *Biometrika*, **56**:463-474.

de Boor, C. 2001. *A Practical Guide to Splines, Revised Edition*, New York: Springer-Verlag.

de Leeuw, J. 1977. "Applications of convex analysis to multidimensional scaling," in *Recent Developments in Statistics*, J. R. Barra, R. Brodeau, G. Romier, and B. van Cutsem (eds.), Amsterdam, The Netherlands: North-Holland, 133-145.

Deboecek, G. and T. Kohonen. 1998. *Visual Explorations in Finance using Self-Organizing Maps*, London: Springer-Verlag.

Deerwester, S., S. T. Dumais, G. W. Furnas, T. K. Landauer, and R. Harshman. 1990. "Indexing by Latent Semantic Analysis," *Journal of the American Society for Information Science*, **41**:391-407.

Demartines, P. and J. Herault. 1997. "Curvilinear component analysis: A self-organizing neural network for nonlinear mapping of data sets," *IEEE Transactions on Neural Networks*, **8**:148-154.

Dempster, A. P., N. M. Laird, and D. B. Rubin. 1977. "Maximum likelihood from incomplete data via the EM algorithm (with discussion)," *Journal of the Royal Statistical Society: B*, **39**:1-38.

Diaconis, P. 1985. "Theories of data analysis: From magical thinking through classical statistics," in *Exploring Data Tables, Trends, and Shapes*, D. Hoaglin, F. Mosteller, and J. W. Tukey (eds.), New York: John Wiley and Sons.

Diaconis, P. and J. H. Friedman. 1980. "*M* and *N* plots," Technical Report 15, Department of Statistics, Stanford University.

Donoho, D. L. and M. Gasko. 1992. "Breakdown properties of location estimates based on halfspace depth and projected outlyingness," *The Annals of Statistics*, **20**:1803-1827.

Donoho, D. L. and C. Grimes. 2002. Technical Report 2002-27, Department of Statistics, Stanford University.

Donoho, D. L. and C. Grimes. 2003. "Hessian eigenmaps: Locally linear embedding techniques for high-dimensional data," *Proceedings of the National Academy of Science*, **100**:5591-5596.

Draper, N. R. and H. Smith. 1981. *Applied Regression Analysis, 2nd Edition*, New York: John Wiley & Sons.

du Toit, S. H. C., A. G. W. Steyn, and R. H. Stumpf. 1986. *Graphical Exploratory Data Analysis*, New York: Springer-Verlag.

Dubes, R. and A. K. Jain. 1980. "Clustering methodologies in exploratory data analysis," *Advances in Computers, Vol. 19*, New York: Academic Press.

Duda, R. O. and P. E. Hart. 1973. *Pattern Classification and Scene Analysis*, New York: John Wiley & Sons.

Duda, R. O., P. E. Hart, and D. G. Stork. 2001. *Pattern Classification, Second Edition*, New York: John Wiley & Sons.

Edwards, A. W. F. and L. L. Cavalli-Sforza. 1965. "A method for cluster analysis," *Biometrics*, **21**:362-375.

Efromovich, S. 1999. *Nonparametric Curve Estimation: Methods, Theory, and Applications*, New York: Springer-Verlag.

Efron, B. and R. J. Tibshirani. 1993. *An Introduction to the Bootstrap*, London: Chapman and Hall.

Embrechts, P. and A. Herzberg. 1991. "Variations of Andrews' plots," *International Statistical Review*, **59**:175-194.

Emerson, J. D. and M. A. Stoto. 1983. "Transforming Data," in *Understanding Robust and Exploratory Data Analysis*, Hoaglin, Mosteller, and Tukey (eds.), New York: John Wiley & Sons.

Estivill-Castro, V. 2002. "Why so many clustering algorithms - A position paper," *SIGKDD Explorations*, **4**:65-75.

Esty, W. W. and J. D. Banfield. 2003. "The box-percentile plot," *Journal of Statistical Software*, **8**, http://www.jstatsoft.org/v08/i17.

Everitt, B. S. 1993. *Cluster Analysis, Third Edition*, New York: Edward Arnold Publishing.

Everitt, B. S. and D. J. Hand. 1981. *Finite Mixture Distributions*, London: Chapman and Hall.

Everitt, B. S., S. Landau, and M. Leese. 2001. *Cluster Analysis, Fourth Edition*, New York: Edward Arnold Publishing.

Fan, M., H. Qiao, and B. Zhang. 2008. "Intrinsic dimension estimation of manifolds by incising balls," *Pattern Recognition*, **42**:780-787.

Fawcett, C. D. 1901. "A second study of the variation and correlation of the human skull, with special reference to the Naqada crania," *Biometrika*, **1**:408-467.

Fieller, N. R. J., E. C. Flenley, and W. Olbricht. 1992. "Statistics of particle size data," *Applied Statistics*, **41**:127-146.

Fieller, N. R. J., D. D. Gilbertson, and W. Olbricht. 1984. "A new method for environmental analysis of particle size distribution data from shoreline sediments," *Nature*, **311**:648-651.

Fienberg, S. 1979. "Graphical methods in statistics," *The American Statistician*, **33**:165-178.

Fisher, R. A. 1936. "The use of multiple measurements in taxonomic problems," *Annals of Eugenics*, **7**:179-188.

Flick, T., L. Jones, R. Priest, and C. Herman. 1990. "Pattern classification using projection pursuit," *Pattern Recognition*, **23**:1367-1376.

Flury, B. and H. Riedwyl. 1988. *Multivariate Statistics: A Practical Approach*, London: Chapman and Hall.

Fodor, I. K. 2002. "A survey of dimension reduction techniques," Lawrence Livermore National Laboratory Technical Report, UCRL-ID-148494.

Fogel, P., S. S. Young, D. M. Hawkins, and N. Ledirac. 2007. "Inferential robust non-negative matrix factorization analysis of microarray data," *Bioinformatics*, **23**:44-49.

Fowlkes, E. B. and C. L. Mallows. 1983. "A method for comparing two hierarchical clusterings," *Journal of the American Statistical Association*, **78**:553-584.

Fox, J. 2000. *Nonparametric Simple Regression*, Thousand Oaks, CA: Sage Publications, Inc.

Frakes, W. B. and R. Baeza-Yates. 1992. *Information Retrieval: Data Structures & Algorithms*, Prentice Hall, New Jersey.

Fraley, C. 1998. "Algorithms for model-based Gaussian hierarchical clustering," *SIAM Journal on Scientific Computing*, **20**:270-281.

Fraley, C. and A. E. Raftery. 1998. "How many clusters? Which clustering method? Answers via model-based cluster analysis," *The Computer Journal*, **41**:578-588.

Fraley, C. and A. E. Raftery. 2002. "Model-based clustering, discriminant analysis, and density estimation: MCLUST," *Journal of the American Statistical Association*, **97**:611-631.

Fraley, C. and A. E. Raftery. 2003. "Enhanced software for model-based clustering, discriminant analysis, and density estimation: MCLUST," *Journal of Classification*, **20**:263-286.

Fraley, C., A. E. Raftery, and R. Wehrens. 2003. "Incremental model-based clustering for large data sets with small clusters," Technical Report 439, Department of Statistics, University of Washington (to appear in *Journal of Computational and Graphical Statistics*).

Freedman, D. and P. Diaconis. 1981. "On the histogram as a density estimator: L_2 theory," *Zeitschrift fur Wahrscheinlichkeitstheorie und verwandte Gebiete*, **57**:453-476.

Fridlyand, J. and S. Dudoit. 2001. "Applications of resampling methods to estimate the number of clusters and to improve the accuracy of a clustering method," Technical Report #600, Division of Biostatistics, University of California, Berkeley.

Friedman, J. 1987. "Exploratory projection pursuit," *Journal of the American Statistical Association*, **82**:249-266.

Friedman, J. and W. Stuetzle. 1981. "Projection pursuit regression," *Journal of the American Statistical Association*, **76**:817-823.

Friedman, J. and J. Tukey. 1974. "A projection pursuit algorithm for exploratory data analysis," *IEEE Transactions on Computers*, **23**:881-889.

Friedman, J., W. Stuetzle, and A. Schroeder. 1984. "Projection pursuit density estimation," *Journal of the American Statistical Association*, **79**:599-608.

Friendly, M. 2000. *Visualizing Categorical Data*, Cary, NC: SAS Institute, Inc.

Friendly, M. and E. Kwan. 2003. "Effect ordering for data displays," *Computational Statistics and Data Analysis*, **43**:509-539.

Friendly, M. and H. Wainer. 2004. "Nobody's perfect," *Chance*, **17**:48-51.

Frigge, M., D. C. Hoaglin, and B. Iglewicz. 1989. "Some implementations of the boxplot," *The American Statistician*, **43**:50-54.

Fua, Y. H., M. O. Ward, and E. A. Rundensteiner. 1999. "Hierarchical parallel coordinates for exploration of large data sets," *IEEE Visualization, Proceedings of the Conference on Visualization '99*, 43 - 50.

Fukunaga, K. 1990. *Introduction to Statistical Pattern Recognition, Second Edition*, New York: Academic Press.

Fukunaka, K. and D. R. Olsen. 1971. "An algorithm for finding intrinsic dimensionality of data," *IEEE Transactions on Computers*, **20**:176-183.

Gabriel, K. R. 1971. "The biplot graphic display of matrices with application to principal component analysis," *Biometrika*, **58**:453-467.

Garcia, D. 2009. "MATLAB functions in BiomeCardio," http://www.biomecardio.com/matlab.

Garcia, D. 2010. "Robust smoothing of gridded data in one and higher dimensions with missing values," *Computational Statistics and Data Analysis*, **54**:1167-1178.

Gentle, J. E. 2002. *Elements of Computational Statistics*, New York: Springer-Verlag.

Golub, G. and C. Van Loan. 1996. *Matrix Computations*, Baltimore: Johns Hopkins University Press.

Golub, T. R., D. K. Slonim, P. Tamayo, C. Huard, M. Gaasenbeek, J. P. Mesirov, H. Coller, M. L. Loh, J. R. Downing, M. A. Caligiuri, C. D. Bloomfield, and E. S. Lander. 1999. "Molecular classification of cancer: Class discovery and class prediction by gene expression monitoring," *Science*, **286**:531-537.

Good, I. J. 1983. "The philosophy of exploratory data analysis," *Philosophy of Science*, **50**:283-295.

Gorban, A. N., B. Kegl, D. C. Wunsch, and A. Zinovyev. 2008. *Principal Manifolds for Data Visualization and Dimension Reduction*, New York: Springer.

Gordon, A. D. 1999. *Classification*, London: Chapman and Hall.

Gower, J. C. 1966. "Some distance properties of latent root and vector methods in multivariate analysis," *Biometrika*, **53**:325-338.

Gower, J. C. and D. J. Hand. 1996. *Biplots*, London: Chapman and Hall.

Gower, J. C. and P. Legendre. 1986. "Metric and Euclidean properties of dissimilarity coefficients," *Journal of Classification*, **3**:5-48.

Grassberger, P. and I. Procaccia. 1983. "Measuring the strangeness of strange attractors," *Physica*, **D9**:189-208.

Green P. J. and B. W. Silverman. 1994. *Nonparametric Regression and Generalized Linear Models: A Roughness Penalty Approach*, London: Chapman and Hall.

Griffiths, A. J. F., J. H. Miller, D. T. Suzuki, R. X. Lewontin, and W. M. Gelbart. 2000. *An Introduction to Genetic Analysis*, 7th edition, New York: Freeman.

Groenen, P. 1993. *The Majorization Approach to Multidimensional Scaling: Some Problems and Extensions*, Leiden, The Netherlands: DSWO Press.

Guillamet, D. and J. Vitria. 2002. "Nonnegative matrix factorization for face recognition," in *Fifth Catalonian Conference on Artificial Intelligence*, 336-344.

Guttman, L. 1968. "A general nonmetric technique for finding the smallest coordinate space for a configuration of points," *Psychometrika*, **33**:469-506.

Hand, D., F. Daly, A. D. Lunn, K. J. McConway, and E. Ostrowski. 1994. *A Handbook of Small Data Sets*, London: Chapman and Hall.

Hand, D., H. Mannila, and P. Smyth. 2001. *Principles of Data Mining*, Cambridge, MA: The MIT Press.

Hanselman, D. and B. Littlefield. 2004. *Mastering MATLAB 7*, New Jersey: Prentice Hall.

Hansen, P., B. Jaumard, and B. Simeone. 1996. "Espaliers: A generalization of dendrograms," *Journal of Classification*, **13**:107-127.

Hartigan, J. A. 1967. "Representation of similarity measures by trees," *Journal of the American Statistical Association*, **62**:1140-1158.

Hartigan, J. A. 1975. *Clustering Algorithms*, New York: John Wiley & Sons.

Hartigan, J. A. 1985. "Statistical theory in clustering," *Journal of Classification*, **2**:63-76.

Hartwig, F. and B. E. Dearing. 1979. *Exploratory Data Analysis*, Newbury Park, CA: Sage University Press.

Hastie, T. J. and C. Loader. 1993. "Local regression: Automatic kernel carpentry (with discussion)," *Statistical Science*, **8**:120-143.

Hastie, T. J. and R. J. Tibshirani. 1986. "Generalized additive models," *Statistical Science*, **1**:297-318.

Hastie, T. J. and R. J.Tibshirani. 1990. *Generalized Additive Models*, London: Chapman and Hall.

Hastie, T. J., R. J. Tibshirani, and J. Friedman. 2009. *The Elements of Statistical Learning: Data Mining, Inference and Prediction, 2nd Edition*, New York: Springer.

Hastie, T., R. Tibshirani, M. B. Eisen, A. Alizadeh, R. Levy, L. Staudt, W. C. Chan, D. Botstein and P. Brown. 2002. "Gene shaving as a method for identifying distinct sets of genes with similar expression patterns," *Genome Biology*, **1**.

Hoaglin, D. C. 1982. "Exploratory data analysis," in *Encyclopedia of Statistical Sciences, Volume 2*, Kotz, S. and N. L. Johnson, (eds.), New York: John Wiley & Sons.

Hoaglin, D. C., B. Iglewicz, and J. W. Tukey. 1986. "Performance of some resistant rules for outlier labeling," *Journal of the American Statistical Association*, **81**:991-999.

Hoaglin, D. C. and J. Tukey. 1985. "Checking the shape of discrete distributions," in *Exploring Data Tables, Trends and Shapes*, D. Hoaglin, F. Mosteller, and J. W. Tukey, (eds.), New York: John Wiley & Sons.

Hoaglin, D. C., F. Mosteller, and J. W. Tukey (eds.). 1983. *Understanding Robust and Exploratory Data Analysis*, New York: John Wiley & Sons.

Hofmann, T. 1999a. "Probabilistic latent semantic indexing," *Proceedings of the 22nd Annual ACM Conference on Research and Development in Information Retrieval*, Berkeley, CA, 50-57 (www.cs.brown.edu/~th/papers/Hofmann-SIGIR99.pdf).

Hofmann, T. 1999b. "Probabilistic latent semantic analysis," *Proceedings of the Fifteenth Conference on Uncertainty in Artificial Intelligence, UAI'99*, Stockholm, (www.cs.brown.edu/~th/papers/Hofmann-UAI99.pdf).

Hogg, R. 1974. "Adaptive robust procedures: A partial review and some suggestions for future applications and theory (with discussion)," *Journal of the American Statistical Association*, **69**:909-927.

Holland, O. T. and P. Marchand. 2002. *Graphics and GUIs with MATLAB, Third Edition*, Boca Raton: CRC Press.

Huber, P. J. 1973. "Robust regression: Asymptotics, conjectures, and Monte Carlo," *Annals of Statistics*, **1**:799-821.

Huber, P. J. 1981. *Robust Statistics*, New York: John Wiley & Sons.

Huber, P. J. 1985. "Projection pursuit (with discussion)," *Annals of Statistics*, **13**:435-525.

Hubert, L. J. and P. Arabie. 1985. "Comparing partitions," *Journal of Classification*, **2**:193-218.

Hurley, C. and A. Buja. 1990. "Analyzing high-dimensional data with motion graphics," *SIAM Journal of Scientific and Statistical Computing*, **11**:1193-1211.

Hyvärinen, A. 1999a. "Survey on independent component analysis," *Neural Computing Surveys*, **2**:94-128.

Hyvärinen, A. 1999b. "Fast and robust fixed-point algorithms for independent component analysis," *IEEE Transactions on Neural Networks*, **10**:626-634.

Hyvärinen, A., J. Karhunen, and E. Oja. 2001. *Independent Component Analysis*, New York: John Wiley & Sons.

Hyvärinen, A. and E. Oja. 2001. "Independent component analysis: Algorithms and applications," *Neural Networks*, **13**:411-430.

Inselberg, A. 1985. "The plane with parallel coordinates," *The Visual Computer*, **1**:69-91.

Jackson, J. E. 1981. "Principal components and factor analysis: Part III - What is factor analysis?" *Journal of Quality Technology*, **13**:125-130.

Jackson, J. E. 1991. *A User's Guide to Principal Components*, New York: John Wiley & Sons.

Jain, A. K. and R. C. Dubes. 1988. *Algorithms for Clustering Data*, New York: Prentice Hall.

Jain, A. K., M. N. Murty, and P. J. Flynn. 1999. "Data clustering: A review," *ACM Computing Surveys*, **31**:264-323.

Jeffreys, H. 1935. "Some tests of significance, treated by the theory of probability," *Proceedings of the Cambridge Philosophy Society*, **31**:203-222.

Jeffreys, H. 1961. *Theory of Probability, Third Edition*, Oxford, U. K.: Oxford University Press.

Johnson, B. and B. Shneiderman. 1991. "Treemaps: A space-filling approach to the visualization of hierarchical information structures," *Proceedings of the 2nd International IEEE Visualization Conference*, 284-291.

Jolliffe, I. T. 1972. "Discarding variables in a principal component analysis I: Artificial data," *Applied Statistics*, **21**:160-173.

Jolliffe, I. T. 1986. *Principal Component Analysis*, New York: Springer-Verlag.

Jones, W. P. and G. W. Furnas. 1987. "Pictures of relevance: A geometric analysis of similarity measures," *Journal of the American Society for Information Science*, **38**:420-442.

Jones, M. C. and R. Sibson. 1987. "What is projection pursuit" (with discussion), *Journal of the Royal Statistical Society, Series A*, **150**:1–36.

Kaiser, H. F. 1960. "The application of electronic computers to factor analysis, *Educational and Psychological Measurement*, **20**:141-151.

Kangas, J. and S. Kaski. 1998. "3043 works that have been based on the self-organizing map (SOM) method developed by Kohonen," *Technical Report A50*, Helsinki University of Technology, Laboratory of Computer and Information Science.

Kaski, S. 1997. *Data Exploration Using Self-Organizing Maps*, Ph.D. dissertation, Helsinki University of Technology.

Kaski, S., T. Honkela, K. Lagus, and T. Kohonen. 1998. "WEBSOM - Self-organizing maps of document collections," *Neurocomputing*, **21**:101-117.

Kass, R. E. and A. E. Raftery. 1995. "Bayes factors," *Journal of the American Statistical Association*, **90**:773-795.

Kaufman, L. and P. J. Rousseeuw. 1990. *Finding Groups in Data: An Introduction to Cluster Analysis*, New York: John Wiley & Sons.

Kegl, B. 2003. "Intrinsic dimension estimation based on packing numbers," in *Advances in Neural Information Processing Systems (NIPS)*, 15:833-840, Cambridge, MA: The MIT Press.

Kiang, M. Y. 2001. "Extending the Kohonen self-organizing map networks for clustering analysis," *Computational Statistics and Data Analysis*, **38**:161-180.

Kimbrell, R. E. 1988. "Searching for text? Send an N-Gram!," *Byte*, May, 297 - 312.

Kimball, B. F. 1960. "On the choice of plotting positions on probability paper," *Journal of the American Statistical Association*, **55**:546-560.

Kirby, M. 2001. *Geometric Data Analysis: An Empirical Approach to Dimensionality Reduction and the Study of Patterns*, New York: John Wiley & Sons.

Kleiner, B. and J. A. Hartigan. 1981. "Representing points in many dimensions by trees and castles," *Journal of the American Statistical Association*, **76**:260-276

Kohonen, T. 1998. "The self-organizing map," *Neurocomputing*, **21**:1-6.

Kohonen, T. 2001. *Self-Organizing Maps, Third Edition*, Berlin: Springer.

Kohonen, T., S. Kaski, K. Lagus, J. Salojarvi, T. Honkela, V. Paatero, and A. Saarela. 2000. "Self organization of a massive document collection," *IEEE Transactions on Neural Networks*, **11**:574-585.

Kotz, S. and N. L. Johnson (eds.). 1986. *Encyclopedia of Statistical Sciences*, New York: John Wiley & Sons.

Kruskal, J. B. 1964a. "Multidimensional scaling by optimizing goodness of fit to a nonmetric hypothesis," *Psychometrika*, **29**:1-27.

Kruskal, J. B. 1964b. "Nonmetric multidimensional scaling: A numerical method," *Psychometrika*, **29**:115-129.

Kruskal, J. B. and M. Wish. 1978. *Multidimensional Scaling*, Newbury Park, CA: Sage Publications, Inc.

Krzanowski, W. J. and Y. T. Lai. 1988. "A criterion for determining the number of groups in a data set using sum-of-squares clustering," *Biometrics*, **44**:23-34.

Lander, E. S. 1999. "Array of hope." *Nature Genetics Supplement*, **21**:3-4.

Langville, A., C. Meyer, and R. Albright. 2006. "Initializations for the nonnegative matrix factorization," *Proceedings of the Twelfth ACM SIGKDD International Conference on Knowledge Discovery and Data Mining*.

Launer, R. and G. Wilkinson (eds.). 1979. *Robustness in Statistics*, New York: Academic Press.

Lawley, D. N. and A. E. Maxwell. 1971. *Factor Analysis as a Statistical Method, 2nd Edition*, London: Butterworth.

Lee, D. and H. Seung. 2001. "Algorithms for non-negative matrix factorization," *Advances in Neural Information Processing Systems*, **13**:556-562.

Lee, J. A., A. Lendasse, N. Donckers, and M. Verleysen. 2000. "A robust nonlinear projection method," *Proceedings of ESANN'2002 European Symposium on Artificial Neural Networks*, Burges, Belgium, 13-20.

Lee, J. A., A. Lendasse, and M. Verleysen. 2002. "Curvilinear distance analysis versus ISOMAP," *Proceedings of ESANN'2002 European Symposium on Artificial Neural Networks*, Burges, Belgium, 185-192.

Lee, J. A. and M. Verleysen. 2007. *Nonlinear Dimensionality Reduction*, New York: Springer.

Lee, T. C. M. 2002. "On algorithms for ordinary least squares regression spline fitting: A comparative study," *Journal of Statistical Computation and Simulation*, **72**:647-663.

Levina, E. and P. Bickel. 2004. "Maximum likelihood estimation of intrinsic dimension," in *Advances in Neural Information Processing Systems*, Cambridge, MA: The MIT Press.

Li, G. and Z. Chen. 1985. "Projection-pursuit approach to robust dispersion matrices and principal components: Primary theory and Monte Carlo," *Journal of the American Statistical Association*, **80**:759-766.

Lindsey, J. C., A. M. Herzberg, and D. G. Watts. 1987. "A method for cluster analysis based on projections and quantile-quantile plots," *Biometrics*, **43**:327-341.

Ling, R. F. 1973. "A computer generated aid for cluster analysis," *Communications of the ACM*, **16**:355-361.

Loader, C. 1999. *Local Regression and Likelihood*, New York: Springer-Verlag.

MacKay, D. J. C. and Z. Ghahramani. 2005. "Comments on 'Maximum Likelihood Estimation of Intrinsic Dimension' by E. Levina and P. Bickel (2004)," http://www.inference.phy.cam.ac.uk/mackay/dimension/.

Manly, B. F. J. 1994. *Multivariate Statistical Methods - A Primer, Second Edition*, London: Chapman & Hall.

Manning, C. D. and H. Schütze. 2000. *Foundations of Statistical Natural Language Processing*, Cambridge, MA: The MIT Press.

Mao, J. and A. K. Jain. 1995. "Artificial neural networks for feature extraction and multivariate data projection," *IEEE Transaction on Neural Networks*, **6**:296-317.

Marchette, D. J. and J. L. Solka. 2003. "Using data images for outlier detection," *Computational Statistics and Data Analysis*, **43**:541-552.

Marsh, L. C. and D. R. Cormier. 2002. *Spline Regression Models*, Sage University Papers Series on Quantitative Applications in the Social Sciences, 07-137, Thousand Oaks, CA: Sage Publications, Inc.

Martinez, A. R. 2002. *A Framework for the Representation of Semantics*, Ph.D. Dissertation, Fairfax, VA: George Mason University.

Martinez, A. R. and E. J. Wegman. 2002a. "A text stream transformation for semantic-based clustering," *Computing Science and Statistics*, **34**:184-203.

Martinez, A. R. and E. J. Wegman. 2002b. "Encoding of text to preserve "meaning"," *Proceedings of the Eighth Annual U. S. Army Conference on Applied Statistics*, 27-39.

Martinez, W. L. and A. R. Martinez. 2007. *Computational Statistics Handbook with MATLAB*, 2nd Edition, Boca Raton: CRC Press.

McGill, R., J. Tukey, and W. Larsen. 1978. "Variations of box plots," *The American Statistician*, **32**:12-16.

McLachlan, G. J. and K. E. Basford. 1988. *Mixture Models: Inference and Applications to Clustering*, New York: Marcel Dekker.

McLachlan, G. J. and T. Krishnan. 1997. *The EM Algorithm and Extensions*, New York: John Wiley & Sons.

McLachlan, G. J. and D. Peel. 2000. *Finite Mixture Models*, New York: John Wiley & Sons.

McLachlan, G. J., D. Peel, K. E. Basford, and P. Adams. 1999. "The EMMIX software for the fitting of mixtures of normal and t-components," *Journal of Statistical Software*, **4**, http://www.jstatsoft.org/index.php?vol=4.

McLeod, A. I. and S. B. Provost. 2001. "Multivariate Data Visualization," www.stats.uwo.ca/faculty/aim/mviz.

Mead, A. 1992. "Review of the development of multidimensional scaling methods," *The Statistician*, **41**:27-39.

Milligan, G. W. and M. C. Cooper. 1985. "An examination of procedures for determining the number of clusters in a data set," *Psychometrika*, **50**:159-179.

Milligan, G. W. and M. C. Cooper. 1988. "A study of standardization of variables in cluster analysis," *Journal of Classification*, **5**:181-204.

Minnotte, M. and R. West. 1998. "The data image: A tool for exploring high dimensional data sets," *Proceedings of the ASA Section on Statistical Graphics*, Dallas, Texas, 25-33.

Mojena, R. 1977. "Hierarchical grouping methods and stopping rules: An evaluation," *Computer Journal*, **20**:359-363.

Moler, C. 2004. *Numerical Computing with MATLAB*, New York: SIAM.

Montanari, A. and L. Lizzani. 2001. "A projection pursuit approach to variable selection," *Computational Statistics and Data Analysis*, **35**:463-473.

Morgan, B. J. T. and A. P. G. Ray. 1995. "Non-uniqueness and inversions in cluster analysis," *Applied Statistics*, **44**:114-134.

Mosteller, F. and J. W. Tukey. 1977. *Data Analysis and Regression: A Second Course in Statistics*, New York: Addison-Wesley.

Mosteller, F. and D. L. Wallace. *Inference and Disputed Authorship: The Federalist Papers*, New York: Addison-Wesley.

Mukherjee, S., E. Feigelson, G. Babu, F. Murtagh, C. Fraley, and A. E. Raftery. 1998. "Three types of gamma ray bursts," *Astrophysical Journal*, **508**:314-327.

Murtagh, F. and A. E. Raftery. 1984. "Fitting straight lines to point patterns," *Pattern Recognition*, **17**:479-483.

Nason, G. 1995. "Three-dimensional projection pursuit," *Applied Statistics*, **44**:411–430.

Ng, A. Y., M. I. Jordan, and Y. Weiss. 2002. "On spectral clustering: Analysis and an algorithm," *Advances in Neural Information Processing Systems (NIPS)*, **14**:849-856.

Olbricht, W. 1982. "Modern statistical analysis of ancient sand," MSc Thesis, University of Sheffield, Sheffield, UK.

Panel on Discriminant Analysis, Classification, and Clustering. 1989. "Discriminant Analysis and Clustering," *Statistical Science*, **4**:34-69.

Pearson, K. and A. Lee. 1903. "On the laws of inheritance in man. I. Inheritance of physical characters," *Biometrika*, **2**:357-462.

Pettis, K. W., T. A. Bailey, A. K. Jain, and R. C. Dubes. 1979. "An intrinsic dimensionality estimator from near-neighbor information," *IEEE Transactions on Pattern Analysis and Machine Intelligence*, **1**:25-37.

Porter, M. F. 1980. "An algorithm for suffix stripping," *Program*, **14**:130-137.

Posse, C. 1995a. "Projection pursuit exploratory data analysis," *Computational Statistics and Data Analysis*, **29**:669–687.

Posse, C. 1995b. "Tools for two-dimensional exploratory projection pursuit," *Journal of Computational and Graphical Statistics*, **4**:83–100.

Posse, C. 2001. "Hierarchical model-based clustering for large data sets," *Journal of Computational and Graphical Statistics*," **10**:464-486.

Raginsky, M. and S. Lazebnik. 2006. "Estimation of intrinsic dimensionality using high-rate vector quantization," in *Advances in Neural Information Processing*, **18**:1105-1112.

Rand, W. M. 1971. "Objective criteria for the evaluation of clustering methods," *Journal of the American Statistical Association*, **66**:846-850.

Rao, C. R. 1993. *Computational Statistics*, The Netherlands: Elsevier Science Publishers.

Redner, A. R. and H. F. Walker. 1984. "Mixture densities, maximum likelihood and the EM algorithm," *SIAM Review*, **26**:195-239.

Reinsch, C. 1967. "Smoothing by spline functions," *Numerical Mathematics*, **10**: 177-183.

Ripley, B. D. 1996. *Pattern Recognition and Neural Networks*, Cambridge: Cambridge University Press.

Roeder, K. 1994. "A graphical technique for determining the number of components in a mixture of normals," *Journal of the American Statistical Association*, **89**:487-495.

Rousseeuw, P. J. and A. M. Leroy. 1987. *Robust Regression and Outlier Detection*, New York: John Wiley & Sons.

Rousseeuw, P. J. and I. Ruts. 1996. "Algorithm AS 307: Bivariate location depth," *Applied Statistics (JRSS-C)*, **45**:516-526.

Rousseeuw, P. J. and I. Ruts. 1998. "Constructing the bivariate Tukey median," *Statistica Sinica*, **8**:827-839.

Rousseeuw, P. J., I. Ruts, and J. W. Tukey. 1999. "The bagplot: A bivariate boxplot," *The American Statistician*, **53**:382-387.

Roweis, S. T. and L. K. Saul. 2000. "Nonlinear dimensionality reduction by locally linear embedding," *Science*, **290**:2323-2326.

Salton, G., C. Buckley, and M. Smith. 1990. "On the application of syntactic methodologies," *Automatic Text Analysis, Information Processing & Management*, **26**:73 - 92.

Sammon, J. W. 1969. "A nonlinear mapping for data structure analysis," *IEEE Transactions on Computers*, **C-18**:401-409.

Saul, L. K. and S. T. Roweis. 2002. "Think globally, fit locally: Unsupervised learning of nonlinear manifolds," Technical Report MS CIS-02-18, University of Pennsylvania.

Schena, M., Shalon, D., R. W. Davis, and P. O. Brown. 1995. "Quantitative monitoring of gene expression patterns with a complementary DNA microarray," *Science*, **270**:497-470.

Schimek, M. G. (ed.) 2000. *Smoothing and Regression: Approaches, Computation, and Application*, New York: John Wiley & Sons.

Schwarz, G. 1978. "Estimating the dimension of a model," *The Annals of Statistics*, **6**:461-464.

Scott, A. J. and M. J. Symons. 1971. "Clustering methods based on likelihood ratio criteria," *Biometrics*, **27**:387-397.

Scott, D. W. 1992. *Multivariate Density Estimation: Theory, Practice, and Visualization*, New York: John Wiley & Sons.

Sebastani, P., E. Gussoni, I. S. Kohane, & M. F. Ramoni. 2003. "Statistical Challenges in Functional Genomics," *Statistical Science*, **18**:33-70.

Seber, G. A. F. 1984. *Multivariate Observations*, New York: John Wiley & Sons.

Shepard, R. N. 1962a. "The analysis of proximities: Multidimensional scaling with an unknown distance function I," *Psychometrika*, **27**:125-140.

Shepard, R. N. 1962b. "The analysis of proximities: Multidimensional scaling with an unknown distance function II," *Psychometrika*, **27**:219-246.

Shneiderman, B. 1992. "Tree visualization with tree-maps: 2-D space-filling approach," *ACM Transactions on Graphics*, **11**:92-99.

Siedlecki, W., K. Siedlecka, and J. Sklansky. 1988. "An overview of mapping techniques for exploratory pattern analysis," *Pattern Recognition*, **21**:411-429.

Silverman, B. W. 1986. *Density Estimation for Statistics and Data Analysis*, London: Chapman and Hall.

Simonoff, J. S. 1996. *Smoothing Methods in Statistics*, New York: Springer-Verlag.

Sivic, J. 2010. *Visual Geometry Group* software website, http://www.robots.ox.ac.uk/~vgg/software/.

Slomka, M. 1986. "The analysis of a synthetic data set," *Proceedings of the Section on Statistical Graphics*, 113-116.

Smaragdis, P. and J. C. Brown, "Nonnegative matrix factorization for polyphonic music transcription," in *IEEE Workshop Applications of Signal Processing to Audio and Acoustics*, New York, USA, 177-180.

Sneath, P. H. A. and R. R. Sokal. 1973. *Numerical Taxonomy*, San Francisco: W. H. Freeman.

Solka, J. and W. L. Martinez. 2004. "Model-based clustering with an adaptive mixtures smart start," in *Proceedings of the Interface*.

Späth, H. 1980. *Cluster Analysis Algorithms for Data Reduction and Classification of Objects*, New York: Halsted Press.

Steyvers, M. 2002. "Multidimensional scaling," in *Encyclopedia of Cognitive Science*.

Stone, C. J. 1977. "Consistent nonparametric regression," *The Annals of Statistics*, **5**:595-645.

Stone, J. V. 2002. "Independent component analysis: An introduction," *TRENDS in Cognitive Sciences*, **6**(2):59-64.

Stone, J. V. 2004. *Independent Component Analysis: A Tutorial Introduction*, Cambridge, MA: The MIT Press.

Strang, G. 1988. *Linear Algebra and its Applications*, Third Edition, San Diego: Harcourt Brace Jovanovich.

Strang, G. 1993. *Introduction to Linear Algebra*, Wellesley, MA: Wellesley-Cambridge Press.

Strang, G. 1999. "The discrete cosine transform," *SIAM Review*, **41**:135-147.

Stuetzle, W. 1987. "Plot windows," *Journal of the American Statistical Association*, **82**:466-475.

Sturges, H. A. 1926. "The choice of a class interval," *Journal of the American Statistical Association*, **21**:65-66.

Swayne, D. F., D. Cook, and A. Buja. 1991. "XGobi: Interactive dynamic graphics in the X window system with a link to S," *ASA Proceedings of the Section on Statistical Graphics*. 1-8.

Tamayho, P., D. Slonim, J. Mesirov, Q. Zhu, S. Kitareewan, E. Dmitrovsky, E. S. Lander, and T. R. Golub. 1999. "Interpreting patterns of gene expression with self-organizing maps: Methods and application to hematopoietic differentiation," *Proceedings of the National Academy of Science*, **96**:2907-2912.

Tenenbaum, J. B., V. de Silva, and J. C. Langford. 2000. "A global geometric framework for nonlinear dimensionality reduction," *Science*, **290**:2319-2323.

Theus, M. and S. Urbanek. 2009. *Interactive Graphics for Data Analysis: Principles and Examples*, Boca Raton: CRC Press.

Tibshirani, R., G. Walther, D. Botstein, and P. Brown. 2001. "Cluster validation by prediction strength," Technical Report, Stanford University.

Tibshirani, R., G. Walther, and T. Hastie. 2001. "Estimating the number of clusters in a data set via the gap statistic," *Journal of the Royal Statistical Society, B*, **63**:411-423.

Tiede, J. J. and M. Pagano. 1979. "The application of robust calibration to radioimmunoassay," *Biometrics*, **35**:567-574.

Timmins, D. A. Y. 1981. "Study of sediment in mesolithic middens on Oronsay," MA Thesis, University of Sheffield, Sheffield, UK.

Titterington, D. B. 1985. "Common structure of smoothing techniques in statistics," *International Statistical Review*, **53**:141-170.

Titterington, D. M., A. F. M. Smith, and U. E. Makov. 1985. *Statistical Analysis of Finite Mixture Distributions*, New York: John Wiley & Sons.

Torgerson, W. S. 1952. "Multidimensional scaling: 1. Theory and method," *Psychometrika*, **17**:401-419.

Trunk, G. 1968. "Statistical estimation of the intrinsic dimensionality of data collections," Inform. Control, **12**:508-525.

Trunk, G. 1976. "Statistical estimation of the intrinsic dimensionality of data," *IEEE Transactions on Computers*, **25**:165-171.

Tufte, E. 1983. *The Visual Display of Quantitative Information*, Cheshire, CT: Graphics Press.

Tufte, E. 1990. *Envisioning Information*, Cheshire, CT: Graphics Press.

Tufte, E. 1997. *Visual Explanations*, Cheshire, CT: Graphics Press.

Tufte, E. 2006. *Beautiful Evidence*, Cheshire, CT: Graphics Press.

Tukey, J. W. 1973. "Some thoughts on alternagraphic displays," Technical Report 45, Series 2, Department of Statistics, Princeton University.

Tukey, J. W. 1975. "Mathematics and the picturing of data," *Proceedings of the International Congress of Mathematicians*, **2**:523-531.

Tukey, J. W. 1977. *Exploratory Data Analysis*, New York: Addison-Wesley.

Tukey, J. W. 1980. "We need both exploratory and confirmatory," *The American Statistician*, **34**:23-25.

Udina, F. 2005. "Interactive biplot construction," *Journal of Statistical Software*, **13**, http://www.jstatsoft.orfg/.

Ultsch, A. and H. P. Siemon. 1990. "Kohonen's self-organizing feature maps for exploratory data analysis," *Proceedings of the International Neural Network Conference (INNC'90)*, Dordrecht, Netherlands, 305-308.

Unwin, A., M. Theus, and H. Hofmann. 2006. *Graphics of Large Data Sets: Visualizing a Million*, New York: Springer-Verlag.

van der Maaten, L. J. P. 2007. *An Introduction to Dimensionality Reduction Using MATLAB*, Technical Report MICC 07-07, Maastricht University, Maastricht, The Netherlands (http://homepage.tudelft.nl/19j49/Publications.html).

Vandervieren, E. and M. Hubert. 2004. "An adjusted boxplot for skewed distributions," *COMPSTAT 2004*, 1933-1940.

Velicer, W. F. and D. N. Jackson. 1990. "Component analysis versus common factor analysis: Some issues on selecting an appropriate procedure (with discussion)," *Journal of Multivariate Behavioral Research*, **25**:1-114.

Venables, W. N. and B. D. Ripley. 1994. *Modern Applied Statistics with S-Plus*, New York: Springer-Verlag.

Verboven, S. and M. Hubert. 2005. "LIBRA: A MATLAB library for robust analysis," *Chemometrics and Intelligent Laboratory Systems*, **75**:128-136.

Verma, D. and M. Meila. 2003. "A comparison of spectral methods," Technical Report UW-CSE-03-05-01, Department of Computer Science and Engineering, University of Washington.

Verveer, P. J. and R. P. W. Duin. 1995. "An evaluation of intrinsic dimensionality estimators," *IEEE Transactions on Pattern Analysis and Machine Intelligence*, **17**:81-86.

Vesanto, J. 1997. "Data mining techniques based on the self-organizing map," Master's Thesis, Helsinki University of Technology.

Vesanto, J. 1999. "SOM-based data visualization methods," *Intelligent Data Analysis*, **3**:111-126.

Vesanto, J. and E. Alhoniemi. 2000. "Clustering of the self-organizing map," *IEEE Transactions on Neural Networks*, **11**:586-6000.

von Luxburg, U. 2007. "A tutorial on spectral clustering," Technical Report Number TR-149, Max Planck Institute for Biological Cybernetics.

Wahba, G. 1990. *Spline Functions for Observational Data*, CBMS-NSF Regional Conference Series, Philadelphia: SIAM.

Wainer, H. 1997. *Visual Revelations: Graphical Tales of Fate and Deception from Napoleon Bonaparte to Ross Perot*, New York: Copernicus/Springer-Verlag.

Wainer, H. 2005. *Graphic Discovery: A Trout in the Milk and other Visual Adventures*, Princeton, NJ: Princeton University Press.

Wall, M. E., P. A. Dyck, and T. S. Brettin. 2001. "SVDMAN - singular value decomposition analysis of microarray data," *Bioinformatics*, **17**:566-568.

Wall, M. E., A. Rechsteiner, and L. M. Rocha. 2003. "Chapter 5: Singular value decomposition and principal component analysis," in *A Practical Approach to Microarray Data Analysis*, D. P. Berar, W. Dubitsky, and M. Granzow, (eds.), Kluwer: Norwell, MA.

Wand, M. P. and M. C. Jones. 1995. *Kernel Smoothing*, London: Chapman and Hall.

Ward, J. H. 1963. "Hierarchical groupings to optimize an objective function," *Journal of the American Statistical Association*, **58**:236-244.

Webb, A. 2002. *Statistical Pattern Recognition, 2nd Edition*, Oxford: Oxford University Press.

Wegman, E. J. 1986. *Hyperdimensional Data Analysis Using Parallel Coordinates*, Technical Report No. 1, George Mason University Center for Computational Statistics.

Wegman, E. 1988. "Computational statistics: A new agenda for statistical theory and practice," *Journal of the Washington Academy of Sciences*, **78**:310-322.

Wegman, E. J. 1990. "Hyperdimensional data analysis using parallel coordinates," *Journal of the American Statistical Association*, **85**:664-675.

Wegman, E. J. 1991. "The grand tour in k-dimensions," *Computing Science and Statistics: Proceedings of the 22nd Symposium on the Interface*, 127-136.

Wegman, E. J. 2003. "Visual data mining," *Statistics in Medicine*, **22**:1383-1397.

Wegman, E. J. and D. Carr. 1993. "Statistical graphics and visualization," in *Handbook of Statistics, Vol 9*, C. R. Rao (ed.), The Netherlands: Elsevier Science Publishers, 857-958.

Wegman, E. J. and Q. Luo. 1997. "High dimensional clustering using parallel coordinates and the grand tour," *Computing Science and Statistics*, **28**:361-368.

Wegman, E. J. and J. Shen. 1993. "Three-dimensional Andrews plots and the grand tour," *Proceedings of the 25th Symposium on the Interface*, 284-288.

Wegman, E. J. and J. Solka. 2002. "On some mathematics for visualizing high dimensional data," *Sankkya: The Indian Journal of Statistics*, **64**:429-452.

Wegman, E. J. and I. W. Wright. "Splines in statistics," *Journal of the American Statistical Association*, **78**:351-365.

Wegman, E. J., D. Carr, and Q. Luo. 1993. "Visualizing multivariate data," in *Multivariate Analysis: Future Directions*, C. R. Rao (ed.), The Netherlands: Elsevier Science Publishers, 423-466.

Wehrens, R., L. M. C. Buydens, C. Fraley, and A. E. Raftery. 2003. "Model-based clustering for image segmentation and large data sets via sampling," Technical Report 424, Department of Statistics, University of Washington (*to appear in Journal of Classification*).

Weihs, C. 1993. "Multivariate exploratory data analysis and graphics: A tutorial," *Journal of Chemometrics*, **7**:305-340.

Weihs, C. and H. Schmidli. 1990. "OMEGA (Online multivariate exploratory graphical analysis): Routine searching for structure," *Statistical Science*, **5**:175-226.

West, M., C. Blanchette, H. Dressman, E. Huang, S. Ishida, R. Spang, H. Zuzan, J. A. Olson, Jr., J. R. Marks, and J. R. Nevins. 2001. "Predicting the clinical status of human breast cancer by using gene expression profiles," *Proceedings of the National Academy of Science*, **98**:11462-11467.

Wijk, J. J. van and H. van de Wetering. 1999. "Cushion treemaps: Visualization of hierarchical information," in: G. Wills and De. Keim (eds.), *Proceedings IEEE Symposium on Information Visualization (InfoVis'99)*, 73-78.

Wilhelm, A. F. X., E. J. Wegman, and J. Symanzik. 1999. "Visual clustering and classification: The Oronsay particle size data set revisited," *Computational Statistics*, **14**:109-146.

Wilk, M. B. and R. Gnanadesikan. 1968. "Probability plotting methods for the analysis of data," *Biometrika*, **55**:1-17.

Wilkinson, L. 1999. *The Grammar of Graphics*, New York: Springer-Verlag.

Wills, G. J. 1998. "An interactive view for hierarchical clustering," *Proceedings IEEE Symposium on Information Visualization*, 26-31.

Witten, I. H., A. Moffat, and T. C. Bell. 1994. *Managing Gigabytes: Compressing and Indexing Documents and Images*, New York, NY: Van Nostrand Reinhold.

Wolfe, J. H. 1970. "Pattern clustering by multivariate mixture analysis," *Multivariate Behavioral Research*, **5**:329-350.

Wood, S. 2006. *Generalized Additive Models: An Introduction with R*, Boca Raton: CRC Press.

Wu, X., V. Kumar, J. R. Quinlan, J. Ghosh, Q. Yang, H. Motoda, G. J. McLachlan, A. Ng, B. Liu, P. S. Yu, Z. H. Zhou, M. Steinbach, D. J. Hand, and D. Steinberg. 2008. "Top 10 algorithms in data mining," *Knowledge and Information Systems*, **14**:1-37.

Xu, W., G. Liu, and Y. Gong. 2003. "Document clustering based on non-negative matrix factorization," *Proceedings of SIGIR'03*, 267-273.

Yan, W. and M. S. Kang. 2002. *GGE Biplot Analysis: A Graphical Tool for Breeders, Geneticists, and Agronomists*, Boca Raton: CRC Press.

Yeung, K. Y. and W. L. Ruzzo. 2001. "Principal component analysis for clustering gene expression data," *Bioinformatics*, **17**:363-774

Yeung, K. Y., C. Fraley, A. Murua, A. E. Raftery, and W. L. Ruzzo. 2001. "Model-based clustering and data transformation for gene expression data," Technical Report 396, Department of Statistics, University of Washington.

Young, F. W. 1985. "Multidimensional scaling," in *Encyclopedia of Statistical Sciences*, Kotz, S. and Johnson, N. K. (eds.), 649-659.

Young, F. W., and P. Rheingans. 1991. "Visualizing structure in high-dimensional multivariate data," *IBM Journal of Research and Development*, **35**:97-107.

Young, F. W., R. A. Faldowski, and M. M. McFarlane. 1993. "Multivariate statistical visualization," in *Handbook of Statistics, Vol 9*, C. R. Rao (ed.), The Netherlands: Elsevier Science Publishers, 959-998.

Young, G. and A. S. Householder. 1938. "Discussion of a set of points in terms of their mutual distances," *Psychometrika*, **3**:19-22.

Young, F. W., P. M. Valero-Mora, and M. Friendly. 2006. *Visual Statistics: Seeing Data with Dynamic Interactive Graphics*, Hoboken, NJ: John Wiley & Sons.

Yueh, W. C. 2005. "Eigenvalues of several tridiagonal matrices," *Applied Mathematics E-Notes*, **5**:66-74.